林业有害生物监测预报 2022

LINYE YOUHAI SHENGWU
JIANCE YUBAO 2022

国家林业和草原局生物灾害防控中心　编著

中国林业出版社
China Forestry Publishing House

图书在版编目(CIP)数据

林业有害生物监测预报.2022/国家林业和草原局生物灾害防控中心编著.—北京:中国林业出版社,2023.4

ISBN 978-7-5219-2174-8

Ⅰ.①林… Ⅱ.①国… Ⅲ.①森林植物-病虫害防治-监测预报-中国-2022 Ⅳ.①S763.1

中国国家版本馆CIP数据核字(2023)第057543号

责任编辑:贾麦娥
封面设计:北京阳和启蛰印刷设计有限公司

出版发行	中国林业出版社
	(100009,北京市西城区刘海胡同7号,电话83143628)
电子邮箱	cfphzbs@163.com
网　　址	www.forestry.gov.cn/lycb.html
印　　刷	河北京平诚乾印刷有限公司
版　　次	2023年4月第1版
印　　次	2023年4月第1次印刷
开　　本	889mm×1194mm　1/16
印　　张	17.5
字　　数	505千字
定　　价	158.00元

《林业有害生物监测预报·2022》编著委员会

主　　编　周艳涛

编　　委　（以姓氏笔画为序）

丁治国　于治军　马　旭　王　宇　王　越　王　簌　王玉玲
王金利　王晓俪　王晓婷　韦曼丽　牛攀新　方松山　方国飞
方源松　尹彩云　邓　艳　邓士义　古京晓　左正银　石全秀
石建宁　布日芳　占　明　叶利芹　叶勤文　冯　琛　皮忠庆
成　聪　朱雨行　刘　冰　刘　玲　刘　俊　刘　薇　刘子雄
刘东力　刘杰恩　刘春燕　次旦普尺　许　悦　许铁军　孙　红
李　广　李加正　李红征　李建康　李秋雨　李亭潞　李晓冬
杨　柳　杨　莉　杨　萍　吴　宁　吴凤霞　吴宗仁　宋　东
宋　敏　别尔达吾列提·希哈依　张　钰　张　娟　张军生
张岳峰　张秋梅　张海武　张鲁豫　陈　伟　陈　亮　陈怡帆
陈录平　陈绍清　陈晓洋　金　沙　周艳涛　郑金媛　郑凌杰
单艳敏　封晓玉　赵　健　郝建清　侯佩华　施凤生　姜　波
秦江林　柴晓东　钱晓龙　徐震霆　高丽敏　高晋华　郭　蕾
郭丽洁　郭春苗　唐　杰　桑旦次仁　黄向东　曹川健　梁傢林
董振辉　韩阳阳　曾　志　曾　艳　谢　菲　嘎丽娃　管铁军
黎丽娟　潘彦平　戴　阳　戴　丽

主　　任　方国飞

副 主 任　董振辉　王金利

咨询专家　赵良平　叶建仁　张星耀　孙江华　黄文江　郭安红

目 录 MULU

01 全国主要林业有害生物 2022 年发生情况和 2023 年趋势预测
………………………………………… 国家林业和草原局生物灾害防控中心
林草有害生物监测预警国家林业和草原局重点实验室 1

02 北京市林业有害生物 2022 年发生情况和 2023 年趋势预测
………………… 北京市园林绿化资源保护中心（北京市园林绿化局审批服务中心） 35

03 天津市林业有害生物 2022 年发生情况和 2023 年趋势预测
………………………………………… 天津市规划和自然资源局林业事务中心 45

04 河北省林业有害生物 2022 年发生情况和 2023 年趋势预测
………………………………………… 河北省林业和草原有害生物防治检疫站 51

05 山西省林业有害生物 2022 年发生情况和 2023 年趋势预测
………………………………………… 山西省林业和草原防治检疫总站 57

06 内蒙古自治区林业有害生物 2022 年发生情况和 2023 年趋势预测
………………………………… 内蒙古自治区林业和草原有害生物防治检疫总站 62

07 辽宁省林业有害生物 2022 年发生情况和 2023 年趋势预测
………………………………………… 辽宁省林业有害生物防治检疫站 70

08 吉林省林业有害生物 2022 年发生情况和 2023 年趋势预测
………………………………………… 吉林省森林病虫防治检疫总站 77

09 黑龙江省林业有害生物 2022 年发生情况和 2023 年趋势预测
………………………………………… 黑龙江省森林病虫害防治检疫站 85

10 上海市林业有害生物 2022 年发生情况和 2023 年趋势预测
………………………………………… 上海市林业病虫防治检疫站 92

11 江苏省林业有害生物 2022 年发生情况和 2023 年趋势预测
………………………………………… 江苏省林业有害生物防治检疫站 99

12 浙江省林业有害生物 2022 年发生情况和 2023 年趋势预测
………………………………………… 浙江省森林病虫害防治总站 108

13 安徽省林业有害生物 2022 年发生情况和 2023 年趋势预测
………………………………………… 安徽省林业有害生物防治检疫局 115

14	福建省林业有害生物2022年发生情况和2023年趋势预测		
		福建省林业有害生物防治检疫局	120
15	江西省林业有害生物2022年发生情况和2023年趋势预测		
		江西省林业有害生物防治检疫中心	125
16	山东省林业有害生物2022年发生情况和2023年趋势预测		
		山东省森林病虫害防治检疫站	132
17	河南省林业有害生物2022年发生情况和2023年趋势预测		
		河南省森林病虫害防治检疫站	144
18	湖北省林业有害生物2022年发生情况和2023年趋势预测		
		湖北省林业有害生物防治检疫站	161
19	湖南省林业有害生物2022年发生情况和2023年趋势预测		
		湖南省林业有害生物防治检疫站	168
20	广东省林业有害生物2022年发生情况和2023年趋势预测		
		广东省森林资源保育中心	172
21	广西壮族自治区林业有害生物2022年发生情况和2023年趋势预测		
		广西壮族自治区林业有害生物防治检疫站	179
22	海南省林业有害生物2022年发生情况和2023年趋势预测		
		海南省森林病虫害防治检疫站	189
23	重庆市林业有害生物2022年发生情况和2023年趋势预测		
		重庆市森林病虫防治检疫站	192
24	四川省林业有害生物2022年发生情况和2023年趋势预测		
		四川省林业和草原有害生物防治检疫总站	197
25	贵州省林业有害生物2022年发生情况和2023年趋势预测		
		贵州省森林病虫防治检疫站	204
26	云南省林业有害生物2022年发生情况和2023年趋势预测		
		云南省林业和草原有害生物防治检疫局	211
27	西藏自治区林业有害生物2022年发生情况和2023年趋势预测		
		西藏自治区森林病虫害防治站	216
28	陕西省林业有害生物2022年发生情况和2023年趋势预测		
		陕西省森林病虫害防治检疫总站	219
29	甘肃省林业有害生物2022年发生情况和2023年趋势预测		
		甘肃省林业有害生物防治检疫局	228
30	青海省林业有害生物2022年发生情况和2023年趋势预测		
		青海省森林病虫害防治检疫总站	233

31 宁夏回族自治区林业有害生物 2022 年发生情况和 2023 年趋势预测
.... 宁夏回族自治区森林病虫防治检疫总站　240

32 新疆维吾尔自治区林业有害生物 2022 年发生情况和 2023 年趋势预测
.... 新疆维吾尔自治区林业有害生物防治检疫局　244

33 大兴安岭林业集团公司林业有害生物 2022 年发生情况和 2023 年趋势预测
.... 大兴安岭林业集团公司林业有害生物防治总站　259

34 内蒙古大兴安岭林区林业有害生物 2022 年发生情况和 2023 年趋势预测
.... 内蒙古大兴安岭森林病虫害防治(种子)总站　263

35 新疆生产建设兵团林业有害生物 2022 年发生情况和 2023 年趋势预测
.... 新疆生产建设兵团林业和草原有害生物防治检疫中心　269

01 全国主要林业有害生物2022年发生情况和2023年趋势预测

国家林业和草原局生物灾害防控中心　林草有害生物监测预警国家林业和草原局重点实验室

【摘要】2022年全国主要林业有害生物持续高发态势趋缓，但仍属偏重发生、局部成灾。全年发生1.78亿亩，同比下降5.44%。表现为松材线虫病等重大外来有害生物扩散势头减缓、但危害程度依然严重，主要有害生物发生危害种类多样化趋势明显，松墨天牛等松钻蛀性害虫和林业鼠（兔）害危害加重，马尾松毛虫和北方松树病害危害上升趋势明显，其他食叶害虫、杨树蛀干害虫、经济林病虫等整体控制良好。

2022年采取各类措施防治1.44亿亩，防治作业面积2.62亿亩，无公害防治率达到94.02%，基本实现了预期目标管理任务指标。松材线虫病疫情控制压缩目标初步实现，2022年撤销11个疫区，同时有40个县区、293个乡镇达到疫情拔除标准，首次实现县级疫情和乡镇疫情数量净下降。美国白蛾及杨树食叶害虫经综合防治，实现"有虫不成灾"控制效果。杨树蛀干害虫、落叶松毛虫等历史性害虫得到持续控制，整体危害减轻。

经综合研判，预测2023年全国主要林业有害生物仍将延续近年来偏重发生、局部成灾的态势，全年发生1.80亿亩左右。松材线虫病疫情扩散势头减缓但仍呈点状散发态势，控增量、消存量压力依然较大；美国白蛾疫情扩散势头减缓，整体轻度发生，局地可能偏重；林业鼠（兔）害危害可能进一步加重，黄土高原沟壑区局地可能成灾；松树钻蛀性害虫危害依然严重，局地成灾；有害植物、松毛虫、杨树害虫、竹类及经济林病虫等常发性林业有害生物整体轻度发生。

根据当前主要林业有害生物发生特点和形势，建议：系统推进松材线虫病疫情防控攻坚行动，强化林业有害生物防控数字化监管，统筹做好新发、突发有害生物灾害防控，优化防治资金项目投入机制，加强科技支撑，强化重大技术研发和成果应用。

一、2022年全国主要林业有害生物发生情况

2022年全国主要林业有害生物持续高发频发态势趋缓，但仍属偏重发生、局部成灾。据统计，全年共发生17806.35万亩，同比下降5.44%。其中，虫害发生10946.09万亩，同比下降6.04%；病害发生3944.30万亩，同比下降7.65%；林业鼠（兔）害发生2655.21万亩，同比上升1.35%；有害植物发生260.75万亩，同比下降10.00%（图1-1、图1-2）。主要表现：松材线虫病等重大外来林业有害生物扩散势头减缓，但危害程度依然严重；主要有害生物发生危害种类多样化趋势明显，松墨天牛等松钻蛀性害虫和林业鼠（兔）害危害加重，马尾松毛虫和北方松树

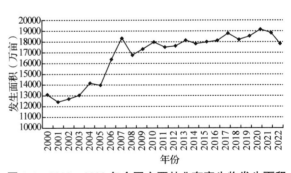

图1-1　2000—2022年全国主要林业有害生物发生面积

图1-2　2022年全国主要林业有害生物种类发生面积

病害上升趋势明显，其他食叶害虫、杨树蛀干害虫、经济林病虫等整体控制良好。

（一）松材线虫病

松材线虫病疫情防控取得明显成效，控制压缩目标初步实现，但疫情基数大、危害重，实现"十四五"重点区域疫情拔除目标任务依然艰巨。疫情发生面积2267.27万亩，同比下降11.94%，病死松树1040.48万株，同比下降26.10%（图1-3）。截至2022年12月31日，全国共计19个省（自治区、直辖市）、739个县（区、市）、5528个乡镇、28.39万个松林小班发生松材线虫病疫情，其中新发7个县级、15个乡镇、16794个松林小班疫情。

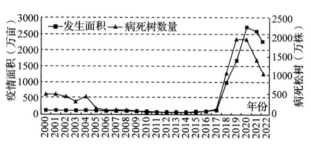

图1-3 2000—2022年松材线虫病疫情面积和病死松树统计

1. 松材线虫病疫情防控形势依然严峻

一是疫情分布范围广。县级疫情占全国县级行政区比例达25.97%，其中重庆、江西、湖北、浙江等4个省份的县级疫情占比均超过75.00%；乡镇疫情占全国乡镇行政区比例为14.27%，其中浙江、江西、重庆等3个省份的乡镇疫情数量占比均超过40%；疫情松林小班占全国松林小班比例1.39%，其中浙江和广东2个省份的疫情松林小班占比均超过10.00%（图1-4）。

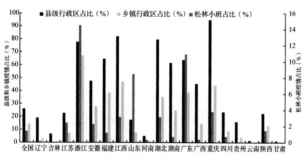

图1-4 2022年松材线虫病县级、乡镇和松林小班疫情分布占比

二是疫情在老疫区仍处于扩散阶段，控增量压力较大。2022年新发疫情中，有6个新发县级疫情在广西、安徽、福建、湖南和贵州等老疫情发生省区，占全国新发县级疫情的66.67%；有29.41%的新发乡镇疫情发生在福建和广西等3年以上的疫情县区；有99.58%的新发松林小班疫情分布在浙江、安徽、福建、江西、四川、广东等3年以上的疫情乡镇。

三是疫情基数大，减存量任务艰巨。疫情在部分县区集中连片，除治难度大。有63个县级疫情面积超过10万亩，其中6个超过30万亩，浙江省缙云县疫情面积达到51.95万亩。有18个县级疫情病死松树超过10万株，其中7个超过20万株，浙江省仙居县病死松树达到38.64万株。

四是重点生态区位疫情防控压力依然较大。黄山核心风景区周边"8镇1场"仍有2个乡镇存在疫情，且皖浙赣环黄山周边疫情仍持续扩散，新发1个县级、4个乡镇、970个松林小班疫情。福建武夷山国家公园周边疫情仍持续扩散，新发1个乡镇、192个小班疫情。贵州梵净山核心景区周边3个县区疫情危害加重，因异常干旱等原因，病（枯）死松树较2021年同期增幅明显。陕西秦岭地区仍有43.60%的县级行政区有疫情。吉林新增1个县级疫情。

2. 疫情防控取得明显成效

一是疫情蔓延势头减缓，首次实现县级疫情、乡镇疫情数量净下降。县级和乡镇疫情分别净下降29个和261个。辽宁、江苏、山东、河南、云南、陕西和甘肃等7个省份全年未发生疫情新扩散。

二是疫情面积和病死树数量连续两年实现"双下降"，疫情危害程度减轻。全国疫情面积比上年减少307.49万亩，同比下降11.94%；病死松树比上年减少367.43万株，同比下降26.10%。除吉林、河南、贵州外，其他疫情省份均实现疫情面积和病死松树"双下降"。其中浙江、安徽、江西、广东疫情面积同比下降20.38%、13.26%、10.76%、6.08%，山东、广西、陕西、浙江、安徽、江西病死树数量同比下降61.07%、60.19%、35.78%、33.67%、20.33%、14.04%（图1-5）。

三是重点生态区域防控成效显现。山东泰山

连续3年实现无疫情，辽宁抚顺、江西庐山、湖北三峡库区、湖南张家界发生面积和病死树数量实现"双下降"；陕西秦岭有6个县级疫区、45个乡镇疫点实现无疫情，病死树数量同比下降35.83%；安徽黄山病死树数量15株、同比减少16株，古树名松实施"一树一策"重点保护、未受危害，风景区周边3个乡镇疫点拔除。

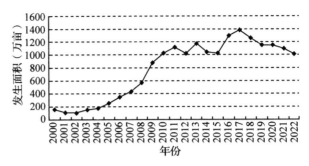

图1-6 2000—2022年美国白蛾疫情发生面积变化图

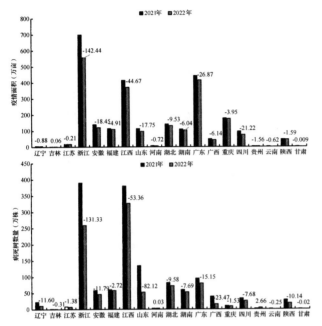

图1-5 2021—2022年松材线虫病疫情面积和病死松树对比

四是初步实现疫情监测精细化管理。全国各地统一应用林草生态网络感知系统松材线虫病疫情防控监管平台开展疫情监测普查，将疫情精准到松林小班。截至目前，全国共有4.63万名调查员下载使用监测APP，采集录入秋普疫情小班27.65万个，录入率超过97.00%。此外，利用卫星遥感开展异常松树监测，加强疫情信息核实，倒逼地方扎实开展疫情监测并如实上报，各地疫情数据日趋真实。

（二）美国白蛾

美国白蛾疫情扩散势头减缓，整体轻度发生，但部分防治薄弱区点片状偏重危害。全年发生1014.79万亩（同比下降7.50%），发生面积连续6年持续下降，中度及以下发生面积占比达99.64%（图1-6）。全国共计14个省（自治区、直辖市）、614个县级行政区发生美国白蛾疫情，与2021年相比，新增3个县级疫情发生区。

1. 美国白蛾扩散势头减缓

2022年新发江苏省句容市、泰州市医药高新区（高港区），安徽省枞阳县3个疫情县级发生区，新发县级疫情数量与近5年平均数相比下降73.68%。经除治，河南（9个）、安徽（7个）、陕西（4个）、湖北（2个）4省22个县级疫区2022年实现无疫情，上海仅在松江区的个别地块发现第三代死亡卵块。此外，江苏（10个）、湖北（3个）、安徽（4个）、内蒙古（1个）等18个非疫情县级行政区监测到美国白蛾成虫。

2. 美国白蛾整体轻度发生，黄淮和长江中下游局部点片状偏重

2022年美国白蛾呈现发育进度不整齐、世代重叠现象严重，以轻度发生为主，发生面积1014.79万亩（同比下降7.50%），连续6年持续下降，中度以下发生面积占比达99.64%。但第一代发生情况较上年有所加重，第二、三代在黄淮和长江下游等局部防治薄弱区域点片状重度危害。北京主城区及环主城区部分区，天津静海，河北廊坊、保定，辽宁营口，上海青浦、金山，江苏徐州，山东济南、青岛、滨州、潍坊、枣庄、日照、临沂，河南开封、商丘、周口等地局部危害偏重，多发生在城乡接合部、水源地、特殊养殖区、居民生活区、公路河道绿化带等防治薄弱区域。

（三）有害植物

薇甘菊等外来入侵植物主要发生在华中、华南地区，整体危害减轻；葛藤等本土有害植物在常发区发生平稳，局地偏重危害。全年发生260.75万亩，同比下降10.00%（图1-7）。

薇甘菊等外来入侵植物主要发生在华中、华南地区，整体危害减轻。薇甘菊发生107.39万亩，同比下降15.80%，在主要发生区广东和海

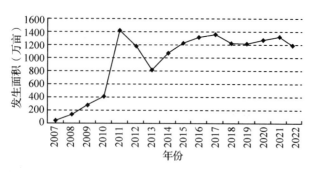

图1-7 2007—2022年薇甘菊等有害植物发生面积变化图

南两省发生面积同比分别下降20.14%和13.65%,但广东珠三角和西部、广西南部、海南北部局部地区危害程度仍然严重。紫茎泽兰发生16.66万亩,同比下降5.13%,但在云南文山和西藏日喀则等地局部地区呈重度危害。

葛藤等本土有害植物在常发区发生平稳,局地偏重危害。葛藤发生105.55万亩,同比持平,在湖北十堰、宜昌、黄冈等地山区广泛分布,局地偏重。金钟藤发生20.03万亩,同比上升14.76%,在海南中部热带雨林国家公园和天然次生林区有中重度发生。

(四)林业鼠(兔)害

林业鼠(兔)危害整体有所加重,在东北和西北局部地区的荒漠林地和新植林地造成偏重危害。全年发生2655.21万亩,同比上升1.35%(图1-8)。

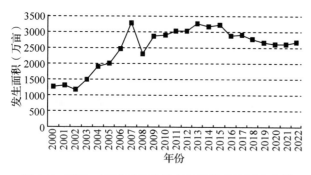

图1-8 2000—2022年林业鼠(兔)害发生面积变化图

1. 鼢鼠类整体危害有所加重,西北局部地区中幼林地和未成林地危害偏重,局地成灾

全年发生566.61万亩,同比上升1.24%,中度及以上发生面积同比上升10.96%。中华鼢鼠在宁夏南部山区人工林和新造林地,陕西商洛、咸阳和宝鸡,甘肃平凉、白银和定西等地危害偏重,局地成灾,成灾面积2.35万亩,甘肃莲花山林区林木平均被害率3%,定西市安定区严重发生区平均鼠口密度8头/hm²。高原鼢鼠在青海东部农业区和农牧交错带的西宁、海东和黄南等地新造林地、退耕还林地、天然林区周缘及空心地带危害较重,中度以上发生面积占比达36.04%。草原鼢鼠在河北坝上局部地区、内蒙古锡林郭勒等地呈中度以上发生,内蒙古东乌珠穆沁旗局地成灾。此外,东北鼢鼠在内蒙古、甘肃鼢鼠在宁夏和陕西等地以轻度发生为主。

2. 沙鼠类整体轻度发生,新疆北疆和内蒙古西部荒漠区局地偏重

全年发生1063.89万亩,同比上升5.82%,但中度以下发生面积占比98.13%,以轻度发生为主。大沙鼠发生986.51万亩,同比上升3.62%,在内蒙古、甘肃和新疆等地整体轻度发生,但在内蒙古阿拉善左旗、额济纳旗和乌拉特中旗,新疆奇台县和呼图壁县等地呈中重度发生,甘肃永昌县林木平均受害率31%,白银市公益林区造成黑柴死亡率达25%。子午沙鼠发生70.33万亩,同比上升42.14%,中度以下发生面积占比97.68%,主要轻度发生在宁夏和新疆地区,但在宁夏盐池、平罗和灵武局地重度发生。

3. 䶄鼠类在东北林区整体中度以下发生,但在黑龙江和内蒙古森工集团局地危害偏重

全年发生511.06万亩,同比下降5.64%。红背䶄主要发生在黑龙江中东部和吉林东南部,均呈中度以下发生。棕背䶄在黑龙江、大兴安岭和内蒙古森工集团等地发生面积同比均呈不同程度下降,危害减轻,但在内蒙古森工集团根河林业局、满归林业局和得耳布尔林业局等地局部地区重度发生。

(五)松树钻蛀类害虫

松树钻蛀类害虫发生面积有所下降,但整体危害程度依然严重,局地偏重成灾。全年发生2190.70万亩,同比下降9.39%,但中度及以上发生面积同比上升3.22%(图1-9)。

1. 松墨天牛发生面积和危害程度仍居高不下,南方多地危害严重

全年发生1347.42万亩,同比下降5.78%,江西、重庆、湖北、贵州、广东、安徽、山东等省份发生面积均有不同程度下降,江西、广东降幅超过20%。但中重度发生面积占比超过12%,

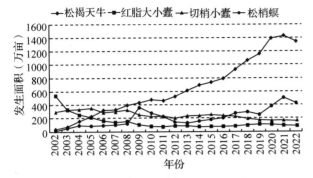

图1-9 2002—2022年松树钻蛀类害虫发生面积变化图

成灾面积8.7万亩、同比上升254.42%，致死松树58.51万株、同比上升66.40%。浙江北部、安徽南部、福建北部、江西南部和东北部、湖北东部、湖南东北部、陕西南部、四川东北部等多地危害严重；浙江杭州、广东清远、广西贵港、福建宁德等局地成灾。

2. 小蠹虫类在华北、东北和西南等地局部地区仍偏重成灾

全年发生323.76万亩，同比下降10.25%，但中度以上发生面积占比依然较大，超过15%。红脂大小蠹发生85.19万亩，同比下降2.53%，冀蒙辽晋常发区整体轻度发生，但山西西部、河北北部局部、辽宁西北部等局地呈中重度危害。切梢小蠹发生155.84万亩，同比下降7.53%，西南地区发生面积下降明显，但东北和西北地区发生面积有所上升，黑龙江东部、重庆东北部、四川西南部、云南南部和西北部等局部地区危害严重，云南玉溪、大理、红河，四川雅安等局地累计成灾1.08万亩。华山松大小蠹发生47.72万亩，同比下降4.25%，但在四川东北部、甘肃东南部、陕西中部等区域有扩散蔓延和加重危害态势，甘肃小陇山、陕西宝鸡等局地累计成灾面积3.32万亩。八齿小蠹发生40.09万亩，同比下降24.28%，东北地区整体危害减轻，但落叶松八齿小蠹在黑龙江佳木斯、河北坝上、内蒙古大兴安岭北部林区，云杉八齿小蠹在青海果洛、吉林森工林区等局地仍偏重危害。

3. 松梢螟类危害整体减轻

全年发生427.63万亩，同比下降15.36%，中度以上发生面积同比下降21.15%，成灾面积同比下降98%，危害整体减轻。果梢斑螟发生299.89万亩，同比下降19.66%，中度和重度发生面积同比分别下降45.42%和80.36%，吉林和黑龙江严重危害情况得到有效控制，但黑龙江朗乡林业局、林口林业局、海林市和桦川县等局部地区重度发生。松梢螟发生110.39万亩，同比持平，中度以下发生面积占比达98.13%，以轻度发生为主，但在吉林延边局部地区发生偏重。

（六）松毛虫

松毛虫发生南重北轻，北方地区整体轻度发生，南方地区危害加重。全年发生1126.27万亩，同比下降2.09%（图1-10）。

图1-10 2000—2022年松毛虫发生面积变化图

1. 马尾松毛虫等发生面积和危害程度整体上升，危害加重

马尾松毛虫全年发生572.39万亩，同比上升18.47%，江西、湖南、广西、重庆等省份涨幅均超过40%；全国中度及以上发生面积同比上升137.66%，湖南、广西、河南、江西等省份涨幅均超过100%，特别是受夏季南方持续高温干旱影响，多地虫口密度和发生面积增长迅速；湖南西南部、四川南部、江西中部和北部、湖北东北部、广西北部和东部、重庆北部和东南部等地呈中重度发生，湖南邵阳、怀化、娄底、湘西，广西贺州、桂林、贵港、河池、来宾，江西九江、鹰潭，湖北黄冈、咸宁，河南信阳等发生偏重，局地成灾。云南松毛虫发生129.93万亩，同比上升2.99%，在云南普洱、重庆开州、四川巴中等地局部地区呈重度发生。思茅松毛虫发生44.20万亩，同比上升3.73%，在湖南郴州、广西桂林、江西吉安等局地呈中重度发生。

2. 落叶松毛虫整体轻度发生，局部地区偏重

全年发生252.75万亩，同比下降28.13%，发生面积连续3年持续下降，危害减轻。但内蒙古森工发生面积同比上升30.26%，中度以上发生面积同比上升89.14%，呈中度以上发生。辽宁朝阳、河北承德、内蒙古大兴安岭绰尔林业局和乌尔其汉林业局局部偏重危害。

（七）杨树蛀干害虫

杨树蛀干害虫危害减轻，"三北"局部常发区危害偏重。全年发生355.48万亩，同比下降10.57%（图1-11）。

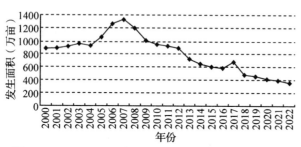

图1-11　2000—2022年杨树蛀干害虫发生面积变化图

1. 光肩星天牛整体轻度发生，内蒙古、甘肃和新疆局部地区危害偏重

全年发生114.55万亩，同比下降4.20%，中度及以上发生面积同比下降12.33%，以轻度发生为主。但在内蒙古巴彦淖尔，新疆巴音郭楞蒙古自治州（以下简称巴州），甘肃金昌、酒泉等地局部地区呈中度以上发生，内蒙古乌拉特前旗、磴口县局地成灾。

2. 杨干象等其他种类以轻度发生为主

杨干象发生47.05万亩，同比下降12.56%，在蒙辽吉黑等主要发生区轻度发生。桑天牛发生79.77万亩，同比下降6.87%，危害整体减轻，但在安徽蚌埠和亳州、湖北咸宁等局部地区发生偏重。青杨天牛发生36.68万亩，同比下降14.46%，整体轻度发生，但在西藏拉萨和日喀则局部新植藏川杨地危害偏重。

（八）杨树食叶害虫

杨树食叶害虫整体轻度发生，黄淮中下游和西北局部常发区偏重发生。全年发生1584.77万亩，同比下降10.35%，中度以下发生面积占比达94.85%（图1-12）。

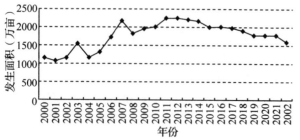

图1-12　2000—2022年杨树食叶害虫发生面积变化图

1. 春尺蠖整体轻度发生，但西北局部常发区发生偏重

全年发生705.53万亩，同比下降14.06%。在新疆、宁夏、内蒙古等西北主要发生区，其危害面积和危害程度同比明显下降。但在新疆塔里木盆地周边地区，西藏拉萨、山南雅江沿线局部地区，内蒙古西部鄂尔多斯、阿拉善盟等地发生偏重。

2. 杨树舟蛾整体轻度发生，黄淮中下游局地偏重

全年发生548.93万亩，同比下降6.42%，中度以下发生面积占比达98.15%，在全国主要杨树种植区轻度发生。但在天津北部、黑龙江南部、河南中南部、山东东部等地局部地区重度发生，河南平顶山、南阳、驻马店等地小面积成灾。

（九）林木病害（不含松材线虫病）

林木病害（不含松材线虫病）整体发生稳定，"三北"局部地区偏重。全年发生1677.03万亩，同比持平（图1-13）。

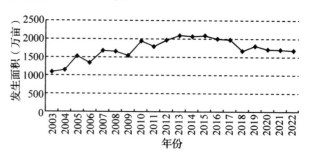

图1-13　2003—2022年林木病害（不含松材线虫病）发生面积变化图

1. 杨树病害整体轻度发生，局部地区危害偏重

全年发生546.36万亩，同比下降3.42%，中度及以下发生面积占比达98.63%，以轻度发生为主。但杨树黑斑病在河南商丘、周口，山东枣庄、济宁局部地区中度以上发生。杨树烂皮病在河北中部、内蒙古中东部、甘肃南部、辽宁西北部等区域局部发生偏重。杨树溃疡病在江苏北部、山东西南部有中度以上发生。杨树灰斑病在黑龙江哈尔滨、绥化，甘肃临夏等局地偏重流行。

2. 松树病害在东北和西北林区局部地区偏重流行

全年发生274.71万亩，同比上升8.21%。

落叶松早落病发生93.64万亩，中重度发生面积占比49.05%，在内蒙古东部柴河、五岔沟林业局，内蒙古森工集团绰尔、满归林业局等地发生偏重。松落针病发生52.44万亩，陕西北部、甘肃南部、大兴安岭北部偏重流行。松针红斑病发生51.14万亩，中重度发生面积占比56.99%，在内蒙古森工集团莫尔道嘎、阿尔山等林业局呈重度发生，黑龙江北部和东部危害呈上升趋势。

此外，桦树黑斑病发生89.41万亩，内蒙古森工中重度发生面积43.88万亩，危害程度加重，局地成灾。云杉落针病在四川阿坝、雅安，甘肃白龙江林区等部分人工云杉林发生偏重。侧柏叶枯病在山西晋城、陕西宝鸡等地呈重度发生。

（十）竹类等经济林病虫

竹类等经济林病虫以轻度发生为主，局部地区呈中重度发生。全年发生2167.53万亩，同比下降5.83%（图1-14）。

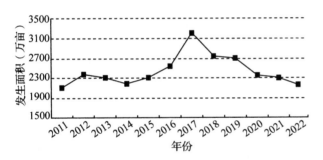

图1-14　2011—2022年竹类等经济林病虫发生面积变化图

1. 竹类病虫总体发生平稳，华中、华南局部地区偏重

全年发生239.02万亩，同比持平。黄脊竹蝗发生99.81万亩，广西东北部、江西西部、湖南西南部、湖北南部、重庆西部等地局部地区呈中度以上发生。刚竹毒蛾在浙江丽水、湖北咸宁、福建南平，竹丛枝病在广西桂林局部区域发生偏重。

2. 水果病虫在新疆等西北水果主产区局地危害偏重

全年发生833.57万亩，同比下降7.16%。朱砂叶螨发生144.67万亩，主要在新疆喀什地区危害经济林果，局地中度以上发生。沙棘木蠹蛾在宁夏固原、内蒙古鄂尔多斯、陕西延安等地局部中重度发生。桃小食心虫在山西吕梁、苹果蠹蛾在新疆和田地区和宁夏中卫局部地区、梨小食心虫在新疆和田、巴州等地局部地区重度发生。

3. 干果病虫整体轻度发生，西北局部地区偏重发生

全年发生780.32万亩，同比下降3.18%。核桃病虫发生434.05万亩，浙江杭州，重庆巫山、奉节，湖北黄冈、十堰，陕西商洛、榆林，四川巴中，云南大理，新疆喀什地区等局部地区偏重发生。板栗病虫发生141.09万亩，同比上升27.24%，湖北大别山区发生面积大幅增加，湖北黄冈、陕西商洛、安徽六安等地局部中重度发生。枣树病虫发生157.19万亩，在新疆巴州、喀什地区，陕西榆林等局地偏重发生。

4. 桉树病虫和油茶病虫在南方大部分地区轻度发生，局地偏重

桉树病虫发生124.69万亩，同比上升34.77%，广西发生面积大幅上升，桉树叶斑病、油桐尺蛾、桉蝙蛾等种类在广西速生桉种植区多地发生偏重。油茶病虫发生73.79万亩，同比下降20.88%，江西、湖南和湖北等油茶主要种植区整体轻度发生，湖北黄冈、江西宜春等局地发生偏重。

二、成因分析

当前，我国林业有害生物发生形势依然严峻复杂，松材线虫病等重大林业有害生物疫情基数大、危害重，实现疫情拔除目标任务依然艰巨。全球性气候变暖和极端天气事件增加，现有过熟林比例高，抵御有害生物能力较低；综合防控和应急救灾能力尚不能完全满足需要，重救灾轻预防普遍存在，监测预报的防灾减灾作用未能有效发挥，是导致当前一个时期我国林业有害生物仍属偏重发生的主要原因。

（一）森林健康状况不佳有利于钻蛀类害虫、鼠（兔）害、经济林病虫区域性偏重发生

西北、西南地区等早期造林区过熟林比例偏高，立地条件贫瘠，林龄偏大且自然抵御害虫危害能力差，是钻蛀类害虫的主要危害对象，加之2022年频发的异常气象条件，为钻蛀类害虫严重

发生提供有利环境。西北干旱半干旱地区生态环境脆弱，生物多样性低下的生境导致食物匮乏，促成了鼠（兔）害在西北地区，特别是黄土高原和荒漠区的危害严重。经济林分布区纯林比例高、自然调控能力弱，一些地方存在重造林轻管理现象，导致经济林病虫害在局部地区仍危害较重。

（二）气象条件总体有利于一些有害生物突发和危害

2022年全国大部分地区气温偏高，降水北多南少，气象条件总体有利于马尾松毛虫等喜高温干旱的害虫和北方林木病害的偏重发生。特别是长江中下游和四川、重庆等地夏季罕见持续高温少雨天气、气象干旱快速发展并趋重趋强，利于马尾松毛虫等虫口密度上升，导致危害程度进一步加重。此外，2021/2022年冬季和2022年春季，我国大部分地区冷空气频繁且出现多次寒潮天气过程、气温冷暖波动起伏较大，且夏季南方地区持续高位干旱，共同引起林木长势衰弱，导致松墨天牛等钻蛀类害虫危害加重。松材线虫病、松墨天牛、小蠹虫等危害，加之干旱造成生理性病害，共同导致2022年部分地区大量松树死亡。

（三）各地落实林长制责任，扎实开展疫情防控，成效明显

各地坚持战略坚定、战役有力、战术灵活，强化责任落实，全力推进松材线虫病疫情防控攻坚行动，积极开展以小班为单位的疫情监测普查和以单株疫木为单位的疫情除治，加强疫情信息核实核查，实现疫情防控精细化管理，疫情蔓延势头减缓，疫情加重危害态势得到初步遏制。美国白蛾九部门协调联动和京津冀区域联防联控机制高效运转，各地按照国家林业和草原局统一部署，坚持"主防第一代，查防二、三代"的防控策略，压紧压实各级政府防治主体责任，在发生前期，适时开展灾害监测和趋势预报，明确重点防治时期和防治区域；在危害时期，积极采取"飞机防治为主，地面防治为辅"的综合措施开展防治，有效控制了美国白蛾危害，实现了"不成灾、不扰民"。

（四）技术突破和瓶颈导致食叶类害虫危害轻、钻蛀类害虫危害重的显著特点

经过多年研发攻关和组装应用，美国白蛾、杨树食叶害虫、松毛虫等常发性林业有害生物防治技术成熟，其发生危害整体得到有效遏制。同时，随着卫星遥感、无人机遥感等先进监测技术的普及应用，灾害显现度高的松材线虫病及叶部病虫害的早期监测技术得到突破，灾害发现更加及时准确。但钻蛀类害虫的早期监测和防治均在一定程度上存在技术难点和瓶颈，导致目前钻蛀性害虫危害依然较重。

三、预测依据

（一）数据来源

全国林业有害生物防治信息管理系统数据、松材线虫病疫情防控精细化监管平台数据、国家气象中心气象信息数据、林业有害生物发生历史数据。

（二）预测依据

各省级林业有害生物防治管理机构2023年林业有害生物发生趋势预测报告，主要林业有害生物历年发生规律和各测报站点越冬前有害生物基数调查数据。

（三）气象因素

据中国气象局预测，2022/2023年冬季我国将连续3个冬季经历赤道中东太平洋"拉尼娜"事件。2022/2023年冬，除西南地区外，全国大部分地区气温较常年同期偏高，降水偏多。2023年春季，全国大部分地区气温偏高1~2℃，降水总体偏少。气象条件总体对主要林业有害生物越冬和生长发育有利。

四、2023年全国主要林业有害生物发生趋势预测

经综合分析，预计2023年全国主要林业有害生物仍将延续近年来偏重发生、局部成灾的态势，全年发生18060万亩，同比基本持平。其中，虫害发生11000万亩，病害发生4000万亩，林业鼠（兔）害发生2800万亩，有害植物260万亩（附表1）。

具体发生趋势：一是松材线虫病疫情扩散势头减缓但仍呈点状散发态势，控增量、消存量压力依然较大；二是美国白蛾疫情持续向南扩散但势头减缓，整体轻度发生；三是林业鼠(兔)害危害可能进一步加重，黄土高原沟壑区局地可能成灾；四是松树钻蛀性害虫危害依然严重，局地成灾；五是有害植物、松毛虫、杨树害虫、竹类及经济林病虫等常发性林业有害生物整体轻度发生，局部地区可能偏重。

(一) 松材线虫病

松材线虫病疫情扩散势头减缓但仍呈点状散发态势，控增量、消存量压力较大(附表2、附表3)。

1. 松材线虫病疫情扩散势头减缓，但仍呈点状散发态势，控增量压力较大

采用图卷积神经网络大数据预测模型，收集疫情底数、松木调运、高压线、铁路道路路网、木材加工厂等17项数据因子，以松林小班为单位，对松材线虫病疫情扩散风险进行精细化预测分析，结果表明：疫情在老疫情区将由点到面持续扩散，辽宁抚顺、浙江西部和中东部、安徽南部、福建南部、江西中部和北部、湖北东北部和西北部、湖南南部和西北部、广东东部、广西东部、重庆中部和西南部、四川东北部、贵州东部、陕西安康等地疫情进一步扩散风险极高；北京、黑龙江、福建北部、江西中西部、湖北西南部、湖南南部和东北部、四川南部和东北部、贵州铜仁、云南昆明、陕西宝鸡、甘肃陇东地区等地疫情新传入风险较大。贵州梵净山、吉林长白山、广西桂林景区、东北虎豹国家公园等重点生态区域疫情传入和扩散的风险较高。

2. 松材线虫病疫情基数大，消存量压力较大。预测全年发生2200万亩，造成病死松树1000万株，同比均有所下降。但疫情松林小班和病死树数量基数较大，短时间内疫情处置任务重、压力大，疫情危害依然严重。

(二) 美国白蛾

美国白蛾疫情持续向南扩散但势头减缓，整体轻度发生，局部地区可能点片状偏重成灾。预测全年发生1000万亩左右，同比持平，以中度以下发生为主。

1. 美国白蛾疫情扩散势头减缓，局地可能出现新疫情

在华北黄淮老疫区，疫情连片扩散已趋于稳定，新增县级疫情风险较低，但可能出现新乡镇疫情。江苏南部、安徽、上海、浙江东北部等长三角地区沿长江地带可能新发县级疫情，监测到美国白蛾成虫区域存在新发疫情风险。1~3年新发疫区内新增乡镇疫情风险较大。

2. 美国白蛾整体轻度发生，但在江淮部分地区和1~3年新发区局部可能重度危害

第一代在北京城区及南北郊区、河北南部平原、江苏北部、山东西部、河南东部等区域可能偏重发生。第三代在华北、黄淮下游老疫区及长江下游1~3年内的新发区域可能偏重发生，局部防控薄弱区可能存在暴发和扰民风险。

(三) 有害植物

有害植物危害整体减轻，华南沿海局部地区可能偏重。预测发生260万亩左右，同比持平。

1. 薇甘菊等外来入侵植物在华南地区扩散危害势头减缓，局部地区可能偏重

薇甘菊在广东西部和东部、广西东南部、海南北部将持续危害，广东沿海地区局部可能危害严重。紫茎泽兰在云南、贵州和西藏日喀则口岸等西南地区局地可能危害偏重。

2. 葛藤等本土有害植物整体发生平稳

葛藤在湖北、江苏等地以轻度发生为主，金钟藤在海南中部天然林和次生天然林区局地可能偏重发生。

(四) 林业鼠(兔)害

林业鼠(兔)害整体危害可能进一步加重，黄土高原沟壑区局地可能成灾。预测发生2800万亩左右，同比上升。

1. 西北地区局部荒漠林区可能有偏重危害

沙鼠类对内蒙古西部阿拉善盟、新疆准噶尔盆地南缘、甘肃河西五市等局部地区的荒漠植被造成严重危害。鼢鼠类在陕西北部和中部、青海东北部、宁夏南部山区和甘肃东部及中部等区域的新造林地和中幼林中可能偏重发生，局地成灾。根田鼠在新疆绿洲边缘地带危害将有所加重。

2. 东北林区局部危害可能加重

䶄鼠类在内蒙古森工东部和北部林区的火烧

迹地造林集中区、樟子松幼林分布集中区可能加重危害；大兴安岭东南部、吉林东部、黑龙江中部和东部有重度发生的可能。

3. 华北、西南地区整体危害减轻，局部偏重

棕背䶄、鼢鼠、草兔等在河北北部和山西北部危害樟子松新植林地、退耕还林地，局部地区可能危害加重。赤腹松鼠在四川西部邛崃山区局部可能偏重危害人工柳杉林。高原鼠兔等在西藏拉萨、日喀则、山南和那曲等地局部地区可能偏重发生。

（五）松树钻蛀类害虫

松树钻蛀类害虫危害居高不下，东北、华南、西南等多地仍偏重危害，局地成灾。预测发生2200万亩左右，同比持平。

1. 松墨天牛在华南、西南多地仍将偏重危害

预计发生1300万亩左右，同比持平。浙江西北部，福建东北部，江西东北部和南部，湖北东部、西北部、三峡库区，湖南中部，广东北部，重庆西部和东北部，四川东北部，陕西南部等区域危害仍然严重，与松材线虫病等松树病害、生理性灾害混合发生，多地可能偏重成灾，造成松树死亡。

2. 小蠹类在东北、西南常发区局部可能偏重发生

红脂大小蠹在山西西部和南部、河北承德等局部地区可能加重危害，内蒙古中东部、辽宁西北部有扩散危害的可能。切梢小蠹在四川凉山、雅安，云南大理、普洱，重庆东北部等地局部危害严重并可能成灾。华山松大小蠹在四川广元、巴中，陕西宝鸡，甘肃小陇山林区局地中重度危害。八齿小蠹在黑龙江哈尔滨、鸡西、牡丹江有扩大危害的趋势。

3. 松梢螟类危害整体将进一步减轻

果梢斑螟在黑龙江、吉林等地危害整体将呈现下降趋势，以轻度发生为主，黑龙江伊春森工林区局部可能重度危害。樟子松梢斑螟在黑龙江西部可能偏重发生。

（六）松毛虫

松毛虫在南方地区呈上升趋势，局地可能偏重成灾；在北方地区危害将进一步减退。预测发生1200万亩左右，同比上升。

1. 马尾松毛虫等发生面积和危害程度将进一步增加，局地偏重成灾

马尾松毛虫在浙江西南部、江西北部、湖北东部大别山区和西北部、湖南西南部、广西北部和东部、四川东南部、贵州东北部等多地危害加重，局地可能暴发成灾。云南松毛虫、思茅松毛虫等在西南地区常发区局地可能呈重度危害。

2. 落叶松毛虫等在北方地区危害将进一步减退，整体轻度发生

落叶松毛虫在东北林区整体轻度发生，内蒙古东部和内蒙古大兴安岭林区仍有偏重发生的可能。油松毛虫在北京东北部、山西北部和南部、辽宁西北部、河北西部和北部山区局地危害程度可能加剧。

（七）杨树蛀干害虫

杨树蛀干害虫发生将呈现稳中有降态势，西北局部地区可能偏重。预测发生350万亩左右，同比下降。光肩星天牛在陕西中部、甘肃西部、辽宁西北部、山东西南部等地可能有中重度发生。杨干象在内蒙古东部、辽宁西北部等地局部可能有中度以上发生，在河北东北部有扩大危害的趋势。桑天牛在湖北中部可能偏重危害。

（八）杨树食叶害虫

杨树食叶害虫发生稳定，整体轻度发生，局部地区可能呈中重度危害。预测发生1500万亩左右，同比下降。春尺蠖以轻度发生为主，但在内蒙古西部、山东西部、河北南部、西藏雅江河谷地区、新疆塔里木盆地周边地区等常发区局部地区可能有所反弹，局地呈中度以上发生。杨树舟蛾整体平稳，但在北京北部、天津北部、江苏中北部、山东西南部等地可能中重度发生，交通林网、人工片林和虫源地局地可能点片状成灾。

（九）林木病害（不含松材线虫病）

林木病害（不含松材线虫病）整体流行平稳，但松树病害在北方局部地区可能流行加重。预测发生1600万亩左右，同比持平。杨树病害总体轻度发生，在辽宁北部和西部、黑龙江西部、安徽北部、山东西南部、河南东南部、西藏雅江河谷地带、青海东部、新疆西南部等局部地区可能偏重。松树病害在内蒙古大兴安岭、黑龙江东部等区域危害将呈上升趋势，大兴安岭北部林区、陕西北部、甘肃南部局地可能偏重发生。

（十）竹类等经济林病虫

竹类等经济林病虫发生平稳，以轻度为主，局部地区可能偏重。预测发生2100万亩左右，同比下降。竹类病虫发生面积同比下降，整体轻度发生，但在江西西部、湖南东北部、福建北部、广西东北部等局部地区可能偏重。水果病虫在宁夏中部、新疆西部、南部和东部、内蒙古中西部等地局部中重度发生。干果病虫在陕西南部和中部、新疆西南部、山西南部、浙江西北部、湖北西北部和东部局部地区偏重发生。桉树病虫在广西桉树集中种植区局部可能发生偏重。油茶病虫在江西、湖南等主要种植区轻度发生。

五、对策建议

（一）系统推进松材线虫病疫情防控攻坚行动

两年的实践证明，国家林业和草原局关于松材线虫病疫情防控的"十四五"布局是科学可行的，疫情控制压缩目标初步实现。但疫情基数大、危害重，实现"十四五"疫情拔除目标任务依然艰巨。建议：进一步优化完善松材线虫病疫情"十四五"防控顶层设计，修订完善现有政策和防控技术体系，坚持系统观念，统筹生态修复和疫情防控，强化各项工作措施的细化和落实。加强疫情日常监测，实行监测工作常态化精细化管理，时间尺度上做到第一时间发现、第一时间报告，空间尺度上做到发生疫情精准到松林小班。建立信息报送和疫木流失案件闭环监管机制，实行检疫案件及线索常态化报告制度，加强疫木流失源头和流通环节跟踪监管，开展疫木管控专项行动，加大对非法利用染疫松木及其制品的打击力度。积极推进社会化防治，加大防治绩效考核。以林长制考核评估为依托，建立松材线虫病等重大有害生物灾害及防治成效评估评价技术体系，组织开展松材线虫病疫情防控攻坚行动成效评估及重点区域防控成效评价。

（二）强化林业有害生物防控数字化监管

优化完善并加速推进林草生态感知松材线虫病疫情监管平台建设和行业应用，实行疫情监测精准到松林小班、疫木除治精准到单株，实现疫情防控网格化精细化管理。组织实施包片蹲点和明察暗访，加强卫星遥感监测技术应用，开展疫情监测发现、疫情数据真实性准确性核实核查，加大疫情除治月度调度和通报力度，加强行业数据库建设和数据质量监管。建立林业有害生物防治林长制相关考核指标评价体系，开展各省成灾率、松材线虫病疫情防控任务目标完成情况和"三个重大"数据核实和评估评价赋分。推进各地防治任务落地上图，完善防治任务测算、防治资金分配测算和防治成效考评技术体系，强化防治任务过程管理。

（三）统筹做好新发突发有害生物灾害防控

坚持预防和治理整体推进，采取联防联治、联防联检、工程治理等有效途径，加大京津冀生态圈、黄山、张家界、三峡库区、秦巴山区、长江（经济带）生态涵养带等重点生态部位重大林业有害生物预防和治理。要加大新发的松材线虫病等疫情处置力度，加强疫情处置督察督办。要统筹做好林草外来入侵物种普查和常态化监测，对已明确造成危害的种类开展常态化日常监测和风险评估，推进重点种类"一种一策"防控。要以控制扩散和严防暴发为目标，加强美国白蛾兼顾其他杨树食叶害虫预防和治理，坚持面上飞防与地面补充防治相结合，加大1~3年新发区、城乡接合部、村屯周边、小区胡同及特殊养殖区等防控薄弱环节的治理，严防局部暴发。松钻蛀性害虫高发区，要强化森林经营和生态修复，提高森林健康状况，同时要积极应用现有成熟监测技术开展日常监测，确保灾害早期发现和除治，减轻钻蛀性害虫的次生危害。此外，要高度关注近年来因干旱、钻蛀类害虫危害致死大量松树情况，加强取样检测和松材线虫病疫情排查。

（四）优化防治资金项目投入机制

聚焦影响行业发展的突出问题和防治工作中出现的新情况、新问题，以行业实际应用为导向，组织开展林业有害生物防治资金投入和项目建设政策研究，建立健全持续稳定多元的防治资金投入机制和管理高效的防治资金项目管理机制。在防治补助资金方面，遵照中央财政经费管理要求，按照项目化管理模式，制定防治补助资金项目管理办法，研究以奖代补机制，完善防治成效考核技术体系，加强资金使用效能评估，将资金申报、资金分配、任务下达和效果评价等进行统一管理。在防治基础设施建设方面，加强建设的规划布局，提高建设成效，统筹各地建设需求开展建设布局，编制建设指南、建设项目管理和项目绩效评价办法等，加强项目申报和建设成效评估等全过程管理。

（五）加强科技支撑，强化重大技术研发和成果应用

聚焦松材线虫病等重大有害生物防控、林草外来入侵物种防控等关键技术，坚持协同创新、产学研用深度融合，组织开展生物灾害快速感知识别技术及产品研发，重点扶持局松材线虫病科技攻关揭榜挂帅项目研究实用成果以及重要林业有害生物大区域智能监测、林业生物灾害精细化管理、重大生物灾害大数据预测等实用技术落地应用，着力解决基层生产急需。积极支持松材线虫病防控新型药剂药械和实用技术研究和攻关，加大林业鼠（兔）害综合治理、松鬁虫引诱剂监测等成熟技术推广应用。积极开展生态调控等绿色防治技术体系集成和示范。

（主要起草人：周艳涛　王越　李晓冬　孙红　陈怡帆　徐震霆　刘冰　王玉玲　董振辉　于治军；主审：方国飞）

附表

表1　2023年主要林业有害生物发生面积预测统计表

种类	近年发生趋势	2022年发生面积（万亩）	2023年预测发生面积（万亩）	同比
主要有害生物	下降	17806.35	18060	持平
虫害	下降	10946.09	11000	持平
病害	下降	3944.30	4000	持平
林业鼠(兔)害	上升	2655.21	2800	上升
有害植物	持平	260.75	260	持平
松材线虫病	下降	2267.27	2200	下降
美国白蛾	下降	1014.79	1000	持平
松毛虫	持平	1126.27	1200	上升
松树钻蛀性害虫	下降	2190.70	2200	持平
杨树食叶害虫	下降	1584.77	1500	下降
杨树蛀干害虫	下降	355.48	350	下降
经济林病虫	下降	2167.53	2100	下降

表2　松材线虫病老疫情区内疫情扩散高风险预测结果统计表

序号	区划代码	省份名称	地市名称	县区名称	乡镇名称	新发疫情高风险松林小班数量(个)
1	210421103	辽宁省	抚顺市	东洲区	章党镇	1
2	210421104	辽宁省	抚顺市	东洲区	哈达镇	12
3	210421204	辽宁省	抚顺市	抚顺县	马圈子乡	1
4	210422108	辽宁省	抚顺市	新宾县	上夹河镇	1
5	210423100	辽宁省	抚顺市	清原县	清原镇	31
6	210423101	辽宁省	抚顺市	清原县	红透山镇	1
7	210423104	辽宁省	抚顺市	清原县	英额门镇	1

(续)

序号	区划代码	省份名称	地市名称	县区名称	乡镇名称	新发疫情高风险松林小班数量(个)
8	210423105	辽宁省	抚顺市	清原县	南口前镇	1
9	210423107	辽宁省	抚顺市	清原县	湾甸子镇	1
10	210423208	辽宁省	抚顺市	清原县	枸乃甸乡	1
11	210521106	辽宁省	本溪市	本溪县	清河城镇	2
12	220502005	吉林省	通化市	东昌区	新站街道	1
13	220502120	吉林省	通化市	东昌区	经济开发区	1
14	220502201	吉林省	通化市	东昌区	江东乡	2
15	220503100	吉林省	通化市	二道江区	鸭园镇	1
16	220503101	吉林省	通化市	二道江区	铁厂镇	1
17	330112007	浙江省	杭州市	临安区	高虹镇	2
18	330112008	浙江省	杭州市	临安区	太湖源镇	1
19	330122102	浙江省	杭州市	桐庐县	横村镇	1
20	330127100	浙江省	杭州市	淳安县	千岛湖镇	4
21	330127102	浙江省	杭州市	淳安县	石林镇	4
22	330182102	浙江省	杭州市	建德市	乾潭镇	8
23	330182104	浙江省	杭州市	建德市	梅城镇	4
24	330182106	浙江省	杭州市	建德市	下涯镇	5
25	330182107	浙江省	杭州市	建德市	大洋镇	1
26	330182108	浙江省	杭州市	建德市	三都镇	3
27	330182112	浙江省	杭州市	建德市	大同镇	3
28	330302102	浙江省	温州市	鹿城区	藤桥镇	1
29	330324107	浙江省	温州市	永嘉县	巽宅镇	6
30	330324110	浙江省	温州市	永嘉县	岩坦镇	3
31	330328008	浙江省	温州市	文成县	峃口镇	2
32	330328105	浙江省	温州市	文成县	珊溪镇	2
33	330328107	浙江省	温州市	文成县	玉壶镇	6
34	330328217	浙江省	温州市	文成县	周山乡	1
35	330329103	浙江省	温州市	泰顺县	筱村镇	1
36	330329104	浙江省	温州市	泰顺县	泗溪镇	3
37	330329105	浙江省	温州市	泰顺县	彭溪镇	1
38	330381015	浙江省	温州市	瑞安市	高楼镇	16
39	330381116	浙江省	温州市	瑞安市	马屿镇	1
40	330381122	浙江省	温州市	瑞安市	湖岭镇	11
41	330521201	浙江省	湖州市	德清县	筏头乡	1
42	330681121	浙江省	绍兴市	诸暨市	岭北镇	3
43	330702106	浙江省	金华市	婺城区	汤溪镇	1
44	330702204	浙江省	金华市	婺城区	箬阳乡	2
45	330702205	浙江省	金华市	婺城区	沙畈乡	2
46	330702206	浙江省	金华市	婺城区	塔石乡	10
47	330723002	浙江省	金华市	武义县	壶山街道	1
48	330723100	浙江省	金华市	武义县	柳城镇	2

(续)

序号	区划代码	省份名称	地市名称	县区名称	乡镇名称	新发疫情高风险松林小班数量(个)
49	330781209	浙江省	金华市	兰溪市	柏社乡	1
50	330802210	浙江省	衢州市	柯城区	九华乡	2
51	330803115	浙江省	衢州市	衢江区	杜泽镇	2
52	330825209	浙江省	衢州市	龙游县	社阳乡	1
53	330825211	浙江省	衢州市	龙游县	大街乡	1
54	331003204	浙江省	台州市	黄岩区	上垟乡	1
55	331023203	浙江省	台州市	天台县	龙溪乡	1
56	331024101	浙江省	台州市	仙居县	横溪镇	2
57	331102102	浙江省	丽水市	莲都区	大港头镇	2
58	331102104	浙江省	丽水市	莲都区	雅溪镇	2
59	331102206	浙江省	丽水市	莲都区	黄村乡	2
60	331122101	浙江省	丽水市	缙云县	壶镇镇	5
61	331122103	浙江省	丽水市	缙云县	舒洪镇	1
62	331122105	浙江省	丽水市	缙云县	大洋镇	6
63	331122106	浙江省	丽水市	缙云县	东渡镇	1
64	331122107	浙江省	丽水市	缙云县	东方镇	1
65	331123002	浙江省	丽水市	遂昌县	云峰街道	1
66	331123104	浙江省	丽水市	遂昌县	金竹镇	1
67	331123106	浙江省	丽水市	遂昌县	石练镇	2
68	331123107	浙江省	丽水市	遂昌县	王村口镇	1
69	331123204	浙江省	丽水市	遂昌县	湖山乡	2
70	331123206	浙江省	丽水市	遂昌县	焦滩乡	1
71	331124015	浙江省	丽水市	松阳县	新兴镇	3
72	331124102	浙江省	丽水市	松阳县	玉岩镇	4
73	331124104	浙江省	丽水市	松阳县	大东坝镇	1
74	331124201	浙江省	丽水市	松阳县	叶村乡	1
75	331124214	浙江省	丽水市	松阳县	安民乡	1
76	331127001	浙江省	丽水市	景宁县	红星街道	2
77	331127002	浙江省	丽水市	景宁县	鹤溪街道	1
78	331127101	浙江省	丽水市	景宁县	渤海镇	5
79	331127219	浙江省	丽水市	景宁县	九龙乡	5
80	340825105	安徽省	安庆市	太湖县	天华镇	8
81	340825106	安徽省	安庆市	太湖县	牛镇镇	9
82	340825107	安徽省	安庆市	太湖县	弥陀镇	7
83	340825109	安徽省	安庆市	太湖县	百里镇	3
84	340825203	安徽省	安庆市	太湖县	汤泉乡	12
85	340825204	安徽省	安庆市	太湖县	刘畈乡	9
86	340826210	安徽省	安庆市	宿松县	趾凤乡	1
87	340828101	安徽省	安庆市	岳西县	店前镇	5
88	340828104	安徽省	安庆市	岳西县	头陀镇	2
89	340828109	安徽省	安庆市	岳西县	五河镇	1

(续)

序号	区划代码	省份名称	地市名称	县区名称	乡镇名称	新发疫情高风险松林小班数量(个)
90	340828110	安徽省	安庆市	岳西县	主簿镇	1
91	340828200	安徽省	安庆市	岳西县	毛尖山乡	1
92	340828205	安徽省	安庆市	岳西县	田头乡	1
93	341003105	安徽省	黄山市	黄山区	焦村镇	1
94	341003108	安徽省	黄山市	黄山区	乌石镇	1
95	341003204	安徽省	黄山市	黄山区	新丰乡	1
96	341003450	安徽省	黄山市	黄山区	黄山风景区	1
97	341021112	安徽省	黄山市	歙县	王村镇	5
98	341021212	安徽省	黄山市	歙县	绍濂乡	15
99	341022103	安徽省	黄山市	休宁县	五城镇	2
100	341022205	安徽省	黄山市	休宁县	陈霞乡	2
101	341022207	安徽省	黄山市	休宁县	源芳乡	2
102	341022208	安徽省	黄山市	休宁县	榆村乡	5
103	341022211	安徽省	黄山市	休宁县	白际乡	1
104	341523101	安徽省	六安市	舒城县	晓天镇	1
105	341524101	安徽省	六安市	金寨县	麻埠镇	1
106	341525100	安徽省	六安市	霍山县	衡山镇	1
107	341723103	安徽省	池州市	青阳县	陵阳镇	1
108	341823101	安徽省	宣城市	泾县	茂林镇	1
109	341823103	安徽省	宣城市	泾县	桃花潭镇	1
110	341825103	安徽省	宣城市	旌德县	庙首镇	2
111	341825203	安徽省	宣城市	旌德县	兴隆乡	1
112	350111201	福建省	福州市	晋安区	寿山乡	3
113	350111202	福建省	福州市	晋安区	日溪乡	2
114	350121203	福建省	福州市	闽侯县	大湖乡	1
115	350123104	福建省	福州市	罗源县	飞竹镇	2
116	350123201	福建省	福州市	罗源县	洪洋乡	1
117	350123202	福建省	福州市	罗源县	西兰乡	1
118	350123203	福建省	福州市	罗源县	霍口乡	1
119	350404101	福建省	三明市	三元区	洋溪镇	1
120	350427001	福建省	三明市	沙县区	凤岗街道	3
121	350427002	福建省	三明市	沙县区	虬江街道	2
122	350427102	福建省	三明市	沙县区	夏茂镇	1
123	350427106	福建省	三明市	沙县区	富口镇	3
124	350427107	福建省	三明市	沙县区	大洛镇	1
125	350427201	福建省	三明市	沙县区	南霞乡	5
126	350428102	福建省	三明市	将乐县	高唐镇	21
127	350428204	福建省	三明市	将乐县	安仁乡	14
128	350428205	福建省	三明市	将乐县	大源乡	4
129	350429101	福建省	三明市	泰宁县	朱口镇	2
130	350702104	福建省	南平市	延平区	峡阳镇	1

(续)

序号	区划代码	省份名称	地市名称	县区名称	乡镇名称	新发疫情高风险松林小班数量(个)
131	350702105	福建省	南平市	延平区	南山镇	3
132	350702108	福建省	南平市	延平区	太平镇	5
133	350702109	福建省	南平市	延平区	塔前镇	4
134	350702110	福建省	南平市	延平区	茫荡镇	4
135	350702111	福建省	南平市	延平区	洋后镇	10
136	350702200	福建省	南平市	延平区	巨口乡	3
137	350702202	福建省	南平市	延平区	赤门乡	11
138	350703106	福建省	南平市	建阳区	黄坑镇	3
139	350721001	福建省	南平市	顺昌县	双溪街道	3
140	350721100	福建省	南平市	顺昌县	建西镇	16
141	350721101	福建省	南平市	顺昌县	洋口镇	4
142	350721102	福建省	南平市	顺昌县	元坑镇	9
143	350721103	福建省	南平市	顺昌县	埔上镇	16
144	350721104	福建省	南平市	顺昌县	大历镇	1
145	350721105	福建省	南平市	顺昌县	大干镇	20
146	350721106	福建省	南平市	顺昌县	仁寿镇	9
147	350721200	福建省	南平市	顺昌县	洋墩乡	12
148	350721201	福建省	南平市	顺昌县	郑坊乡	25
149	350721202	福建省	南平市	顺昌县	岚下乡	20
150	350721203	福建省	南平市	顺昌县	高阳乡	15
151	350722102	福建省	南平市	浦城县	石陂镇	7
152	350722204	福建省	南平市	浦城县	濠村乡	13
153	350781101	福建省	南平市	邵武市	水北镇	19
154	350781103	福建省	南平市	邵武市	卫闽镇	3
155	350781104	福建省	南平市	邵武市	沿山镇	9
156	350781105	福建省	南平市	邵武市	拿口镇	24
157	350781106	福建省	南平市	邵武市	洪墩镇	9
158	350781107	福建省	南平市	邵武市	大埠岗镇	11
159	350781109	福建省	南平市	邵武市	肖家坊镇	4
160	350781110	福建省	南平市	邵武市	大竹镇	11
161	350781111	福建省	南平市	邵武市	吴家塘镇	5
162	350781201	福建省	南平市	邵武市	张厝乡	5
163	350782002	福建省	南平市	武夷山市	新丰街道	3
164	350782003	福建省	南平市	武夷山市	武夷街道	5
165	350782100	福建省	南平市	武夷山市	星村镇	24
166	350782101	福建省	南平市	武夷山市	兴田镇	18
167	350782102	福建省	南平市	武夷山市	五夫镇	10
168	350782200	福建省	南平市	武夷山市	上梅乡	2
169	350782203	福建省	南平市	武夷山市	洋庄乡	4
170	350783101	福建省	南平市	建瓯市	吉阳镇	2
171	350783102	福建省	南平市	建瓯市	房道镇	1

(续)

序号	区划代码	省份名称	地市名称	县区名称	乡镇名称	新发疫情高风险松林小班数量(个)
172	350783103	福建省	南平市	建瓯市	南雅镇	6
173	350783104	福建省	南平市	建瓯市	迪口镇	16
174	350783105	福建省	南平市	建瓯市	小桥镇	2
175	350783106	福建省	南平市	建瓯市	玉山镇	12
176	350783107	福建省	南平市	建瓯市	东游镇	10
177	350783108	福建省	南平市	建瓯市	东峰镇	3
178	350783109	福建省	南平市	建瓯市	小松镇	2
179	350783200	福建省	南平市	建瓯市	顺阳乡	8
180	350783201	福建省	南平市	建瓯市	水源乡	1
181	350783202	福建省	南平市	建瓯市	川石乡	4
182	350783203	福建省	南平市	建瓯市	龙村乡	5
183	350784001	福建省	南平市	建阳区	潭城街道	4
184	350784002	福建省	南平市	建阳区	童游街道	1
185	350784102	福建省	南平市	建阳区	将口镇	6
186	350784103	福建省	南平市	建阳区	徐市镇	18
187	350784104	福建省	南平市	建阳区	莒口镇	29
188	350784105	福建省	南平市	建阳区	麻沙镇	20
189	350784107	福建省	南平市	建阳区	水吉镇	6
190	350784109	福建省	南平市	建阳区	小湖镇	7
191	350784200	福建省	南平市	建阳区	崇雒乡	6
192	350784202	福建省	南平市	建阳区	回龙乡	8
193	350902105	福建省	宁德市	蕉城区	霍童镇	4
194	350902106	福建省	宁德市	蕉城区	赤溪镇	4
195	350902107	福建省	宁德市	蕉城区	洋中镇	5
196	350902108	福建省	宁德市	蕉城区	飞鸾镇	1
197	350902201	福建省	宁德市	蕉城区	洪口乡	4
198	350922105	福建省	宁德市	古田县	杉洋镇	1
199	350922108	福建省	宁德市	古田县	大甲镇	2
200	350924202	福建省	宁德市	寿宁县	清源乡	1
201	350924205	福建省	宁德市	寿宁县	芹洋乡	1
202	350924206	福建省	宁德市	寿宁县	托溪乡	3
203	350924207	福建省	宁德市	寿宁县	平溪乡	1
204	350924209	福建省	宁德市	寿宁县	下党乡	1
205	350925101	福建省	宁德市	周宁县	咸村镇	5
206	350925103	福建省	宁德市	周宁县	七步镇	1
207	350925105	福建省	宁德市	周宁县	纯池镇	2
208	350925202	福建省	宁德市	周宁县	玛坑乡	1
209	350926203	福建省	宁德市	柘荣县	黄柏乡	2
210	350981103	福建省	宁德市	福安市	潭头镇	6
211	350981104	福建省	宁德市	福安市	社口镇	1
212	350981105	福建省	宁德市	福安市	晓阳镇	1

(续)

序号	区划代码	省份名称	地市名称	县区名称	乡镇名称	新发疫情高风险松林小班数量(个)
213	350981106	福建省	宁德市	福安市	溪潭镇	1
214	350981108	福建省	宁德市	福安市	下白石镇	1
215	350981110	福建省	宁德市	福安市	溪柄镇	2
216	350981200	福建省	宁德市	福安市	城阳镇	6
217	350981203	福建省	宁德市	福安市	穆云乡	4
218	350981204	福建省	宁德市	福安市	康厝乡	5
219	350981206	福建省	宁德市	福安市	松罗乡	3
220	350981500	福建省	宁德市	福安市	罗江街道	1
221	350982106	福建省	宁德市	福鼎市	白琳镇	2
222	360123202	江西省	南昌市	安义县	新民乡	1
223	360281100	江西省	景德镇市	乐平市	镇桥镇	1
224	360402105	江西省	九江市	庐山市	赛阳镇	1
225	360423102	江西省	九江市	武宁县	鲁溪镇	1
226	360423202	江西省	九江市	武宁县	官莲乡	2
227	360424105	江西省	九江市	修水县	渣津镇	1
228	360424106	江西省	九江市	修水县	马坳镇	1
229	360424109	江西省	九江市	修水县	溪口镇	6
230	360424112	江西省	九江市	修水县	黄沙镇	1
231	360424116	江西省	九江市	修水县	四都镇	1
232	360424214	江西省	九江市	修水县	征村乡	2
233	360425203	江西省	九江市	永修县	江上乡	1
234	360428108	江西省	九江市	都昌县	大港镇	1
235	360481103	江西省	九江市	瑞昌市	横港镇	2
236	360502101	江西省	新余市	渝水区	下村镇	3
237	360502105	江西省	新余市	渝水区	珠珊镇	1
238	360502190	江西省	新余市	渝水区	水西镇	1
239	360603104	江西省	鹰潭市	余江区	马荃镇	3
240	360681108	江西省	鹰潭市	贵溪市	塘湾镇	2
241	360681109	江西省	鹰潭市	贵溪市	文坊镇	1
242	360681203	江西省	鹰潭市	贵溪市	彭湾乡	5
243	360730019	江西省	赣州市	宁都县	肖田乡	1
244	360825203	江西省	吉安市	永丰县	鹿冈乡	2
245	360923104	江西省	宜春市	上高县	翰堂镇	1
246	360923105	江西省	宜春市	上高县	南港镇	1
247	360923200	江西省	宜春市	上高县	芦洲乡	1
248	360923204	江西省	宜春市	上高县	野市乡	2
249	360924204	江西省	宜春市	宜丰县	桥西乡	2
250	360981111	江西省	宜春市	丰城市	丽村镇	1
251	360981203	江西省	宜春市	丰城市	蕉坑乡	2
252	360981205	江西省	宜春市	丰城市	荷湖乡	1
253	360982203	江西省	宜春市	樟树市	吴城乡	1

（续）

序号	区划代码	省份名称	地市名称	县区名称	乡镇名称	新发疫情高风险松林小班数量（个）
254	360983114	江西省	宜春市	高安市	村前镇	1
255	360983118	江西省	宜春市	高安市	华林山镇	9
256	361002202	江西省	抚州市	临川区	桐源乡	3
257	361002204	江西省	抚州市	临川区	七里岗乡	1
258	361002205	江西省	抚州市	临川区	嵩湖乡	1
259	361003106	江西省	抚州市	东乡区	杨桥殿镇	3
260	361021108	江西省	抚州市	南城县	万坊镇	3
261	361021200	江西省	抚州市	南城县	徐家乡	1
262	361022207	江西省	抚州市	黎川县	中田乡	1
263	361023201	江西省	抚州市	南丰县	东坪乡	1
264	361024106	江西省	抚州市	崇仁县	马鞍镇	1
265	361026106	江西省	抚州市	宜黄县	中港镇	2
266	361027200	江西省	抚州市	金溪县	黄通乡	1
267	361028003	江西省	抚州市	资溪县	高阜镇	2
268	361029001	江西省	抚州市	东乡区	孝岗镇	1
269	361103114	江西省	上饶市	广丰区	吴村镇	2
270	361121008	江西省	上饶市	广信区	清水乡	1
271	361123101	江西省	上饶市	玉山县	临湖镇	1
272	361123203	江西省	上饶市	玉山县	四股桥乡	2
273	361123204	江西省	上饶市	玉山县	六都乡	1
274	361125205	江西省	上饶市	横峰县	青板乡	1
275	361127104	江西省	上饶市	余干县	古埠镇	2
276	361128203	江西省	上饶市	鄱阳县	响水滩乡	3
277	361129201	江西省	上饶市	万年县	齐埠乡	1
278	361129206	江西省	上饶市	万年县	苏桥乡	1
279	361130001	江西省	上饶市	婺源县	蚺城街道	1
280	361130100	江西省	上饶市	婺源县	紫阳镇	1
281	361130102	江西省	上饶市	婺源县	秋口镇	3
282	361130104	江西省	上饶市	婺源县	思口镇	5
283	361130106	江西省	上饶市	婺源县	赋春镇	3
284	361130109	江西省	上饶市	婺源县	太白镇	3
285	361130110	江西省	上饶市	婺源县	中云镇	2
286	361130208	江西省	上饶市	婺源县	珍珠山乡	1
287	361181205	江西省	上饶市	德兴市	龙头山乡	2
288	370211009	山东省	青岛市	黄岛区	珠海街道	1
289	370211015	山东省	青岛市	黄岛区	张家楼街道	1
290	370611006	山东省	烟台市	福山区	东厅街道	1
291	370613005	山东省	烟台市	莱山区	莱山街道	2
292	411523202	河南省	信阳市	新县	陡山河乡	1
293	420302002	湖北省	十堰市	茅箭区	二堰街道	2
294	420302006	湖北省	十堰市	茅箭区	茅塔乡	1

(续)

序号	区划代码	省份名称	地市名称	县区名称	乡镇名称	新发疫情高风险松林小班数量(个)
295	420302100	湖北省	十堰市	茅箭区	大川镇	7
296	420303001	湖北省	十堰市	张湾区	花果街道	2
297	420303002	湖北省	十堰市	张湾区	红卫街道	2
298	420303004	湖北省	十堰市	张湾区	汉江路街道	2
299	420303201	湖北省	十堰市	张湾区	西沟乡	2
300	420381105	湖北省	十堰市	丹江口市	均县镇	2
301	420381107	湖北省	十堰市	丹江口市	蒿坪镇	1
302	420381111	湖北省	十堰市	丹江口市	龙山镇	1
303	420381450	湖北省	十堰市	丹江口市	武当山特区	6
304	420504102	湖北省	宜昌市	点军区	桥边镇	1
305	420506001	湖北省	宜昌市	夷陵区	小溪塔街道	10
306	420506107	湖北省	宜昌市	夷陵区	龙泉镇	1
307	420506201	湖北省	宜昌市	夷陵区	下堡坪乡	2
308	420527103	湖北省	宜昌市	秭归县	屈原镇	2
309	420581203	湖北省	宜昌市	宜都市	王家畈乡	3
310	420922202	湖北省	孝感市	大悟县	东新乡	1
311	421122104	湖北省	黄冈市	红安县	上新集镇	1
312	421122109	湖北省	黄冈市	红安县	永河镇	1
313	421122501	湖北省	黄冈市	红安县	天台山	1
314	421381100	湖北省	随州市	广水市	武胜关镇	1
315	421381101	湖北省	随州市	广水市	杨寨镇	2
316	421381201	湖北省	随州市	广水市	李店乡	1
317	430104013	湖南省	长沙市	岳麓区	含浦街道	1
318	430104102	湖南省	长沙市	岳麓区	莲花镇	1
319	430105013	湖南省	长沙市	开福区	洪山街道	1
320	430121114	湖南省	长沙市	长沙县	北山镇	11
321	430122103	湖南省	长沙市	望城区	茶亭镇	2
322	430181003	湖南省	长沙市	浏阳市	荷花街道	11
323	430181111	湖南省	长沙市	浏阳市	金刚镇	1
324	430181112	湖南省	长沙市	浏阳市	文家市镇	3
325	430181115	湖南省	长沙市	浏阳市	镇头镇	1
326	430181121	湖南省	长沙市	浏阳市	澄潭江镇	1
327	430181122	湖南省	长沙市	浏阳市	中和镇	1
328	430181124	湖南省	长沙市	浏阳市	洞阳镇	1
329	430181128	湖南省	长沙市	浏阳市	高坪镇	3
330	430181130	湖南省	长沙市	浏阳市	官桥镇	1
331	430181206	湖南省	长沙市	浏阳市	杨花乡	2
332	430181207	湖南省	长沙市	浏阳市	葛家乡	1
333	430182101	湖南省	长沙市	宁乡市	道林镇	3
334	430182102	湖南省	长沙市	宁乡市	花明楼镇	2
335	430224111	湖南省	株洲市	茶陵县	枣市镇	1

(续)

序号	区划代码	省份名称	地市名称	县区名称	乡镇名称	新发疫情高风险松林小班数量(个)
336	430281003	湖南省	株洲市	醴陵市	西山街道	2
337	430281100	湖南省	株洲市	醴陵市	南桥镇	7
338	430281103	湖南省	株洲市	醴陵市	浦口镇	2
339	430281105	湖南省	株洲市	醴陵市	王仙镇	2
340	430281121	湖南省	株洲市	醴陵市	东富镇	2
341	430281204	湖南省	株洲市	醴陵市	孙家湾乡	1
342	430281213	湖南省	株洲市	醴陵市	新阳乡	1
343	430281216	湖南省	株洲市	醴陵市	东堡乡	12
344	430281217	湖南省	株洲市	醴陵市	板杉乡	2
345	430421114	湖南省	衡阳市	衡阳县	关市镇	7
346	430422113	湖南省	衡阳市	衡南县	鸡笼镇	4
347	430422113	湖南省	衡阳市	衡南县	岐山镇	6
348	430422115	湖南省	衡阳市	衡南县	柞市镇	1
349	430422116	湖南省	衡阳市	衡南县	茅市镇	2
350	430426100	湖南省	衡阳市	祁东县	洪桥镇	5
351	430426101	湖南省	衡阳市	祁东县	白鹤铺镇	4
352	430426108	湖南省	衡阳市	祁东县	双桥镇	2
353	430426110	湖南省	衡阳市	祁东县	风石堰镇	3
354	430482101	湖南省	衡阳市	常宁市	柏坊镇	2
355	430482106	湖南省	衡阳市	常宁市	西岭镇	1
356	430482110	湖南省	衡阳市	常宁市	庙前镇	5
357	430482201	湖南省	衡阳市	常宁市	蓬塘乡	1
358	430482202	湖南省	衡阳市	常宁市	兰江乡	2
359	430482204	湖南省	衡阳市	常宁市	江河乡	1
360	430482205	湖南省	衡阳市	常宁市	弥泉乡	9
361	430527214	湖南省	邵阳市	绥宁县	白玉乡	5
362	430529102	湖南省	邵阳市	城步县	西岩镇	2
363	430681106	湖南省	岳阳市	汨罗市	高家坊镇	1
364	430703204	湖南省	常德市	鼎城区	许家桥乡	1
365	430725103	湖南省	常德市	桃源县	热市镇	1
366	430725104	湖南省	常德市	桃源县	黄石镇	4
367	430725105	湖南省	常德市	桃源县	漆河镇	4
368	430725109	湖南省	常德市	桃源县	三阳港镇	3
369	430725110	湖南省	常德市	桃源县	剪市镇	5
370	430725113	湖南省	常德市	桃源县	沙坪镇	1
371	430725114	湖南省	常德市	桃源县	桃花源镇	3
372	430725115	湖南省	常德市	桃源县	架桥镇	2
373	430725206	湖南省	常德市	桃源县	双溪口乡	1
374	430725208	湖南省	常德市	桃源县	九溪乡	7
375	430725213	湖南省	常德市	桃源县	太平桥乡	7
376	430725214	湖南省	常德市	桃源县	浯溪河乡	1

(续)

序号	区划代码	省份名称	地市名称	县区名称	乡镇名称	新发疫情高风险松林小班数量(个)
377	430725220	湖南省	常德市	桃源县	牯牛山乡	1
378	430725221	湖南省	常德市	桃源县	杨溪桥乡	5
379	430821109	湖南省	张家界市	慈利县	零溪镇	2
380	430821205	湖南省	张家界市	慈利县	二坊坪乡	5
381	430922114	湖南省	益阳市	桃江县	武潭镇	5
382	430922116	湖南省	益阳市	桃江县	三堂街镇	2
383	431021104	湖南省	郴州市	桂阳县	洋市镇	4
384	431021116	湖南省	郴州市	桂阳县	雷坪镇	2
385	431021219	湖南省	郴州市	桂阳县	光明乡	2
386	431022106	湖南省	郴州市	宜章县	黄沙镇	1
387	431022107	湖南省	郴州市	宜章县	迎春镇	15
388	431022108	湖南省	郴州市	宜章县	一六镇	8
389	431022202	湖南省	郴州市	宜章县	长村乡	4
390	431022204	湖南省	郴州市	宜章县	天塘乡	38
391	431023101	湖南省	郴州市	永兴县	马田镇	5
392	431023104	湖南省	郴州市	永兴县	金龟镇	1
393	431023105	湖南省	郴州市	永兴县	柏林镇	5
394	431023206	湖南省	郴州市	永兴县	三塘乡	2
395	431028104	湖南省	郴州市	安仁县	关王镇	3
396	431028106	湖南省	郴州市	安仁县	永乐江镇	2
397	431028206	湖南省	郴州市	安仁县	牌楼乡	5
398	431028208	湖南省	郴州市	安仁县	坪上乡	4
399	431028210	湖南省	郴州市	安仁县	竹山乡	2
400	431028211	湖南省	郴州市	安仁县	豪山乡	2
401	431028212	湖南省	郴州市	安仁县	羊脑乡	13
402	431102103	湖南省	永州市	零陵区	黄田铺镇	1
403	431102201	湖南省	永州市	零陵区	梳子铺乡	2
404	431102202	湖南省	永州市	零陵区	石山脚乡	9
405	431122105	湖南省	永州市	东安县	井头圩镇	1
406	431122200	湖南省	永州市	东安县	大江口乡	6
407	433127101	湖南省	湘西州*	永顺县	首车镇	2
408	433127111	湖南省	湘西州	永顺县	泽家镇	1
409	433127112	湖南省	湘西州	永顺县	石堤镇	13
410	433127116	湖南省	湘西州	永顺县	灵溪镇	12
411	433127201	湖南省	湘西州	永顺县	勺哈乡	5
412	433127202	湖南省	湘西州	永顺县	西歧乡	1
413	433127203	湖南省	湘西州	永顺县	对山乡	6
414	433127210	湖南省	湘西州	永顺县	高坪乡	2
415	433127233	湖南省	湘西州	永顺县	抚志乡	7

* 湘西土家族苗族自治州。

(续)

序号	区划代码	省份名称	地市名称	县区名称	乡镇名称	新发疫情高风险松林小班数量(个)
416	433127235	湖南省	湘西州	永顺县	吊井乡	2
417	440117107	广东省	广州市	从化区	吕田镇	5
418	440203103	广东省	韶关市	武江区	江湾镇	2
419	440204103	广东省	韶关市	浈江区	犁市镇	1
420	440204104	广东省	韶关市	浈江区	花坪镇	4
421	440205104	广东省	韶关市	曲江区	沙溪镇	2
422	440205109	广东省	韶关市	曲江区	罗坑镇	2
423	440224106	广东省	韶关市	仁化县	红山镇	2
424	440224108	广东省	韶关市	仁化县	董塘镇	3
425	440224109	广东省	韶关市	仁化县	大桥镇	4
426	440224110	广东省	韶关市	仁化县	周田镇	1
427	440229100	广东省	韶关市	翁源县	龙仙镇	1
428	440229106	广东省	韶关市	翁源县	江尾镇	4
429	440229109	广东省	韶关市	翁源县	官渡镇	2
430	440229114	广东省	韶关市	翁源县	新江镇	3
431	440229450	广东省	韶关市	翁源县	铁龙林场	3
432	440232106	广东省	韶关市	乳源县	洛阳镇	1
433	440232108	广东省	韶关市	乳源县	大布镇	3
434	440232109	广东省	韶关市	乳源县	大桥镇	5
435	440232111	广东省	韶关市	乳源县	东坪镇	4
436	440232112	广东省	韶关市	乳源县	游溪镇	4
437	440232113	广东省	韶关市	乳源县	必背镇	5
438	440233101	广东省	韶关市	新丰县	黄礤镇	4
439	440233102	广东省	韶关市	新丰县	马头镇	3
440	440233103	广东省	韶关市	新丰县	梅坑镇	11
441	440233104	广东省	韶关市	新丰县	沙田镇	3
442	440233106	广东省	韶关市	新丰县	回龙镇	9
443	440281001	广东省	韶关市	乐昌市	乐城街道	13
444	440281102	广东省	韶关市	乐昌市	北乡镇	7
445	440281104	广东省	韶关市	乐昌市	廊田镇	2
446	440281105	广东省	韶关市	乐昌市	长来镇	1
447	440281106	广东省	韶关市	乐昌市	梅花镇	1
448	440281111	广东省	韶关市	乐昌市	五山镇	14
449	440281114	广东省	韶关市	乐昌市	云岩镇	2
450	440281117	广东省	韶关市	乐昌市	大源镇	8
451	441223103	广东省	肇庆市	广宁县	江屯镇	6
452	441223106	广东省	肇庆市	广宁县	北市镇	7
453	441223108	广东省	肇庆市	广宁县	赤坑镇	1
454	441224105	广东省	肇庆市	怀集县	凤岗镇	1
455	441224106	广东省	肇庆市	怀集县	洽水镇	3
456	441302100	广东省	惠州市	惠城区	汝湖镇	1

(续)

序号	区划代码	省份名称	地市名称	县区名称	乡镇名称	新发疫情高风险松林小班数量(个)
457	441322100	广东省	惠州市	博罗县	石坝镇	1
458	441322102	广东省	惠州市	博罗县	麻陂镇	1
459	441322103	广东省	惠州市	博罗县	观音阁镇	1
460	441322104	广东省	惠州市	博罗县	公庄镇	2
461	441322106	广东省	惠州市	博罗县	柏塘镇	2
462	441322108	广东省	惠州市	博罗县	泰美镇	2
463	441324116	广东省	惠州市	龙门县	龙潭镇	1
464	441324117	广东省	惠州市	龙门县	地派镇	1
465	441402103	广东省	梅州市	梅江区	长沙镇	1
466	441402106	广东省	梅州市	梅江区	西阳镇	1
467	441403102	广东省	梅州市	梅县区	石扇镇	2
468	441403103	广东省	梅州市	梅县区	梅西镇	4
469	441403104	广东省	梅州市	梅县区	大坪镇	1
470	441403113	广东省	梅州市	梅县区	丙村镇	5
471	441403115	广东省	梅州市	梅县区	白渡镇	2
472	441403126	广东省	梅州市	梅县区	畲江镇	1
473	441403127	广东省	梅州市	梅县区	程江镇	1
474	441403129	广东省	梅州市	梅县区	雁洋镇	1
475	441403130	广东省	梅州市	梅县区	松口镇	4
476	441403131	广东省	梅州市	梅县区	南口镇	1
477	441422108	广东省	梅州市	大埔县	银江镇	2
478	441422121	广东省	梅州市	大埔县	大麻镇	4
479	441423111	广东省	梅州市	丰顺县	龙岗镇	1
480	441423122	广东省	梅州市	丰顺县	小胜镇	4
481	441423123	广东省	梅州市	丰顺县	砂田镇	7
482	441423124	广东省	梅州市	丰顺县	八乡山镇	1
483	441423125	广东省	梅州市	丰顺县	丰良镇	2
484	441423126	广东省	梅州市	丰顺县	潭江镇	4
485	441424108	广东省	梅州市	五华县	潭下镇	3
486	441424118	广东省	梅州市	五华县	双华镇	3
487	441424126	广东省	梅州市	五华县	华阳镇	3
488	441424131	广东省	梅州市	五华县	周江镇	1
489	441424136	广东省	梅州市	五华县	岐岭镇	3
490	441424137	广东省	梅州市	五华县	长布镇	5
491	441424138	广东省	梅州市	五华县	横陂镇	1
492	441424141	广东省	梅州市	五华县	龙村镇	2
493	441426119	广东省	梅州市	平远县	大柘镇	1
494	441481115	广东省	梅州市	兴宁市	罗浮镇	1
495	441481124	广东省	梅州市	兴宁市	石马镇	1
496	441481131	广东省	梅州市	兴宁市	水口镇	3
497	441621100	广东省	河源市	紫金县	紫城镇	5

(续)

序号	区划代码	省份名称	地市名称	县区名称	乡镇名称	新发疫情高风险松林小班数量(个)
498	441621105	广东省	河源市	紫金县	蓝塘镇	1
499	441621106	广东省	河源市	紫金县	凤安镇	2
500	441621108	广东省	河源市	紫金县	古竹镇	2
501	441621109	广东省	河源市	紫金县	临江镇	1
502	441621112	广东省	河源市	紫金县	敬梓镇	4
503	441621114	广东省	河源市	紫金县	水墩镇	2
504	441621118	广东省	河源市	紫金县	好义镇	1
505	441621119	广东省	河源市	紫金县	中坝镇	5
506	441623102	广东省	河源市	连平县	内莞镇	1
507	441623104	广东省	河源市	连平县	陂头镇	1
508	441623107	广东省	河源市	连平县	隆街镇	2
509	441624100	广东省	河源市	和平县	阳明镇	2
510	441624102	广东省	河源市	和平县	长塘镇	2
511	441624105	广东省	河源市	和平县	优胜镇	3
512	441624106	广东省	河源市	和平县	贝墩镇	4
513	441624107	广东省	河源市	和平县	古寨镇	2
514	441624108	广东省	河源市	和平县	彭寨镇	8
515	441624113	广东省	河源市	和平县	热水镇	1
516	441802107	广东省	清远市	清城区	飞来峡镇	1
517	441803117	广东省	清远市	清新区	浸潭镇	4
518	441803118	广东省	清远市	清新区	石潭镇	2
519	441821100	广东省	清远市	佛冈县	石角镇	1
520	441823100	广东省	清远市	阳山县	青莲镇	2
521	441823105	广东省	清远市	阳山县	七拱镇	1
522	441823107	广东省	清远市	阳山县	太平镇	1
523	441823108	广东省	清远市	阳山县	杨梅镇	2
524	441823111	广东省	清远市	阳山县	小江镇	2
525	441881001	广东省	清远市	英德市	英城街道	1
526	441881101	广东省	清远市	英德市	沙口镇	4
527	441881102	广东省	清远市	英德市	望埠镇	1
528	441881103	广东省	清远市	英德市	横石水镇	1
529	441881105	广东省	清远市	英德市	桥头镇	1
530	441881106	广东省	清远市	英德市	青塘镇	5
531	441881108	广东省	清远市	英德市	白沙镇	2
532	441881109	广东省	清远市	英德市	大站镇	1
533	441881110	广东省	清远市	英德市	西牛镇	1
534	441881111	广东省	清远市	英德市	九龙镇	3
535	441881112	广东省	清远市	英德市	含光镇	4
536	441881114	广东省	清远市	英德市	大湾镇	3
537	441881115	广东省	清远市	英德市	石灰铺镇	1
538	441881116	广东省	清远市	英德市	石牯塘镇	9

(续)

序号	区划代码	省份名称	地市名称	县区名称	乡镇名称	新发疫情高风险松林小班数量(个)
539	441881124	广东省	清远市	英德市	波罗镇	1
540	441881130	广东省	清远市	英德市	黎溪镇	2
541	441881137	广东省	清远市	英德市	东华镇	4
542	441881138	广东省	清远市	英德市	黄花镇	6
543	450312100	广西壮族自治区	桂林市	临桂区	临桂镇	2
544	450312101	广西壮族自治区	桂林市	临桂区	六塘镇	4
545	450312102	广西壮族自治区	桂林市	临桂区	会仙镇	3
546	450312103	广西壮族自治区	桂林市	临桂区	两江镇	17
547	450312104	广西壮族自治区	桂林市	临桂区	五通镇	4
548	450312204	广西壮族自治区	桂林市	临桂区	宛田乡	19
549	450323104	广西壮族自治区	桂林市	灵川县	潭下镇	7
550	450323105	广西壮族自治区	桂林市	灵川县	青狮潭镇	6
551	450323204	广西壮族自治区	桂林市	灵川县	兰田瑶族乡	3
552	450326101	广西壮族自治区	桂林市	永福县	罗锦镇	2
553	450326205	广西壮族自治区	桂林市	永福县	龙江乡	17
554	450403101	广西壮族自治区	梧州市	万秀区	城东镇	3
555	450403104	广西壮族自治区	梧州市	万秀区	夏郢镇	11
556	450405002	广西壮族自治区	梧州市	长洲区	兴龙街道	2
557	450405102	广西壮族自治区	梧州市	长洲区	倒水镇	2
558	450421108	广西壮族自治区	梧州市	苍梧县	京南镇	2
559	450421109	广西壮族自治区	梧州市	苍梧县	狮寨镇	3
560	450421112	广西壮族自治区	梧州市	苍梧县	六堡镇	1
561	450421115	广西壮族自治区	梧州市	苍梧县	石桥镇	2
562	450421117	广西壮族自治区	梧州市	苍梧县	旺甫镇	4
563	450481100	广西壮族自治区	梧州市	岑溪市	岑城镇	2
564	450481105	广西壮族自治区	梧州市	岑溪市	水汶镇	1
565	450481106	广西壮族自治区	梧州市	岑溪市	大隆镇	1
566	450481107	广西壮族自治区	梧州市	岑溪市	梨木镇	10
567	450481110	广西壮族自治区	梧州市	岑溪市	城谏镇	1
568	450481111	广西壮族自治区	梧州市	岑溪市	归义镇	4
569	450881104	广西壮族自治区	贵港市	桂平市	油麻镇	4
570	450881106	广西壮族自治区	贵港市	桂平市	罗秀镇	1
571	450881118	广西壮族自治区	贵港市	桂平市	西山镇	1
572	451102116	广西壮族自治区	贺州市	八步区	仁义镇	1
573	451103105	广西壮族自治区	贺州市	平桂区	水口镇	2
574	500101140	重庆市	重庆市	万州区	天城镇	1
575	500101141	重庆市	重庆市	万州区	熊家镇	2
576	500101142	重庆市	重庆市	万州区	高梁镇	1
577	500102004	重庆市	重庆市	涪陵区	江北街道	1
578	500102100	重庆市	重庆市	涪陵区	百胜镇	1
579	500109101	重庆市	重庆市	北碚区	歇马镇	9

(续)

序号	区划代码	省份名称	地市名称	县区名称	乡镇名称	新发疫情高风险松林小班数量(个)
580	500114110	重庆市	重庆市	黔江区	金溪镇	1
581	500114247	重庆市	重庆市	黔江区	沙坝乡	2
582	500115126	重庆市	重庆市	长寿区	长寿湖镇	1
583	500119002	重庆市	重庆市	南川区	南城街道	1
584	500119003	重庆市	重庆市	南川区	西城街道	5
585	500119201	重庆市	重庆市	南川区	木凉乡	1
586	500119204	重庆市	重庆市	南川区	乾丰乡	8
587	500120100	重庆市	重庆市	璧山区	八塘镇	7
588	500120101	重庆市	重庆市	璧山区	七塘镇	11
589	500120102	重庆市	重庆市	璧山区	河边镇	1
590	500153113	重庆市	重庆市	荣昌区	远觉镇	1
591	500154001	重庆市	重庆市	开州区	汉丰街道	1
592	500154004	重庆市	重庆市	开州区	镇东街道	1
593	500154124	重庆市	重庆市	开州区	南门镇	2
594	500156208	重庆市	重庆市	武隆区	后坪乡	2
595	500230110	重庆市	重庆市	丰都县	兴义镇	1
596	500231119	重庆市	重庆市	垫江县	三溪镇	3
597	500231120	重庆市	重庆市	垫江县	裴兴镇	3
598	500233201	重庆市	重庆市	忠县	善广乡	3
599	500235133	重庆市	重庆市	云阳县	平安镇	2
600	500243108	重庆市	重庆市	彭水县	龙射镇	3
601	500243202	重庆市	重庆市	彭水县	鹿鸣乡	8
602	510322112	四川省	自贡市	富顺县	中石镇	1
603	510322117	四川省	自贡市	富顺县	兜山镇	1
604	510322118	四川省	自贡市	富顺县	板桥镇	1
605	510322119	四川省	自贡市	富顺县	福善镇	2
606	510322120	四川省	自贡市	富顺县	李桥镇	3
607	510322202	四川省	自贡市	富顺县	富和乡	1
608	510521100	四川省	泸州市	泸县	福集镇	3
609	510521102	四川省	泸州市	泸县	喻寺镇	1
610	511324104	四川省	南充市	仪陇县	日兴镇	2
611	511324107	四川省	南充市	仪陇县	观紫镇	1
612	511324109	四川省	南充市	仪陇县	三蛟镇	2
613	511324111	四川省	南充市	仪陇县	柳垭镇	1
614	511324112	四川省	南充市	仪陇县	义路镇	2
615	511324200	四川省	南充市	仪陇县	老木乡	1
616	511324201	四川省	南充市	仪陇县	檬垭乡	1
617	511324205	四川省	南充市	仪陇县	中坝乡	1
618	511324209	四川省	南充市	仪陇县	大风乡	1
619	511324213	四川省	南充市	仪陇县	碧泉乡	2

(续)

序号	区划代码	省份名称	地市名称	县区名称	乡镇名称	新发疫情高风险松林小班数量(个)
620	511324219	四川省	南充市	仪陇县	大罗乡	1
621	511324220	四川省	南充市	仪陇县	义门乡	1
622	511324221	四川省	南充市	仪陇县	合作乡	1
623	511381109	四川省	南充市	阆中市	二龙镇	3
624	511381110	四川省	南充市	阆中市	石滩镇	4
625	511381111	四川省	南充市	阆中市	老观镇	2
626	511381112	四川省	南充市	阆中市	龙泉镇	5
627	511381113	四川省	南充市	阆中市	千佛镇	2
628	511381224	四川省	南充市	阆中市	解元乡	2
629	511381225	四川省	南充市	阆中市	西山乡	1
630	511381226	四川省	南充市	阆中市	方山乡	2
631	511381232	四川省	南充市	阆中市	金子乡	4
632	511381234	四川省	南充市	阆中市	峰占乡	3
633	511381235	四川省	南充市	阆中市	鹤峰乡	1
634	511381239	四川省	南充市	阆中市	金城乡	5
635	511502101	四川省	宜宾市	翠屏区	李庄镇	1
636	511503002	四川省	宜宾市	南溪区	罗龙街道	2
637	511503107	四川省	宜宾市	南溪区	仙临镇	1
638	511503201	四川省	宜宾市	南溪区	马家乡	1
639	511504103	四川省	宜宾市	叙州区	观音镇	3
640	511523100	四川省	宜宾市	江安县	江安镇	1
641	511523203	四川省	宜宾市	江安县	蟠龙乡	1
642	511524102	四川省	宜宾市	长宁县	双河镇	1
643	511524110	四川省	宜宾市	长宁县	龙头镇	1
644	511524203	四川省	宜宾市	长宁县	铜鼓乡	1
645	511524207	四川省	宜宾市	长宁县	富兴乡	3
646	511603003	四川省	广安市	前锋区	龙塘街道	5
647	511603101	四川省	广安市	前锋区	桂兴镇	2
648	511603107	四川省	广安市	前锋区	龙滩镇	5
649	511603217	四川省	广安市	前锋区	光辉乡	4
650	511623103	四川省	广安市	邻水县	柑子镇	5
651	511623104	四川省	广安市	邻水县	龙安镇	8
652	511623105	四川省	广安市	邻水县	观音桥镇	2
653	511623117	四川省	广安市	邻水县	王家镇	2
654	511623202	四川省	广安市	邻水县	冷家乡	3
655	511702100	四川省	达州市	通川区	西外镇	3
656	511702101	四川省	达州市	通川区	北外镇	4
657	511702102	四川省	达州市	通川区	罗江镇	4
658	511702103	四川省	达州市	通川区	蒲家镇	3
659	511702105	四川省	达州市	通川区	双龙镇	5

(续)

序号	区划代码	省份名称	地市名称	县区名称	乡镇名称	新发疫情高风险松林小班数量(个)
660	511702107	四川省	达州市	通川区	江陵镇	5
661	511702108	四川省	达州市	通川区	碑庙镇	7
662	511702109	四川省	达州市	通川区	磐石镇	2
663	511702110	四川省	达州市	通川区	东岳镇	1
664	511702111	四川省	达州市	通川区	梓桐镇	2
665	511702112	四川省	达州市	通川区	北山镇	5
666	511702113	四川省	达州市	通川区	金石镇	8
667	511702114	四川省	达州市	通川区	青宁镇	5
668	511702208	四川省	达州市	通川区	安云乡	4
669	511703002	四川省	达州市	达川区	翠屏街道	1
670	511703006	四川省	达州市	达川区	杨柳街道	4
671	511703100	四川省	达州市	达川区	亭子镇	2
672	511703104	四川省	达州市	达川区	米城乡	3
673	511703108	四川省	达州市	达川区	百节镇	1
674	511703114	四川省	达州市	达川区	管村镇	11
675	511703115	四川省	达州市	达川区	石梯镇	1
676	511703116	四川省	达州市	达川区	石桥镇	9
677	511703117	四川省	达州市	达川区	堡子镇	1
678	511703120	四川省	达州市	达川区	双庙镇	1
679	511703122	四川省	达州市	达川区	赵固镇	3
680	511703123	四川省	达州市	达川区	桥湾镇	4
681	511703125	四川省	达州市	达川区	大堰镇	5
682	511703127	四川省	达州市	达川区	罐子镇	3
683	511703234	四川省	达州市	达川区	虎让乡	1
684	511703235	四川省	达州市	达川区	麻柳镇	1
685	511722100	四川省	达州市	宣汉县	东乡镇	
686	511722116	四川省	达州市	宣汉县	毛坝镇	2
687	511722117	四川省	达州市	宣汉县	双河镇	1
688	511722202	四川省	达州市	宣汉县	柳池乡	1
689	511722206	四川省	达州市	宣汉县	七里乡	4
690	511722228	四川省	达州市	宣汉县	红峰乡	2
691	511722229	四川省	达州市	宣汉县	凤鸣乡	1
692	511722233	四川省	达州市	宣汉县	马渡乡	3
693	511724116	四川省	达州市	大竹县	庙坝镇	1
694	511724220	四川省	达州市	大竹县	杨通乡	1
695	511725103	四川省	达州市	渠县	土溪镇	1
696	511725107	四川省	达州市	渠县	贵福镇	1
697	511725215	四川省	达州市	渠县	报恩乡	1
698	511725219	四川省	达州市	渠县	柏水乡	1
699	511725220	四川省	达州市	渠县	大义乡	1

(续)

序号	区划代码	省份名称	地市名称	县区名称	乡镇名称	新发疫情高风险松林小班数量(个)
700	511781104	四川省	达州市	万源市	河口镇	1
701	511781212	四川省	达州市	万源市	秦河乡	3
702	511781213	四川省	达州市	万源市	庙垭乡	5
703	511781214	四川省	达州市	万源市	鹰背乡	3
704	511781215	四川省	达州市	万源市	石窝乡	3
705	511781216	四川省	达州市	万源市	玉带乡	4
706	511902108	四川省	巴中市	巴州区	鼎山镇	3
707	511902109	四川省	巴中市	巴州区	大罗镇	1
708	511902200	四川省	巴中市	巴州区	平梁乡	15
709	511902204	四川省	巴中市	巴州区	白庙乡	4
710	511902208	四川省	巴中市	巴州区	梓桐庙乡	6
711	511902211	四川省	巴中市	巴州区	凤溪乡	15
712	511902212	四川省	巴中市	巴州区	龙背乡	2
713	511903107	四川省	巴中市	恩阳区	下八庙镇	1
714	511921102	四川省	巴中市	通江县	火炬镇	1
715	511921103	四川省	巴中市	通江县	广纳镇	3
716	511921104	四川省	巴中市	通江县	铁佛镇	5
717	511921109	四川省	巴中市	通江县	瓦室镇	3
718	511921200	四川省	巴中市	通江县	杨柏乡	1
719	511921202	四川省	巴中市	通江县	东山乡	1
720	511921204	四川省	巴中市	通江县	双泉乡	1
721	511921205	四川省	巴中市	通江县	文峰乡	1
722	511921206	四川省	巴中市	通江县	春在乡	3
723	511921207	四川省	巴中市	通江县	三合乡	6
724	511921208	四川省	巴中市	通江县	云县乡	1
725	511921209	四川省	巴中市	通江县	唱歌乡	3
726	511921210	四川省	巴中市	通江县	芝苞乡	5
727	511921219	四川省	巴中市	通江县	兴隆乡	5
728	511921220	四川省	巴中市	通江县	毛裕乡	1
729	511921234	四川省	巴中市	通江县	回林乡	1
730	511923204	四川省	巴中市	平昌县	龙岗乡	1
731	512021106	四川省	资阳市	安岳县	林凤镇	2
732	512021108	四川省	资阳市	安岳县	永清镇	2
733	512021112	四川省	资阳市	安岳县	护龙镇	1
734	512021113	四川省	资阳市	安岳县	李家镇	1
735	512021115	四川省	资阳市	安岳县	兴隆镇	2
736	512021219	四川省	资阳市	安岳县	横庙乡	2
737	512021221	四川省	资阳市	安岳县	白塔寺乡	1
738	512021224	四川省	资阳市	安岳县	和平乡	1
739	512021229	四川省	资阳市	安岳县	护建乡	1

(续)

序号	区划代码	省份名称	地市名称	县区名称	乡镇名称	新发疫情高风险松林小班数量(个)
740	512021233	四川省	资阳市	安岳县	协和乡	3
741	512021234	四川省	资阳市	安岳县	鱼龙乡	2
742	520523104	贵州省	毕节市	金沙县	禹谟镇	6
743	520523110	贵州省	毕节市	金沙县	化觉镇	1
744	520523114	贵州省	毕节市	金沙县	长坝镇	1
745	520523215	贵州省	毕节市	金沙县	安洛乡	4
746	520523216	贵州省	毕节市	金沙县	新化乡	2
747	520523217	贵州省	毕节市	金沙县	大田乡	1
748	520602005	贵州省	铜仁市	碧江区	灯塔街道	2
749	520602006	贵州省	铜仁市	碧江区	川硐街道	11
750	520602006	贵州省	铜仁市	碧江区	川硐街道	3
751	520602101	贵州省	铜仁市	碧江区	坝黄镇	2
752	520602200	贵州省	铜仁市	碧江区	桐木坪乡	6
753	520602201	贵州省	铜仁市	碧江区	滑石乡	1
754	520602202	贵州省	铜仁市	碧江区	和平乡	15
755	520603002	贵州省	铜仁市	万山区	茶店街道	4
756	520603202	贵州省	铜仁市	万山区	敖寨侗族乡	6
757	520603204	贵州省	铜仁市	万山区	鱼塘乡	2
758	520628001	贵州省	铜仁市	松桃县	大兴街道	2
759	522424012	贵州省	毕节市	金沙县	柳塘镇	1
760	522632001	贵州省	黔东南州*	榕江县	古州镇	6
761	522632002	贵州省	黔东南州	榕江县	忠诚镇	1
762	522632108	贵州省	黔东南州	榕江县	八开镇	6
763	522633100	贵州省	黔东南州	从江县	丙妹镇	4
764	522633105	贵州省	黔东南州	从江县	西山镇	1
765	610723108	陕西省	汉中市	洋县	磨子桥镇	1
766	610921100	陕西省	安康市	汉阴县	城关镇	1
767	610923106	陕西省	安康市	宁陕县	筒车湾镇	1
768	610924100	陕西省	安康市	紫阳县	城关镇	1
769	610924102	陕西省	安康市	紫阳县	汉王镇	2
770	610925105	陕西省	安康市	岚皋县	石门镇	1
771	610926102	陕西省	安康市	平利县	老县镇	1
772	611025113	陕西省	商洛市	镇安县	云盖寺镇	1

* 黔东南苗族侗族自治州。

表3 松材线虫病非疫情发生区新发疫情高风险预测结果统计表

序号	区划代码	省份名称	地市名称	县区名称	乡镇名称	新发疫情高风险松林小班数量(个)
1	110113110	北京市	市辖区	顺义区	张镇	1
2	230183104	黑龙江省	哈尔滨市	尚志市	帽儿山镇	13
3	350402100	福建省	三明市	梅列区	陈大镇	2
4	350421202	福建省	三明市	明溪县	夏阳乡	3
5	350426101	福建省	三明市	尤溪县	梅仙镇	4
6	350426102	福建省	三明市	尤溪县	西滨镇	4
7	350426105	福建省	三明市	尤溪县	管前镇	2
8	350426106	福建省	三明市	尤溪县	西城镇	8
9	350426200	福建省	三明市	尤溪县	联合乡	6
10	350923204	福建省	宁德市	屏南县	路下乡	1
11	360521201	江西省	新余市	分宜县	洞村乡	4
12	360521202	江西省	新余市	分宜县	高岚乡	2
13	420502201	湖北省	宜昌市	西陵区	窑湾乡	2
14	430481102	湖南省	衡阳市	耒阳市	公平圩镇	1
15	430481213	湖南省	衡阳市	耒阳市	长坪乡	1
16	430624104	湖南省	岳阳市	湘阴县	樟树镇	3
17	430624126	湖南省	岳阳市	湘阴县	金龙镇	1
18	430722109	湖南省	常德市	汉寿县	太子庙镇	2
19	430722111	湖南省	常德市	汉寿县	崔家桥镇	4
20	430722207	湖南省	常德市	汉寿县	丰家铺乡	3
21	430722208	湖南省	常德市	汉寿县	东岳庙乡	5
22	430722211	湖南省	常德市	汉寿县	三和乡	2
23	430726101	湖南省	常德市	石门县	蒙泉镇	2
24	431002102	湖南省	郴州市	北湖区	鲁塘镇	3
25	431002202	湖南省	郴州市	北湖区	大塘瑶族乡	1
26	431002206	湖南省	郴州市	北湖区	芙蓉乡	8
27	431002207	湖南省	郴州市	北湖区	永春乡	11
28	431003102	湖南省	郴州市	苏仙区	良田镇	12
29	431003103	湖南省	郴州市	苏仙区	栖凤渡镇	2
30	431025101	湖南省	郴州市	临武县	金江镇	4
31	431025105	湖南省	郴州市	临武县	南强镇	3
32	431025106	湖南省	郴州市	临武县	汾市镇	2
33	431025107	湖南省	郴州市	临武县	水东镇	2
34	431025203	湖南省	郴州市	临武县	同益乡	1
35	510422211	四川省	攀枝花市	盐边县	格萨拉乡	2
36	510821202	四川省	广元市	旺苍县	九龙乡	4
37	511322110	四川省	南充市	营山县	双流镇	3
38	511322216	四川省	南充市	营山县	明德乡	3
39	511322217	四川省	南充市	营山县	普岭乡	2
40	511322223	四川省	南充市	营山县	合兴乡	5
41	511322225	四川省	南充市	营山县	悦中乡	4

(续)

序号	区划代码	省份名称	地市名称	县区名称	乡镇名称	新发疫情高风险松林小班数量(个)
42	513423224	四川省	凉山州*	盐源县	洼里乡	1
43	513433218	四川省	凉山州	冕宁县	里庄乡	6
44	513433220	四川省	凉山州	冕宁县	腊窝乡	1
45	513433221	四川省	凉山州	冕宁县	联合乡	5
46	513433222	四川省	凉山州	冕宁县	麦地沟乡	4
47	513433223	四川省	凉山州	冕宁县	锦屏乡	2
48	513433224	四川省	凉山州	冕宁县	南河乡	6
49	513433225	四川省	凉山州	冕宁县	青纳乡	3
50	513433226	四川省	凉山州	冕宁县	和爱藏族乡	3
51	513433227	四川省	凉山州	冕宁县	棉沙湾乡	10
52	513433228	四川省	凉山州	冕宁县	马头乡	2
53	513433229	四川省	凉山州	冕宁县	窝堡乡	2
54	513433230	四川省	凉山州	冕宁县	新兴乡	3
55	513433231	四川省	凉山州	冕宁县	健美乡	4
56	520621105	贵州省	铜仁市	江口县	桃映镇	1
57	530102008	云南省	昆明市	五华区	黑林铺街道	1
58	530111010	云南省	昆明市	官渡区	阿拉街道	1
59	610302100	陕西省	宝鸡市	渭滨区	马营镇	2
60	610302102	陕西省	宝鸡市	渭滨区	神农镇	4
61	610302103	陕西省	宝鸡市	渭滨区	高家镇	8
62	610302104	陕西省	宝鸡市	渭滨区	八鱼镇	1
63	610303103	陕西省	宝鸡市	金台区	硖石镇	8
64	610304109	陕西省	宝鸡市	陈仓区	县功镇	3
65	610304111	陕西省	宝鸡市	陈仓区	坪头镇	3
66	610304112	陕西省	宝鸡市	陈仓区	香泉镇	1
67	610323104	陕西省	宝鸡市	岐山县	蒲村镇	2
68	610323105	陕西省	宝鸡市	岐山县	祝家庄镇	1
69	610324107	陕西省	宝鸡市	扶风县	法门镇	1
70	610326103	陕西省	宝鸡市	眉县	汤峪镇	7
71	610327100	陕西省	宝鸡市	陇县	城关镇	1
72	610327107	陕西省	宝鸡市	陇县	天成镇	2
73	610327112	陕西省	宝鸡市	陇县	河北镇	1
74	610330100	陕西省	宝鸡市	凤县	双石铺镇	3
75	610330101	陕西省	宝鸡市	凤县	凤州镇	3
76	610330104	陕西省	宝鸡市	凤县	河口镇	8
77	610330105	陕西省	宝鸡市	凤县	唐藏镇	1
78	610330106	陕西省	宝鸡市	凤县	平木镇	9
79	610330107	陕西省	宝鸡市	凤县	坪坎镇	3
80	610330110	陕西省	宝鸡市	凤县	留凤关镇	1

* 凉山彝族自治州。

（续）

序号	区划代码	省份名称	地市名称	县区名称	乡镇名称	新发疫情高风险松林小班数量（个）
81	610331100	陕西省	宝鸡市	太白县	咀头镇	5
82	610331101	陕西省	宝鸡市	太白县	桃川镇	4
83	610331102	陕西省	宝鸡市	太白县	鹦鸽镇	1
84	610331104	陕西省	宝鸡市	太白县	太白河镇	1
85	610331105	陕西省	宝鸡市	太白县	黄柏塬镇	7
86	620103100	甘肃省	兰州市	七里河区	阿干镇	1
87	620103103	甘肃省	兰州市	七里河区	西果园镇	3
88	621023101	甘肃省	庆阳市	华池县	柔远镇	3
89	621023200	甘肃省	庆阳市	华池县	城壕乡	5
90	621023208	甘肃省	庆阳市	华池县	山庄乡	2
91	621023209	甘肃省	庆阳市	华池县	南梁镇	2
92	621023210	甘肃省	庆阳市	华池县	林镇乡	4

（续）

02 北京市林业有害生物2022年发生情况和2023年趋势预测

北京市园林绿化资源保护中心（北京市园林绿化局审批服务中心）

【摘要】 2022年，北京市林业有害生物发生面积45.62万亩，比2021年减少0.35万亩（0.75%）。预计，2023年北京市林业有害生物发生面积46.69万亩，比2022年发生面积增加1.08万亩（2.36%），总体呈轻度发生。美国白蛾、悬铃木方翅网蝽、杨潜叶跳象、柳毒蛾、舞毒蛾、国槐尺蠖、柳蜷叶蜂、光肩星天牛、槐小卷蛾、草履蚧、杨树黑叶病等呈现上升趋势；杨扇舟蛾、杨小舟蛾、栎粉舟蛾、栎掌舟蛾、黄连木尺蠖、双条杉天牛、柏肤小蠹、松梢螟等呈现下降趋势；松材线虫病等有害生物入侵风险加剧。

一、2022年林业有害生物发生情况

（一）发生特点

1. 与2021年同期相比，多种早春林业有害生物的出蛰日期延后。其中，草履蚧若虫首次发现日期延后23天，春尺蠖成虫延后9天，双条杉天牛成虫延后13天，杨潜叶跳象成虫延后8天。

2. 检疫性、危险性有害生物发生面积有所上升，发生面积5.61万亩，较2021年增加0.75万亩（15.48%），其中美国白蛾2022年发生3.15万亩，较2021年增加0.63万亩（25.06%），美国白蛾依然在部分社区村点、街巷胡同、拆迁腾退地、城乡接合部、失管（弃管）果园苗圃等易发、高发。

3. 常发性有害生物发生面积较去年持平，发生40.01万亩，较2021年减少1.1万亩（2.67%）。

4. 蛀干类害虫发生面积虽较去年持平，但槐小卷蛾在街道绿地发生偏重，小线角木蠹蛾等蛀干类害虫在平原生态林等局部地块发生危害加剧。

5. 杨树炭疽病、杨树锈病等病害发生面积有所上升，但总体呈轻度发生。

（二）主要林业有害生物发生情况

1. 常发性林业有害生物发生情况

（1）虫害发生情况

发生37.47万亩，占林业有害生物发生总面积的82.15%，比2021年减少2.02万亩（5.12%）。

食叶害虫 发生27.16万亩，占林业有害生物发生总面积的59.54%，比2021年减少1.87万亩（6.44%）。主要表现：一是杨树食叶害虫，主要包括春尺蠖、杨扇舟蛾、杨潜叶跳象、柳毒蛾和杨小舟蛾等，发生14.31万亩，占林业有害生物发生总面积的31.38%，比2021年减少0.18万亩（1.27%），其中，杨潜叶跳象发生面积为2.11万亩，较2021年增加0.21万亩（10.84%），柳毒蛾发生1.66万亩，较2021年增加0.25万亩（17.31%），杨扇舟蛾发生2.20万亩，较2021年减少0.38万亩（14.55%），杨小舟蛾发生面积为1.38万亩，较2021年减少0.22万亩（13.72%）；二是松树食叶害虫主要包括油松毛虫、延庆腮扁叶蜂、落叶松红腹叶蜂、黑胫腮扁叶蜂和舞毒蛾等，发生3.95万亩，占林业有害生物发生总面积的8.66%，比2021年减少0.19万亩（4.59%）；三是山区食叶害虫，主要包括栎粉舟蛾、栎掌舟蛾、黄连木尺蠖和缀叶丛螟等，发生4.61万亩，占林业有害生物发生总面积的10.12%，比2021年减少2.46万亩（34.74%）；四是其他食叶害虫，主要包括国槐尺蠖、黄栌胫跳甲、柳蜷叶蜂等，发生4.28万亩，占林业有

害生物发生总面积的 9.39%，比 2021 年增加 0.96 万亩（28.81%）。

蛀干害虫　主要包括双条杉天牛、国槐叶柄小蛾、光肩星天牛、柏肤小蠹、松梢螟及纵坑切梢小蠹等，发生 9.30 万亩，占林业有害生物发生总面积的 20.38%，比 2021 年减少 0.24 万亩（2.56%）。

刺吸类害虫　主要为草履蚧，发生 1.01 万亩，占林业有害生物发生总面积的 2.22%，比 2021 年增加 0.09 万亩（10.07%）。

(2) 病害发生情况

主要包括杨树溃疡病、杨树烂皮病、杨树炭疽病和杨树锈病等，发生 2.53 万亩，占林业有害生物发生总面积的 5.55%，比 2021 年增加 0.93 万亩（57.55%）。

2. 检疫性、危险性林业有害生物发生情况

美国白蛾等检疫性、危险性林业有害生物发生形势依然严峻。

松材线虫病　通过对全市域 174.64 万亩松林全覆盖春秋季两次普查，检测疑似样品 3000 余个，未在松木和天牛上检出松材线虫。

美国白蛾　发生 3.15 万亩，较 2021 年增加 0.63 万亩（25.06%），总体呈轻度发生，局地呈多点暴发，偏多偏重发生。

白蜡窄吉丁　发生 1.18 万亩，较 2021 年增加 0.04 万亩（3.18%），在通州、大兴、门头沟等区局地危害偏重。

悬铃木方翅网蝽　发生 1.10 万亩，较 2021 年增加 0.08 万亩（7.75%），局地发生偏重，对景观造成一定影响，偶有扰民现象。

红脂大小蠹　发生 0.18 万亩，较 2021 年增加 0.01 万亩（3.46%），总体呈现零星、轻度发生。主要发生在延庆、门头沟、密云及怀柔区。

(三) 成因分析

1. 气候因素

2021/2022 年冬春季（2021 年 12 月至 2022 年 3 月）北京地区平均气温为 -0.4℃，较去年同期偏低 0.3℃；降水量为 30.8mm，较去年同期偏少 3 成。其中：2 月北京地区平均气温为 -2.9℃，与去年同期相比，偏低 4.5℃；降水量 6.2mm，与去年同期基本持平。3 月北京地区平均气温为 6.1℃，与去年同期相比，偏低 1.8℃；降水量 19.8mm，与去年同期偏少近 5 成。

2. 坚持高位驱动建立联防联治机制

一是国家林业和草原局高度重视首都防控工作，领导多次作出重要批示指示、专题会议研究，生态司、北京专员办、生物灾害防控中心建立联防联动机制，组织蹲点服务指导组自 5 月 9 日至 10 月 21 日，分 3 批 96 人次深入本市街乡、社区（村）检查指导防控工作；二是市委市政府高度重视，将以美国白蛾为主的重大有害生物防控纳入林长制考核和生物安全监测预警机制调度内容，市主要领导 2 次签发总林长令，要求从严从快加强美国白蛾防控工作；市领导多次批示指示，要求持续治理、露头就打。市园林绿化局将美国白蛾作为国庆及二十大服务保障、年度重点任务，市园林绿化局领导多次听取进展情况汇报、作出批示指示，与蹲点服务指导组座谈交流；主管领导带队深入一线督导检查、主持召开 3 次专题部署会、12 次专班会，蹲点服务指导组多次参会指导；市防控危险性林木有害生物部门联席会议办公室印发通知 3 件、市林长办印发督办函 1 件、市园林绿化局印发文件 28 件，持续传导防控压力、指导推进防控工作；三是市水务、交通、住建等部门认真落实分工责任，推进本领域防控工作。

3. 创新驱动林业有害生物防控工作发展

一是注重顶层设计，以需求为导向，强化"北京市园林绿化有害生物精准防控大脑"建设，为有害生物防控工作高质量发展夯实基础；二是发挥国家、市、区三级测报网络体系优势，全市布设 5925 个监测测报点，不断加大监测巡查力度，及时编布分级分类林业有害生物监测预警信息 58 条，覆盖约 8.7 万人次；三是市园林绿化局联合气象部门首次在北京电视台发布美国白蛾监测预警信息；四是不断创新监测技术手段。主动对接铁塔集团，基于铁塔资源搭载高清摄像头开展林业有害生物自动监测预警技术攻关；借助防火系统，利用防火高清探头，开展智能监测预警系统研发；完善"拍照识虫"小程序的监测防治闭环功能，更好为防治提供服务，实现林业有害生物防控全过程留痕监管；五是不断挖掘政务新媒体效能，编发抖音短视频 13 条；通过微信公众号发布北京地区主要林木监测防治历 8 期、防控倡议书、北京市部分常见美国白蛾防治药剂推荐名录等，有效指导了防治工作开展；六是强化宣传培训工作。基于防疫常态化背景下，持续打造"资源保护大讲堂"云培训品牌，面向基层一线开展线上线下培训258场，6万余人参训。引导市民积极参与，推动形成群防群治氛围，共开展宣传活动111次，发放材料13.87万余份，推送宣传视频和信息204件。

4. 高度重视松材线虫病防控工作

一是全市设置松褐天牛监测测报点625个，其中市级36个、区级589个，测报点位数量同比增加167%，不断加大监测巡查力度，努力推进精细化监管平台2.0版本的推广应用，夯实日常监测调查基础；二是完成松材线虫病春秋季两次普查，实现全市174.64万亩松林全覆盖；三是利用卫星、无人机等航空航天遥感技术手段开展监测普查核查，初步构建起"空天地人"一体化监测普查网络体系，其中开展固定翼无人机普查24架次、悬翼无人机核查100架次，监测面积达32.4万亩，运用卫星遥感普查一遍；四是不断完善松材线虫病检测鉴定体系。全市共有9处市级、区级检测鉴定中心，基本形成以市级检测鉴定中心为主体、区级检测鉴定中心为补充的松材线虫病检测鉴定体系，全年累计检测疑似样品3000余份，圆满完成检测鉴定任务。

5. 基层防控工作依然有薄弱环节

一是国家、市、区三级联动，狠抓落实落细防控主体责任，但在个别社区村点、街巷胡同、拆迁腾退地、城乡接合部、失管（弃管）果园苗圃等地依然存在防控盲区死角；二是对检疫性、危险性、扰民性林业有害生物防控意识不够，舆情研判及科学处置的能力较弱；三是科学精准防治能力有待进一步提升。介壳虫、蚜虫等刺吸类害虫及蛀干类害虫的防治工作成为林业有害生物防控工作中的一大难点、重点，把握防治适期、科学综合施治能力有待进一步加强。

二、2023年林业有害生物发生趋势预测

预计2022/2023年冬季（2022年12月至2023年2月），北京市大部分地区降水量为6～8mm，较常年同期偏低；平均气温为-3～-2℃，接近常年同期。预计2023年春季（3～5月），大部分地区降水量为50～70mm，比常年同期略偏少；平均气温为14℃左右，比常年同期略偏高（图2-1）。

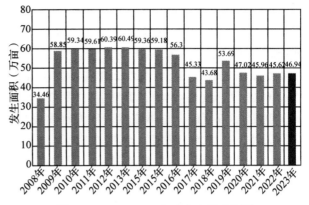

图2-1　2008—2022年病虫害发生面积与2023年预测面积对比图

预计，2023年北京市林业有害生物发生面积总体较2022年实际发生面积持平。其中呈上升趋势的种类主要有红脂大小蠹、白蜡窄吉丁、悬铃木方翅网蝽、杨小舟蛾、柳毒蛾、延庆腮扁叶蜂、油松毛虫、黑胫腮扁叶蜂、落叶松腮扁叶蜂、刺蛾、黄栌胫跳甲、榆黄叶甲、光肩星天牛、槐小卷蛾、松梢螟、槐蚜、杨树烂皮病等；呈下降趋势的种类主要有梨卷叶象、落叶松红腹叶蜂、栎粉舟蛾、栎掌舟蛾、黄连木尺蛾、苹掌舟蛾、缀叶丛螟、绵山天幕毛虫、榆掌舟蛾、柏肤小蠹、臭椿沟眶象、草履蚧、杨树炭疽病、杨树锈病等；基本持平的种类主要有美国白蛾、杨潜叶跳象、杨扇舟蛾、春尺蠖、舞毒蛾、国槐尺蠖、柳蜷叶蜂、黄褐天幕毛虫、双条杉天牛、纵坑切梢小蠹、小线角木蠹蛾、杨树溃疡病等。

（一）检疫性、危险性林业有害生物发生趋势

预计2023年发生的检疫性、危险性林业有害生物主要包括美国白蛾、红脂大小蠹、白蜡窄吉丁和悬铃木方翅网蝽等，发生面积5.97万亩，比2022年增加0.36万亩（6.39%）（图2-2）。

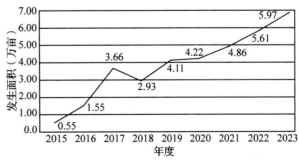

图2-2　2015—2022年检疫性、危险性林业有害生物发生面积及2023年趋势预测

1. 美国白蛾

根据越冬基数调查显示，越冬蛹平均虫口密度为1.5头/株，属轻度发生，局部地区虫口密度最高达84头/株，极易出现灾情。预计2023年发生面积3.16万亩，比2022年实际发生面积增加0.01万亩（0.43%），其中：中度0.17万亩，重度0.06万亩，总体依然表现为轻度发生。除延庆外，各区均有发生。其中在密云、平谷、大兴、通州、朝阳等区发生范围较大（图2-3）。

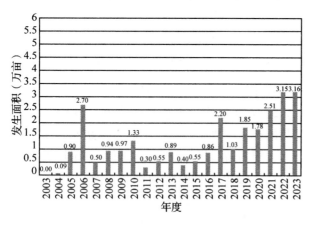

图2-3 2003—2022年美国白蛾发生面积与2023年预测面积对比图

2. 白蜡窄吉丁

根据越冬基数调查显示，平均有虫株率为14.68%，属中度发生，预计2023年发生面积1.27万亩，比2022年实际发生面积增加0.09万亩（7.80%），主要发生在近年来造林地块，部分区域有虫株率较大、危害较重。

3. 红脂大小蠹

根据越冬基数调查显示，平均有虫株率为5.47%，预计2023年发生面积0.2万亩，比2022年实际发生面积增加0.02万亩（9.27%），在延庆、门头沟、密云等山区部分区域防控压力依然较大。

4. 悬铃木方翅网蝽

据越冬基数调查显示，越冬成虫平均虫口密度为11头/株，平均有虫株率达36.78%，属轻度发生，局部地区成虫密度高达111头/株，8月之后容易出现灾情。预计2023年发生面积1.33万亩，比2022年实际发生面积增加0.24万亩（21.48%）。

5. 松材线虫病、苹果蠹蛾等重大外来有害生物入侵风险及防控压力加剧

2022年累计监测发现墨天牛属天牛68头，其中云杉小墨天牛61头、云杉花墨天牛7头，因墨天牛属天牛为松材线虫的传播媒介，2023年将不断进一步加大对墨天牛属天牛的监测调查力度，严防松材线虫病入侵。

（二）常发性林业有害生物发生趋势

预计2023年常发性有害生物发生面积40.72万亩，比2022年增加0.72万亩（1.79%）。其中食叶害虫27.41万亩，比2022年增加0.24万亩（0.90%）；蛀干害虫10.22万亩，比2022年增加0.92万亩（9.86%）；刺吸类害虫1.11万亩，比2022年增加0.1万亩（9.62%）。病害1.99万亩，比2022年减少0.54万亩（21.42%）（图2-4）。

图2-4 2015—2022年常发性林业有害生物发生面积及2023年趋势预测

1. 食叶害虫发生面积与2022年持平

主要包括杨树食叶害虫、松树食叶害虫、山区食叶害虫和其他食叶害虫，其中：杨树食叶害虫发生面积14.75万亩，比2022年发生面积增加0.44万亩（3.08%）；松树食叶害虫发生面积4.33万亩，比2022年发生面积增加0.38万亩（9.58%）；山区食叶害虫发生面积3.54万亩，比2022年发生面积减少1.07万亩（23.28%）；国槐尺蠖等其他食叶害虫发生面积4.78万亩，比2022年发生面积增加0.5万亩（11.64%）（图2-5）。

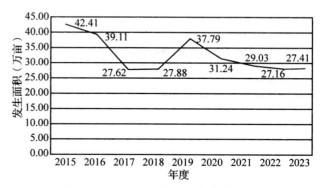

图2-5 2015—2022年食叶害虫发生面积及2023年趋势预测

（1）杨树食叶害虫：主要包括春尺蠖、杨扇舟蛾、杨潜叶跳象、柳毒蛾、杨小舟蛾和梨卷叶象等。

春尺蠖　根据越冬基数调查显示，越冬蛹平均为2.29头/株，有虫株率为15.26%，总体呈轻度发生，局部地区虫口密度最高达159头/株，如防治不及时极易出现灾情。预计2023年发生面积6.93万亩，比2022年实际发生面积增加0.06万亩(0.87%)，主要发生在房山、大兴、顺义、通州、昌平、平谷、怀柔、朝阳、延庆、密云、丰台等区，在房山、大兴和顺义等区部分乡镇发生较重(图2-6)。

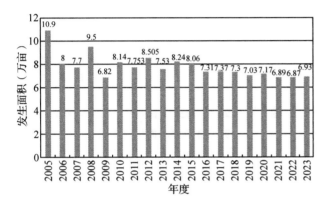

图2-6　2005—2022年春尺蠖发生面积与2023年预测面积对比图

杨扇舟蛾　根据越冬基数调查显示，越冬蛹平均虫口密度为2.3头/株，平均有虫株率15.54%，总体呈轻度发生，局部地区最高虫口密度为36头/株，易出现灾情。预计2023年发生面积2.18万亩，比2022年实际发生面积减少0.02万亩(1.12%)，主要发生在顺义、房山、密云、昌平、大兴和通州等区(图2-7)。

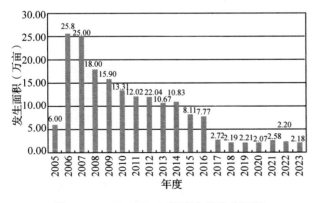

图2-7　2005—2022年杨扇舟蛾发生面积与2023年预测面积对比图

杨小舟蛾　根据越冬基数调查显示，越冬蛹平均虫口密度为3.2头/株，平均有虫株率18.06%，属轻度发生，局部地区虫口密度达到27头/株，极易出现灾情。预计2023年发生面积1.64万亩，比2022年实际发生面积增加0.25万亩(18.21%)，主要发生在昌平、怀柔、密云和平谷等区(图2-8)。

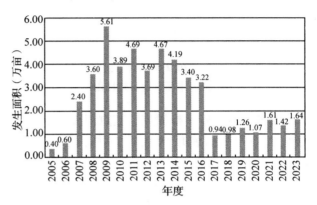

图2-8　2005—2022年杨小舟蛾发生面积与2023年预测面积对比图

杨潜叶跳象　根据越冬基数调查显示，越冬成虫平均虫口密度为6.18头/株，有虫株率30.43%，属轻度发生。预计2023年发生面积2.15万亩，比2022年实际发生面积增加0.04万亩(1.87%)，主要发生在房山、昌平、怀柔、海淀和延庆等区。

柳毒蛾　根据越冬基数调查显示，越冬幼虫平均虫口密度小于1头/株，局部地区虫口密度达5头/株，平均有虫株率11.27%，属轻度发生。预计2023年发生面积1.81万亩，比2022年实际发生面积增加0.14万亩(8.43%)，主要发生在密云、昌平、大兴、门头沟、延庆、房山和怀柔等区。

（2）松树食叶害虫：主要包括油松毛虫、延庆腮扁叶蜂、落叶松红腹叶蜂和黑胫腮扁叶蜂等。

油松毛虫　根据越冬基数调查显示，平均虫口密度小于1头/株，有虫株率5.31%，总体属轻度发生。预计2023年发生面积2.32万亩，比2022年实际发生面积增加0.35万亩(17.99%)，主要发生在密云、昌平、怀柔和延庆等区，在密云区溪翁庄镇、穆家峪镇、不老屯镇、冯家峪镇和密云水库管理处等区域部分地块发生偏重(图2-9)。

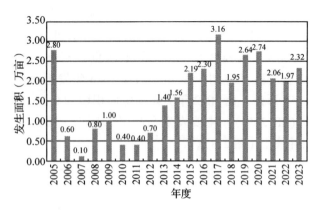

图 2-9　2005—2022 年油松毛虫发生面积与 2023 年预测面积对比图

延庆腮扁叶蜂　根据越冬基数调查显示，越冬幼虫平均虫口密度为 3.9 头/株，有虫株率 45%，属轻度发生。预计 2023 年发生面积 1.3 万亩，比 2022 年实际发生面积增加 0.07 万亩（5.26%），主要发生在延庆香营、旧县和刘斌堡等乡镇。

黑胫腮扁叶蜂　据越冬基数调查显示，越冬幼虫平均虫口密度为 1.1 头/株，最高虫口密度为 2 头/株，有虫株率 30%，属轻度发生。预计 2023 年发生面积 0.3 万亩，比 2022 年实际发生面积增加 0.02 万亩（5.26%），主要分布在延庆区香营、旧县等乡镇。

（3）山区食叶害虫：主要包括栎粉舟蛾、栎掌舟蛾、黄连木尺蠖、缀叶丛螟、榆掌舟蛾、刺蛾、绵山天幕毛虫、苹掌舟蛾等，虽然总体发生面积有所下降，但在山区依然有偏重发生的可能，局部地区易出现灾情。

栎粉舟蛾　根据越冬基数调查显示，越冬蛹平均虫口密度为 1.2 头/株，平均有虫株率 8.3%，总体呈轻度发生。局部地区虫口密度可达 50 头/株，极易出现灾情。预计 2023 年发生面积 1.22 万亩，比 2022 年实际发生面积减少 0.55 万亩（31.21%），主要分布在怀柔、密云、平谷、昌平和延庆等山区，其中密云、平谷等局部地区呈偏重发生。

栎掌舟蛾　根据越冬基数调查显示，越冬蛹平均虫口密度为 1.43 头/株，平均有虫株率 18.70%，总体呈轻度发生。局部地区虫口密度可达 25 头/株，极易出现灾情。预计 2023 年发生面积 1.27 万亩，比 2022 年实际发生面积减少 0.16 万亩（11.28%），主要发生在怀柔、密云、

门头沟和延庆等区。

黄连木尺蠖　根据越冬基数调查显示，越冬蛹平均虫口密度小于 1 头/株，最高虫口密度为 17 头/株，平均有虫株率 17.92%，总体呈轻度发生，局地发生偏重。预计 2023 年发生面积 0.5 万亩，比 2022 年实际发生面积减少 0.07 万亩（12.60%），主要发生在门头沟、怀柔、昌平、密云和延庆等区（图 2-10）。

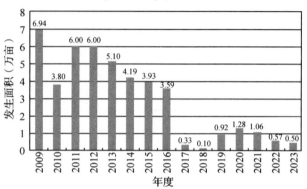

图 2-10　2005—2022 年黄连木尺蠖发生面积与 2023 年预测面积对比图

（4）其他食叶害虫：主要包括国槐尺蠖、黄栌胫跳甲、黄褐天幕毛虫、榆蓝叶甲、柳蜷叶蜂等，预计 2023 年发生面积为 4.78 万亩。

国槐尺蠖　根据越冬基数调查显示，越冬蛹平均虫口密度为 1.53 头/株，有虫株率 16.20%，属轻度发生。局部地区虫口密度可达 37 头/株，极易出现灾情。预计 2023 年发生面积 2.97 万亩，比 2022 年实际发生面积增加 0.09 万亩（3.18%）。主要发生在顺义、昌平、大兴、通州、房山、海淀、门头沟、朝阳、密云、延庆、丰台、平谷和怀柔等区（图 2-11）。

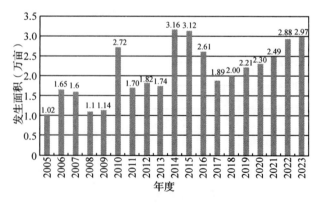

图 2-11　2005—2022 年国槐尺蠖发生面积与 2023 年预测面积对比图

黄栌胫跳甲　根据越冬基数调查显示，平均虫口密度为 12.8 个卵块/株，有虫株率 22.81%，

属轻度发生。预计2023年发生面积0.89万亩，比2022年实际发生面积增加0.11万亩（14.56%），主要发生在昌平、密云、门头沟、丰台、房山和延庆等区。

2. 蛀干害虫发生面积有所上升

预计2023年发生面积10.22万亩，比2022年实际发生面积增加0.92万亩（9.86%），主要包括双条杉天牛、槐小卷蛾、光肩星天牛、柏肤小蠹、松梢螟、纵坑切梢小蠹、小线角木蠹蛾和臭椿沟眶象等（图2-12）。

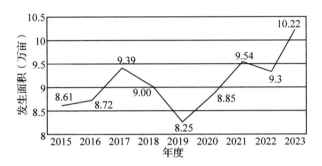

图2-12 2015—2022年蛀干害虫发生面积与2023年预测

光肩星天牛 根据越冬基数调查显示，平均有虫株率为23.01%，预计2023年发生面积1.53万亩，比2022年实际发生面积增加0.11万亩（7.41%），呈中度以上发生，主要发生在大兴、房山、通州和门头沟等区（图2-13）。

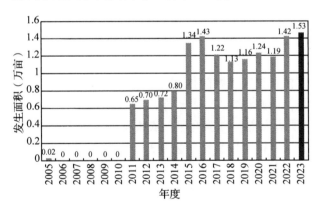

图2-13 2005—2022年光肩星天牛发生面积与2023年预测面积对比图

槐小卷蛾 根据越冬基数调查显示，平均有虫株率为33.48%，预计2023年发生面积2.28万亩，比2022年实际发生面积增加0.7万亩（43.89%），呈中度以上发生，主要发生在海淀、大兴、丰台、昌平、通州、房山、怀柔和顺义等区（图2-14）。

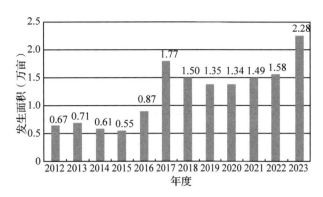

图2-14 2012—2022年槐小卷蛾发生面积与2023年预测面积对比图

双条杉天牛 根据越冬基数调查显示，平均有虫株率为7.54%，预计2023年发生面积4.02万亩，比2022年实际发生面积减少0.03万亩（0.78%），呈轻度发生，主要发生在房山、密云、昌平、怀柔、门头沟、大兴、海淀、延庆、顺义和丰台等区。

纵坑切梢小蠹 根据越冬基数调查显示，平均有虫株率为31.5%，预计2023年发生面积0.66万亩，比2022年实际发生面积增加0.01万亩（1.54%），呈中度以上发生，主要发生在延庆、怀柔等区。

柏肤小蠹 根据越冬基数调查显示，平均有虫株率为12.9%，预计2023年发生面积0.8万亩，比2022年实际发生面积减少0.12万亩（13.42%），呈轻度发生，主要发生在密云等区。

小线角木蠹蛾 根据越冬基数调查显示，平均有虫株率为50%，预计2023年发生面积0.1万亩，与2022年实际发生面积持平，呈中度以上发生，主要发生在通州区等平原造林地块。

3. 刺吸类害虫发生面积有所上升

预计2023年发生面积1.11万亩，比2022年实际发生面积增加0.1万亩（9.62%），主要包括草履蚧、白蜡绵粉蚧、槐蚜、栾多态毛蚜等，在居民小区、胡同、街巷、公园等局部地区容易污染下木及地面环境卫生，虫口密度大时易引发扰民现象（图2-15）。

草履蚧 预计2023年发生面积0.96万亩，比2022年实际发生面积减少0.05万亩（5.18%），主要发生在昌平、丰台和通州等区。

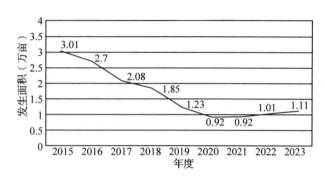

图 2-15　2015—2022 年刺吸类害虫发生面积及 2023 年趋势预测

4. 病害发生面积有所下降

主要包括杨树溃疡病、杨树烂皮病、杨树炭疽病及杨树锈病。预计 2023 年发生面积 1.99 万亩，比 2022 年实际发生面积减少 0.54 万亩（21.42%）（图 2-16）。

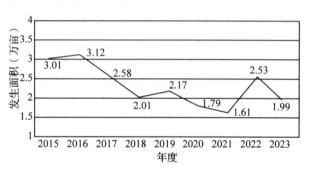

图 2-16　2015—2022 年病害发生面积及 2023 年趋势预测

杨树溃疡病　根据越冬基数调查显示，平均感病株率为 14.54%，预计 2023 年发生面积 1.27 万亩，比 2022 年实际发生面积增加 0.02 万亩（1.99%），呈中度以上发生。主要发生在房山、昌平、顺义、大兴、通州和怀柔等区（图 2-17）。

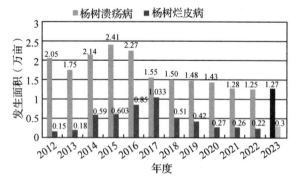

图 2-17　2012—2022 年杨树溃疡病和杨树烂皮发生面积及 2023 年预测面积对比图

杨树炭疽病　根据越冬基数调查显示，平均感病株率为 11.78%，预计 2023 年发生面积 0.34 万亩，比 2022 年实际发生面积减少 0.28 万亩（45.58%），呈中度以上发生。主要发生在房山、昌平、延庆、怀柔、大兴和密云等区局部地区。

杨树锈病　预计 2023 年发生面积 0.08 万亩，比 2022 年实际发生面积减少 0.36 万亩（81.90%），主要发生在房山区等山区局部地区。

杨树烂皮病　根据越冬基数调查显示，平均感病株率为 6.36%，预计 2023 年发生面积 0.3 万亩，比 2022 年实际发生面积增加 0.08 万亩（36.21%）。主要发生在昌平、通州、顺义、大兴和怀柔等区。

5. 部分有害生物在局部地区表现突出

一是银杏焦叶、雪松枯梢、白皮松针叶发黄等林木生理性病害在街道、社区及有林单位等部分管护差的绿地中表现突出；二是元宝枫花细蛾在局部发生呈逐年扩大加重态势，造成植物卷叶、枯叶，影响景观效果；三是桧柏臀纹粉蚧是近年新发现的一种害虫，对圆柏属植物的危害有逐渐加重的趋势，需要加强对该虫的监测和防治。

三、对策建议

以习近平新时代中国特色社会主义思想为指导，深入学习贯彻落实党的二十大和市十三次党代会精神及党中央、国务院、国家林业和草原局、市委市政府关于松材线虫病、美国白蛾等重大林业有害生物防控和生物安全等工作的决策部署，认真落实市领导同志批示指示精神，按照"预防为主、科学治理、依法监管、强化责任"的防治方针，以贯彻新发展理念、推动新时代首都园林绿化高质量发展为主题，以重点区域重大项目重大活动服务保障为核心，坚持检疫监督御灾、监测预警防灾、科学防治减灾，加强防治检疫行政管理部门、行政执法部门、技术业务部门的密切配合，发挥联席会议联动机制制度和京津冀协同防控联动机制作用，全面推进林业有害生物防控工作科学化、规范化、精准化、精细化、智慧化，以实际行动，不断提升林业有害生物治理体系和治理能力，确保首都园林绿化资源安全、生物安全、生态安全和生产安全，服务保障好首都经济社会发展和人民对美好生活环境的新期待。

(一)重点做好松材线虫病防控工作

严格落实好松材线虫病疫情防控五年攻坚行动，压实责任、落实措施、确保效果。一是加大日常监测巡查力度，应用好精细化监管平台，做好监测普查工作的统计上报；二是强化检测中心建设，将中国林业科学研究院松材线虫病检测鉴定中心纳入市级鉴定中心体系，拟在通州建立市级松材线虫病检测鉴定中心，不断提高北京市松材线虫病检测鉴定能力及水平；三是重点抓好松材线虫病春秋两季专项普查，加强空天地人一体化监测普查，实现全市近175万亩松林资源监测普查全覆盖，加大疑似松材线虫病疫木样品送检力度，实现疫情早发现、早报告、早送检、早处置；四是组织开展天牛类媒介昆虫专项调查，摸清风险底数；五是加强松材线虫病防治技术培训，不断提升基层松材线虫病监测普查能力。

(二)持续用力抓好美国白蛾等重大及扰民有害生物防治工作

早部署、早谋划2023年美国白蛾防治工作，及时完善防治技术方案，发布分级分类监测预警信息，利用好部门联席会议和京津冀协同联动机制，聚焦重点区域、敏感地区、薄弱环节和山区新扩散等，加强监测巡查、督导检查，压实属地街乡、社区(村)和有关单位的属地责任，组织开展统防统治、联防联治、群防群治，确保不发生重大舆情；持续加强白蜡窄吉丁、红脂大小蠹、杨树黑叶病等重点有害生物防治，密切监控白蜡、银杏等树木上小线角木蠹蛾发生危害情况，确保及时发现及时处置；高度重视蚜虫、草履蚧、白蜡绵粉蚧等扰民害虫虫情、舆情，督促指导街乡、社区(村)发动居民参与问题线索反馈，开展群防群治，督促最后一公里防控责任落实，做到及时发现、提前预防、科学绿色施治，防止对生产生活造成严重影响；密切关注山区油松毛虫、栎粉舟蛾等害虫的发生动态监测及灾害除治，及时将虫源消除在萌芽状态，防止害虫反弹；高度警惕外来入侵物种及本土有害生物的各类新情况与新问题，做好信息沟通与上报，统筹推进林业有害生物防控工作。

(三)持续提升检疫监督管理和审批服务水平

一是推进检疫机构队伍建设，研究推动解决当前部分区检疫职责分工不清、落实不到位等问题；二是继续组织开展好检疫监督执法五年专项行动，严格检疫监管，加大检疫执法检查力度，切实维护首都生物安全；三是严格从国外引种管理，强化事中事后监管，严防外来有害生物入侵；做好国家林业和草原局委托北京市园林绿化局的国务院在京单位引种审批工作；四是持续推进优化营商环境工作，提高检疫审批服务质量水平，推行检疫审批全程网上办理；五是稳步开展本地苗木全过程监管溯源工作，预计2023年，全市将实现累计绑定标签数量230万个。

(四)全面做好农药使用的规范化管理

一是按照新颁布的《北京市土壤污染条例》要求，认真梳理、提前研究完善有关制度，切实提升农药管理能力；二是组织落实北京市污染防治攻坚战任务，开展农药统计工作，摸清农药使用量底数，研究制定农药使用量控制计划，会同大数据中心推进农药管理信息化建设；三是加大农药使用情况检查抽查力度，探索建立农药违规使用通报机制；四是加大力度推进绿色防控和先进施药装备使用，不断降低农药用量，提高农药利用率。

(五)着力提升有害生物监测治理能力和水平

一是组织指导各区完成国家林业和草原局下达的重大有害生物防治任务和北京市园林绿化局下达的分区任务；二是加强监测预警能力，做好三级监测测报点的布设工作，及时准确发布预报信息；三是坚持"一种一策"精准治理，针对美国白蛾等重点种类，制定、修订市级、区级防治方案；四是科学安全组织实施797架次飞机防治和地面防治任务；五是大力推广使用天敌、诱捕器等生物物理产品、无公害药剂和先进施药设备，降低化学农药用量，提高农药利用率；六是推进绿色防控，继续开展7个绿色防控示范区建设，调查、评价区域内资源保护状况。

(六)持续推进保障能力建设

按照"党委领导、党政同责、部门协同、属

地负责"的要求，建立以林长制为核心的责任体系，加强监督检查、考核评估，落实各级政府、部门责任；全力做好《北京市森林资源保护管理条例》防治检疫相关章节的修订工作，推进做好《北京市林业有害生物防治条例》立法准备工作；开展《北京市实施〈森林病虫害防治条例〉若干规定》和《北京市林业植物检疫办法》立法后评估工作，完成评估报告。加强专职检疫员队伍管理，定期组织培训更新业务知识，提高检疫人员的业务能力。加强养护工作，结合今冬明春降水偏少的气候特点，要加强对城市绿地中的油松、侧柏等常绿树种的养护管理，确保冻水、返青水浇足浇透，保证在自然条件长期缺水环境下，通过科学合理的养护措施，不断提升植物树势及抗逆能力。加强防治检疫法规、政策和技术培训，提升各类资源管理人员和经营管护人员的业务能力水平。加强新技术、新产品试验、示范、推广和应用，提高有害生物治理的能力水平。

（七）持续推进京津冀林业有害生物联防联控

落实好《京津冀协同发展 林业和草原有害生物防控协同联动工作方案（2021—2025 年）》。开展联合监测调查，加强预测预报信息共享交流。联合开展 2023 年"5.25"林业植物检疫检查专项行动。组织开展京津冀趋势会商、应急演练和专家巡诊、联合培训等活动。探索推进京津冀三地产地检疫互认制度，加快实现林木有害生物防控一体化。做好每年支援河北省的 500 万元物资、服务的移交工作，采购监测设备 3098 套、防治器械 369 台套、防治药剂 27.2t，实施物理阻隔法防治春尺蠖 381.2hm^2，无人机监测松材线虫病 13 架次。

（八）充分调动社会力量构建全民防控新格局

联合林业有害生物防控协会做好专家智库支撑、团标体系建设、专业技术培训、志愿科普宣传等工作。积极发挥协会的桥梁纽带作用，组织调动科研院校专家、社会企业、社会团体等专业力量、社会力量共同推进北京市防治检疫事业高质量发展。充分利用"三进"科普宣传活动广泛普及防治检疫知识，做好相关法律法规宣传。

（主要起草人：郭蕾　潘彦平；主审：周艳涛）

03 天津市林业有害生物 2022 年发生情况和 2023 年趋势预测

天津市规划和自然资源局林业事务中心

【摘要】天津市 2022 年林业有害生物发生 72.82 万亩，较 2021 年有所下降。其中病害发生 6.11 万亩，虫害发生 66.71 万亩，没有成灾林地。根据天津市近年来主要林业有害生物发生趋势以及林业发展情况、气象等因素，预测 2023 年林业有害生物发生面积较 2022 年有所增长，发生面积 75.48 万亩左右，其中病害发生 7.4 万亩，虫害发生 68.08 万亩。

一、2022 年林业有害生生物发生情况

据统计，天津市 2022 年林业有害生物发生 72.82 万亩，其中轻度发生 66.27 万亩，中度发生 4.2 万亩，重度发生 2.35 万亩，全部进行了有效防治，无公害防治率为 99.96%，成灾率为 0。各类有害生物发生情况为：松材线虫病和红脂大小蠹未发生新疫情；美国白蛾发生 38.3 万亩，较 2021 年下降 12.1%；其他食叶害虫发生 24.56 万亩，较 2021 年下降 10.24%；枝干害虫发生 3.85 万亩，与 2021 年基本持平；杨树病害发生 6.11 万亩，较 2021 年下降 17%。

(一) 发生特点

总的看来，2022 年天津市林业有害生物发生面积较 2021 年有所下降，下降 21%（图 3-1，图 3-2）。主要表现为以下特点：一是蓟州区新发现 3 棵松材线虫病染病白皮松。2021 年 3 月，国家林业和草原局第 6 号公告确定天津市撤销蓟州区松材线虫病疫区，2022 年 7 月，蓟州区组织 2022 年度松材线虫病普查过程中发现 3 棵染病白皮松，取样及检测结果表明白皮松处于发病初期，在松材线虫病感染初期及时发现、及时进行鉴定并采取了防治措施，没有造成大面积暴发。二是未发现红脂大小蠹新疫情。2018 年蓟州区首次发现 2 株红脂大小蠹危害油松，2022 年未见新发生。三是美国白蛾发生面积有所下降。2022 年全市美国白蛾发生 38.3 万亩，较 2021 年下降

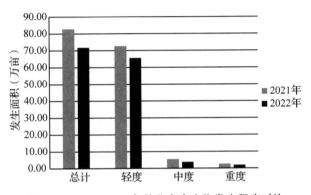

图 3-1　2021、2022 年林业有害生物发生程度对比

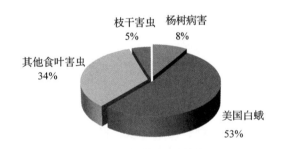

图 3-2　2022 年各类林业有害生物发生比例

12.1%，轻度发生比例 97.95%，中度发生比例 1.98%，重度发生比例 0.07%，总体危害程度有减轻趋势，零星区域重度发生。四是蛀干害虫总体发生面积持续下降。主要蛀干害虫光肩星天牛 2022 年发生面积 1.09 万亩，较 2021 年下降 9.7%，小线角木蠹蛾及国槐小卷蛾发生面积较 2021 年有所增长。主要枝梢害虫松梢螟 2022 年发生 2 万亩，与 2021 年持平，中度发生 0.07 万亩，危害程度略有增强。五是杨树食叶害虫发生面积有所下降。2022 年杨树舟蛾发生面积 9.68 万亩，较 2021 年下降 22.2%，春尺蠖发生 10.47 万亩，较 2021 年下降 2%。六是国槐尺蠖危害有

所减轻。2022年国槐尺蠖发生3.52万亩，较2021年下降13.2%，中重度比例下降到22.7%。

（二）主要林业有害生物发生情况分述

1. 松材线虫病

2021年3月，国家林业和草原局第6号公告确定天津市撤销蓟州区松材线虫病疫区。2022年7月，蓟州区组织2022年度松材线虫病普查过程中发现3棵染病白皮松，此次发病白皮松位于南外环外侧（蓟州区人民医院对面偏西）景观带绿地内，与2018年确定的2个疫点相距较远，取样及检测结果表明白皮松处于发病初期，在松材线虫病感染初期及时发现、及时进行鉴定，并采取有针对性的防治措施，没有造成大面积暴发。

2. 美国白蛾

2022年美国白蛾发生38.3万亩，较2021年下降5.28万亩，其中轻度发生37.513万亩，占全部发生面积的97.95%，中度发生0.759万亩，占全部发生面积的1.98%，重度发生0.028万亩，占全部发生面积的0.07%，无成灾面积。各区均有发生，其中东丽区、滨海新区有中度发生，静海区有重度发生。全市寄主面积357.3万亩，实施监测面积1056.9万亩次，监测覆盖率为100%，防治率为100%，无公害防治率99.9%。

3. 红脂大小蠹

2018年蓟州区首次发现2株红脂大小蠹危害油松，2022年未见新发生。

4. 其他食叶害虫

包括春尺蠖、杨扇舟蛾、杨小舟蛾、国槐尺蠖、榆蓝叶甲和刺吸式害虫悬铃木方翅网蝽、斑衣蜡蝉等，发生24.56万亩，其中轻度发生19.66万亩，中度发生2.84万亩，重度发生2.06万亩。发生面积大、分布范围广的有春尺蠖、杨扇舟蛾、杨小舟蛾、国槐尺蠖4种。

春尺蠖主要发生于武清区、蓟州区、宝坻区、静海区。2022年发生10.47万亩，较2021年下降1.9%，以轻度发生为主，中度发生面积较2021年有所增长，重度发生面积较2021年下降54%。

杨扇舟蛾主要发生于宝坻区、武清区、宁河区。2022年发生4.02万亩，较2021年下降50.6%，全部为轻度发生。

杨小舟蛾发生于蓟州区、静海区、宝坻区、武清区。2022年发生5.66万亩，较2021年上升31.3%，虽然以轻度发生为主，但重度发生面积1.2万亩，占全部发生面积的21.2%，较2021年有所增加。

国槐尺蠖主要发生于静海区、宁河区、武清区。2022年发生3.52万亩，较2021年下降13.2%，中、重度发生面积较2021年均有所下降。

悬铃木方翅网蝽2022年武清区轻度发生0.55万亩，较2021年上升14.6%。

其他种类发生情况：斑衣蜡蝉发生0.08万亩，榆蓝叶甲发生0.1万亩，枣尺蠖发生0.16万亩。

5. 其他枝干害虫

枝干害虫包括光肩星天牛、松梢螟、白杨透翅蛾、白蜡窄吉丁、六星黑点豹蠹蛾、小线角木蠹蛾、国槐小卷蛾、日本双棘长蠹、沟眶象9种，以光肩星天牛和松梢螟为主，占枝干害虫发生量的80.2%（图3-3）。

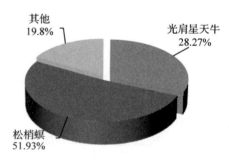

图3-3 各种枝干害虫发生比例

松梢螟发生于蓟州区北部山区，2022年发生面积2万亩，与2021年持平，轻度发生为主，中度发生0.07万亩，占发生面积的3.5%。

光肩星天牛主要发生于宝坻区、武清区、静海区。2022年发生1.09万亩，较2021年下降9.7%，危害程度以轻度为主，占全部发生面积的92.2%。

小线角木蠹蛾发生于静海区、武清区、津南区、滨海新区。2022年发生0.27万亩，较2021年上升35%，轻度发生为主，中度发生面积占全部发生面积的3.7%。

其他种类发生情况：六星黑点豹蠹蛾发生0.23万亩，国槐小卷蛾发生0.18万亩，日本双棘长蠹发生0.05万亩，白蜡窄吉丁发生0.02万亩,白杨透翅蛾 0.01 万亩。

6. 杨树病害

包括杨树溃疡病和杨树烂皮病两种。2022 年发生 6.11 万亩,较 2021 年下降 17%。其中轻度发生占全部发生面积的 88.45%。杨树溃疡病主要分布于宝坻区、静海区、宁河区,杨树烂皮病主要分布于宝坻区及静海区。

(三)原因分析

(1)2021 年 3 月 24 日,国家林业和草原局第 6 号公告确定天津市撤销蓟州区松材线虫病疫区。2022 年 7 月,蓟州区组织 2022 年度松材线虫病普查过程中发现 3 棵染病白皮松,此次发病白皮松位于南外环外侧(蓟州区人民医院对面偏西)景观带绿地内,与 2018 年确定的 2 个疫点相距较远,取样及检测结果表明白皮松处于发病初期,在随后开展的松材线虫病全域排查监测中,组织全区 27 个乡镇(街道)、22 个相关部门开展全域松材线虫病排查监测工作,排查面积 60286hm^2,发现枯死松科植物 1302 株,其中:人为破坏 20 株、生理性病害致死 1085 株、不明原因死亡 197 株。对不明原因死亡松树全部取样,已检测 197 株,分子检测结果均为阴性。在松材线虫病感染初期及时发现、及时进行鉴定,并在重点区域喷洒噻虫啉微胶囊剂对媒介昆虫进行有效防治,对区域内有保留价值的松科植物微孔注药,没有造成大面积暴发。

(2)未发生红脂大小蠹疫情。2018 年发现红脂大小蠹后,蓟州区高度重视,立即按照相关规定进行了处理,并要求在松材线虫病监测的同时进行红脂大小蠹监测。

(3)美国白蛾发生面积有所下降,发生程度仍以轻度为主,零星有重度发生。究其原因,一是 2021 年第 3 代美国白蛾发生较严重,各区及时进行了补防,控制了越冬代虫口基数;二是受气候等因素影响,2022 年越冬蛹成活率偏低,幼虫孵化率低于往年平均水平,加之各级政府高度重视,抓实了防治效果;三是加强了与农业、城建、交通、水利等责任部门信息共享,实现联防联治。

(4)国槐尺蠖发生面积有所下降。近几年槐树种植面积持续增加,各地高度重视,加强了监测防治力度。

(5)杨树舟蛾类发生面积有所下降。杨扇舟蛾近几年在天津以轻度发生为主,杨小舟蛾具周期性暴发特点,2022 年中度发生面积有所下降、重度发生面积有所增加,仍处于上升通道。

(6)主要枝干害虫发生面积进一步下降。由于天津大部分地区对光肩星天牛危害较重的柳树进行更新,而速生杨受害较轻,近几年光肩星天牛的发生面积逐年下降;松梢螟发生面积与 2021 年持平,蓟州区采取了有效防治,并进一步加强监测,以轻度发生为主。小线角木蠹蛾发生面积有所增加,需加强监测。

二、2023 年林业有害生物发生趋势预测

(一)2023 年总体发生趋势预测

根据近年来主要林业有害生物发生趋势、林业资源发展情况,结合近年气象条件、最后一代有害生物发生和防治情况、越冬基数调查以及有害生物发生规律等,预测天津市 2023 年主要林业有害生物发生面积较 2022 年有所增长,发生面积在 75.48 万亩左右,总体仍以轻、中度发生为主。其中病害发生 7.4 万亩,虫害发生 68.08 万亩,松材线虫病和红脂大小蠹无新发生。主要种类包括美国白蛾、杨树病害、春尺蠖、杨扇舟蛾、杨小舟蛾、国槐尺蠖、光肩星天牛、松梢螟以及悬铃木方翅网蝽和杨树叶蜂类,从大类来看,食叶害虫发生面积有所增加,而蛀干害虫发生面积仍呈下降态势。

(二)分种类发生趋势预测

1. 松材线虫病和红脂大小蠹

预测 2023 年无发生。预测依据:2022 年 7 月发现染病白皮松后,立即采取了防治措施,及时对染病白皮松周边长势衰弱的松科植物进行了检测清理,并开展全域松科植物普查工作,没有新发现松材线虫病致死松科植物。9~11 月开展的全市松材线虫病秋季普查中,未发现松材线虫病致死松科植物。

2. 美国白蛾

预测发生 37.3 万亩,较 2022 年有所下降,

发生程度仍以轻、中度为主，但不排除铁路沿线、村庄、养殖场周边会出现点状零散重度发生。预测依据：2022年美国白蛾防治效果较好，控制了越冬虫口基数，且各区提高了监测及防治重视程度，基本可以控制其扩散蔓延(图3-4)。

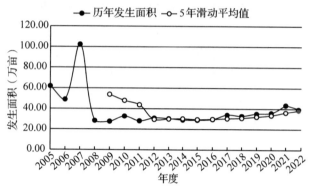

图3-4　2005—2022年美国白蛾发生趋势

3. 春尺蠖

预测发生8.4万亩，较2022年减少2.07万亩，主要发生区为武清区、宝坻区、蓟州区。预测依据：2022年春尺蠖发生面积较2021年略有下降，重度发生面积减少明显，各区加大了监测防治力度，控制了虫口基数，加之杨树面积进一步减少，寄主面积随之减少(图3-5)。

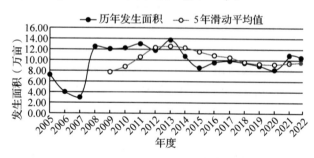

图3-5　2005—2022年春尺蠖发生趋势

4. 杨扇舟蛾

预测发生4.96万亩，较2022年增加约1万亩，主要发生在蓟州区、宝坻区。预测依据：近几年杨扇舟蛾基本以轻度发生为主，2022年发生面积虽大幅度下降，但野外种群数量依然较大，需加强监测防治，控制其危害面积(图3-6)。

5. 杨小舟蛾

预测发生7.76万亩，较2022年增加约2万亩。主要发生在蓟州区、静海区、宝坻区、武清区，中重度发生面积有可能增加。预测依据：2022年重度发生面积有所增加，且杨小舟蛾具有周期性暴发特点，近期仍为上升趋势(图3-7)。

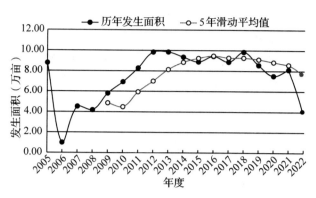

图3-6　2005—2022年杨扇舟蛾发生趋势

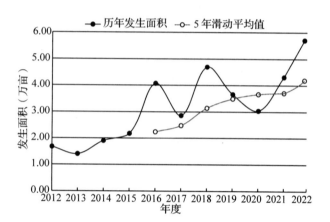

图3-7　2012—2022年杨小舟蛾发生趋势

6. 国槐尺蠖

预测发生4.8万亩，较2022年增加1.3万亩，主要发生在静海区、蓟州区，其余各区零星分布。预测依据：纯林栽植形式致使虫口基数依然较大，寄主相对集中，无人管护的苗圃，也为国槐尺蠖的发生创造了条件(图3-8)。

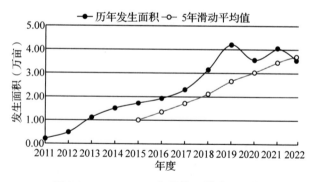

图3-8　2011—2022年国槐尺蠖发生趋势

7. 光肩星天牛

预测发生0.92万亩，比2022年略有下降，主要发生区为宝坻区、武清区、静海区、滨海新区。预测依据：主要发生区宝坻区柳树进行更新，光肩星天牛发生面积继续下降，但部分林分老化，仍需重视监测防治（图3-9）。

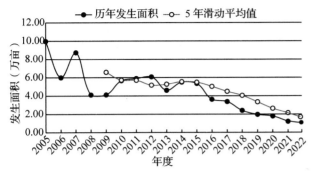

图3-9　2005—2022年光肩星天牛发生趋势

8. 小线角木蠹蛾

预测发生0.55万亩，较2022年有所增长。预测依据：生态储备林新栽植的白蜡、国槐等是小线角木蠹蛾喜食树种，近年来，发生面积呈上升趋势，需加强监测防治（图3-10）。

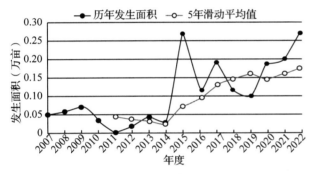

图3-10　2007—2022年小线角木蠹蛾发生趋势

9. 杨树病害

包括杨树溃疡病和杨树烂皮病，预测发生7.4万亩，较2022年有所增长。预测依据：新植幼树容易发病，结合近几年新造林情况，预计杨树病害发生面积相应增加（图3-11）。

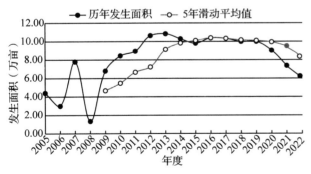

图3-11　2005—2022年杨树病害发生趋势

10. 松梢螟

预测发生2万亩，与2022年持平。预测依据：松梢螟在天津的危害周期为4～5年，2018年危害较重，及时采取了防治措施，短期内将维持相近的发生面积，但危害程度会进一步减轻。

11. 悬铃木方翅网蝽

预测2023年发生0.54万亩，较2022年略有下降，主要发生区为武清区。预测依据：悬铃木方翅网蝽飞行能力强、传播速度快、危害状不明显，2022年防治效果良好，仍需加强监测防治。

12. 其他虫害

预测2023年发生0.85万亩左右，主要包括杨树叶蜂、榆蓝叶甲、柳蜷叶蜂、黄点直缘跳甲等食叶害虫以及六星黑点豹蠹蛾、国槐小卷蛾、日本双棘长蠹、白蜡窄吉丁、沟眶象等枝干害虫及斑衣蜡蝉。

三、对策建议

（一）强化政府主导，落实各级林长责任，增加防治投入

按照天津市人民政府办公厅印发《关于全面建立林长制的实施方案》要求，明确四级林长林业有害生物防治责任区域，强化防控工作责任落实，切实做到每一个村、镇、社区、每一片林地有专人巡护管理。加强基础建设，提高森防整体实力，增加各级财政的防治投入，降低林业有害生物危害，保护生态安全。

（二）加强检疫，科学防控，防止重大外来有害生物传播

一是继续全面开展美国白蛾防治及苗木调运检疫，防止美国白蛾疫情扩散；二是加强宣传、督导，克服麻痹怠惰情绪，坚持美国白蛾防治力度不减；三是全面做好松材线虫病检疫防控，对调入、调出天津的松树及其制品进行严格复检和检疫检查，加大对辖区内所有松属植物和流通、贮存的松木及其制品的监测力度，一经发现不明原因死亡松树，及时检测、处理；四是采取多种措施对蓟州北部山区松林进行全面监测。

（三）加强杨树舟蛾、国槐尺蠖等食叶害虫的监测防治

食叶害虫中，杨树舟蛾及国槐尺蠖的发生危害近几年呈上升趋势，为此，一是提高重视程度，加强监测调查，全面掌握其分布范围、发生

面积和危害程度，及时发布虫情动态和预警信息；二是科学防治，降低危害损失。针对其发生、危害特点，科学制定监测和防治方案，适时开展防治，遏制其扩散势头。

（四）加强科技支撑，提高防治效率

继续加强防治措施的研究试验，不断探索高效、低成本、低污染的防治方法，搞好监测预报，掌握好防治适期，科学防治。对发生危害较重的有害生物，要不断引进先进的防治措施，进一步提高防治效果，降低危害程度。

（主要起草人：张钰　宋东；主审：周艳涛）

04 河北省林业有害生物2022年发生情况和2023年趋势预测

河北省林业和草原有害生物防治检疫站

【摘要】2022年全省林业有害生物发生态势总体上平稳，全省林业有害生物发生652.67万亩，危害程度基本在中度以下。预测2023年全省林业有害生物发生680万亩左右。比2022年实际发生略有上升，其中：虫害595万亩，病害35万亩，鼠（兔）害50万亩。2023年要严格检疫监管，加强监测预警，做好物资储备，科学综合防治，加大联防联治等区域合作，强化重点区域部位的重大危险性林业有害生物预防和治理。

一、2022年林业有害生物发生情况

全省主要林业有害生物发生652.67万亩，同比下降7.89%。其中森林虫害579.12万亩，同比下降10.3%；病害32.19万亩，同比上升10.07%；鼠（兔）害41.35万亩，同比上升0.46%（图4-1）。全省林业有害生物测报准确率为93.24%。全年共防治1386.48万亩次，成灾率控制在0.06‰。对全省1115万亩松林实施普查监测，发现枯死松树23042株，取样检测1553株，未发现松材线虫病。

图4-1 河北省林业病害、虫害、鼠（兔）害份额图

（一）发生特点

2022年河北省林业有害生物发生特点为：发生面积同比下降，危害程度总体以轻度发生为主，未出现突发危害情况和大面积成灾现象。一是美国白蛾越冬代成虫羽化较常年提前3~5天，美国白蛾第一代整体轻度发生，没有出现扩散和严重危害情况；二是春尺蛾、杨树舟蛾大部分发生区林间虫口基数偏低，整体轻度发生；三是秋季以第3代美国白蛾、杨扇舟蛾、杨小舟蛾危害为主，除个别村庄、路段零星偏重发生外，未发生大面积危害；四是落叶松毛虫在坝上发生面积、危害程度大幅度降低；五是经济林病虫，经过几年来不断提高防控能力，发生面积、危害得到控制，如栎粉舟蛾在太行山、燕山山区板栗产区发生面积大大降低；六是外来入侵有害生物的危害性增大，悬铃木方翅网蝽在公路两侧持续严重危害。

（二）主要林业有害生物发生情况

河北省林业有害生物11月至翌年3月为越冬期，除鼠、兔危害外，其他林业有害生物基本无危害；4~10月为病虫危害期，最早危害的是春尺蛾、松毛虫等，6月，第一代美国白蛾幼虫和杨树食叶害虫危害、发生面积较大，也是全年新增有害生物危害面积最大的一个月。7~10月，第2、3、4代杨树食叶害虫和第2、3代美国白蛾幼虫在第1代基础上都有所增加，各种经济林有害生物亦多在此时间段危害。具体情况：

松毛虫 发生23.51万亩，比去年下降37.47%，其中油松毛虫发生14.04万亩、赤松毛虫发生0.49万亩、落叶松毛虫发生8.98万亩。落叶松毛虫主要发生在塞罕坝机械林场、平泉市、沽源县局部地块，个别山坡松林虫口密度较大。油松毛虫发生面积较多的地区主要是石家庄、张家口和承德的部分县，其他地区与2021年相比呈现平稳趋势。

森林鼠（兔）　发生 41.35 万亩，同比上升 0.46%。但局部危害仍较重。棕背䶄、鼢鼠、野兔等在坝上地区发生，野兔在承德的围场县、丰宁县和张家口的沽源县等地危害较重。主要原因：一是坝上地区大范围风电装机造成鼠（兔）天敌锐减，鼠（兔）密度积累增加，逐渐从低密度发展到相对较高的密度形成危害；二是鼠兔在冬季食物短缺，造成危害。

杨树虫害　发生 118.78 万亩，同比下降 8.61%。其中杨树食叶害虫发生面积 109.98 万亩，比 2021 年下降 8.82%。春尺蠖发生 61.15 万亩，主要发生在廊坊、衡水、保定、邢台 4 市的部分县（市、区），危害较去年轻。主要是由于沧州、廊坊、保定、邢台 4 市大面积推广阻隔法和飞机防治春尺蠖，防效明显，除个别地块外，基本没有出现大面积树叶被吃光的现象。杨扇舟蛾发生面积 26.67 万亩，同比下降 4.69%，杨小舟蛾发生面积 8.84 万亩，同比下降 55.12%。进入 8 月中下旬后，杨扇舟蛾、杨小舟蛾等害虫在河北省部分道路路段、高速公路两侧和片林持续危害，但出现"吃糊""吃花"现象很少。杨树蛀干（梢）害虫发生 9.8 万亩，同比上升 1.87%；杨干象发生 4.1 万亩、光肩星天牛发生 3.1 万亩。杨干象危害逐年增多，主要发生在唐山、承德、秦皇岛 3 市的部分县（市、区）；光肩星天牛主要发生在沧州、衡水 2 市部分县（市、区）。

杨树病害　发生 24.72 万亩，同比上升 44.61%，其中杨树烂皮病发生 8.36 万亩、杨树溃疡病发生 3.41 万亩、杨树细菌性溃疡病发生 4.8 万亩。以中部平原地区发生较多。由于造林任务大，个别地方一些弱苗、差苗栽植在造林地，如遇气候不适，易造成发病。

美国白蛾　发生 274.5 万亩，同比上升 2.28%。发生范围涉及除张家口外的 10 个设区市、2 个省直管县级市和雄安新区，共 131 个县（市、区）、1271 个乡（镇、街道办事处、林场、农场）、19976 个疫点村（街道、小区），与 2021 年相比增加 31 个乡（镇）、155 个疫点村。2022 年，美国白蛾第一代、第二代整体轻度零星发生，第三代美国白蛾与去年同期相比也偏轻发生，世代重叠严重，个别村庄、小区、路段发生较重。整体看，河北省全年美国白蛾总体轻度发生，基本实现了可持续稳定控制。

红脂大小蠹　发生 16.8 万亩，同比去年上升 23.35%，危害程度较轻。涉及石家庄、邯郸、邢台、保定、张家口、承德 6 个市的 28 个县（市、区），在承德市与内蒙古、辽宁交界的县（市），发生危害得到控制，发生面积同比下降明显。两个直属林场（塞罕坝机械林场、木兰林场）有零星发生。

舞毒蛾　发生 20.65 万亩，同比下降 25.29%，主要发生在承德、张家口、唐山部分县。主要原因是该虫 2018 年以来，开始从发生衰弱期逐渐向发生高峰挺进，去年是这个周期的最高峰，今年开始进入下降期，发生面积减少。

栎粉舟蛾　发生 39.62 万亩。同比下降 41.2%。主要发生在承德、邢台部分山区县。发生面积、危害是 5 年来首次大幅度下降，但仍不可掉以轻心，应继续加强监测。

（三）成因分析

河北省 2022 年冬季（2021 年 12 月至 2022 年 2 月）气温冷暖起伏显著，前冬冷后冬暖。属偏高年份，全省平均降水量为 53.9mm，较常年偏少 25.8%，属于偏少年份。夏季：全省平均降水量较常年偏多，属于正常年份，季内强降水时段较常年偏早，出现极端强降水事件少，进入 7 月，强降水过程频繁；9、10 月平均降水量较常年偏多。

分析 2022 年全省林业有害生物发生的主要原因：

1. 去冬今春气候条件没有出现极端天气，虽有利于美国白蛾、杨树食叶害虫发育越冬。但越冬死亡率比常年普遍偏高，第 1 代美国白蛾危害以轻度发生为主。且重点突出开展美国白蛾第 1 代幼虫防治，抓住低龄幼虫防治关键期，分区治理，分类施策。采取飞机防治与地面防治相结合的综合防控措施，压低了虫口基数，有效控制了第 2 代美国白蛾的危害。第 3 代美国白蛾发生期，大部分地区，如石家庄、秦皇岛、唐山、廊坊、保定、沧州、衡水、邢台、邯郸、定州、辛集市和雄安新区及所辖有关县（市、区）适时在三代美国白蛾幼虫期，分别组织开展了飞机喷药防治，控制了美国白蛾的蔓延和危害。

2. 河北省森林结构单一，大面积杨树纯林，再加上频繁人为活动影响，生态系统脆弱，自身抵御病虫害能力差。以上两点都有利于美国白蛾、杨树舟蛾的发生。但美国白蛾、杨树食叶害虫发生危害多在中度以下且没有出现大面积成灾的原因，一是河北省林业有害生物防治队伍和基础建设经几十年发展，取得了长足进步，防控能力明显提升；二是重大林业有害生物防治得到了各级政府和相关部门的高度重视，认真落实林长制，组织领导不断加强，经费投入不断增加，监测预警、检疫御灾、应急救灾等体系不断完善，美国白蛾等重大林业有害生物今年得到了比较有效治理；三是外来有害生物定居本土化，有害生物的天敌跟进，形成了相对稳定的"食物链"，发生逐渐趋于稳定。美国白蛾、杨树舟蛾已经在河北省形成了一个较稳定的种群群落。再加上近年来大面积飞机防治春尺蛾、美国白蛾、杨树舟蛾使用无公害农药，结合推广阻隔法防治春尺蠖等防控措施，防效明显，天敌种类增多，使得美国白蛾、杨树舟蛾危害程度减轻。

3. 栎粉舟蛾危害减轻，是因为几年来不断提高对该虫的防控技术水平，发生面积、危害得到有效控制，特别是各地积极布设高压钠灯，取得了很好的防治成效。

4. 悬铃木方翅网蝽持续危害，主要是悬铃木作为行道树及小区绿化主要树种，种植面积越来越大，为其传播提供了场所，加上该虫1年多代，世代重叠，对其研究不多、重视不够，造成发生面积逐年增大。

二、2023年林业有害生物发生趋势预测

（一）2023年总体发生趋势预测

根据全省2022年林业有害生物发生与防治情况和国家级林业有害生物中心测报点、全省重点测报点越冬基数调查，及各市森防站预测数据，结合林业有害生物发生规律及气象资料综合分析，经趋势会商和数学模拟分析以及分析历年发生情况，预测2023年河北省林业有害生物发生面积680万亩左右，与2022年实际发生面积相比有所增加。其中：虫害595万亩、病害35万亩、鼠(兔)害50万亩，危害程度总体为中度以下。

（二）2022年度预测结果评估

2022年河北省森林有害生物实际发生以及主要虫害与年初的预测相吻合。

表4-1 主要病虫害2022年预测与2022年、2021年实际发生结果评估表

病虫种类	2022年预测发生（万亩）	2022年实际发生（万亩）	2021年实际发生（万亩）	实际发生趋势	预测准确率（%）	预测结果
病虫害总计	700	652.67	708.55	下降	93.24	吻合
虫害	615	579.12	645.66	下降	94.16	吻合
病害	35	32.19	21.74	上升	91.97	吻合
森林鼠兔	50	41.35	41.16	上升	82.7	吻合
松毛虫	25	23.51	37.60	下降	94.04	吻合
杨树蛀干害虫	10	9.8	9.62	上升	98	吻合
杨树食叶害虫	125	109.98	120.36	下降	87.98	吻合
松叶蜂类	6	8.19	5.3	上升	64.5	基本吻合
天幕毛虫	12	10.35	14.09	下降	86.25	吻合
舞毒蛾	20	20.65	27.64	下降	96.75	吻合
美国白蛾	265	274.5	268.38	上升	96.42	吻合

从表4-1中，我们可以清楚地看到2022年预测与2022年发生及2021年度发生面积总体上有变化，特别是具体到单虫种发生面积变化差异较大。如舞毒蛾实际发生与2021年比，发生面积减少25%以上。

（三）分种类发生趋势预测

1. 数学模型预测

依据23年来全省林业有害生物发生面积统计结果，利用预测预报系统软件进行自回归预测，对2023发生面积预测结果如下：

表 4-2 河北省 2023 年几种主要病虫害预测　　　　单位：万亩

病虫鼠名称	2022年发生	回归预测	综合预测
病虫害总计	652.67	718	680
病害合计	32.19	35	30
虫害合计	579.12	611	595
鼠(兔)害合计	41.35	54	50
松毛虫	23.51	45	25
杨树蛀干害虫	9.8	13	10
杨树食叶害虫	109.98	132	115
美国白蛾	274.5	257	265
红脂大小蠹等	16.8	13.7	15

2. 预测分析

（1）美国白蛾

预测发生面积 265 万亩，与 2022 年实际发生比略有下降。主要发生在唐山、秦皇岛、廊坊、沧州、石家庄、保定、承德、衡水、邢台、邯郸等市和雄安新区及定州、辛集 2 个省管县级市。特点有变化，虫口密度应低于今年、危害程度减轻，但疫区范围不会缩小、疫点数不会减少，整体为轻度发生。应切实注意，若一旦防控不力，个别村庄、零星树木仍将严重发生危害，出现局地疫情反弹，形势严峻。各发生区要加大监测点密度，重点抓住第 1 代防治关键期，大大降低虫口基数，严控第 2 代，严防第 3 代暴发危害。另外张家口市一定要加强监测，严防美国白蛾传入，一旦发现，果断扑灭（图 4-2）。

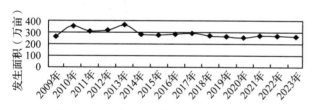

图 4-2　2023 年美国白蛾发生趋势预测图

（2）松毛虫

预测发生面积 25 万亩，其中中度以上发生面积在 10 万亩以下，严重发生面积与 2022 年持平。据河北省 12 个松毛虫诱捕监测点预报和燕山山区、太行山山区的虫情监测调查情况综合分析，油松毛虫开始逐渐进入下一个发生周期，发生面积可能将逐渐加大，需加强监测。冀北坝上地区的落叶松毛虫和承德市部分县、张家口市的赤城、尚义，石家庄的平山等县油松毛虫亦有抬头加重趋势。需防面积 10 万亩左右（图 4-3）。

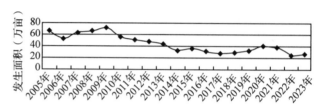

图 4-3　2023 年松毛虫发生趋势预测图

（3）红脂大小蠹等松树钻蛀性害虫

预测发生面积 15 万亩，比 2022 年实际发生略有下降。红脂大小蠹的危害，整体不会加重，但局部危害可能加重。特别是承德各县不容忽视，一定要加强监测。其他一些钻蛀类害虫，如八齿小蠹、梢小蠹等发生呈平稳趋势，主要涉及燕山、太行山一带的市县区，承德、张家口、邢台、石家庄、保定、邯郸等市的承德、隆化、平泉、围场、宽城、临城、内丘、沙河、赞皇、平山、涞源县、武安涿鹿、赤城等县以及承德市的避暑山庄（图 4-4）。

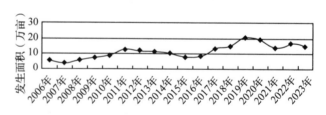

图 4-4　2023 年红脂大小蠹发生趋势预测图

（4）杨树蛀干害虫

预测全省发生面积 10 万亩。主要虫种为杨干象、桑天牛、光肩星天牛、青杨天牛等，呈平稳趋势，近年来杨干象危害在承德、唐山、秦皇岛等市有蔓延的趋势，不可掉以轻心。各市重点危害种类有主次，沧州市光肩星天牛危害轻而桑天牛危害相对重，而光肩星天牛危害主要分布在沟渠、路旁的柳树；全省防治重点为沧州、衡水、廊坊、石家庄、保定、邢台等市(图4-5)。

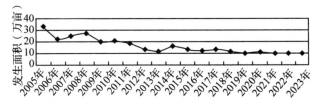

图4-5　2023年杨树蛀干害虫发生趋势预测图

(5)杨树食叶类害虫

预测全年发生面积115万亩。与2022年实际发生比略有上升，春天和9月时局部小面积可能成灾。大面积集中连片的杨树纯林，面积大、范围广、林分抗虫能力差，治理难度大。主要种类为春尺蛾、杨扇舟蛾、杨小舟蛾、杨二尾舟蛾、杨毒蛾、杨白潜叶蛾等，春季，春尺蛾在廊坊、保定、衡水、沧州、邢台等市部分县(市、区)杨树林中危害比较严重，7月以后杨扇舟蛾、杨小舟蛾、杨毒蛾类等害虫将在平原及低山区各市县区的公路两侧，村庄、农田林网大面积发生，要重点抓好5、6月份的第1代防治工作，以避免因前期防治不到位，可能造成的局部成灾(图4-6)。

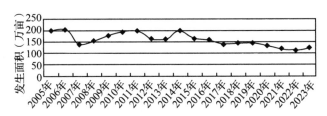

图4-6　2023年杨树食叶类害虫发生趋势预测图

(6)天幕毛虫

预测发生面积10万亩，与2022年实际发生基本持平，主要发生在张家口、承德的山杏产区(图4-7)。

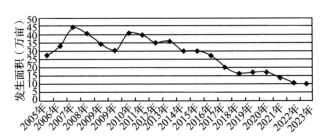

图4-7　2023年天幕毛虫发生趋势预测图

(7)舞毒蛾

预测发生面积15万亩左右，比2022年实际发生有所下降。主要发生在张家口、承德、唐山。2012年是舞毒蛾自1998年以来的一个高峰期，2015年下降到最低谷，2016年开始逐渐攀升，2021年到达一个小高峰期，2022年开始下降，预测2023年将继续下降(图4-8)。

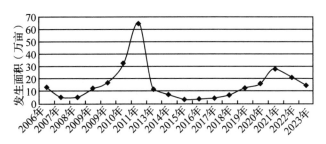

图4-8　2023年舞毒蛾发生趋势预测图

(8)松叶蜂类

预测发生面积7万亩，与2022年实际发生相比呈下降态势。包括落叶松腮扁叶蜂、红腹叶蜂、锉叶蜂、阿扁叶蜂等，主要发生在承德和张家口的坝上地区及中南部太行山区松林。但是该类害虫发育龄期不整齐，又有滞育现象，防治困难，难于全面控制。必须加强监测，严防大面积发生。

(9)鼠(兔)害

预测发生面积50万亩。主要是棕背䶄、草原鼢鼠、花鼠、托氏兔等种类。从全局看将呈平稳态势，不同鼠种、不同地区升降变化各异。重点发生在承德、张家口北部和坝上地区。各地要加强监测。主要原因：一是退耕还林后山上不再种庄稼，鼠(兔)缺少食料在冬春季咬食造林地苗木；二是生态系统脆弱缺少天敌制约；三是禁猎之后人为扑杀野兔活动减少，使其种群数量上升；三是入冬以来降雪较多，是诱发棕背䶄发生危害增加的主要原因(图4-9)。

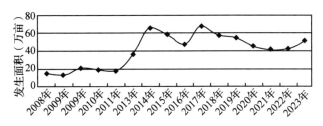

图4-9　2023年鼠(兔)害发生趋势预测图

(10)林木病害

预测发生面积30万亩。包括杨树溃疡病、

杨树烂皮病、杨树黑斑病等，主要发生在平原农田林网，主要危害幼龄林，特别是冀中平原的东部地区。有可能局部地区流行严重。

(11) 其他主要虫害

预测发生面积138万亩。主要包括栎粉舟蛾、落叶松尺蛾、松针小卷蛾、松针卷叶蛾、金龟子、榆蓝叶甲、黄连木尺蛾、樗蚕、板栗红蜘蛛、核桃举肢蛾、沙棘木蠹蛾、悬铃木方翅网蝽等。

三、对策建议

(一) 强化组织领导，确保责任落实

一要建立责任制度，将松材线虫病等重大林业有害生物防控目标列入林长制考核；二要健全工作机制。加强部门协调配合，形成"属地管理、政府主导、部门协作、社会参与"的工作机制；三要严格奖惩制度。加大对责任落实情况的检查督导。

(二) 加强监测预警工作，严格检疫监管

一是进一步加密监测网点，健全省、市、县三级测报网络，抓好国家级、省级测报点专业队伍和基层护林员测报队伍，完善测报网络体系建设；二是充分发挥专家群体的作用，及时分析监测结果，准确掌握虫情规律和疫情动态，提升数据分析的系统性、趋势预测的科学性和应用的时效性，提高预警预报能力，主动为广大林农群众提供准确及时的林业生物灾害信息和防治指导服务，及时发现灾情，发布预警信息和短期趋势预测的信息，减免灾害损失；三是充分发挥村级查防员的作用，切实搞好疫情、虫情监测和巡查，特别是要密切监控重点区域、窗口；四是利用科技手段，掌握测报新技术、新方法。利用化学信息、遥感和生物技术等新技术手段开展监测，形成有害生物立体监测预警体系，提高监测成效；四是切实加强外来林业有害生物风险评估体系建设，强化检疫监管，严防外来有害生物的传入。完善检疫信息系统建设，加强产地检疫、调运检疫和复检，开展远程诊断，提高检疫检验质量，防止危险性林业有害生物的扩散蔓延。

(三) 突出预防重点，科学精准防治

一是针对最有可能突发的林业有害生物，如美国白蛾、杨树食叶害虫等，指导各地进一步做好专项调查和有针对性开展监测，分析病虫情发生发展趋势，及时发布预警信息；二是积极做好各项应急准备，针对可能发生的林业有害生物，制定统一领导、分级联动、部门协作、应对有力的专项应急预案，提早做好防治资金和药剂、药械等应急防控物资储备，一旦突发林业有害生物灾害，立即启动预案，果断处置，减少灾害损失，防止形成大的灾害。

(四) 加强联防联治，保证整体防效

加大联防联治、联防联检区域合作，加强京津冀重点生态部位重大林业有害生物预防和治理力度。全面落实《冀蒙辽红脂大小蠹联防联治协议》，推进红脂大小蠹等重大有害生物的联防联控，确保区域整体防效。

(五) 加强宣传培训

围绕中心工作，不断创新宣传形式、拓展宣传途径、提升宣传效果。充分利用广播、电视、报纸、网络等各种媒体广泛深入地宣传，增强全民防控减灾意识，营造良好的社会氛围。利用线上、线下多途径、多渠道开展松材线虫病等重点有害生物识别防控知识，提高基层森防人员的技术水平。

(主要起草人：邓士义 郝建清 王宇 王麓 吴宁 梁傢林；主审：周艳涛)

05 山西省林业有害生物2022年发生情况和2023年趋势预测

山西省林业和草原有害生物防治检疫总站

【摘要】 2022年山西省林业有害生物发生整体处于平稳态势，局部地区出现灾情。据统计，全省主要林业有害生物发生面积334.88万亩，其中轻度发生290.5万亩、中度发生41.27万亩、重度发生3.11万亩，较去年同比下降5.2%。根据目前森林资源状况、林业有害生物发生及防治情况、今冬有害生物越冬基数调查，结合省气象局2023年气象预报，综合分析，预测2023年山西省主要林业有害生物仍将偏重发生，全年发生面积约为340万亩。要持续关注突发性灾害发生，进一步加大监测面积、强化检疫执法工作、加强监测预警网络体系建设，运用好智慧林业平台和松材线虫监测平台，合力开展科技监管防治工作。

为努力争取松材线虫病、美国白蛾零入侵的良好局面，2023年将重点加强松材线虫病、美国白蛾等重大林业有害生物的监测预防，落实林长制目标相关考核要求，针对常发性林业有害生物，主要加强监测预防为主，采取无公害防治手段，形成"有虫不成灾"的防治局面。

一、2022年林业有害生物发生情况

山西省林业有害生物2022年发生334.88万亩，防治285.99万亩。总发生面积中，虫害225.07万亩（同比下降5.15%），病害19.95万亩（同比下降9.69%），鼠（兔）害88.11万亩（同比下降4.32%），有害植物1.76万亩（同比持平）。

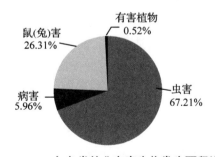

图5-1　2022年各类林业有害生物发生面积比例

全年采取各种措施防治，其中无公害防治面积275.58万亩，无公害防治率达96.36%。

（一）发生特点

2022年，山西省林业有害生物总体发生平稳，没有出现大的灾情，个别有害生物在局部地区发生呈加重危害，与2021年相比发生面积略有下降，但个别种类危害加重，尤其是侧柏、油松类叶部病害发生严重；红脂大小蠹、光肩星天牛等钻蛀类害虫发生总体处于稳定态势，其他一些常发性害虫在局部地区危害较重；食叶害虫发生总体平稳，个别种类危害较重，如松阿扁叶蜂、华北落叶松鞘蛾等；景观绿化林带、经济林等林业有害生物呈点状发生，但种类增加；其次是外来有害生物入侵的危险性逐步增大，与山西省毗邻的松材线虫病、美国白蛾疫区直线距离只有几十公里，外来入侵林业有害生物的防范问题，已成为不容忽视的重要问题。

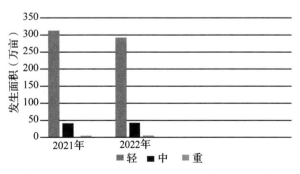

图5-2　2021、2022年林业有害生物发生程度对比

（二）主要林业有害生物发生情况分述

1. 松树食叶害虫

2022年发生69.36万亩，（68.88万亩）同比

油松毛虫　2022年发生14.18万亩，同比下降9.68%。主要发生在大同、长治、晋城、朔州、晋中、忻州、临汾、吕梁的部分县区，以及中条、五台和吕梁林局。

靖远松叶蜂　2022年发生7.46万亩，同比下降26.79%。主要发生在太原娄烦县和古交市，以及关帝林局、太岳林局。

松阿扁叶蜂　2022年发生14.63万亩，同比上升27.43%。主要发生在阳泉，晋城沁水、泽州，运城盐湖区、平陆县、夏县、闻喜县和中条林局。

华北落叶松鞘蛾　2022年发生11.2万亩，同比上升13.13%。在大同、朔州的应县、五台林局、黑茶林局、太岳林局个别林场危害重。

落叶松红腹叶蜂　2022年发生4.7万亩，同比下降52%。在大同的灵丘、太行林局、五台林局、关帝林局部分林场危害。

2. 松树钻蛀性害虫

2022年发生43.62万亩，同比下降8.2%。其中，红脂大小蠹全年发生38.87万亩，同比下降4.89%，晋城的陵川、沁水，晋中的榆次、左权以及黑茶林局、关帝林局、太岳林局、太行林局、吕梁林局、中条林局部分林场危害较重；松纵（横）切梢小蠹全年发生3.29万亩，在关帝林局和晋城的陵川发生，同比下降14%。

3. 杨树害虫

2022年杨树蛀干害虫发生3.71万亩，同比下降13.7%。其中，光肩星天牛全年发生1.78万亩，桑天牛全年发生0.8万亩，在大同、朔州、忻州、晋城、运城、临汾等地均有发生。

杨树食叶害虫发生9.46万亩。其中，春尺蠖主要发生在临汾洪洞县、襄汾县、尧都区和晋中、吕梁的个别县区。杨、柳毒蛾2022年发生2.03万亩，同比上升了19.4%。主要发生在临汾、晋城、运城的部分县区。

4. 经济林病虫害

2022年发生50.64万亩，同比下降10.29%。核桃举肢蛾全年发生6.6万亩，同比下降8.8%，主要发生在大同、阳泉、晋中、晋城、运城的部分县区；桃小食心虫全年发生5.9万亩，同比下降15.9%，主要发生在吕梁临县、运城稷山等地；枣飞象全年发生4.19万亩，同比下降20.9%，主要发生在吕梁兴县、临县、石楼、晋中的太谷和忻州的保德；沙棘木蠹蛾发生4.22万亩，同比上升14%，主要发生在朔州的右玉和忻州的偏关。核桃腐烂病发生4.2万亩，与去年持平，在大同、阳泉、长治、晋城、晋中、运城、临汾等核桃产区发生较为严重；枣疯病发生2.74万亩，主要发生在晋中的太谷、祁县，吕梁的石楼等地。

5. 鼠（兔）害

中华鼢鼠发生43.43万亩（轻度33.82万亩，中度9.02万亩，重度0.59万亩），棕背䶄发生0.45万亩，为轻度发生，野兔发生39.7万亩（轻度32.23万亩，中度7.31万亩，重度0.16万亩）。

发生范围涉及太原、大同、长治、朔州、晋中、运城、忻州、临汾、吕梁和杨树局、管涔、五台、黑茶、关帝、太行、太岳、吕梁山、中条林局。

6. 森林病害

2022年发生19.95万亩，同比下降9.7%。其中，侧柏叶枯病、杨树黑斑病、杨树烂皮病和核桃腐烂病在局部地区发生较为严重。

（三）成因分析

1. 气候因素变化影响

2022年，异常气候仍是影响山西省林业有害生物发生危害的主要因素。

2. 林木经营管理状况

近年来，随着造林绿化工程的推进，山西省加大了混交林的营造力度，树种结构得到一定改善，一定程度上减少了病虫害集中连片的暴发，但已经成林的树种纯林面积比例仍然较大，林分结构不合理，抚育管理措施不科学，林分健康程度较差，林业有害生物容易发生蔓延；一些新造林地、灌木林地等生态环境差，林牧矛盾突出，鼠（兔）害缺少天敌制约，种群密度仍较大；经济林面积日益增长，集约化管理程度有所提高，但是经营管理水平仍然较低，整体生态系统抵御病虫能力差，病虫害发生面积大、分布广。

3. 监测检疫工作现状

全省监测网络体系日臻完善，监测技术和手段有效提高，监测覆盖率和准确率得到保障，为早发现、早防治提供了科学依据，避免了小灾酿大灾。但一些基层单位重造轻管，部分地区监测调查工作不到位，基层部分地方对林业有害生物防治工作不够重视，导致一些隐蔽性害虫不能被及早发现，致使小灾变大灾；经费投入不足，林业有害生物无法实施全面监测，得不到及时有效的治理。

4. 综合防治措施实施

针对主要有害生物发生危害，各地突出重点，认真开展综合治理，实施联防联治，加之财政资金投入增加和森林保险理赔资金注入，以及飞防等先进防治手段的应用，提高了防治面积和成效，一些主要有害生物灾情得到有效控制，减轻了发生危害。但是特殊生态区、养殖区和居民区防治受限，部分地区容易留下漏洞和死角，成为向外扩散的虫源地，容易导致虫情反复。再有针对部分钻蛀性害虫、地下害虫及鼠害等隐蔽性有害生物，目前缺少经济高效的科学防治技术，难以取得理想的防治效果。

二、2023年林业有害生物发生趋势预测

（一）2023年总体发生趋势预测

根据省气象局2023年的气候趋势预测，参考历年资料、森林生态条件和病虫害周期性发生特点，结合各地越冬基数调查结果和防治现状，运用自回归模型，有效虫口基数预测法和逐步回归分析等方法，经综合分析预测，2023年山西省林业有害生物发生面积约340万亩，总体发生与2022年比较基本持平，部分病虫鼠（兔）害危害仍较为严重。其中，食叶害虫发生面积略有上升，局部地区有小幅度下降；钻蛀害虫发生总体平稳，但个别种类在局部地区偏重发生；经济林病虫害发生整体趋稳，局部地区可能出现灾情；鼠（兔）害发生呈上升趋势，个别地区危害仍较重；有害植物发生呈稳定态势。

（二）分种类发生趋势预测

1. 松树食叶害虫

预测2023年松树类食叶害虫发生稳中有升，局部地区危害会有所减轻，预测面积70万亩。

油松毛虫 越冬虫口基数较大，加之周期性发生特点，发生呈上升趋势，预测2023年发生15万亩（图5-3），主要在大同、忻州、临汾、晋城以及吕梁林局、中条林局等地，个别林场呈抬头趋势。

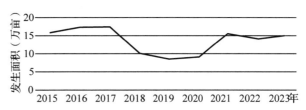

图5-3 油松毛虫发生趋势预测

松阿扁叶蜂、落叶松红腹叶蜂、靖远松叶蜂等松叶蜂 发生与2022年基本持平，预测2023年发生40万亩，局部地区可能出现灾情。

华北落叶松鞘蛾 由于近年来防治力度加大，虫情得到有效控制，预测2023年发生10万亩左右，主要分布在管涔林局、五台林局、黑茶林局、关帝林局的部分林场。

2. 松树钻蛀害虫

2022年松树钻蛀害虫发生处于下降趋势，但个别种类在局部地区尤其是火烧迹地将偏重发生，预测2023年松钻蛀类害虫发生面积约50万亩。

红脂大小蠹 发生基本稳定，预测发生40万亩（图5-4），主要发生在太原、晋中、晋城、临汾、忻州、长治和关帝林局、吕梁林局、太岳林局、黑茶林局、中条林局等地。

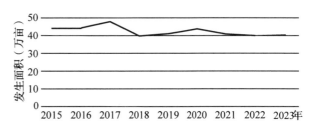

图5-4 红脂大小蠹发生趋势预测

3. 杨树害虫

杨树食叶害虫预测2023年发生面积约10万亩；杨树蛀干害虫预测发生面积5万亩。

光肩星天牛、桑天牛在临汾、运城、晋城等地发生平稳，危害程度将有所减缓，预测发生5万亩；杨柳毒蛾总体呈下降趋势，预测发生3万亩，不会形成大的灾情；舞毒蛾发生稳中有降，分布在大同广灵、朔州朔城、晋中左权和吕梁林

局等地，预测发生4万亩。

4. 经济林病虫

经济林病虫种类多、分布广，遍及全省红枣、核桃等经济林产区，近年来随着集约化程度的日益提高，管理水平不断加强，经济林病虫害得到有效控制，发生和危害程度有所减轻，预测2023年发生总体平稳，面积约50万亩，但在局部地区仍将偏重发生。

沙棘木蠹蛾、杏球坚蚧、桃小食心虫、枣飞象、桑白蚧、日本龟蜡蚧发生稳中有降；枣尺蛾发生呈稳定态势；核桃举肢蛾发生呈上升趋势。核桃腐烂病、核桃黑斑病、枣疯病等病害总体发生平稳，但在个别地区仍然危害严重。

5. 林业鼠（兔）害

随着山西省造林绿化力度加大，未成林地面积逐年增加，野兔、中华鼢鼠等鼠兔种群密度较大，林业鼠（兔）害发生连续多年居高不下，连年持续有效的综合治理措施的实施，种群密度得到一定控制，发生呈下降趋势，但在局部地区危害仍较为严重。预测2023年鼠（兔）害发生面积90万亩（图5-5）。种类以中华鼢鼠、棕背䶄和草兔为主，主要分布在大同、朔州、忻州、晋中、临汾和省直各林局，北部地区较南部地区偏重发生，退耕还林后的新造林地易受危害。

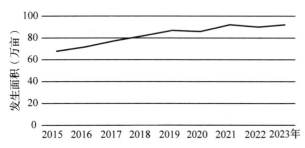

图5-5 鼠（兔）害发生趋势预测

6. 林木病害

根据2023年山西省气候预测分析，夏季降水局部地区较往年偏多，林木病害整体发生平稳，与2022年基本持平，预测2023年发生23万亩左右。其中，侧柏叶枯病预测发生6万亩，个别地区偏重发生；杨树腐烂病、松苗立枯病发生呈下降趋势，在局部地区危害仍较重；杨树黑斑病发生稳中有升，预测发生5万亩，主要分布在朔州右玉、长治沁源等地。

7. 有害植物

由于这几年各地对有害植物的重视不够，防治不彻底，导致蔓延迅速，对一些灌木林地造成一定危害，预测2023年发生2万亩。发生种类主要为日本菟丝子，分布较广，主要以临汾、晋城、太原等地发生较重。

8. 其他有害生物

预测2023年发生40万亩。

栎旋木柄天牛预测发生10万亩；木橑尺蠖、春尺蠖发生呈稳定态势，与2022年基本持平；国槐尺蛾、白蚁等越冬基数较大，发生呈上升趋势；蚜虫、草履蚧、牡蛎盾蚧、大青叶蝉、悬铃木方翅网蝽等刺吸性害虫发生频次高，发生程度轻度至中度，全省范围均有分布，预测发生面积约10万亩。

9. 重大外来有害生物

美国白蛾在山西省周边的北京、河北、河南、内蒙古均有发生，对山西形成包围态势；松材线虫病在周边陕西、河南发生，最近疫区县距山西省直线距离不足30km，随着贸易往来，入侵概率不断加大，在山西省发生疫情的可能性较大。近两年，山西省松材线虫媒介昆虫松褐天牛、云杉花墨天牛成虫和灰长角天牛等发生呈上升趋势，防控形势更加紧迫和严峻，需引起高度重视。

三、对策建议

（一）加强监测预报工作，提升灾害预警能力

一要进一步建立健全省、市、县、乡四级监测网络，落实监测责任，实施护林员巡查、森防专业人员重点核查的监测网格化管理，全面推行护林员监测日志制度，划定责任区，建立责任人名录，实施日常化巡查，定时观察、记录，及时采集、报告监测数据，做到疫情监测全覆盖、普查无盲区；二要开展监测预警天空地立体网络体系建设，动态监控虫情发生动态，提高监测覆盖面，促进主要林业有害生物监测的规范化、数字化及科学化；三要加强测报点管理，及时发布灾情预警信息，为科学控灾提供决策依据，全面提升林业有害生物监测预报水平。

（二）强化检疫御灾工作，防范有害生物入侵

一要进一步加强产地检疫和调运检疫，严格

执行《检疫要求书》和检疫审批制度，强化对苗木、松材制品的流通监管，加大检疫执法力度，严厉打击违法违规调运；二要落实各项防控措施，加强检疫阻截，认真组织开展秋季疫情普查和日常监测工作，严防松材线虫病、美国白蛾等重大林业有害生物入侵危害，切实增强检疫御灾能力；三要依法落实林业植物检疫监管制度，加快建设检疫监管追溯平台，加强和规范报检员制度，严格开展产地检疫、调运检疫和复检工作，强化源头管理，严防人为传播。

(三) 加强科技支撑力度，提高防治减灾水平

一要加大林业有害生物防控科研和新技术推广力度，积极了解林业有害生物防治技术的发展，筛选适合本省的防治新技术，进行引进消化吸收，提高科技转化率；二要大力推行人工、物理、天敌、引诱等无公害防治措施，加强林木抚育管理，通过修剪、平茬、间伐等措施，增强树势，保护生物多样性，提高抵抗病虫的能力，实现有害生物可持续控灾。提高防治减灾能力；三要构建联防联控机制，毗邻区域要协作配合，推进构建以"监测互动、防治互帮、执法互助、信息互通"为主要内容的联防联控机制，建立合作机制，整体推进林业有害生物防控工作，全面提高防控成效；四要积极推动政府购买防治服务。鼓励、扶持、引导社会化防治专业队伍参与林业有害生物特别是重大林业有害生物防治。

(四) 开展森防知识宣传，提高公众防控意识

充分利用广播、电视、报刊、简报、宣传栏、宣传车等媒介途径，采取多种形式开展森防检疫法规及主要林业有害生物防治技术科普知识宣传，切实提高公众对林业有害生物危害性和危险性的认识，激发群众的参与主动性和积极性，增强全社会的防治意识，建立和完善林业有害生物防控长效机制。普及森防基础知识，以网络森林医院为服务平台，提升社会化服务水平。同时，进一步加大相关法律法规的宣传，为依法防治营造良好的社会环境。

(五) 抓好基层技术培训，加强森防队伍建设

一要定期对基层森防人员开展业务培训，建立常态化培训机制，进一步提升一线业务人员监测、防治技术能力和业务水平，加强森防基础设施建设，强化队伍建设，提高森防队伍的整体素质；二要组建应急防治队伍，为及时有效处置重大或突发林业有害生物灾害，最大限度减少林业有害生物事件发生和灾害损失，依托林业企事业单位和社会团体或村集体等，组建民间救援或自救力量，协助地方政府做好防灾、减灾、应急防治等有偿服务。

（主要起草人：郭春苗　王晓俪　高晋华；主审：周艳涛）

06 内蒙古自治区林业有害生物2022年发生情况和2023年趋势预测

内蒙古自治区林业和草原有害生物防治检疫总站

【摘要】 2022年，内蒙古自治区共发生各类林业有害生物1096.07万亩，其中轻度发生639.75万亩，中度发生365.18万亩，重度发生91.14万亩。与2021年相比呈上升趋势，个别虫种在局部地区灾情严重。检疫性林业有害生物发生面积稳中有降，但松材线虫病传入内蒙古的风险加大；突发性林业有害生物在局部地区暴发；常发性林业有害生物多发、频发势头有所减缓；钻蛀性林业有害生物略有上升；林业鼠（兔）害发生呈下降趋势；病害发生面积整体下降。

2023年，预测内蒙古自治区林业有害生物呈略有上升趋势，全年预计发生1109万亩，发生程度以轻度为主，但部分种类仍将在局部地区重度发生。

为有效监测、防控林业有害生物，建议：加强组织领导，切实履行责任；强化检疫执法，筑牢检疫防线；加强监测预警，规范测报管理；加大宣传力度，提高社会认知；强化科技攻关，推动高质量发展。

一、2022年林业有害生物发生情况

2022年，内蒙古自治区共发生各类林业有害生物1096.07万亩，同比上升3%。其中轻度发生639.75万亩，中度发生365.18万亩，重度发生91.14万亩。2022年，林业病害发生90.44万亩，同比下降13%，林业虫害发生799.50万亩，同比上升10%，林业鼠（兔）害发生206.12万亩，同比下降12%（图6-1）。

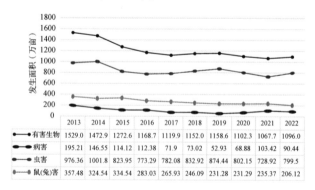

图6-1 近10年林业有害生物发生趋势

依据各地年度防治管理目标任务考核，内蒙古自治区各类林业有害生物防治面积589.73万亩，无公害防治率达到97.04%。主要林业有害生物成灾率控制在4‰以下（0.53‰），实现了预期任务目标。

（一）发生特点

2022年，内蒙古自治区林业有害生物发生与2021年相比呈上升趋势，主要林业虫害个别虫种在局部地区灾情严重。美国白蛾、红脂大小蠹、杨干象等检疫性林业有害生物发生面积稳中有降，但松材线虫病传入风险加大，美国白蛾疫点增加，科尔沁区首次诱捕到美国白蛾成虫；桦叶小卷蛾、柠条豆象等突发性林业有害生物在局部地区暴发；黄褐天幕毛虫、松毛虫、柳毒蛾等常发性林业有害生物多发、频发势头有所减缓；光肩星天牛、槐绿虎天牛、红缘天牛等钻蛀性林业有害生物略有上升；大沙鼠、鼢鼠等林业鼠（兔）害发生面积呈下降趋势，危害程度减轻；病害发生面积整体下降。

（二）主要林业有害生物发生情况分述

1. 虫害

2022年，全区统计到发生虫害136种。50万亩以上的2种，20万~50万亩的8种，10万~20万亩的16种，10万亩以下的110种。

林业虫害在全区12个盟（市）100个旗（县、

区、局)均有不同程度、不同范围的发生。其中，发生面积100万亩以上的3个盟(市)，发生面积60万~100万亩的3个盟(市)，发生面积10万~60万亩的5个盟(市)，发生面积10万亩以下1个盟(市)(图6-2)。

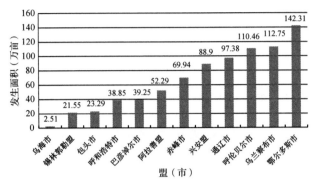

图6-2　2022年林业虫害各盟(市)发生情况

(1)检疫性害虫发生情况

美国白蛾　发生3.38万亩，同比下降10%。其中轻度发生0.89万亩、中度发生0.68万亩、重度发生1.81万亩。发生范围为通辽市科尔沁左翼中旗(以下简称科左中旗)巴彦塔拉镇、胜利乡、门达镇、保康镇和科尔沁左翼后旗(以下简称科左后旗)散都苏木、查日苏镇、常胜镇、吉尔嘎朗镇。发生范围扩大并呈现出点状、分散的发生特点，疫点之间的距离较远，一旦点连成面将很难控制。通辽市全年共诱捕美国白蛾成虫322头，其中科左后旗288头、科左中旗25头、科尔沁区10头。首次在科尔沁区诱捕成虫，虽未发现幼虫网幕，但从成虫诱捕的数量来看，可能已经入侵科尔沁区(图6-3)。

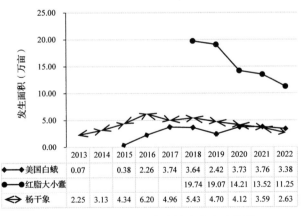

图6-3　近10年林业检疫性害虫发生趋势

红脂大小蠹　发生11.25万亩，同比下降17%。其中轻度发生9.99万亩、中度发生1.23万亩、重度发生0.03万亩。发生范围为通辽市、赤峰市的6个旗(县、区)。通辽市发生3.3万亩，与去年基本持平，诱捕成虫708头，相比2021年减少。赤峰市发生7.9万亩，发生面积和范围均减少。

杨干象　发生2.63万亩，同比下降27%。其中轻度发生1.46万亩、中度发生1.17万亩、重度发生0.01万亩。发生范围为通辽市、赤峰市的6个旗(县、区)。由于营造混交林比例不断提高，杨干象发生面积逐年下降，虫口密度降低，发生程度减轻。

(2)突发性害虫发生情况

柠条豆象　发生52.16万亩，同比上升184%。其中轻度发生37.2万亩、中度发生12.05万亩。主要在乌兰察布市10个旗(县)发生，发生面积达50.56万亩(图6-4)。

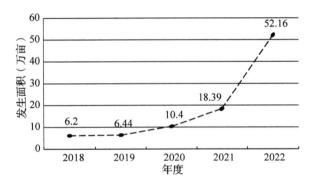

图6-4　2018—2022年柠条豆象发生趋势

桦叶小卷蛾　发生42.44万亩，同比上升226%。其中轻度发生20.17万亩、中度发生22.27万亩。在呼伦贝尔市5个旗(局)发生，其中阿荣旗和巴林林业局暴发虫灾，发生面积达36.7万亩。继2017年在柴河林业局大面积发生后，再次暴发，主要危害黑桦(图6-5)。

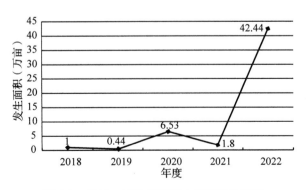

图6-5　2018—2022年桦叶小卷蛾发生趋势

(3)食叶性害虫发生情况

2022年,内蒙古自治区发生的食叶性害虫主要有栎尖细蛾、黄褐天幕毛虫、春尺蠖、舞毒蛾、松毛虫、杨潜叶跳象、榆紫叶甲等,整体呈下降趋势,发生程度以轻度为主。

栎尖细蛾 发生87.8万亩,同比上升16%。其中轻度发生39.92万亩、中度发生40.3万亩、重度发生7.58万亩。发生范围为呼伦贝尔市阿荣旗、扎兰屯市、南木林业局、柴河林业局和兴安盟科尔沁右翼前旗(以下简称科右前旗)、扎赉特旗,主要危害蒙古栎。近年来,栎尖细蛾发生呈逐年上升趋势(图6-6)。

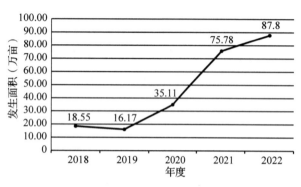

图6-6 2018—2022年栎尖细蛾发生趋势

黄褐天幕毛虫 发生45.83万亩,同比下降37%。其中轻度发生30.96万亩、中度发生10.48万亩、重度发生4.4万亩。发生范围为兴安盟、通辽市、赤峰市、锡林郭勒盟、乌兰察布市、呼和浩特市、包头市和鄂尔多斯市8个盟(市)的31个旗(县、区)。其中兴安盟5个旗(县、市)发生面积最大(图6-7)。

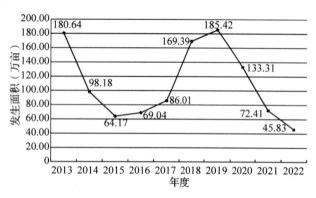

图6-7 近10年黄褐天幕毛虫发生趋势

柳毒蛾 发生45.25万亩,同比上升7%。其中轻度发生21.31万亩、中度发生20.41万亩、重度发生3.53万亩。发生范围为通辽市、鄂尔多斯市等4个盟(市)14个旗(县、区)。主要发生区在鄂尔多斯市伊金霍洛旗,发生面积达20.43万亩(图6-8)。

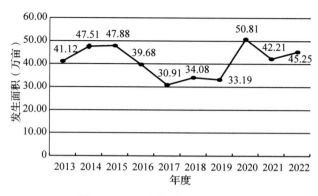

图6-8 近10年柳毒蛾发生趋势

春尺蠖 发生27.76万亩,同比下降19%。其中轻度发生16.46万亩、中度发生9.02万亩、重度发生2.28万亩。发生范围为呼伦贝尔市、赤峰市、锡林郭勒盟、乌兰察布市、包头市、鄂尔多斯市、巴彦淖尔市、乌海市和阿拉善盟9个盟(市)的20个旗(县、区)。包头市固阳县、鄂尔多斯市鄂托克旗、鄂托克前旗和阿拉善盟阿拉善左旗发生较为严重(图6-9)。

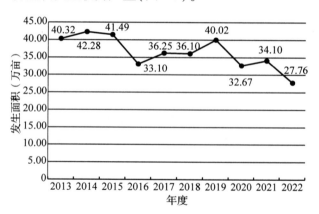

图6-9 近10年春尺蠖发生趋势

舞毒蛾 周期性发生,分布范围广,局部地区灾情严重。发生27.11万亩,同比下降46%。其中轻度发生10.9万亩、中度发生14.04万亩、重度发生2.17万亩。发生范围为呼伦贝尔市、赤峰市、锡林郭勒盟、乌兰察布市、呼和浩特市、包头市、鄂尔多斯市7个盟(市)的15个旗(县、区)。其中赤峰市发生面积占全区的68%(图6-10)。

杨潜叶跳象 发生24.73万亩,同比下降33%。其中轻度发生15.78万亩、中度发生8.85万亩、重度发生0.1万亩。发生范围为兴安盟、通辽市、呼和浩特市和阿拉善盟的9个旗(县、

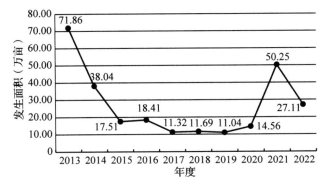

图 6-10　近 10 年舞毒蛾发生趋势

区)。其中通辽市 5 个旗(县、区)发生面积占全区的 68%(图 6-11)。

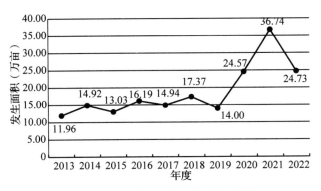

图 6-11　近 10 年杨潜叶跳象发生趋势

榆紫叶甲　发生 17.68 万亩，同比下降 24%。其中轻度发生 6.84 万亩、中度发生 7.62 万亩、重度发生 3.21 万亩。发生范围为呼伦贝尔市、兴安盟、通辽市和锡林郭勒盟的 11 个旗(县、区)，其中通辽市科左中旗发生面积占全区的 43%(图 6-12)。

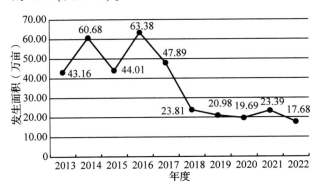

图 6-12　近 10 年榆紫叶甲发生趋势

松毛虫　发生 16.57 万亩，同比下降 61%。其中轻度发生 8.63 万亩、中度发生 6.77 万亩、重度发生 1.17 万亩。发生范围为全区呼伦贝尔市、兴安盟、赤峰市、锡林郭勒盟、乌兰察布市、呼和浩特市、包头市和鄂尔多斯市 8 个盟(市)的 15 个旗(县、区)。主要发生区为呼伦贝尔市牙克石市、兴安盟五岔沟林业局和赤峰市宁城县，发生面积占全区的 64%。

(4)钻蛀性害虫发生情况

2022 年，内蒙古自治区发生的钻蛀性害虫主要有光肩星天牛、槐绿虎天牛、红缘天牛、青杨天牛、云杉大墨天牛、柳脊虎天牛、沙棘木蠹蛾等。钻蛀性林业有害生物发生面积略有上升，危害程度以轻度为主(图 6-13)。

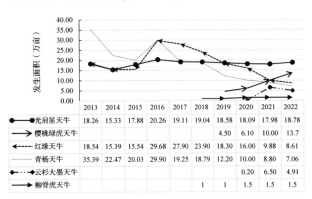

图 6-13　近 10 年 6 种天牛发生趋势

光肩星天牛　发生 18.78 万亩，同比上升 5%。其中轻度发生 15.67 万亩、中度发生 1.82 万亩、重度发生 1.30 万亩。发生范围为通辽市、乌兰察布市、呼和浩特市、包头市、鄂尔多斯市、巴彦淖尔市、乌海市和阿拉善盟 8 个盟(市)的 28 个旗(县、区)。其中巴彦淖尔市河套地区发生面积占全区的 74%。

槐绿虎天牛　发生 13.7 万亩，同比上升 37%。其中轻度发生 10.6 万亩、中度发生 1.6 万亩、重度发生 1.5 万亩。仅在鄂尔多斯市鄂托克旗发生。

红缘天牛　发生 8.61 万亩，同比下降 13%。其中轻度发生 7.02 万亩、中度发生 1.59 万亩。发生范围为乌兰察布市、鄂尔多斯市和乌海市的 6 个旗(县、区)。其中鄂尔多斯市鄂托克旗发生面积占全区的 66%。

青杨天牛　发生 7.06 万亩，同比下降 20%。其中轻度发生 6.12 万亩、中度发生 0.92 万亩、重度发生 0.02 万亩。发生范围为兴安盟、通辽市、鄂尔多斯市、巴彦淖尔市的 18 个旗(县、区)。其中鄂尔多斯市乌审旗发生面积占全区的 38%。

云杉大墨天牛　发生 4.91 万亩，同比下降 24%。其中轻度发生 3.06 万亩、中度发生 1.85

万亩。发生范围为呼伦贝尔市柴河林业局和红花尔基林业局。

柳脊虎天牛 发生1.5万亩，与上年基本持平。其中轻度发生1万亩、中度发生0.5万亩。仅在阿拉善盟额济纳旗发生。

沙棘木蠹蛾 发生16.2万亩，同比上升14%。其中轻度发生9.68万亩、中度发生4.56万亩、重度发生1.96万亩。发生范围为锡林郭勒盟、乌兰察布市、呼和浩特市和鄂尔多斯市4个盟(市)的8个旗(县、区)。鄂尔多斯市东胜区和准格尔旗发生面积占全区的61%(图6-14)。

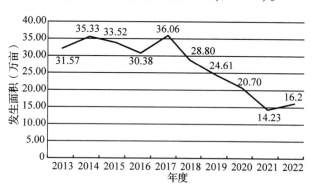

图6-14 近10年沙棘木蠹蛾发生趋势

2. 林业病害发生情况

2022年，内蒙古自治区全面开展松材线虫病监测、普查，同时进行检疫督查，尚未监测到松材线虫病。

2022年，内蒙古发生的林业病害有28种，发生程度以轻度为主。主要有杨树病害、松树病害、柳树病害和桦树病害(图6-15)。

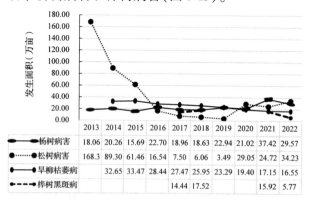

图6-15 近10年主要病害发生趋势

杨树病害 发生29.57万亩，同比下降21%。其中轻度发生23.69万亩、中度发生5.37万亩、重度发生0.51万亩。发生在全区12个盟(市)的33个旗(县、区)。主要有杨树腐烂病14.94万亩，冠瘿病4.7万亩，杨树锈病3.38万亩，胡杨锈病3万亩。

松树病害 发生34.23万亩，同比上升18%。其中轻度发生14.09万亩、中度发生15.17万亩、重度发生4.97万亩。发生范围为呼伦贝尔市、兴安盟的5个林业局和通辽市、赤峰市的5个旗(县、区)。主要有落叶松早期落叶病21.77万亩，松树枯梢病8.24万亩。其中落叶松早期落叶病在呼伦贝尔市柴河林业局和兴安盟五岔沟林业局、松树枯梢病在呼伦贝尔市红花尔基林业局发生最为严重。

旱柳枯萎病 发生16.55万亩，同比下降3%。其中轻度发生7.81万亩、中度发生7.24万亩、重度发生1.5万亩。发生范围为鄂尔多斯市的7个旗(县、区)。

桦树黑斑病 发生5.77万亩，同比下降64%。其中中度发生2.18万亩、重度发生3.59万亩。在呼伦贝尔市免渡河林业局发生。

3. 林业鼠(兔)害发生情况

2022年，全区统计到发生10种林业鼠(兔)害。其中：地上鼠6种，地下鼠3种，野兔1种。发生范围涉及全区11个盟(市)的38个旗(县、区)(图6-16)。

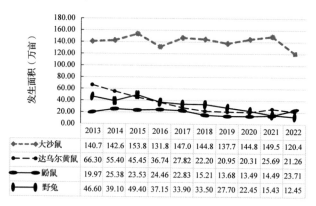

图6-16 近10年主要鼠(兔)害发生趋势

大沙鼠 发生120.41万亩，同比下降19%。其中，轻度发生73.61万亩、中度发生34.53万亩、重度发生12.27万亩，主要危害梭梭等荒漠植物。发生范围为阿拉善盟、巴彦淖尔市和乌海市的7个旗(县、区)。

达乌尔黄鼠 发生21.26万亩，同比下降17%。其中轻度发生6万亩、中度发生15.14万亩、重度发生0.11万亩，主要在飞播区、幼林地盗食种子和幼苗根茎。发生范围为锡林郭勒盟和乌兰察布市的7个旗(县、区)。

鼢鼠 发生23.71万亩，同比上升64%。其中轻度发生11.07万亩、中度发生9.64万亩、重度发生2.99万亩，通过啃食针叶树根系，导致树木死亡。东北鼢鼠在呼伦贝尔市和兴安盟的4个旗市(林业局)发生；草原鼢鼠在通辽市、锡林郭勒盟的4个旗(县、区)发生；中华鼢鼠在乌兰察布市、呼和浩特市、鄂尔多斯市5个旗(县、区)发生。

野兔 发生12.45万亩，同比下降19%。其中轻度发生10.35万亩、中度发生1.6万亩、重度发生0.5万亩，在早春和干旱缺水时，啃食油松、樟子松幼树的树皮、嫩茎、嫩芽、树根等，也盗食种子，严重影响造林成活率。发生在鄂尔多斯市5个旗及1个造林总场。

(三) 成因分析

1. 气候因素

由于部分地区温度和水分条件的变化引起树种长势不良，为有害生物发生危害创造了条件，导致快速蔓延。

2. 林分状况

树势衰弱、树种单一、管理粗放、卫生条件差等，易引发有害生物危害。

3. 林业有害生物发生特点

有害生物发生的周期性规律是很多害虫暴发的主要原因。

4. 新发林业有害生物

对新发有害生物的生活史、生活习性和发生规律尚未完全掌握，导致发生危害的风险进一步增大。

5. 防治取得成效

经过连续多年综合治理，有害生物、发生面积、危害程度呈明显下降。

二、2023年林业有害生物发生趋势预测

(一) 2023年总体发生趋势预测

综合2022年内蒙古自治区林业有害生物发生防治情况、今冬和明年的气候预测、林业有害生物发生规律和各地区越冬基数调查分析，2023年，预测内蒙古自治区林业有害生物发生面积略有上升，全年预计发生1109万亩，发生程度以轻度为主。其中病害预计发生57万亩，仅在通辽市呈上升趋势；虫害预计发生835万亩，在兴安盟、通辽市、赤峰市、包头市、巴彦淖尔市和乌海市呈上升趋势；林业鼠(兔)害预计发生217万亩，在呼伦贝尔市、兴安盟、通辽市、锡林郭勒盟、乌兰察布市和巴彦淖尔市呈上升趋势(图6-17)。

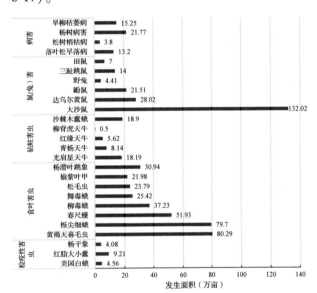

图6-17 2023年主要林业有害生物发生预测

2023年，需重点监测松材线虫病、美国白蛾、红脂大小蠹等检疫性林业有害生物和其他暴发性林业有害生物，加强荒漠植被林业有害生物监测，掌握林业有害生物发生发展动态，及时发布灾情信息，提前做好防控准备，适时开展防治工作，有效降低灾害损失。

(二) 分种类发生趋势预测

1. 检疫性林业有害生物发生预测

松材线虫病 内蒙古周边的辽宁、吉林、甘肃、陕西均为松材线虫病疫区，距离内蒙古最近的松材线虫病疫区直线距离不足70km，传入内蒙古的可能性极大；随着交通运输、贸易活动，以及电力、通信等基础设施和生态工程建设加快，疫木、制品及包装材料流入内蒙古的数量也会相应增加，疫情防控形势异常严峻。

美国白蛾 预计发生4.56万亩，发生面积呈上升趋势，发生程度将有所加重，发生范围主

要集中在通辽市科左中旗和科左后旗。美国白蛾在通辽市1年发生两代，寄主范围广，繁殖能力强，扩散蔓延迅速，越冬虫口基数调查结果显示，蛹成活率较常年明显偏高，如监测不到位、防控不及时，极易暴发成灾。科尔沁区也存在进一步传入、扩散的风险。

红脂大小蠹　预计发生9.21万亩，发生面积呈下降趋势，越冬基数调查结果显示，通辽市有虫株率1.5%~4%，赤峰市有虫株率0.5%，发生程度以轻度为主，发生范围主要集中在赤峰市的4个旗(县、区)和通辽市1个旗，但仍存在传入邻近地区的可能。

杨干象　预计发生4.08万亩，发生面积呈上升趋势，发生程度中度，发生范围主要在通辽市4个旗和赤峰市5个旗(县、区)。

2. 食叶害虫发生预测

黄褐天幕毛虫　预计发生80.29万亩，发生面积呈上升趋势，发生程度以轻度为主，局部地区发生严重，主要在兴安盟、赤峰市15个旗(县、市)的山杏林发生。

栎尖细蛾　预计发生79.7万亩，发生面积呈上升趋势，发生程度以轻度为主，发生范围主要集中在兴安盟的3个旗(局)和呼伦贝尔市5个旗(局、市)。兴安盟2022年越冬基数调查，平均有虫株率29%，平均虫口密度13.8头/株，与去年基本持平。

春尺蠖　预计发生51.93万亩，发生面积呈上升趋势，发生程度以中度为主，发生范围主要在鄂尔多斯市、巴彦淖尔市和阿拉善盟。

柳毒蛾　预计发生37.23万亩，发生面积呈下降趋势，发生程度偏中度，集中发生在鄂尔多斯市，危害沙柳。沙柳多为人工纯林，树种单一，林地自我调节能力弱，加之越冬基数大，易于连片暴发。鄂尔多斯市越冬基数调查，有虫株率26%，平均虫口密度12头/丛。

杨潜叶跳象　预计发生30.94万亩，发生面积呈上升趋势，发生程度以轻度为主，发生范围主要在通辽市和兴安盟。兴安盟越冬基数调查结果显示，平均有虫株率65%，平均虫口密度40头/株。

舞毒蛾　预计发生25.42万亩，发生面积呈下降趋势，发生程度以轻中度为主，发生范围主要在赤峰市、呼和浩特市和鄂尔多斯市。赤峰市越冬基数调查结果显示，有虫株率9%，可能严重发生。

松毛虫　预计发生23.79万亩，发生面积呈上升趋势，发生程度以轻度为主，发生范围主要在呼伦贝尔市、兴安盟和赤峰市。兴安盟五岔沟林业局落叶松毛虫越冬基数调查，平均有虫株率76%，平均虫口密度57头/株。

榆紫叶甲　预计发生21.98万亩，发生面积呈上升趋势，发生程度以轻度为主，发生范围主要在通辽市和兴安盟。

3. 林业钻蛀害虫发生预测

光肩星天牛　预计发生18.19万亩，发生面积呈下降趋势，发生程度以轻度为主，主要在巴彦淖尔市全市范围内发生。

青杨天牛　预计发生8.14万亩，发生面积呈上升趋势，发生程度以轻度为主，发生范围主要在鄂尔多斯市和巴彦淖尔市。

红缘天牛　预计发生5.62万亩，发生面积呈下降趋势，发生程度以轻度为主，发生范围主要在鄂尔多斯市。

柳脊虎天牛　预计发生0.5万亩，发生面积呈下降趋势，发生程度以轻度为主，仅在阿拉善盟额济纳旗发生。

沙棘木蠹蛾　预计发生18.9万亩，发生面积呈上升趋势，发生程度中度，发生范围主要在乌兰察布市、呼和浩特市和鄂尔多斯市。

4. 鼠(兔)害发生预测

大沙鼠　预计发生132.02万亩，发生面积呈上升趋势，发生程度以轻度为主，局部地区危害严重，主要在阿拉善盟、巴彦淖尔市和乌海市荒漠区发生。

达乌尔黄鼠　预计发生28.02万亩，发生面积呈上升趋势，发生程度以中度为主，主要发生在锡林郭勒盟和乌兰察布市的8个旗(县、市)。

鼢鼠　预计发生21.51万亩，其中，东北鼢鼠发生5.6万亩，发生面积呈上升趋势；草原鼢鼠发生10.64万亩、中华鼢鼠发生5.27万亩，发生面积呈下降趋势，发生程度以轻度为主，主要在兴安盟、锡林郭勒盟、呼和浩特市等7个盟(市)樟子松、油松幼林发生。在锡林郭勒盟东乌珠穆沁旗调查草原鼢鼠，平均被害株率6%~20%。

三趾跳鼠　预计发生14万亩，发生面积略

有上升趋势，发生程度以轻度为主，主要在鄂尔多斯市发生。

田鼠 预计发生 7 万亩，发生面积呈上升趋势，轻度发生，主要在巴彦淖尔市发生。

野兔 预计发生 4.41 万亩，发生面积呈下降趋势，发生程度以轻度为主，主要在鄂尔多斯市新造林地发生。

5. 病害发生预测

落叶松早期落叶病 预计发生 13.2 万亩，发生面积呈下降趋势，发生程度以轻度为主，主要在呼伦贝尔市巴林、柴河、免渡河林业局和兴安盟五岔沟林业局发生。

松树梢枯病（樟子松枯萎病） 预计发生 3.8 万亩，发生面积呈下降趋势，发生程度以中度为主，主要在呼伦贝尔市红花尔基林业局形成危害。

杨树病害 主要病害种类有杨树腐烂病、杨破腹病和锈病等。预计发生 21.77 万亩，发生面积呈下降趋势，发生程度以轻度为主，在通辽市、赤峰市、乌兰察布市等 11 个盟（市）都有不同程度发生。

旱柳枯萎病 预计发生 15.25 万亩，发生面积呈下降趋势，发生程度以轻中度为主，主要在鄂尔多斯市各旗（县、区）发生。

桦树黑斑病 预计发生 2.1 万亩，发生面积呈下降趋势，发生程度为轻度。主要在呼伦贝尔市乌奴耳林业局发生。

三、对策建议

（一）加强组织领导，切实履行责任

各级林业有害生物防治机构切实加强组织领导，统一思想认识、明确工作职责，压实政府主体责任、林草局管理责任、防治机构技术责任、护林员和生态公益林管护员监测责任，各级各部门各司其职、各负其责、主动作为，全力做好监测工作。将松材线虫病监测、美国白蛾等重大林业有害生物防控纳入林长制考核范围。

（二）强化检疫执法，筑牢检疫防线

全面加强检疫工作，严格执行《植物检疫条例》，认真开展产地检疫、调运检疫和复检工作。建立部门间的联系和信息通报制度，相互配合，各负其责，齐抓共管，严密防范检疫性有害生物传播扩散和松材线虫病入侵。

（三）加强监测预警，规范测报管理

提高测报工作地位，加强基础设施建设、规范数据管理、优化测报流程、强化技术更新与培训、逐步建立可视化管理平台，提升监测数据采集质量和利用率，及时发布监测预报信息指导生产性防治。严格执行测报办法，完善落实"林业有害生物监测方案""监测调查工作历"，扎实做好监测预警工作。

（四）加大宣传力度，提高社会认知

积极向各级政府、业务主管部门宣传林业有害生物监测工作的必要性、防治工作的重要性，提高地位，引起领导思想上的重视，争取工作上的支持，巩固良好的林业有害生物防控工作局面，切实形成"属地管理、政府主导、部门协作、社会参与"的工作机制。充分利用各种媒体开展形式多样、内容丰富的宣传活动，切实提高公众对林业有害生物危害性和危险性的认识，增强全社会防控意识，形成群防群治的良好氛围。

（五）强化科技攻关，推动高质量发展

依托高校科研院所和专业学会，以问题为导向，充分发挥专家团队智库优势，加大重点难点问题的科研攻关和新产品、新技术的试验、示范、推广力度，协同配合解决突出问题，推动测报工作高质量发展。

（主要起草人：单艳敏 刘东力 嘎丽娃；主审：王越）

07 辽宁省林业有害生物 2022 年发生情况和 2023 年趋势预测

辽宁省林业有害生物防治检疫站

【摘要】 2022 年辽宁省林业有害生物发生面积为 713.02 万亩，其中轻度发生 606.90 万亩，中度发生 90.10 万亩，重度发生 16.01 万亩，比 2021 年的 759.93 万亩，发生面积有所下降。总体发生特点为入侵重大林业有害生物呈多发蔓延态势，常发性林业有害生物发生面积总体呈平稳下降态势，松毛虫发生已过高峰进入平稳期，美国白蛾危害程度有所加重，个别常发性害虫和突发性害虫在部分地区危害较重。根据 2022 年全省林业有害生物发生与防治情况及主要林业有害生物发生发展规律，结合气象资料，综合分析预测，2023 年全省主要林业有害生物发生面积与 2022 年相比总体呈平稳趋势，预测 2023 年发生面积在 723 万亩左右，危害程度总体呈轻中度发生，成灾面积同比去年浮动平稳，松材线虫病和红脂大小蠹有出现新疫点的可能，松毛虫在辽西和辽北局部地区可能造成危害，辽东地区已不造成危害。

一、2022 年林业有害生物发生情况

2022 年全省发生 713.02 万亩，减少 56.91 万亩，重度发生面积减少 3.12 万亩。全省成灾面积 8.92 万亩，成灾率为 1.00‰，较去年相比略有下降。其中病害发生 51.38 万亩，虫害发生 651.72 万亩，鼠（兔）害发生 9.92 万亩。防治作业面积达 1064.99 万亩，无公害防治作业率达 99.03%。

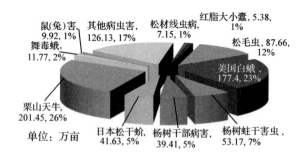

图 7-1　2022 年主要林业有害生物份额图

（一）发生特点

（1）松材线虫病发生总体呈下降趋势，疫情涉及范围：大连市的沙河口区、甘井子区、中山区、西岗区和长海县；丹东市的凤城市；抚顺市的新宾满族自治县（以下简称新宾县）、清原满族自治县（以下简称清原县）、东洲区、抚顺县和顺城区；本溪市的明山区、溪湖区；沈阳市浑南区；铁岭市的铁岭县和开原市，辽阳市的辽阳县和灯塔市，共 7 个市的 18 个县级行政区。

本溪满族自治县（以下简称本溪县）连续两年实现无疫情，经第三方监测结果表明，已达到拔除疫区的标准，现已通过专家论证，正按程序上报。长海县大长山岛镇、广鹿岛镇、海洋岛镇，新宾县红升乡 4 个疫点连续两年实现无疫情，已达到拔除疫点的标准。

（2）红脂大小蠹目前在朝阳的 7 个县区，锦州市 1 个县区，阜新的 3 个县区，葫芦岛市 1 个县区均有分布，分布特点为零星分布。目前红脂大小蠹危害呈下降趋势，周边的沈阳存在较高的入侵风险。

（3）栗山天牛危害的天然次生林分质量逐年下降。由于栗山天牛危害的不可逆性，目前全省的栗山天牛对栎树类的危害将逐渐加重，天然次生林分的质量逐渐下降，枯死木将逐年增加。

（4）全省松毛虫危害已过大发生周期高峰，目前已开始进入平稳期。在辽西和辽北局部地区可能造成危害，在辽东地区未造成危害。

（二）主要林业有害生物发生情况

1. 松材线虫病

截至 2022 年 11 月 22 日，全省共普查松林

2307万亩，监测覆盖率100%；发现枯死松木614307株，取样检测13670株，检测发现感病松木10502株。松材线虫病疫情发生小班722个，疫情发生面积4.42万亩，死亡松树130093（其中病死松树106076株）。全省没有新增疫区，大连市沙河口区，本溪市本溪县、明山区、溪湖区，丹东市凤城市5个疫区未普查到病死松树。

与2021年相比，疫情发生小班数量由1374个下降到722个，下降47%；疫情发生面积由7.15万亩（包含5.25万亩疫情小班和1.9万亩无疫情小班）下降到4.42万亩，下降38%；疫木株数由226403株下降到106076株，下降53%。

2. 红脂大小蠹

2022全省完成了春季、秋季两次松林排查工作。普查结果表明，目前全省红脂大小蠹疫情分布在朝阳市、阜新市、葫芦岛市、锦州市4个市的12个县区，面积为6.16万亩。其中，阜新市在3个县区分布面积为11308.3亩，朝阳市涉及全市7个县（市）区分布面积44014亩；锦州市1个县区分布面积为1275亩；葫芦岛市1个县区分布面积5000亩。

3. 美国白蛾

2022全省美国白蛾发生面积总体呈平稳趋势，但危害程度有所加重，美国白蛾发生面积为181.40万亩，占全省林业有害生物发生总面积的25.44%，比2021年（181.99万亩）减少0.59万亩。其中轻度发生177.58万亩，中度发生3.80万亩，重度发生0.02万亩。全省除朝阳市外，其他各市均有发生，大连、丹东发生面积较大，为轻度发生，今年全省没有出现新疫点。总体上二代发生不整齐，二代较一代发生程度偏重。

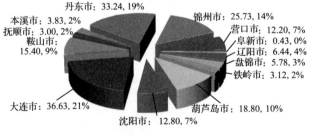

图7-2 2022年全省市级美国白蛾发生面积及占比

（面积单位：万亩）

4. 松毛虫

2022全省松毛虫发生危害面积大幅度下降，松毛虫发生面积66.27万亩，占全省林业有害生物发生总面积的9.29%，比2021（87.66万亩）减少21.39万亩。松毛虫包括落叶松毛虫、赤松毛虫、油松毛虫。主要发生区域在朝阳和葫芦岛两地。朝阳发生面积为49.40万亩，轻度发生面积为32.71万亩，中度发生面积为14.39万亩，重度发生面积为2.30万亩。葫芦岛发生面积12.2万亩，轻度发生11.4万亩，中度发生0.8万亩。锦州市发生面积3.48万亩，轻度发生3.01万亩，中度发生0.42万亩。沈阳市、鞍山市、营口市、抚顺市、丹东市的部分地区均有发生。

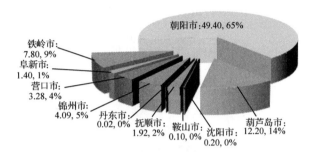

图7-3 2022年全省市级松毛虫份额图

（面积单位：万亩）

5. 杨树蛀干害虫

2022全省杨树蛀干害虫发生呈下降趋势，发生44.99万亩，占全省林业有害生物发生总面积的6.31%，比2021年（53.17万亩）减少8.18万亩。其中轻度发生38.19万亩，中度发生6.18万亩，重度发生0.62万亩。杨树蛀干害虫包括杨干象、白杨透翅蛾、光肩星天牛、青杨天牛。杨干象全省发生34.14万亩，其中轻度发生28.29万亩、中度发生5.24万亩、重度发生0.62万亩。沈阳市、朝阳市地区发生面积均在5万亩以上。锦州市地区的发生面积10万亩以上。阜新地区的发生面积较比去年大幅度下降。大连、鞍山、丹东、营口、盘锦、铁岭、葫芦岛均有发生。

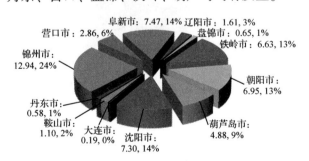

图7-4 2022年全省市级杨树蛀干害虫份额图

（面积单位：万亩）

6. 日本松干蚧

2022全省日本松干蚧发生面积与去年基本持

平，发生39.65万亩，占全省林业有害生物发生总面积的5.56%，比2021年（41.63万亩）减少1.98万亩。其中轻度发生38.91亩，中度发生0.75万亩，无重度发生。主要发生在鞍山、抚顺、本溪、丹东、营口、辽阳、铁岭地区。丹东市轻度发生19.73万亩；辽阳轻度发生7.79万亩；抚顺轻度发生4.76万亩；鞍山轻度发生0.10万亩；本溪发生2.86万亩，其中轻度发生面积0.58万亩。铁岭发生3.01万亩，其中轻度发生0.90万亩。营口发生0.65万亩，其中轻度发生面积0.08万亩。

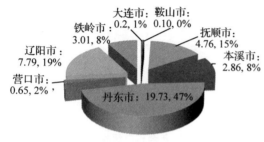

图7-5　2022年全省市级日本松干蚧份额图

（发生面积：万亩）

7. 栗山天牛

2022全省栗山天牛发生呈平稳趋势。发生196.98万亩，占全省林业有害生物发生总面积的27.63%，比2021年（201.45万亩）减少4.47万亩。其中轻度发生154.03万亩，中度发生37.06万亩，重度发生5.89万亩。重点发生区域为丹东，发生117.76万亩，占全省发生面积的59.78%。

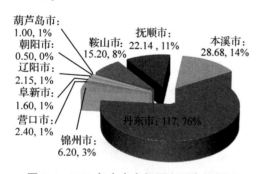

图7-6　2022年全省市级栗山天牛份额图

8. 舞毒蛾

2022年全省舞毒蛾发生面积略有上升，全省发生15.28万亩，占全省林业有害生物发生总面积的2.14%，比2021年（11.77万亩）增加3.51万亩。其中轻度发生13.77万亩，中度发生1.51万亩，无重度发生。阜新、辽阳地区发生面积较大。阜新市共发生7.90万亩，其中轻度发生6.59万亩，中度发生1.31万亩。辽阳轻度发生2.30万亩。此外，沈阳、大连、锦州、丹东、营口、盘锦、朝阳、葫芦岛等地区均有发生。

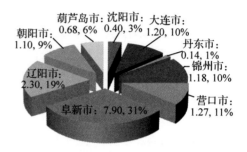

图7-7　2022年全省市级舞毒蛾份额图

（发生面积：万亩）

9. 杨树干部病害

2022年全省杨树干部病害发生呈下降趋势，发生34.39万亩，占全省林业有害生物发生总面积的4.82%，比2021年（39.41万亩）减少5.02万亩。杨树干部病害包括杨树溃疡病、杨树烂皮病、杨树细菌性溃疡病、杨棒盘孢溃疡病。其中轻度发生28.61万亩，中度发生4.92万亩，重度发生0.86万亩。除抚顺、本溪、丹东之外，其他地区均有发生。

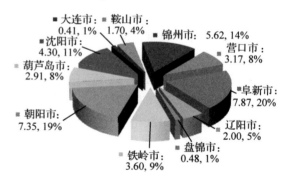

图7-8　2022年全省市级杨树干部病害份额图

（发生面积：万亩）

10. 森林鼠（兔）害

2022年全省森林鼠（兔）害发生面积略有上

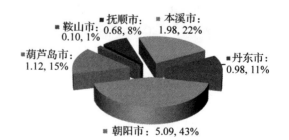

图7-9　2021年全省市级鼠（兔）害份额图

（发生面积：万亩）

升,全省鼠(兔)害共发生9.92万亩,占全省林业有害生物发生总面积的1.39%,比2021年(8.78万亩)增加1.14万亩。其中轻度发生8.61万亩,中度发生1.31万亩,无重度发生。主要分布在鞍山、抚顺、本溪、丹东、朝阳、葫芦岛。其中朝阳市发生5.09万亩,本溪市发生1.98万亩,葫芦岛市发生1.12万亩。

11. 其他林业有害生物

2022年全省其他林业有害生物发生呈下降趋势,发生面积112.76万亩,占全省林业有害生物发生总面积的15.81%,比2021年(126.13万亩)减少13.37万亩。虫害以突发性害虫伊榛实象、松梢螟、杨毒蛾、藤厚丝叶蜂、天幕毛虫为主;病害以松枯梢病和松针褐斑病为主。

(三)成因分析

1. 松材线虫病发生呈下降趋势的原因

省政府高度重视,为松材线虫病除治提供有力保障。下发了《辽宁省人民政府办公厅转发省林草局关于松材线虫病疫情防控专项行动方案(2022—2023年度)的通知》文件,要求各地区积极开展松材线虫病秋季普查。10月21日,姜有为副省长主持召开全省2022—2023年度松材线虫病疫情防控专项行动启动会议,要求全省各级林业主管部门指导本行政区内的各相关行业做好所辖林分的疫情防控工作;指挥部各成员单位、各行业部门密切配合林业主管部门,开展车站、港口、码头、货场等重要场所的检疫执法检查和疫情普查工作,严防疫情扩散和传入。完善跨部门、跨区域的疫情监测普查机制,组建网格化基层监测队伍,精心设计和制定监测普查方案。

2. 栗山天牛发生危害呈平稳态势

一是由于栗山天牛的生活史周期为三年一代,幼虫在树干的木质部内危害时期长,对树木干部危害极大;二是由于栗山天牛为蛀干类害虫,对树木造成的危害不可逆;三是栗山天牛在全省分布范围广,除沈阳、大连、铁岭、盘锦之外的10个市均有分布。

3. 松毛虫发生呈下降趋势的原因

一是2022年全省大部分地区松毛虫大发生周期的高峰已过,开始进入平稳期;二是辽东地区的落叶松毛虫大发生为突发性害虫,近些年坚持不懈防治;三是残次林修复、封山育林、保护生物多样性、加大抚育间伐力度、改善林分卫生状况有直接关系。

二、2023年林业有害生物发生趋势预测

(一)2023年总体发生预测趋势

根据2022年全省林业有害生物发生与防治情况及主要林业有害生物发生发展规律,综合分析预测,2023年全省主要林业有害生物发生面积与2022年相比总体呈平稳态势,发生面积在723万亩左右,其中预测病害发生44万亩,虫害发生549万亩,鼠(兔)害发生10万亩,其他病虫害120万亩。危害程度总体呈轻中度发生,但成灾面积同去年比仍然持平。松材线虫病发生趋势趋于平缓;红脂大小蠹发生范围有所扩大;松毛虫的大发生周期开始回落,但在局部地区仍会造成较重危害;美国白蛾发生面积比上一年有所下降,个别常发性害虫在部分地区危害加重;突发性虫害在部分地区有暴发成灾的可能。

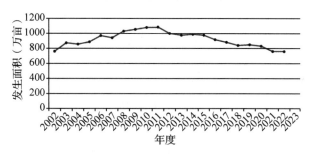

图 7-10 2003—2022年全省有害生物发生面积及2023年预测值

(二)分种类发生预测趋势

1. 松材线虫病

预测2023年全省松材线虫病发生面积与2022年相比总体呈下降趋势,发生面积在4万亩左右。可能发生区域为沈阳、大连、抚顺、本溪、丹东、辽阳、铁岭等地区。经过2017—2022年6年的积极除治,松材线虫病发生趋势已经趋于平缓。但根据松材线虫病除治技术局限性和传播特点,周边地区面临随时传入的可能,全省各地未有发生新疫点的可能。

2. 红脂大小蠹

预测2023年全省红脂大小蠹的扩散蔓延呈高危态势，发生面积在7万亩左右。发生区域为朝阳的五县两区，阜新的阜新蒙古族自治县（以下简称阜新县）、彰武县、清河门区、新邱区、太平区，葫芦岛市的建昌县的过火立木林地内部和周围接壤林分。锦州市、沈阳市等周边区域依然存在疫情传入的高风险。

3. 美国白蛾

预测2023年全省美国白蛾发生与危害呈平稳态势，发生面积在175万亩左右。发生区域为养殖场周边、村屯道路两侧新植绿化带、市区及郊区接壤地区等。根据2022年发生防治情况，部分地区的局部有可能危害程度有所加重。个别防治死角和防控不到位的地区要加强监测，以免出现大发生的状况。主要分布在沈阳、大连、营口、辽阳、鞍山、丹东、本溪、抚顺、锦州、葫芦岛、盘锦、铁岭等地。阜新、朝阳地区可能会出现新疫点。

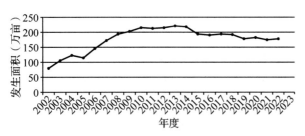

图7-11　2003—2022年全省美国白蛾发生面积及2023年预测值

4. 松毛虫

预测2023年全省松毛虫发生危害呈下降趋势，但不排除个别地块有成灾的情况，发生面积在70万亩左右。朝阳的凌源市、建平县、喀喇沁左翼蒙古族自治县（以下简称喀左县）和朝阳县发生面积可能有所增加，局部地块危害可能有所加重；铁岭的昌图县和西丰县，葫芦岛的绥中县和建昌县的个别地块危害程度有可能加重；锦州的北镇市，营口的盖州市及沈阳、大连、鞍山等地预测轻度发生。落叶松毛虫在辽东地区的抚顺清原县和新宾县，本溪桓仁满族自治县（以下简称桓仁县），已不造成危害。

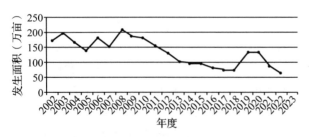

图7-12　2003—2022年全省松毛虫发生面积及2023年预测值

5. 日本松干蚧

预测2023年日本松干蚧发生危害总体呈平稳态势，发生面积在40万亩左右。主要发生在大连、鞍山、抚顺、本溪、丹东、营口、辽阳、铁岭地区，均以轻度发生危害为主。

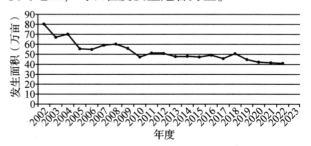

图7-13　2003—2022年全省日本松干蚧发生面积及2023年预测值

6. 杨树蛀干害虫

预测2023年杨树蛀干害虫发生面积呈下降趋势，发生面积在42万亩左右。杨树蛀干害虫以杨干象、白杨透翅蛾、光肩星天牛等天牛类为主。该类害虫在沈阳、锦州、阜新、铁岭、朝阳发生危害面积较大，大连、鞍山、本溪、丹东、营口、辽阳、盘锦、葫芦岛等地区以轻度发生危害为主。

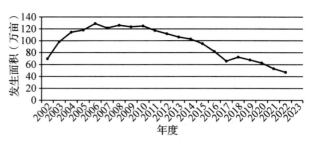

图7-14　2003—2022年全省杨树蛀干害虫发生面积及2023年预测值

7. 杨树干部病害

预测2023年杨树溃疡（烂皮）病等杨树干部病害发生危害呈上升趋势，发生面积在40万亩左右。其主要在沈阳、锦州、营口、阜新、铁岭、朝阳、葫芦岛地区危害面积较大，大连、鞍山、辽阳、盘锦等地以轻度危害为主。

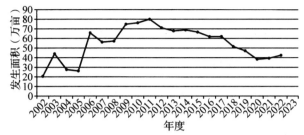

图 7-15　2003—2022 年全省杨树干部病害发生面积及 2023 年预测值

8. 栗山天牛

预测 2023 年栗山天牛发生危害呈平稳趋势，发生面积在 200 万亩左右。栗山天牛在辽宁省三年一代，2023 年多数地区为成虫期，因此可能会出现危害面积扩大、危害程度加重的情况。由于栗山天牛危害的不可逆性，造成目前全省的栗山天牛危害的林分质量将逐年下降，枯死木将逐年增加。其主要发生区域在丹东市的宽甸满族自治县（以下简称宽甸县）和凤城市、鞍山的岫岩满族自治县（以下简称岫岩县）、抚顺的抚顺县、本溪的本溪县和桓仁县。除沈阳、大连、铁岭、盘锦之外的 10 个市均有分布。2022 年大连、铁岭未上报发生数据，但是不排除大连、铁岭有反弹的可能。

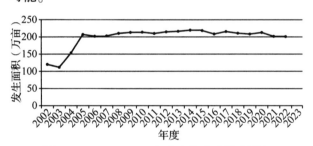

图 7-16　2003—2022 年全省栗山牛发生面积及 2023 年预测值

9. 舞毒蛾

预测 2023 年舞毒蛾发生危害呈平稳态势，发生面积在 15 万亩左右，阜新、丹东、辽阳等地发生的面积较大，大连、营口、朝阳、葫芦岛等地以轻度发生危害为主。

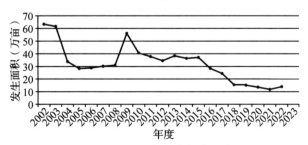

图 7-17　2003—2022 年全省舞毒蛾发生面积及 2023 年预测值

10. 森林鼠（兔）害

预测 2023 年森林鼠（兔）害发生将呈平稳态势，发生面积在 10 万亩左右。鼠害主要在鞍山、抚顺、本溪、丹东、阜新地区发生。兔害主要发生在朝阳和阜新地区，葫芦岛也有少量分布。

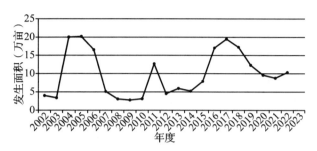

图 7-18　2003—2022 年全省鼠（兔）害发生面积及 2023 年预测值

11. 其他病虫害

预测 2023 年发生面积 120 万亩左右。病害主要是落叶松枯梢病和松林衰退病等；虫害主要是黄褐天幕毛虫、银杏大蚕蛾、松梢螟、杨毒蛾、杨树舟蛾类、榛实象、栗实象等。

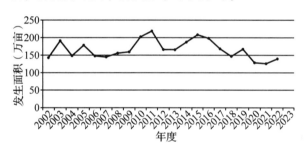

图 7-19　2003—2022 年全省其他病虫害发生面积及 2023 年预测值

三、对策建议

（一）全面加强防治检疫监测队伍建设

以贯彻《生物安全法》为契机，积极推进林业有害生物预防与控制机场物流和体系建设，不断提升全行业能力和业务水平。加大业务培训，多层次多专业方向，提高森防人员业务水平，强化能力培养，提高素质和技能，进而提升全国森防工作的水平。

（二）不断加强测报网络建设

进一步规范国家级中心测报点的管理，强化测报点数据直报；建立省级中心测报点主测和监测对象数码影像库。充分利用省级监测预警能力提升项目建设，积极推进省级测报点、监测点的建设，更新测报装备设备，积极应用先进技术手段，进一步提升监测预警工作的水平。

（三）持续加强疫情监测工作

督促各地持续做好疫情监测普查工作，确保全省新发疫情做到早发现、早处置。强化疫情防控能力建设。进一步加强检疫机构建设，积极捋顺工作机制，明确执法主体，加强队伍建设，逐步提升检测、执法装备水平和人员素养，进而提升对疫情的应急反应速度和能力。

（四）加大疫情防控宣传力度

采取多层次、多媒体的组合式宣传，特别是县区内进一步强化宣传，计划在重点区域高速公路出入口、主要交通干线以及疫情发生村镇、小班附近设置疫情防控警示宣传牌，发动群众监督，营造群防群控的良好社会氛围。

（五）开展技术培训，做好技术保障工作

在突出重点区域，对风景名胜区、旅游景区、交通要道、木材集散地、大型建设项目地周边等，提高排查工作质量。确保有害生物工作做到早发现、早部署、早除治。

（六）加强监测，及时防治

各地根据预报，结合本地实际情况，加强监测，准确掌握本地区虫情发生动态，准确发布短期生产性预报，及时开展防治工作。特别要加强高速公路可视范围内林带及农田林网和绿化带的虫情监测，严防出现大面积疫情危害，加大边界的巡查密度和力度。

（主要起草人：柴晓东；主审：王越）

吉林省林业有害生物 2022 年发生情况和 2023 年趋势预测

吉林省森林病虫防治检疫总站

【摘要】 2022 年，吉林省主要林业有害生物发生形势呈现出危害种类多样化、防控难度大、发生范围广等特征。据统计，吉林省林业有害生物总发生面积为 426.85 万亩，较去年同期下降了 8.16%，吉林省大部分林业有害生物发生形势较稳定，落叶松毛虫经过近 3 年积极有效防治，继续呈下降趋势，同比下降 33.9%。根据各地对主要林业有害生物越冬前的调查结果，结合 2022 年吉林省各国家级林业有害生物中心测报点监测数据分析，预测 2023 年吉林省林业有害生物发生面积有所下降，预测发生 372.9 万亩。

一、2022 年林业有害生物发生情况

2022 年吉林省应施调查监测的林业有害生物种类为 65 种，通过调查监测达到发生的种类为 57 种，吉林省应施调查监测面积为 21290.69 万亩，实施调查监测面积为 21258.14 万亩，吉林省平均调查监测覆盖率为 99.85%。2022 年吉林省林业有害生物发生总面积为 426.85 万亩，同比下降 8.16%。按发生程度统计，其中轻度发生 373.18 万亩，中度发生 45.58 万亩，重度发生 8.09 万亩。按发生类别统计，其中病害发生 26.56 万亩，占总发生面积的 6.22%；虫害发生 336.64 万亩，占总发生面积的 78.87%；鼠害发生 63.65 万亩，占总发生面积的 14.91%。

图 8-1　2022 年吉林省林业有害生物发生面积份额图

2022 年吉林省林业有害生物预测发生面积为 431.94 万亩，实际发生面积为 426.85 万亩，测报准确率为 98.82%；吉林省现有林面积 12891.3 万亩，成灾面积为 2.28 万亩，成灾率 0.18‰。

（一）吉林省林业有害生物发生特点

2022 年吉林省大部分林业有害生物发生形势较稳定，落叶松毛虫经过近 3 年积极有效防治，继续呈下降趋势，较去年同期下降 33.9%。吉林省林业有害生物发生情况主要表现出以下特点：

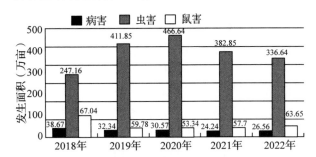

图 8-2　2018—2022 年吉林省林业有害生物发生面积对比图

1. 发生种类以虫害为主

主要林业有害生物发生种类以虫害为主，发生面积占总发生面积的 78.87%，鼠害发生面积次之，病害发生面积最少。发生形势呈覆盖范围广、防控难度大、整体发生危害种类多样化趋势明显的特点。

2. 发生种类区域性明显

吉林省中、东部山区发生种类主要有落叶松毛虫、红松球果害虫、小蠹虫类等寄主为松科树种的有害生物，西部平原地区发生种类主要为黄褐天幕毛虫、杨潜叶跳象、黑绒金龟子、杨毒蛾、柳毒蛾、分月扇舟蛾、白杨透翅蛾、青杨天

牛、榆紫叶甲等寄主为杨、榆属的有害生物。

3. 发生程度以轻度发生为主

通过防控措施的有效落实，吉林省林业有害生物总发生面积、轻度发生、中度发生、重度发生情况同比上年度均有不同程度的下降，发生上升趋势得到有效控制，发生程度以轻度发生为主，占总发生面积的87.43%。

4. 食叶害虫此消彼长

经过积极防治，落叶松毛虫、银杏大蚕蛾下降趋势明显。舞毒蛾、黄褐天幕毛虫发生面积与去年相差无几。因天气影响，黑绒金龟子发生面积有所上升。

5. 枝干害虫稳中有降

青杨天牛下降趋势明显，落叶松球蚜、红松球蚜、白杨透翅蛾发生面积与去年持平，由于及时清理风折风倒木和悬挂诱捕器，小蠹虫类，包括落叶松八齿小蠹、云杉八齿小蠹、多毛切梢小蠹、纵坑切梢小蠹发生面积较去年同期略有下降。

6. 红松球果害虫危害有所减轻

主要为梢斑螟类，此类害虫2019年开始危害严重，因吉林省无此类害虫详细资料，无具体的梢斑螟类调查技术，近3年通过组织召开专家研讨会、监测和防治工作会、总结会等，研究、讨论并制定了一系列红松球果害虫相关文件和统计指标，指导吉林省开展红松球果害虫的防治工作。经过3年的防控，吉林省红松球果害虫严重危害情况得到了有效的控制。

7. 鼠害发生分布范围广、以轻度发生为主

鼠害发生种类主要为棕背䶄、红背䶄。发生区域分布范围广，吉林省除白城、松原西部平原地区以外其他地区均有发生。发生程度以轻度发生为主，占总发生面积的95.56%。发生林分既有天然林也有人工林，主要危害幼、中龄林，特别是对冠下更新的红松和云杉危害较重。

8. 美国白蛾整体呈零星分布和轻度发生

吉林省每年坚持开展美国白蛾两代成虫性诱监测、加大成虫诱捕器使用数量，在两代幼虫期持续开展调查和及时采取剪除幼虫网幕、无公害药剂喷雾防治，同时加强了疫情源头的管控，防止疫情传入和扩散蔓延。通过以上有效措施，美国白蛾在吉林省整体呈零星分布和轻度发生。

9. 松材线虫病疫情在吉林市发生，防控形势严峻

2022年9月15日，在吉林市船营区北山公园枯黄松树取样检测中发现松材线虫。北山公园总面积91.2hm^2，为针阔叶混交林，针叶林树种主要为油松，还有少部分樟子松和落叶松。2022年9月16日，吉林市召开会议，启动松材线虫病除治应急响应。

（二）吉林省主要林业有害生物发生情况分述

1. 森林虫害

（1）干部害虫

主要包括栗山天牛、白杨透翅蛾、小蠹虫类。

栗山天牛　吉林省发生面积为23.16万亩，同比上升28.95%。按发生程度统计，其中轻度发生12.03万亩，中度发生7.15万亩，重度发生3.98万亩。主要分布于长春市的榆树市，吉林市的龙潭区、船营区、丰满区、永吉县、蛟河市、舒兰市、磐石市，辽源市的东丰县，通化市的辉南县、柳河县、梅河口市、集安市，红石林业局。

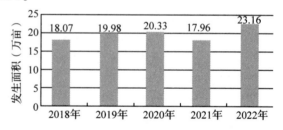

图8-3　2018—2022年吉林省栗山天牛发生面积

白杨透翅蛾　发生5.12万亩，同比持平。按发生程度统计，其中轻度发生4.49万亩，中度发生0.63万亩，没有重度发生。分布于四平市的双辽市，松原市的宁江区、扶余市，白城市洮北区、镇赉县、通榆县、大安市。其中松原市的宁江区，白城市镇赉县呈中度发生，其他地区

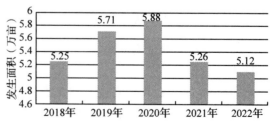

图8-4　2018—2022年吉林省白杨透翅蛾发生面积

发生程度较轻。6月上中旬成虫羽化期采取性诱和喷洒溴氰菊酯喷雾防治。

小蠹虫类 包括落叶松八齿小蠹、云杉八齿小蠹、多毛切梢小蠹、纵坑切梢小蠹发生面积合计14.9万亩，较去年下降明显，其中云杉八齿小蠹发生12.55万亩，同比下降38.26%。小蠹虫类发生区主要分布于吉林省的东中部地区，包括长春市的净月区，通化市的通化县，白山市的抚松县、长白朝鲜族自治县（以下简称长白县）、长白森经局，延边朝鲜族自治州（以下简称延边州）的龙井市、白河林业局、黄泥河林业局、和龙林业局、八家子林业局、珲春林业局、汪清林业局、大兴沟林业局、天桥岭林业局，省直单位的松江河林业局、红石林业局。其中长白山国家级自然保护区管理局的云杉八齿小蠹以中度发生为主，其他地区的小蠹虫类均以轻度发生为主。各单位采取聚集信息素诱捕对小蠹虫类进行防治。

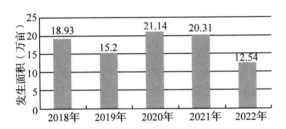

图8-5 2018—2022年吉林省云杉八齿小蠹发生面积

（2）枝梢害虫

主要包括青杨天牛、松树球蚜类。

青杨天牛 应用物理防治和生物防治相结合的防治措施，各单位积极组织人力物力对发生林分在早春进行人工剪虫瘿，并集中烧毁；7~8月施放管氏肿腿蜂防治幼虫；或招引啄木鸟等方法进行防治。吉林省发生面积为18.78万亩，同比下降12.36%。其中轻度发生为16.48万亩，中度发生为2.26万亩，重度发生0.4万亩，轻度发生面积占比为87.75%。主要分布于吉林省中、西部地区，包括长春市的农安县，四平市的梨树县、双辽市，松原市的宁江区、前郭尔罗斯蒙古族自治县（以下简称前郭县）、长岭县、乾安县、扶余市，白城市的洮北区、镇赉县、通榆县、洮南市、大安市。其中松原市的长岭县重度发生0.35万亩，四平市的梨树县重度发生0.05万亩，其他地区均呈轻、中度发生。

松树球蚜类 包括落叶松球蚜、红松球蚜，发生面积合计6.72万亩，与去年同期持平，其中轻度发生面积占96.58%。主要分布于白山市的抚松县、靖宇县、长白县、长白森经局，省直单位的临江林业局、三岔子林业局、松江河林业局、泉阳林业局、吉林省林业实验区国有林保护中心。

（3）食叶害虫

主要包括杨树食叶害虫、落叶松毛虫、银杏大蚕蛾、榆紫叶甲、美国白蛾。

杨树食叶害虫 发生面积合计61.88万亩，较去年同期相差无几，以轻、中度发生为主。其中：分月扇舟蛾发生4.39万亩，同比下降19.89%，主要分布于白城市的大安市，省直单位的湾沟林业局、泉阳林业局、露水河林业局；杨毒蛾发生7.46万亩，同比上升6.88%，主要分布于白城市的洮北区、镇赉县、洮南市；柳毒蛾发生3.52万亩，同比下降34.57%，主要分布于松原市长岭县，白城市的洮北区、大安市，全部为轻、中度发生；杨小舟蛾发生1.09万亩；杨扇舟蛾发生0.12万亩；杨潜叶跳象发生12.49万亩，同比下降8.63%，其中轻度发生10.83万亩，中度发生1.33万亩，重度发生0.33万亩，主要分布于松原市市辖区、长岭县、乾安县，白城市市直单位、通榆县；黑绒金龟子发生9.65万亩，同比上升16.97%，其中轻度发生8.58万亩，中度发生1.07万亩，没有重度发生，主要分布于吉林省的西部地区，包括松原市的市辖区，白城市的镇赉县、通榆县、洮南市、大安

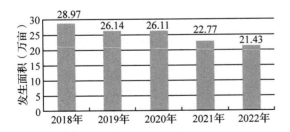

图8-6 2018—2022年吉林省青杨天牛发生面积

图8-7 2018—2022年吉林省分月扇舟蛾发生面积

市;黄褐天幕毛虫发生 20.53 万亩,与去年持平,轻度发生 16.82 万亩,中度发生 3.71 万亩,没有重度发生,主要分布于松原市的宁江区、前郭县、乾安县,白城市的洮北区、镇赉县、通榆县、洮南市、大安市和市级单位。

落叶松毛虫　吉林省 2019、2020、2021 年对落叶松毛虫采取了"飞机防治为主、地面防治为辅"的无公害防控对策,通过积极防治,2022 年落叶松毛虫发生 26.75 万亩,较去年同期下降 33.89%,其中轻度发生 26.57 万亩,中度发生 0.17 万亩,没有重度发生,吉林省大部分地区都有不同程度的发生,以轻度发生为主,主要分布于吉林省的中东部山区,吉林市的龙潭区、丰满区、永吉县、上营森经局;辽源市的东丰县;通化市的东昌区;白山市的浑江区、长白县;延边州、长白山森工的大部分单位;吉林森工所属 8 个国有林业局及 3 个省直事业单位。临江林业局和露水河林业局有中度发生,其他单位均为轻度发生(图 8-8)。

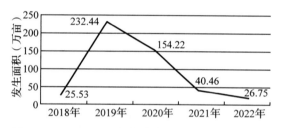

图 8-8　2018—2022 年吉林省落叶松毛虫发生面积

银杏大蚕蛾　发生面积 7.83 万亩,较去年同期下降了 15.35%,其中轻度发生 7.63 万亩,中度发生 0.2 万亩,没有重度发生。主要分布于吉林市的上营森经局、白山市(市本级)、安图森经局、湾沟林业局、泉阳林业局、露水河林业局、红石林业局、白石山林业局、吉林省辉南国有林保护中心、蛟河林业实验管理局。由于各发生的森林经营单位高度重视,积极防治,特别是采取人工收拣卵块和蛹等有效措施,降低了发生林分的种群密度。

榆紫叶甲　发生 14.70 万亩,较去年同期下降 9.59%,其中轻度发生 10.27 万亩,中度发生 2.48 万亩,重度发生 1.95 万亩。主要分布于吉林省的西部地区,具体为四平市的铁西区,松原市乾安县,白城市的通榆县、洮南市,向海国家级自然保护区管理局。

美国白蛾　发生 0.052 万亩,均为轻度发生,与去年持平。主要分布于吉林省的中西部地区。为全面掌握吉林省诱捕情况,要求各地在规定时间内对美国白蛾越冬代和第一代成虫进行监测,并实行成虫诱捕的数量日报制度,以便于全面掌握吉林省诱捕情况(图 8-9)。2022 年吉林省共挂置美国白蛾性诱捕器 8310 套,其中越冬代挂置 3500 套,第一代挂置 4810 套。越冬代在 15 个县(市、区)共诱捕到美国白蛾成虫 762 头,诱到成虫数量较上一年同期上升了 129.5%。第一代在 20 个县(市、区)共诱到美国白蛾成虫 4368 头,诱到成虫数量同比下降 2.28%。在两代幼虫期,开展发生情况调查。经调查,疫点中的长春高新技术开发区的双德街道,四平市铁西区的地直街道,梨树县的梨树镇,辽源市龙山区的南康街道、北寿街道、新兴街道,西安区的太安街道,东辽县的建安镇、白泉镇、泉太镇、云顶镇,集安市经济开发区,梅河口市的光明街道、和平街道发现幼虫。各单位对发现的幼虫都采取了及时有效的防治措施。本年度国家林业和草原局下达吉林省防治面积 0.20 万亩次,实际完成防治作业面积 1.95 万亩次,超额完成了下达的防治任务,取得了较好的防治成效,没有成灾面积,没有扰民事件。

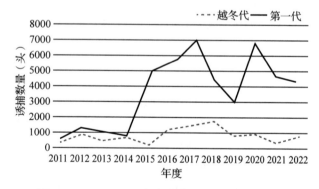

图 8-9　2018—2022 年吉林省美国白蛾两代成虫诱捕数量比较

(4)红松球果害虫

主要包括梢斑螟类。

梢斑螟类　包括果梢斑螟、松梢螟,发生面积合计 147.61 万亩,同比下降 12.8%。其中,果梢斑螟发生 139.36 万亩(图 8-10),同比下降 13.58%,轻度发生 128.47 万亩,中度发生 10.82 万亩,重度发生 0.07 万亩。主要分布于通化市的柳河县,白山市的江源区、抚松县,延边州、长白山森工的大部分单位,吉林森工的 8 个国有林业局及2个省直单位。

通过2020、2021、2022年三年的持续防控，吉林省红松球果害虫严重危害情况得到了有效的控制，全面平息了红松球果害虫承包户上访局面，有效维护了吉林省东部林区社会的和谐稳定。

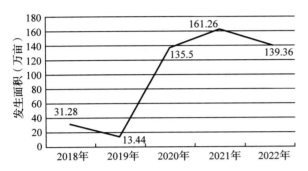

图8-10　2018—2022年吉林省果梢斑螟发生面积

2. 森林病害

杨树病害　杨树烂皮病发生4.03万亩，以轻、中度发生为主；杨树溃疡病发生0.53万亩，以轻度发生为主。主要分布于吉林省的中西部地区。

松树病害　主要有落叶松落叶病、松落针病、落叶松枯梢病，发生面积合计21.84万亩，同比上升14.65%，其中轻度发生20.57万亩。落叶松落叶病发生面积14.41万亩（图8-11），占全年松树病害发生面积的65.98%；松落针病发生6.7万亩，占全年松树病害发生面积的30.68%；落叶松枯梢病发生0.73万亩。松树病害发生区主要分布于吉林省东南部地区，包括吉林市的丰满区、蛟河市、桦甸市、上营森经局，通化市的通化县、集安市，白山市的靖宇县、长白县，延边州的图们市、敦化市，长白山森工集团的安图森经局、大石头林业局、黄泥河林业局、和龙林业局、八家子林业局、天桥岭林业局，省直单位的三岔子林业局、湾沟林业局、泉阳林业局、露水河林业局、红石林业局、白石山林业局、吉林省辉南国有林保护中心、吉林省林业实验区国有林保护中心。

松材线虫病　截至目前，吉林省有4个松材线虫病疫情发生区，分别是通化市东昌区（2021年7月2日确认），延边州汪清县（2021年7月14日确认），通化市二道江区（2021年10月26日确认），吉林市船营区（2022年9月16日确认）。今年疫情发生面积总计1368亩（都在吉林市船营区。其余3个疫区没有发生）。2022年9月15日，在吉林市船营区北山公园枯黄松树取样检测中发现松材线虫。北山公园总面积1368亩，为针阔叶混交林，针叶林树种主要为油松，还有少部分樟子松和落叶松。2022年9月16日，吉林市召开会议，启动松材线虫病除治应急响应。

2022年9月16日，吉林市船营区北山风景区确认发生松材线虫病疫情。省政府高度重视，省林草局切实提高工作摆位，坚持把松材线虫病疫情防控作为确保生态安全的政治任务，举全局之力组织推进。截至目前，吉林市已完成船营区北山风景区疫情详查和全市紧急排查检测工作。下一步，省林草局将坚持问题导向，举一反三，派驻工作组包片蹲点，全程跟踪指导通化市东昌区、二道江区、汪清县和吉林市船营区4个疫区疫情防控工作，落实落细各项防控措施。会同公安、市场监管、交通、通信、电力等相关部门组织开展木制品检疫执法专项行动，加大对电缆盘、光缆盘、木质包装材料及其制品的检疫力度。除特定生态区域和特殊情况外，计划用2年时间，实现吉林省松科枯死松树全部伐除、见底清零。继续实行局领导分片包保督查机制，坚持线上线下结合，不间断开展督查检查，堵漏洞、补短板，传导压力，推动各地各部门责任落实。

3. 森林鼠害

森林鼠害发生总面积为63.65万亩，同比上升10.31%，发生种类主要为棕背䶄、红背䶄、东方田鼠、大林姬鼠。其中轻度发生60.82万亩，中度发生2.62万亩，重度发生0.21万亩。由于鼠类基数不高，因此均以轻度发生为主。除西部平原地区以外，吉林省大部分地区均有发生。主要利用物理防治和生物源药剂控制害鼠种群密度，一是布设捕鼠铗、捕鼠笼、捕鼠井等器械捕杀，减少林间害鼠数量；二是利用生物灭鼠

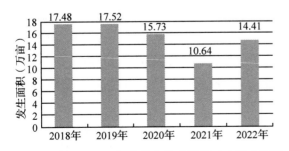

图8-11　2018—2022年吉林省落叶松落叶病发生面积

剂和不育剂等生物制剂防治，控制害鼠种群长期保持在低密度，降低危害程度。

（三）成因分析

1. 气候条件有利于林业有害生物发生

近年来，全球气温逐渐升高给林业有害生物的发生提供了有利的气候条件，使得林业有害生物更加容易生存及繁衍。加之，随着极端天气的频繁出现，近些年少雪、干旱、高温等情况持续发生，为各类林业有害生物的发生创造了有利条件，特别在林农交错的浅山区，森林生态系统功能脆弱，大大增加了突发性、暴发性灾害的发生概率和不确定性。

2. 人为活动日益频繁，加大林业有害生物的传播和危害

随着社会经济的快速发展，地区间木材贸易也随之增加，从而增加了林业有害生物的传播概率。同时，人为活动的日益频繁，对森林生态环境造成严重破坏，林间天敌数量的减少，大大降低了森林系统的自身防御能力，促进了林业有害生物的发生。以红松球果害虫为代表，人工采摘方式和粗放管理严重破坏了自然的平衡和调节功能，在天然林中尤其明显。

3. 营林树种单一，生态系统脆弱

营林方式不科学，林分结构、树种搭配不合理，为林业有害生物种类急剧增殖提供了有利条件，且常常呈此消彼长的发生态势。人工林中的落叶松林和云杉林大多毗邻，这种营造林方式恰好给营转主寄生的落叶松球蚜创造了良好的繁衍基地，使危害连年发生。吉林省西部几乎都是杨树人工纯林，林分长势不旺盛，自身抵御能力减弱，是导致林业有害生物连年发生的又一原因。

4. 局部冬季降雪较大和寄主植物数量显著增加，使鼠害呈大面积发生

根据气象部门统计，2021年2月中旬吉林省南部和东部有中雪，部分地方有大雪。由于吉林省局部地区冬季降雪较大，有利于鼠类危害，导致鼠害发生面积有所上升，发生区域以人工林为主，局部天然林有发生，近年来造林绿化工作和退耕还林工作加快步伐，退耕还林的未成林造林地内主要营造树种是红松、云杉、水曲柳、黄檗、胡桃楸等，这些树种也都是害鼠的危害对象，致使危害连年发生。

5. 加大防控力度，使林业有害生物高发态势有所缓解

经过多年连续对林业有害生物采取预防、综合措施防治，使突发性和常发性林业有害生物种群数量控制在安全、平衡的程度范围内，发生较为平稳，危害呈现下降趋势。例如：通过开展松毛虫特大灾情应急处置工作，全省各地全面积极响应，主动担当作为，采取了微生物源、植物源和昆虫生长调节剂三类无公害防治药剂，使松毛虫发生面积大幅度下降，较去年同期下降了33.89%。红松球果害虫2019年开始危害严重，经过3年的防控，吉林省红松球果害虫严重危害情况得到了有效的控制。

二、2023年吉林省林业有害生物发生趋势预测

依据全国林业有害生物防治信息管理系统数据、吉林省气象中心气象信息数据，结合各地对主要林业有害生物越冬前的调查结果、吉林省各国家级林业有害生物中心测报点监测数据分析，预测2023年吉林省林业有害生物发生总体呈下降趋势，预测发生373.15万亩。

梢斑螟类　包括果梢斑螟、松梢螟，预测发生97.196万亩，以轻度发生为主。发生的区域主要分布在中东部山区，包括延边州、长白山森工，通化市的柳河县，白山市的江源区、抚松县、临江市，吉林森工、吉林省辉南国有林保护中心、吉林省林业实验区国有林保护中心。

落叶松毛虫　预测发生20.96万亩。吉林省大部分地区均有发生，通过积极防治，虫口密度下降明显，发生情况与常年持平，以轻度发生为主。

云杉八齿小蠹　预测发生18.4万亩。发生的区域主要分布在长白山森工的汪清林业局、黄泥河林业局、八家子林业局、珲春林业局，白山市的长白县、长白森经局，吉林森工的松江河林业局、红石林业局，长白山国家级自然保护区管理局。

栗山天牛　预测发生24.47万亩。发生的区域主要分布在长春市的榆树市，吉林市的龙潭区、船营区、丰满区、蛟河市、舒兰市、磐石

市、永吉县、松花湖林场，通化市的集安市、梅河口市、柳河县、辉南县，省直事业单位的红石林业局。

松树球蚜类　包括落叶松球蚜和红松球蚜，预测发生7.59万亩。主要分布在白山市大部分地区，吉林森工的临江林业局、三岔子林业局、松江河林业局、泉阳林业局。

杨树枝干害虫　预测青杨天牛发生12.14万亩、白杨透翅蛾发生4.4万亩、杨干象发生1.58万亩。主要分布于吉林省的中西部地区，以轻、中度发生为主。

杨树食叶害虫　主要包括黄褐天幕毛虫、黑绒金龟子、杨潜叶跳象、分月扇舟蛾、杨扇舟蛾、杨小舟蛾、杨毒蛾、柳毒蛾、舞毒蛾、黄刺蛾，预测发生56.93万亩。主要分布在吉林省中西部地区，以轻、中度发生为主，危害程度较轻。黄褐天幕毛虫预测发生20.4万亩。发生区域主要分布于白城市所有县级单位，松原市的前郭县、乾安县、宁江区；黑绒金龟子预测发生10.41万亩。发生区域主要分布在白城市地区；杨潜叶跳象预测发生11.83万亩。发生区域主要分布在吉林省西部地区，具体地点为白城市的通榆县，松原市的长岭县、前郭县、乾安县、市辖区；分月扇舟蛾预测发生3.74万亩，发生区域在白城市大安市、吉林森工的泉阳林业局和露水河林业局；杨毒蛾预测发生9.34万亩；柳毒蛾预测发生面积0.54万亩；舞毒蛾预测发生0.12万亩；黄刺蛾预测发生0.55万亩。

银杏大蚕蛾　预测发生9.58万亩。发生的区域主要分布在上营森经局，安图森经局，白山市的市直单位，吉林森工的湾沟林业局、泉阳林业局、露水河林业局、红石林业局、白石山林业局，吉林省辉南国有林保护中心、蛟河林业实验管理局。

美国白蛾　预测发生0.088万亩，吉林省将在2023年加大对美国白蛾的监测力度，在越冬代和第1代成虫期做好性诱监测；在第1代和第2代幼虫期做好调查工作，一旦新发现幼虫及时防治，对现有疫点加大防治力度，努力不造成疫情扩散。

榆紫叶甲　预测发生12.7万亩。发生区域主要分布于白城市的洮南市、通榆县，松原市的乾安县，省直单位的向海国家级自然保护区管理局。

松树病害　预测落叶松病害发生24.86万亩；其中，松落针病预测发生7.73万亩，落叶松落叶病预测发生16.07万亩，落叶松枯梢病预测发生1.06万亩。主要分布于吉林省中东部山区。

杨树病害　杨树烂皮病、杨树溃疡病仍将在中西部地区对幼林和新植林造成一定的危害，影响造林成活率，对中幼龄林也会造成危害。预测发生4.09万亩。

森林鼠害　预测发生65.41万亩，吉林省大部分地区均有发生。

三、对策建议

针对当前林业有害生物灾害高发频发、重大危险性林业有害生物入侵风险加剧，结合吉林省林业有害生物防治工作基本情况，制定如下对策：

（一）坚持政府领导、属地管理，进一步落实林业有害生物防控责任制度

坚持"政府领导、属地管理"，层层分解落实政府目标责任，建立考核评价制度，纳入林长制考核体系，实行林业有害生物防治目标责任，是切实加大林业有害生物防控力度、遏制重大林业有害生物扩散蔓延的重要举措。林业有害生物防治工作的全局性和公益性决定了必须坚持政府主导，落实责任，各部门联动，强化重大林业有害生物的检疫封锁和应急除治，加大相关工作的检查督导力度，建立责任稽查和追究制度。

（二）在做好监测预报工作的基础上，完善防治计划，做好资金、物资储备工作

抓住林业有害生物防治的各有利时机，采取有效措施做好防治工作。加大对林业有害生物防治工作的扶持和资金投入的力度，认真贯彻吉林省重大林业灾害资金和物资储备制度，确保吉林省森林资源的安全。同时，积极向国家和省财政申请专项防控资金，提前做好防治器械及防治药剂的政府采购，并与相关社会化防治组织提前签订防治作业合同，确保防治工作按时开展。

(三）突出重点区域，推进社会化防治服务，加大林业有害生物防治力度

探索社会化防治服务新模式，吸引社会化防治组织为林业有害生物防治工作提供专业服务。以减缓松材线虫病、美国白蛾等重大林业有害生物扩散蔓延为目标，加大新发疫点治理力度，同时兼顾其他常规林业有害生物种类。重点防范城乡接合部、物流集散地、高速公路两侧等重点区域。采取切实措施有效遏制灾情，减轻灾害损失。

（四）多措并举开展松材线虫病监测调查工作，降低疫情扩散蔓延的风险

针对吉林省松材线虫病重大疫情的严峻形势和防控工作实际需要，确定松材线虫病防控工作目标。以专项调查和日常调查相结合的方式，以监测普查为重点，实施疫情调查监测网格化管理，将调查监测任务落实到人头地块。同时利用无人机调查和卫星遥感监测技术，采用"天空地"协同监测手段开展疫情排查，充分做到调查监测全覆盖、无死角。同时，完善检疫、测报体系，加强防控能力建设，明确责任，分级管理，层层落实，努力提高全社会的防范意识。

（主要起草人：赵健　皮忠庆；主审：王越）

09 黑龙江省林业有害生物2022年发生情况和2023年趋势预测

黑龙江省森林病虫害防治检疫站

【摘要】黑龙江省2022年全省林业有害生物发生609.48万亩，其中轻度发生248.76万亩，中度发生341.92万亩，重度发生18.79万亩，成灾1280亩，已实施防治575.98万亩。其中：病害发生43.63万亩，虫害发生343.38万亩，林业鼠害发生222.47万亩。依据黑龙江省各市（地）秋季调查，结合冬春气候趋势，综合分析预测2023年全省林业有害生物发生约554万亩，与2022年实际发生面积相比下降9%，其中病害发生约40万亩，虫害发生约292万亩，林业鼠害发生约223万亩。从预测数据分析，2023年黑龙江省全省林业有害生物发生面积整体呈现下降趋势。常发林业有害生物青杨脊虎天牛、黄褐天幕毛虫在中西部哈尔滨、齐齐哈尔地区，松针红斑病在东部鸡西、北部大兴安岭地区，舞毒蛾在东部鸡西，栗山天牛在龙江森工和东部牡丹江地区的局部区域，林业鼠害在东部佳木斯、鸡西、牡丹江地区危害有上升趋势。杨树食叶害虫新发生种类杨黑点叶蜂在哈尔滨局部地区仍有重度发生的可能。果梢斑螟、切梢小蠹、八齿小蠹等松钻蛀害虫在哈尔滨等中部地区、牡丹江和鸡西等东部地区危害程度有加重、危害范围有扩大的趋势。松树蜂在东部鸡西地区、松沫蝉在中部哈尔滨地区会出现新的危害区域。

一、2022年主要林业有害生物发生情况

2022年全省林业有害生物发生总面积609.48万亩，同比下降18%。其中轻度发生248.76万亩，中度发生341.92万亩，重度发生18.79万亩，成灾1280亩。病害发生43.63万亩，虫害发生343.38万亩，林业鼠害发生222.47万亩（图9-1、图9-2）。已实施防治575.98万亩。

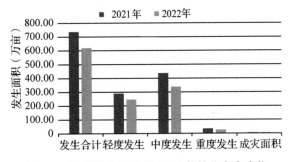

图9-2 黑龙江省2022和2021年林业有害生物发生情况比较

2022年黑龙江省地方林业有害生物发生总面积292.06万亩，同比下降5%。其中轻度发生182.9万亩，中度发生95.07万亩，重度发生14.12万亩，成灾5633亩。病害发生37.22万亩，同比下降14%。虫害发生178.37万亩，同比下降4%。林业鼠害发生76.47万亩，与去年同期基本持平。已实施防治242.5万亩（图9-3）。

2022年龙江森工集团林业有害生物发生206.91万亩，同比下降25%。其中病害发生5.42万亩，虫害发生122.17万亩，林业鼠害发生79.32万亩。已实施防治193.03万亩。

2022年伊春森工集团林业有害生物发生

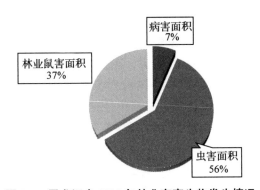

图9-1 黑龙江省2022年林业有害生物发生情况

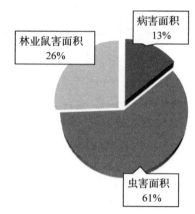

图 9-3 黑龙江省 2022 年林业有害生物发生情况
（地方林业）

110.54 万亩，同比下降 32%。其中病害发生 1 万亩，虫害发生 42.87 万亩，林业鼠害发生 66.67 万亩。已实施防治 140.45 万亩。

（一）发生特点

1. 新发生虫种在局部地区危害偏重

杨黑点叶蜂在哈尔滨双城全区均有发生，危害严重。暮尘尺蛾在佳木斯桦南出现大面积重度危害天然次生林情况。切梢小蠹在中、东部地区呈现多点散发的态势，纵坑切梢小蠹在牡丹江海林发生面积有小面积大幅度上升，局部地区红松枝梢受损较重。多毛切梢小蠹在佳木斯桦南局部地区发生重度危害。

2. 常发性林业有害生物发生情况总体平稳，局部地区有点状小面积重度危害

落叶松毛虫危害继续呈现下降态势，仅在东部鹤岗局部地区有小面积重度发生。落叶松毛虫发生面积全省较去年减少 67 万亩，变化幅度在龙江森工地区表现较为明显。果梢斑螟发生面积同比下降 24%，在龙江森工和伊春森工地区发生面积有大幅度下降，在地方林业有小幅度上升。林业鼠害发生面积整体呈下降趋势，同比下降 11%，在南部哈尔滨五常、尚志管局、东部佳木斯桦川、中部伊春森工朗乡林业局和庆安管局局部地区有小面积重度发生。

3. 局部地区受气候因素影响较为明显，林木病害局地危害相对偏重

杨树病害和松树病害总体发生情况相对平稳，但受气候因素影响杨树灰斑病在绥化地区、杨树破腹病在哈尔滨宾县和绥化安达市有小面积重度发生。落叶松落叶病在龙江森工山河屯林业局有相对较大面积中度危害。松针红斑病发生面积同比增加 41%，在伊春森工北部林业局和龙江森工东京城、八面通林业局发生中度危害面积相对较大，危害程度相对较重。

（二）主要林业有害生物发生情况

1. 杨树病害

杨树病害整体平稳发生，杨树灰斑病、杨树破腹病局地小面积重度发生。杨树病害全省发生 32.07 万亩（图 9-4），与去年同期基本持平，其中轻度发生 20.98 万亩，中度发生 10.45 万亩，重度发生 6390 亩，主要发生于哈尔滨、大庆和绥化中、西部地区。发生的种类主要有杨树灰斑病、杨树烂皮病、杨树破腹病和杨树溃疡病。其中杨树灰斑病发生 16.36 万亩，与去年同期基本持平，主要发生于绥化、大庆和佳木斯地区，在绥化地区发生面积呈上升趋势。杨树烂皮病发生 10.29 万亩，与去年同期比较下降 11%，危害程度有所减轻，主要以轻、中度危害发生于哈尔滨、绥化和大庆市。杨树破腹病发生 3.92 万亩，同比下降 14%，主要发生于绥化、哈尔滨和双鸭山地区，在哈尔滨宾县和绥化安达市有小面积重度发生。

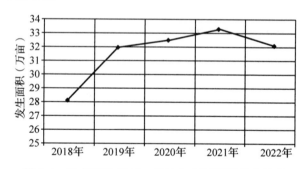

图 9-4 黑龙江省 2018—2022 年杨树病害发生情况
（地方林业）

2. 杨树食叶害虫

杨树食叶害虫整体呈上升趋势，舞毒蛾在龙江森工集团呈上升趋势，杨黑点叶蜂在中部哈尔滨地区危害加重。杨树食叶害虫全省发生 43.28 万亩，同比上升 7%，其中轻度发生 24.21 万亩，中度发生 17.54 万亩，重度发生 1.53 万亩。发生的种类主要有杨潜叶跳象、梨（杨）卷叶象、分月扇舟蛾、杨小舟蛾、舞毒蛾、白杨叶甲和杨黑点叶蜂等，主要以轻、中度发生于哈尔滨、绥化和大庆等中、西部地区。杨潜叶跳象发生 16.01 万

亩，同比下降9%，在齐齐哈尔地区危害呈现上升趋势，发生面积增加，在大庆地区危害呈现下降趋势。杨扇舟蛾发生4900亩，呈大幅度下降趋势，以中度危害发生于大庆肇源县。分月扇舟蛾发生9500亩，同比上升46%，主要以轻、中度发生于哈尔滨巴彦县和延寿县。杨小舟蛾发生3.8万亩，同比上升59%，主要以轻、中度发生于哈尔滨和齐齐哈尔地区。梨卷叶象发生3.43万亩，同比下降23%，主要以轻、中度发生于哈尔滨和绥化地区，在哈尔滨双城有4000亩重度发生。舞毒蛾发生15.31万亩，同比上升4%，主要以轻、中度发生于黑河、齐齐哈尔、双鸭山、伊春、龙江森工和伊春森工集团。其中地方林业舞毒蛾发生4.35万亩，同比下降22%，在黑河爱辉区有3500亩重度发生。龙江森工舞毒蛾发生7.06万亩，呈现大幅度上升趋势，在绥棱、方正和迎春林业局发生面积较大。伊春森工舞毒蛾发生3.9万亩，同比下降9%，以轻、中度危害发生于红星、汤旺河和桃山林业局。杨黑点叶蜂发生2.68万亩，其中重度发生9800亩，均发生于哈尔滨双城区，发生严重地段叶片最高被害率可达40%。白杨叶甲发生1.2万亩，同比下降37%，以轻、中度发生于哈尔滨、绥化和庆安管局。

3. 杨树蛀干害虫

杨树蛀干害虫全省发生面积呈下降趋势（图9-5）。杨树蛀干害虫全省发生8.75万亩，同比下降13%，其中轻度发生4.49万亩，中度发生4.07万亩，重度发生1860亩。发生的种类主要有杨干象、白杨透翅蛾和青杨脊虎天牛等，主要以轻度危害发生于中、西部地区。杨干象发生4.38万亩，同比下降12%，主要发生于哈尔滨、齐齐哈尔、绥化和大庆市，其中绥化和齐齐哈尔市发生面积相对较大，哈尔滨双城和绥化安达有小面积重度发生。白杨透翅蛾发生3.98万亩，

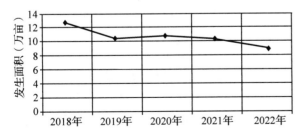

图9-5 黑龙江省2018—2022年杨树蛀干害虫发生情况（地方林业）

与去年同期基本持平，主要发生于大庆、绥化和齐齐哈尔市中、西部地区。青杨脊虎天牛发生2500亩，与去年同期比较有大幅度下降，主要轻、中度发生于哈尔滨和大庆地区，在哈尔滨宾县和双城小面积重度发生。青杨天牛发生1200亩，同比下降25%，发生于大庆和绥化地区。

4. 松树病害

松树病害落叶松落叶病和松针红斑病呈现上升趋势。松树病害全省发生11.51万亩，同比下降22%，其中轻度发生4.31万亩，中度发生7.24万亩，重度发生200亩。发生的种类主要有落叶松落叶病、松针红斑病、松疱锈病和松落针病等，主要以轻、中度危害发生于鸡西、佳木斯、大庆、黑河、龙江森工和伊春森工集团。落叶松落叶病发生4.21万亩，同比上升27%，主要发生于鸡西、佳木斯和龙江森工地区，在龙江森工呈上升趋势。松针红斑病发生6.24万亩，同比上升41%，在龙江森工、大兴安岭和佳木斯地区呈现上升趋势。松落针病发生5200亩，同比下降13%，主要发生于大庆和佳木斯市。松树梢枯病发生1000亩，同比下降50%，以轻度危害发生于尚志管局。松瘤锈病在黑河地区发生面积呈下降趋势，逊克县仍有小面积重度危害发生。

5. 松树食叶害虫

松树食叶害虫整体呈现下降趋势，新发生种类暮尘尺蛾局部地区危害程度加重。松树食叶害虫全省发生81.05万亩，轻度发生42.29万亩，中度发生31.26万亩，重度发生7.52万亩。发生的种类有落叶松毛虫、落叶松鞘蛾、落叶松红腹叶蜂、伊藤厚丝叶蜂、暮尘尺蛾和松阿扁叶蜂等。落叶松毛虫发生55.37万亩，与去年同期比较呈大幅度下降趋势，主要发生于牡丹江、哈尔滨、佳木斯、鸡西、齐齐哈尔、龙江森工和伊春森工集团，仅在鹤岗直属林场和庆安管局有小面积重度危害发生。落叶松鞘蛾发生3.78万亩，同比下降8%，主要发生于哈尔滨、黑河和伊春森工地区，在黑河爱辉和哈尔滨阿城有小面积重度危害发生。松阿扁叶蜂发生3.82万亩，与去年同期比较呈大幅度上升趋势，危害程度有所加重，主要发生于哈尔滨、齐齐哈尔和佳木斯地区，在佳木斯农垦建三江管委会有5050亩重度发生。落叶松红腹叶蜂发生2.56万亩，与去年同期比较呈上升趋势，主要发生于哈尔

滨、齐齐哈尔和龙江森工地区。伊藤厚丝叶蜂发生2.64万亩，以轻、中度发生于齐齐哈尔富裕和龙江森工东京城林业局。暮尘尺蛾发生10.98万亩，发生面积与去年基本持平，主要发生于佳木斯桦南、桦川和牡丹江东宁市，在桦南县有6.46万亩重度发生，对天然次生林造成危害。

6. 松钻蛀害虫

松钻蛀类害虫常发性害虫发生面积呈下降趋势，局部地区切梢小蠹危害加重。松钻蛀害虫全省发生185万亩，同比下降21%，轻度发生58.73万亩，中度发生119.8万亩，重度发生6.47万亩，发生的种类有樟子松梢斑螟、果梢斑螟、落叶松八齿小蠹、纵坑切梢小蠹和云杉花墨天牛等。果梢斑螟发生157.25万亩，同比下降24%，主要发生于龙江森工、牡丹江、伊春森工、鹤岗市、佳木斯市和七台河市等地。其中地方林业果梢斑螟发生48.6万亩，同比上升15%，除七台河和庆安管局有小幅度下降以外，在哈尔滨、鸡西、鹤岗、双鸭山、佳木斯、牡丹江、绥化和尚志管局呈上升趋势，牡丹江东宁有新发生。龙江森工和伊春森工集团果梢斑螟发生面积呈大幅度下降。樟子松梢斑螟发生18.82万亩，与去年同期基本持平，主要发生于齐齐哈尔、大庆、佳木斯、哈尔滨和绥化地区。落叶松八齿小蠹发生2.68万亩，同比下降13%，主要发生于佳木斯、七台河、齐齐哈尔和牡丹江地区。纵坑切梢小蠹发生1.46万亩，发生于哈尔滨和牡丹江市，在牡丹江海林市发生面积有大幅度上升。多毛切梢小蠹发生3100亩，发生于佳木斯桦南，有小面积重度危害发生。横坑切梢小蠹发生2312亩，主要发生于鸡西、佳木斯和鸡西绿海有限公司。云杉花墨天牛发生2万亩，以中度危害发生于龙江森工东京城林业局。云杉小墨天牛发生2500亩，以轻、中度发生于七台河直属林场。

7. 栎树虫害

栎树虫害在龙江森工地区呈上升趋势。栎树虫害全省发生9.93万亩，同比上升50%，其中轻度发生3.12万亩，中度发生6.41万亩，重度发生4000亩。发生的种类主要有栗山天牛、栎尖细蛾、柞褐叶螟和花布灯蛾。栗山天牛发生4.62万亩，同比下降24%，以轻、中度发生于哈尔滨、鸡西、双鸭山和龙江森工地区，在龙江森工山河屯林业局呈上升趋势。栎尖细蛾发生1.28万亩，同比上升15%，以中、重度发生于牡丹江东宁市和黑河逊克县，在东宁市有4000亩重度发生。柞褐叶螟发生3.88万亩，与去年同期比较呈大幅度上升趋势，在佳木斯辰能集团和龙江森工东京城林业局有新发生。花布灯蛾发生1500亩，同比上升50%，以轻、中度发生于哈尔滨呼兰区。

8. 其他害虫

榆紫叶甲全省发生2.12万亩，同比上升74%，主要发生于齐齐哈尔、大庆和绥化西部地区。黄褐天幕毛虫发生2.92万亩，同比下降22%，主要发生于黑河、哈尔滨、齐齐哈尔和佳木斯地区，在黑河爱辉区有2500亩重度发生。松沫蝉发生1.98万亩，发生于牡丹江宁安市和龙江森工东京城林业局。

9. 林业鼠害

林业鼠害发生面积总体呈下降趋势。林业鼠害全省发生222.47万亩，同比下降11%，其中轻度发生82.26万亩，中度发生138.81万亩，重度发生1.39万亩。发生的种类主要有棕背䶄、红背䶄和大林姬鼠。全省除齐齐哈尔市和大庆市外均有不同程度的发生，在南部哈尔滨五常市、尚志管局、东部佳木斯桦川县、中部伊春森工朗乡林业局和庆安管局局部地区有小面积重度发生。危害多发生于新植林和未成林中，主要危害樟子松、落叶松和红松幼苗。

地方林业鼠害发生76.47万亩，同比下降4%，其中轻度发生49.19万亩，中度发生27万亩，重度发生2900亩，在哈尔滨、双鸭山、黑河和鸡西市发生面积较大。

龙江森工林业鼠害发生79.32万亩，同比下降3%，以轻、中度发生为主，方正、兴隆和鹤北林业局地区发生面积较大。伊春森工林业鼠害发生66.67万亩，同比下降25%，以轻、中度发生为主，美溪、南岔和铁力林业局地区发生面积较大，朗乡林业局有1.1万亩重度发生。

（三）成因分析

1. 受气候因素影响较为明显

2022年春季回暖早，气温较往年偏高，积雪融化较快，利于林业害鼠觅食，降低了林业鼠害大面积重度危害发生的可能性。受春季出现倒春寒现象，气温变化剧烈的影响，局地杨树破腹病发生严重。春季持续低温影响了落叶松毛虫的生物节奏，对林木的危害有所减轻。6月下旬以来，各地降雨较往年增多，局地出现短时强降雨、雷雨大风等天气，造成局地偶发暴雨洪涝，部分林地积水严重，林分健康程度下降，诱发次期性害虫发生。高温多雨的气象条件也加重了杨树灰斑病的发生，导致中西部局部地区危害加重。

2. 日常基础性监测工作不扎实

受多方面因素影响，部分地区对林业有害生物监测预报工作重视不够，日常监测工作组织不到位，监测工作存在盲区和死角，虫情发现不及时。特别是新发生林业有害生物虫情发现不及时，情况掌握不准确，导致虫情扩散。

3. 森林健康状况有待提高

人工林林龄偏大，受环境、极端天气和林业有害生物周期性大发生等因素影响树势衰弱，引发小蠹虫等次期性害虫发生。人工林多为单一树种的纯林，易造成病虫害集中连片大面积发生，也为虫情扩散提供了便利条件。

二、2023年林业有害生物发生趋势预测

（一）2023年总体发生趋势预测

据国家气候中心发布，黑龙江省冬季气温变化阶段性特征明显，2022年12月至2023年1月中旬，大部分地区气温较常年同期偏高，2023年1月下旬至2月，气温较常年同期偏低，黑龙江中北部降水量较常年同期偏多2~5成。

依据黑龙江省各市（地）秋季调查，结合今冬明春气候因素，预测2023年全省林业有害生物发生面积554万亩，与2022年实际发生面积比较下降9%，预测病害发生40万亩，与2022年实际发生面积比较下降8%，预测虫害发生292万亩，与2022年实际发生面积比较下降15%，预测林业鼠害发生223万亩，与2022年实际发生面积基本持平。预测2023年林业有害生物发生面积呈现下降趋势，危害以轻、中度为主。

2023年黑龙江省全省林业有害生物发生面积整体呈现下降趋势。常发林业有害生物青杨脊虎天牛、黄褐天幕毛虫在中西部哈尔滨、齐齐哈尔地区，松针红斑病在东部鸡西、北部大兴安岭地区，舞毒蛾在东部鸡西，栗山天牛在龙江森工和东部牡丹江地区的局部区域，林业鼠害在东部佳木斯、鸡西、牡丹江地区危害有上升趋势。杨树食叶害虫新发生种类杨黑点叶蜂在哈尔滨局部地区仍有重度发生的可能。果梢斑螟、切梢小蠹、八齿小蠹等松钻蛀害虫在哈尔滨等中部地区、牡丹江和鸡西等东部地区危害程度有加重、危害范围有扩大的趋势。松树蜂在东部鸡西地区、松沫蝉在中部哈尔滨地区会出现新的危害区域。

表9-1 黑龙江省2023年林业有害生物预测发生面积与2022年发生面积比较　　　　　万亩

林业有害生物种类	2022年发生面积	2023年预测发生面积	同比情况（%）
林业有害生物合计	609.48	555	-9
病害合计	43.63	40	-8
虫害合计	343.38	292	-15
林业鼠害合计	222.47	223	基本持平
杨树病害	32.07	27	-16
杨树食叶害虫	46.58	43	-8
杨树蛀干害虫	8.75	9	3
松树病害	11.51	13	13
松树害虫	267.73	224	-16
栎树虫害	9.92	8	-19
其他虫害	10.44	8	-23

（二）主要林业有害生物发生趋势预测

1. 杨树病害

杨树病害整体有下降趋势，杨树烂皮病在大庆局部地区有加重的可能。杨树病害预测全省发生 27 万亩，同比下降 16%。发生的种类主要有杨树灰斑病、杨树烂皮病、杨树溃疡病和杨树破腹病，主要以轻、中度危害发生于哈尔滨、绥化和大庆地区。杨树灰斑病预测发生 14 万亩，同比下降 14%，在哈尔滨双城会有新发生。杨树烂皮病预测发生面积 19 万亩，呈大幅度上升趋势，在大庆局部地区有加重的可能。杨树破腹病预测发生 4 万亩，与 2022 年基本持平。

2. 杨树食叶害虫

杨树食叶害虫发生整体有下降趋势，杨潜叶跳象和梨卷叶象有上升趋势。预测杨树食叶害虫全省发生 43 万亩，同比下降 8%。发生的种类主要有杨潜叶跳象、舞毒蛾、梨卷叶象、杨扇舟蛾、杨小舟蛾、白杨叶甲和杨黑点叶蜂等。杨潜叶跳象预测发生 17 万亩，同比上升 6%，主要发生于哈尔滨双城、佳木斯、大庆和绥化地区，在哈尔滨双城会有小面积重度发生。梨卷叶象预测发生 5 万亩，在哈尔滨局部地区有上升趋势。杨小舟蛾预测发生 3 万亩，在哈尔滨部分地区有下降趋势，齐齐哈尔依安呈小幅度上升趋势。舞毒蛾预测发生 12 万亩，同比下降 22%，主要以轻、中度发生于齐齐哈尔、黑河、佳木斯、鸡西、绥化、双鸭山、庆安管局、伊春、龙江森工和伊春森工集团等地区，在双鸭山、黑河、庆安管局有上升趋势，在黑河局地会有小面积重度发生。杨黑点叶蜂预测发生 2 万亩，有下降趋势，不排除会有重度危害的可能。春尺蠖预测在尚志管局有 1 万亩轻度发生。

3. 杨树蛀干害虫

杨树蛀干害虫发生整体有上升趋势。杨树蛀干害虫预测发生 9 万亩，同比上升 3%。发生的种类主要有杨干象、白杨透翅蛾、青杨天牛和青杨脊虎天牛，主要发生于哈尔滨、绥化和大庆等地区。杨干象预测发生 4 万亩，与 2022 年比较下降 9%，主要发生于哈尔滨、齐齐哈尔、大庆和绥化地区。白杨透翅蛾预测 4 万亩，与 2022 年比较上升 4%，在绥化局部地区有上升趋势。青杨脊虎天牛在哈尔滨局部地区有上升趋势。

4. 松树病害

松树病害全省整体有上升趋势，松针红斑病在局部地区危害有加重的可能。松树病害预测全省发生 13 万亩，同比上升 13%。发生的种类主要为落叶松落叶病、松针红斑病、松落针病和松树梢枯病等。落叶松落叶病预测发生 4 万亩，主要发生于佳木斯、鸡西和龙江森工集团，在佳木斯地区发生面积有上升趋势。松针红斑病预测发生 8 万亩，在佳木斯、鸡西、大兴安岭和庆安管局有上升趋势。松树梢枯病预测发生 3000 亩，以轻度危害发生于尚志管局一面坡、尚志林场，有上升趋势。松落针病预测在大庆杜蒙有上升趋势。松瘤锈病在黑河地区有 500 亩中度发生，与 2022 年基本持平。偃松流脂溃疡病预测在龙江森工将有 1500 亩中度发生，呈下降趋势。

5. 松树食叶害虫

松树食叶害虫全省总体危害将呈现下降趋势，落叶松毛虫将平稳发生，松树蜂或有小面积新发生。松树食叶害虫预测发生 71 万亩，同比下降 9%。发生的种类主要有落叶松毛虫、落叶松鞘蛾、伊藤厚丝叶蜂、暮尘尺蛾、落叶松（红腹）叶蜂、松阿扁叶蜂和松树蜂等。落叶松毛虫预测发生 53 万亩，与 2022 年基本持平，全省除大庆、七台河和大兴安岭以外均有不同程度发生，在绥化和鹤岗仍有小面积重度危害发生的可能。落叶松鞘蛾预测发生 4 万亩，有大幅度上升趋势，主要发生于哈尔滨、绥化、黑河和伊春森工集团，在黑河和绥化地区有小面积重度发生的可能。伊藤厚丝叶蜂预测在齐齐哈尔富裕有 900 亩中度发生，将呈下降趋势。暮尘尺蛾预测发生 9 万亩，有下降趋势，主要发生于佳木斯桦南、桦川和牡丹江东宁市。松阿扁叶蜂预测发生面积 3 万亩，有大幅度下降趋势，主要发生于大庆、哈尔滨和佳木斯，在佳木斯地区有 2 万亩重度发生的可能。落叶松（红腹）叶蜂预测在哈尔滨延寿有上升趋势，在齐齐哈尔克东和龙江有下降趋势。松树蜂预测在鸡西市直属林场有 1000 亩轻度新发生。

6. 松树钻蛀害虫

果梢斑螟危害程度整体将呈现下降趋势，落叶松八齿小蠹有扩散态势。松钻蛀害虫预测全省发生 149 万亩，同比下降 19%。发生的种类为果梢斑螟、樟子松梢斑螟、落叶松八齿小蠹、云杉花墨天牛、横坑切梢小蠹和多毛切梢小蠹等。果梢斑螟预测发生 120 万亩，同比下降 24%，主要以轻、中度发生于哈尔滨、绥化、佳木斯、牡丹江、鹤岗、尚志管局、七台河、龙江森工和伊春森工等地区，在尚志管局和伊春森工或有重度发生的可能。樟子松梢斑螟预测发生 19 万亩，与 2022 年基本持平，主要以轻、中度发生于哈尔滨、齐齐哈尔、大庆、绥化、佳木斯和鸡西等地区，在齐齐哈尔危害有加重的可能。落叶松八齿小蠹预测发生 4 万亩，主要发生于齐齐哈尔、牡丹江、佳木斯、鸡西和七台河等地，呈扩散态势。云杉八齿小蠹预测发生 1 万亩，主要以轻、中度发生于牡丹江和龙江森工地区。横坑切梢小蠹预测发生 4000 亩，主要发生于佳木斯和鸡西地区，有上升趋势。纵坑切梢小蠹预测发生 7000 亩，发生于哈尔滨和牡丹江地区，有下降趋势。云杉花墨天牛预测在龙江森工有 2 万亩中度发生。云杉小墨天牛预测在七台河金山林场有小面积轻度危害发生。多毛切梢小蠹在佳木斯桦南有下降趋势。

7. 栎类害虫

栎类害虫栗山天牛和花布灯蛾有小幅上升趋势。栎类害虫预测发生 8 万亩，同比下降 19%。发生的种类有栎尖细蛾、栗山天牛、花布灯蛾和柞褐叶螟。栎尖细蛾预测在牡丹江东宁市有 1 万亩中度危害发生。栗山天牛预测发生 6 万亩，在鸡西和龙江森工有上升趋势，在牡丹江海林或有新发生。花布灯蛾预测发生 3000 亩，以轻、中度危害发生于哈尔滨呼兰区，有大幅上升趋势。柞褐叶螟预测在佳木斯郊区有下降趋势。

8. 其他害虫

预测全省发生 8 万亩，发生的种类主要有黄褐天幕毛虫、榆紫叶甲、银杏大蚕蛾和柳沫蝉等。黄褐天幕毛虫预测发生 5 万亩，主要发生于哈尔滨、齐齐哈尔、绥化和黑河地区，在哈尔滨、齐齐哈尔和黑河有上升趋势，黑河地区有重度危害发生的可能。榆紫叶甲预测发生 1 万亩，有下降趋势，主要发生于齐齐哈尔、大庆、绥化和龙江森工地区。银杏大蚕蛾预测在龙江森工有 1 万亩轻度危害发生的可能。

9. 林业鼠害

林业鼠害整体将平稳发生。发生的种类主要为棕背䶄和红背䶄，全省除齐齐哈尔和大庆市外均有分布，危害以轻、中度为主，但不排除在佳木斯桦南、绥化海伦、尚志管局和伊春森工朗乡林业局有重度危害发生的可能。林业鼠害全省预测发生 223 万亩，与去年 2022 年基本持平。其中地方林业预测发生 77 万亩，在佳木斯、鸡西和牡丹江将呈小幅度上升趋势，龙江森工林业鼠害预测发生 80 万亩，伊春森工林业鼠害预测发生 66 万亩。

三、对策建议

（一）扎实开展基础性工作

要坚持以预防为主的原则，强化日常监测与信息报送，关注新发、偶发性林业有害生物发生情况，避免局部地区次期性害虫大面积发生，造成不必要的经济损失。要具备快速发现新发林业有害生物的能力，及时掌握突发性林业有害生物学特性，利用科学手段监测分析林间病虫害发生动态，及时发布生产性预报，指导林业生产。

（二）加强监测体系建设

要加强监测体系队伍建设，加入资金投入力度，保障从事监测预报基层人员的权益，充分调动工作积极性。要重点加强基层监测站点建设，充分发挥国家级中心测报点监测预报作用，逐步提高测报数据的真实性、可靠性、时效性，切实提升整体林业有害生物监测预警能力。

（三）推动科技成果应用

结合当前黑龙江省省情、林情特点，加大科学研究支持力度，加强与科研院所合作配合，加强基础性技术研究，逐步实现将监测技术研究成果应用于日常监测工作中，让科学研究成果能够源于基层用于基层。

（主要起草人：宋敏　陈晓洋；主审：王越）

10 上海市林业有害生物 2022 年发生情况和 2023 年趋势预测

上海市林业病虫防治检疫站

【摘要】 上海市森林面积 184.701 万亩，监测覆盖率 90%。2022 年对分布于生态公益林、沿海防护林、水源涵养林、经济林、苗木基地的 7 个国家级、26 个市级、57 个区级林业有害生物中心测报点监测数据统计，全市主要林业有害生物发生面积 15.390 万亩，同比下降 23.5%，成灾率 3.5‰；美国白蛾发生面积 0.647 万亩，同比下降 78.5%。林业有害生物防治面积 15.369 万亩，无公害防治率 86.6%；主要林业有害生物防治作业面积 83.990 万亩次，其中地面防治 65.750 万亩次、无人机防治 17.640 万亩次、生物防治 0.600 万亩次。林业有害生物发生特点：林业有害生物发生面积明显下降，且以轻度发生为主，中、重度发生占比较常年减少；食叶性害虫发生期推迟，美国白蛾等害虫越冬代成虫羽化期延长；美国白蛾发生面积、发生程度大幅度下降，发生点位略有减少，但仍有新增疫点。

根据 2022 年林业有害生物发生情况、面临的形势和天气预测：2023 年全市林业有害生物发生呈上升趋势，发生程度总体轻度至中度，发生面积 17.900 万~19.650 万亩。美国白蛾疫情扩散蔓延风险依然存在，发生面积 1.900 万~2.100 万亩，重度发生 0.500 万亩，常发性林业有害生物发生面积比 2022 年增加。

一、2022 年林业有害生物发生情况

2022 年全市林业有害生物发生面积 15.390 万亩，同比下降 23.5%，成灾率 3.5‰。按发生程度划分，轻度、中度和重度发生面积分别为 14.743 万亩、0.549 万亩、0.098 万亩。按有害生物类型划分，病害发生面积 1.596 万亩、虫害发生面积 13.794 万亩。按林地类型划分，主要生态公益林有害生物发生面积 13.647 万亩，主要经济林有害生物发生面积 1.743 万亩（图 10-1）。

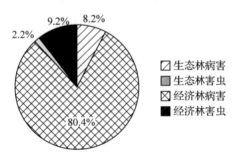

图 10-1 2022 年各类林业有害生物发生面积占发生总面积百分比

2022 年全市林业有害生物防治面积 15.369 万亩，无公害防治率 86.6%，其中生物及仿生措施、人工及物理措施和营林措施防治面积占比分别为 75.4%、9.9%、1.3%（图 10-2）。全市主要林业有害生物防治作业面积 83.990 万亩次，其中地面防治 65.750 万亩次、无人机防治 17.640 万亩次、生物防治 0.600 万亩次。

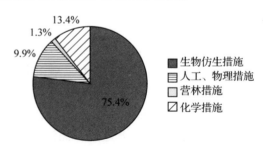

图 10-2 2022 年各类措施防治面积占防治总面积百分比

（一）发生特点

1. 林业有害生物发生面积明显下降，以轻度发生为主，中、重度发生占比较常年减少

发生面积同比下降 23.5%，比前 5 年均值下

降 17.4%；中、重度发生面积占比 4.2%，低于 2021 年（5.9%）、前 5 年均值（8.3%）（图 10-3）。

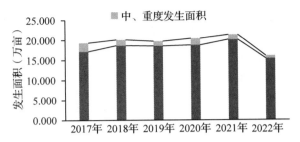

图 10-3 2017—2022 年林业有害生物发生面积

生态林病虫害水杉赤枯病、食叶性害虫（除美国白蛾）、刺吸性害虫、天牛类蛀干性害虫发生面积同比分别下降 17.8%、10.2%、13.1%、23.2%；经济林病虫害梨小食心虫、桃蛀螟、桃红颈天牛发生面积同比分别下降 30.5%、27.3%、48.1%。

2. 食叶性害虫发生期推迟，美国白蛾等害虫越冬代成虫羽化期延长

食叶性害虫发生期较去年普遍推迟 1 周左右，其中樟巢螟发生期较去年推迟 8 天左右，黄刺蛾发生期较去年推迟 5 天左右，美国白蛾越冬代成虫、第一代幼虫比 2021 年分别推迟 3 天、9 天；美国白蛾越冬代成虫羽化期历时 2 个多月。

3. 美国白蛾发生面积、发生程度大，幅度下降，发生点位略有减少，但仍有新增疫点

与 2021 年相比，美国白蛾发生面积下降 78.5%。发生成虫的点位从 9 区 60 个街镇减少至 7 区 59 个街镇，发生幼虫的点位从 8 区 43 个街镇减少至 8 区 38 个街镇。奉贤区海湾旅游区为新增成虫发生街镇；青浦区盈浦街道，奉贤区金汇镇、南桥镇、海湾旅游区，宝山区罗泾镇为新增幼虫发生街镇。2022 年美国白蛾多呈点状发生，发生区域多集中在公路两侧行道树、河道两侧绿化、农村老百姓房前屋后四旁树、农田林网、私人苗圃（失管）和种养结合场周边，且 2021 年严重发生地块的周边林地疫情有扩散趋势。

（二）主要林业有害生物发生情况分述

1. 检疫性、危险性有害生物

（1）松材线虫

全市范围内无松材线虫病发生。2022 年 9~11 月，在全市范围内使用新版 2.0 松材线虫疫情防控监管平台开展了松材线虫病疫情秋季普查工作。本次普查共涉及全市 9 个区 68 个街镇 361 个小班，共调查 483 个地块，面积 1.290 万亩（包含城区绿化）。

（2）美国白蛾

美国白蛾发生 0.647 万亩，同比下降 78.5%。其中轻度发生占比 94.8%，中度发生占比 4.6%，重度发生占比 0.7%。

2022 年全市林业条线共挂设美国白蛾诱捕器 2510 个，其中诱捕到美国白蛾成虫的诱捕器 674 个，诱捕率 26.9%。4 月 10 日，在青浦区赵巷镇首次监测到美国白蛾越冬代成虫，较 2021 年推迟 3 天，全年共诱捕到美国白蛾成虫 5579 头，诱捕到越冬代成虫 4067 头，诱捕到第一代成虫 1437 头，诱捕到第二代成虫 75 头，涉及闵行区、嘉定区、浦东新区、金山区、松江区、青浦区、奉贤区等 7 区 59 个街镇。

5 月 18 日，在浦东新区康桥镇发现第一代美国白蛾初孵幼虫，比 2021 年推迟 9 天，第一代幼虫发生面积 0.590 万亩；7 月 12 日，在金山区吕巷镇发现第二代美国白蛾初孵幼虫，第二代幼虫发生面积 0.057 万亩；仅在松江区新浜镇等个别林地发现第三代死亡卵块。幼虫发生范围涉及松江区、金山区、青浦区、闵行区、奉贤区、浦东新区、宝山区、嘉定区等 8 区 38 个街镇。

（3）舞毒蛾

2022 年共布设亚洲型舞毒蛾监测点 300 个。6 月 5 日在浦东新区祝桥镇迎宾 7 标监测点测报灯下监测到舞毒蛾成虫 1 头，全年在浦东新区祝桥镇迎宾 7 标、15 标，北蔡镇高青路，张江镇张江 400m 林带 3 个镇 4 个监测点的测报灯下监测到舞毒蛾成虫共计 10 头。在发现点附近未发现幼虫及卵块。

（4）其他检疫性有害生物

在浦东新区川沙新镇、祝桥镇共计诱捕到 70 头锈色棕榈象成虫；在宝山区罗泾镇一个小区内发现锈色棕榈象对加拿利海枣产生危害，已采取销毁措施。

2. 生态林有害生物

（1）水杉赤枯病

水杉赤枯病发生 1.263 万亩，同比下降 17.8%，比前 5 年均值小幅上升（图 10-4）。其中轻度发生占比 88.8%，中度发生占比 9.7%，重度发生占比1.5%。全市各区均有分布。

(2) 食叶性害虫

刺蛾类发生2.742万亩,同比下降16.9%,与前5年均值基本持平(图10-5)。其中轻度发生占比98.6%,中度发生占比1.2%,重度发生占比0.2%。主要种类为黄刺蛾(2.65万亩)、丽绿刺蛾(0.027万亩)和褐边绿刺蛾(0.061万亩)。全市各区均有分布。

杨小舟蛾发生0.231万亩,与2021年持平,比前5年均值下降36.3%(图10-6)。其中轻度发生占比97.5%,中度发生占比2.5%。主要分布于闵行区、嘉定区、浦东新区、松江区、青浦区和崇明区。

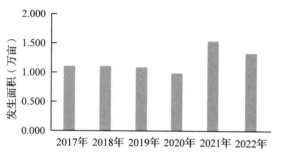

图10-4　2017—2022年水杉赤枯病发生面积

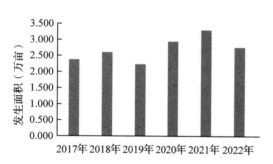

图10-5　2017—2022年刺蛾类发生面积

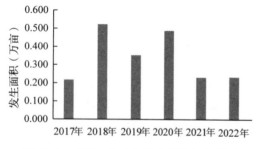

图10-6　2017—2022年杨小舟蛾发生面积

樟巢螟发生3.628万亩,同比下降8.5%,比前5年均值下降13.8%。其中轻度发生占比97.3%,中度发生占比2.5%,重度发生占比0.2%。全市各区均有分布。

黄杨绢野螟发生0.600万亩,同比上升9.5%,比前5年均值上升17.8%(图10-7)。其中轻度发生占比89.1%,中度发生占比8.1%,重度发生占比2.8%。全市各区均有分布。

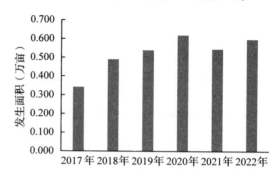

图10-7　2017—2022年黄杨绢野螟发生面积

重阳木锦斑蛾发生0.619万亩,同比下降6.8%,比前5年均值下降15.1%(图10-8)。其中轻度发生占比89.6%,中度发生占比10%,重度发生占比0.4%。全市各区均有分布。

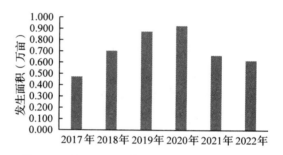

图10-8　2017—2022年重阳木锦斑蛾发生面积

(3) 刺吸性害虫

蚧虫类发生1.758万亩,同比下降23.0%,比前5年均值下降8.9%(图10-9)。其中轻度发生占比93.1%,中度发生占比4.7%,重度发生占比2.2%。主要种类有红蜡蚧(1.377万亩)、藤壶蚧(0.381万亩)。全市各区均有分布。

柿广翅蜡蝉发生0.546万亩,同比上升48.8%,比前5年均值上升8.2%(图10-10)。其中轻度发生占比98.9%,中度发生占比1.1%。主要分布于松江区、崇明区、青浦区和金山区。

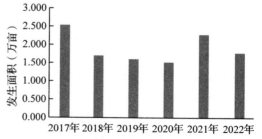

图10-9　2017—2022年蚧虫类发生面积

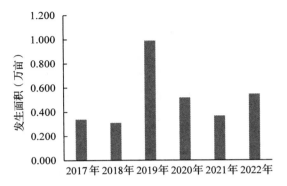

图 10-10 2017—2022 年柿广翅蜡蝉发生面积

（4）蛀干性害虫

天牛类发生 1.113 万亩，同比下降 23.2%，比前 5 年均值下降 15.4%（图 10-11）。其中轻度发生占比 95.1%，中度发生占比 4.6%，重度发生占比 0.3%。主要种类为星天牛（0.588 万亩）、云斑白条天牛（0.429 万亩）、桑天牛（0.096 万亩）。全市各区均有分布。

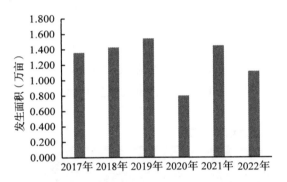

图 10-11 2017—2022 年天牛发生面积

香樟齿喙象发生 0.502 万亩，同比上升 30.4%，比前 5 年均值上升 67.7%。其中轻度发生占比 99.6%，中度发生占比 0.4%。主要分布于闵行区、宝山区、嘉定区、浦东新区、松江区和奉贤区。

3. 经济林有害生物

（1）病害

梨锈病发生 0.201 万亩。轻度发生。主要分布于浦东新区、奉贤区、嘉定区等区。

桃炭疽病发生 0.132 万亩。轻度发生。主要分布于奉贤区、松江区等区。

（2）害虫

梨小食心虫发生 0.897 万亩。其中轻度发生占比 99.7%，中度发生占比 0.3%。主要分布于浦东新区、奉贤区、松江区等区。

桃蛀螟发生 0.320 万亩。轻度发生。主要分布于奉贤区、松江区等区。

桃红颈天牛发生 0.194 万亩。其中轻度发生占比 99.3%，中度发生占比 0.7%。主要分布于浦东新区、奉贤区、金山区、青浦区、松江区、宝山区、嘉定区等区。

（三）成因分析

结合全市主要林业有害生物发生规律、防治措施以及气象因子等因素进行综合分析，2022 年本市林业有害生物发生的主要成因如下：

1. 组织机构完善，主体责任落实到位，人力物力投入加大

上海市成立了美国白蛾防控工作督查专班，上海市林长制办公室下发了《关于进一步加强本市美国白蛾防控工作的通知》，进一步明确各区政府在美国白蛾防控中的主体责任，压实了防控责任；各区加大了人、财、物投入，2022 年市区镇共落实美国白蛾防控经费 1500 余万元，适时开展了美国白蛾等重大林业有害生物防治，全市林业有害生物得到有效控制。

2. 预警到位，防控及时，新技术、新措施的使用，提高了防治效果

在依托 90 个林业有害生物中心测报点开展监测的同时，上海市林业病虫防治检疫站委托第三方公司开展了美国白蛾无人机调查，采取无人机航拍与人工地面踏查相结合的方式进行，调查 19 个街镇 252 个村庄，调查杉类林地 2.472 万亩，林分类型包括水源涵养林、农田林网、四旁林、公园、苗圃等，及时发现了美国白蛾的发生，弥补了人工调查的不足。加大了无人机等新技术在美国白蛾防治的应用，2022 年全市飞防面积达到了 17.640 万亩次；在防治美国白蛾的同时，兼防了刺蛾等其他食叶性害虫，在一定程度上降低了林业有害生物的发生。

3. 极端天气事件高发，客观上减少了林业有害生物的发生规模

食叶性害虫的发生受天气环境影响较大。气象资料显示（图 10-12），2022 年 1~5 月全市平均气温 12.3℃，较去年偏低，其中 5 月气温较去年显著偏低（2021 年 21.9℃，2022 年 20.0℃），导致害虫发育较慢，发育历期拉长，因此出现美国白蛾、刺蛾类、樟巢螟等食叶性害虫发生期推迟，美国白蛾成虫羽化期延长的现象。

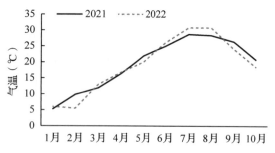

图 10-12　2021—2022 年气温

2022 年 6~10 月全市平均气温 26.0℃，较去年偏高，且 7 月全市平均气温 30.8℃，居历史同期第三高，8 月全市平均气温 30.8℃，与历史最高纪录持平。全年极端最高气温为 40.9℃，平历史最高纪录，日最高气温≥35℃的高温天数达 50 天，日最高气温≥40℃的极端酷热天数共 7 天，创历史最多纪录。极端且持续的高温使得第二代及第三代美国白蛾有滞育及死亡的可能，因此第二代发生面积大幅度下降，仅诱捕到少量第二代成虫，仅在个别林地监测到第三代死亡卵块。

4. 新冠疫情封控给监测防治工作造成困难，影响了部分有害生物的监测数据及防治效果

受新冠疫情封控影响，4、5 月大多数森防人员无法开展野外监测调查工作，导致美国白蛾越冬代成虫（诱捕器挂设率、启用率都较低）、蚧虫类、天牛类等有害生物的监测数据不完整，最终汇总的发生面积数据较小；同时由于森防人员活动受限，林地无法得到及时养护、有效防治，也导致部分林地的柿广翅蜡蝉、香樟齿喙象、黄杨绢野螟等有害生物发生量增大。

二、2023 年林业有害生物发生趋势预测

（一）总体发生趋势预测

针对全市林地面积增加和林分质量较差、外来有害生物入侵的威胁不断加大等因素，结合天气条件、人为影响以及林业有害生物发生规律等多种因素进行综合分析，预测 2023 年全市林业有害生物发生呈上升趋势，发生程度总体轻度至中度，发生 17.900 万~19.650 万亩，常发性林业有害生物发生面积比 2022 年增加（表 10-1），美国白蛾疫情扩散蔓延风险依然存在，发生 1.900 万~2.100 万亩，重度发生 0.500 万亩。

表 10-1　2023 年林业有害生物发生趋势预测

有害生物种类	2022 年发生面积（万亩）	预测 2023 年发生面积（万亩）	发生趋势	主要发生种类
生态林病害	1.263	1.200~1.300	持平	水杉赤枯病
生态林害虫	12.384	14.700~16.000	上升	美国白蛾、刺蛾类、杨树舟蛾类、樟巢螟、重阳木锦斑蛾、黄杨绢野螟、蚧虫、柿广翅蜡蝉、桑天牛、星天牛、云斑天牛、香樟齿喙象
经济林病害	0.333	0.300~0.350	持平	梨锈病、桃炭疽病
经济林害虫	1.410	1.700~2.000	上升	桃红颈天牛、桃蛀螟、梨小食心虫
合计	15.390	17.900~19.650	上升	

（二）分种类发生趋势预测

1. 检疫性有害生物呈扩散蔓延趋势，传播风险极高

松材线虫　目前上海市虽未发生松材线虫危害，但近几年绿化和造林项目中，有零星的湿地松、五针松等松科植物种植；存在国外进口松木、跨省市调入松木及其制品的情况，松材线虫传入上海市的潜在风险较大。

美国白蛾　2022 年由于夏季极端高温等气象条件影响，美国白蛾发生及扩散蔓延势头受到短暂遏制，但防控形势依然严峻，频繁的苗木调运、发达的交通物流导致美国白蛾传播的风险极高。预测 2023 年疫情将继续扩散，发生 1.900 万~2.100 万亩，重度发生 0.500 万亩。分布范围为金山区、松江区、青浦区全区，2021、2022 年发生疫情的奉贤区、宝山区、闵行区、浦东新区、嘉定区的部分街镇，崇明区以及中心城区也有发生的可能。需重点关注 2022 年监测到第二代、第三代美国白蛾成虫的林地，中、重度发生地块的周边林地。

舞毒蛾　诱捕到舞毒蛾成虫的点位将会增

加，浦东新区迎宾绿带附近有幼虫发生的可能。

锈色棕榈象　将继续呈多点零星暴发的趋势，主要发生于有加拿利海枣种植的住宅小区、公共绿地等。

2. 生态林有害生物发生面积比2022年增加，发生14.700万~16.000万亩

（1）水杉赤枯病发生面积与2022年持平，发生1.200万~1.300万亩

根据近7年的发生数据，用自回归法建立数学模型 $X(N)=0.5400 \times X(N-1)+0.3419 \times X(N-2)+0.0317 \times X(N-3)$，预测2023年水杉赤枯病发生面积1.200万~1.300万亩。上半年发生较轻，6、7月梅雨期后，危害进入高峰期。主要分布在水杉种植较多的青浦、崇明、浦东等区。

（2）食叶性害虫发生面积比2022年增加，发生7.700万~8.300万亩

刺蛾类　根据近8年的发生数据，用自回归法建立数学模型 $X(N)=1.4357 \times X(N-1)+0.7186 \times X(N-2)-1.1917 \times X(N-3)$，预测2023年刺蛾发生面积2.700万~2.900万亩。主要种类包括黄刺蛾、丽绿刺蛾、褐边绿刺蛾等。发生程度轻度。全市范围内均有分布。

樟巢螟　根据近12年的发生数据，用自回归法建立数学模型 $X(N)=0.3894 \times X(N-1)+1.8077 \times X(N-2)-1.2708 \times X(N-3)$，预测2023年樟巢螟发生面积3.800万~4.000万亩。发生程度轻度至中度。全市范围内均有分布。

杨树舟蛾类　根据近17年的发生数据，用自回归法建立数学模型 $X(N)=0.4089 \times X(N-1)+0.2606 \times X(N-2)+0.2628 \times X(N-4)$。预测2023年杨树舟蛾发生面积0.250万~0.300万亩。发生程度轻度，8、9月世代重叠发生量较大。全市范围内均有分布。

黄杨绢野螟　根据近17年的发生数据，用自回归法建立数学模型 $X(N)=0.9217 \times X(N-1)+0.3299 \times X(N-2)-0.3802 \times X(N-3)$。预测2023年黄杨绢野螟发生面积0.450万~0.500万亩。发生程度轻度。全市范围内均有分布。

重阳木锦斑蛾　根据近12年发生数据，用自回归法建立数学模型 $X(N)=3.4043 \times X(N-1)-2.4631 \times X(N-2)+0.0387 \times X(N-3)$，预测2023年重阳木锦斑蛾发生面积0.500万~0.600万亩。发生程度大部分轻度，局部林地发生程度中度。主要分布于松江、青浦、崇明等区。

（3）刺吸性害虫发生面积与2022年基本持平，发生2.100万~2.300万亩

蚧虫类　根据近13年发生数据，用自回归法建立数学模型 $X(N)=0.3656 \times X(N-7)+0.4052 \times X(N-5)+0.2252 \times X(N-2)$，预测2023年蚧虫类发生面积1.650万~1.800万亩。主要种类有藤壶蚧、红蜡蚧，需密切关注无患子小棉蚧、樱桃球坚蚧等新种。发生程度轻度至中度。全市范围内均有分布。

柿广翅蜡蝉　根据近11年发生数据，用自回归法建立数学模型 $X(N)=0.3984 \times X(N-1)+0.3441 \times X(N-3)+0.1619 \times X(N-2)$。预测2023年柿广翅蜡蝉发生面积0.450万~0.500万亩。发生程度轻度。主要分布于松江、青浦、崇明等区。

（4）蛀干性害虫继续呈上升趋势，发生1.800万~2.000万亩

天牛类　寄主增多、发生隐蔽，防治效果不理想等因素，预测2023年天牛类发生面积1.350万~1.500万亩。主要种类有星天牛、桑天牛、云斑白条天牛等。个别林地出现中度至重度的危害。全市范围内均有分布。

香樟齿喙象　预测2023年香樟齿喙象发生面积0.450万~0.500万亩。发生程度轻度。发生程度及发生范围呈稳定态势。

3. 经济林有害生物发生面积比2022年增加，发生2.000万~2.350万亩

（1）病害发生面积与2022年持平，发生0.300万~0.350万亩

梨锈病　根据近15年发生数据，用自回归法建立数学模型 $X(N)=0.4150 \times X(N-1)+0.2073 \times X(N-2)+0.3623 \times X(N-4)$，预测2023年梨锈病发生面积0.200万~0.230万亩。发生程度轻度至中度。主要分布于浦东、奉贤、松江、金山等区。

桃炭疽病　根据近15年发生数据，用自回归法建立数学模型 $X(N)=0.6996 \times X(N-1)-0.0175 \times X(N-2)+0.2305 \times X(N-6)$，预测2023年桃炭疽病发生面积0.100万~0.120万亩。发生程度轻度。桃炭疽病是下半年主要的经济林病害，高温、高湿有利于病害发生。主要分布于奉贤、金山、松江等区。

（2）害虫发生面积比 2022 年增加，发生 1 700 万~2 000 万亩。

梨小食心虫　根据近 15 年发生数据，用自回归法建立数学模型 $X(N)=2.6466\times X(N-1)-2.7882\times X(N-2)+1.1476\times X(N-3)$，预测 2023 年梨小食心虫发生面积 0.900 万~1.100 万亩。发生程度轻度至中度。主要分布于浦东、金山、松江、奉贤等区。

桃蛀螟　根据近 15 年发生数据，用自回归法建立数学模型 $X(N)=0.7958\times X(N-3)+0.1043\times X(N-2)+0.1002\times X(N-4)$，预测 2023 桃蛀螟发生面积 0.400 万~0.450 万亩。发生程度轻度。主要分于在浦东、金山、松江、奉贤等区。

桃红颈天牛　根据近 12 年发生数据，用自回归法建立数学模型 $X(N)=-0.3562\times X(N-2)+0.1784\times X(N-1)+1.1741\times X(N-3)$，预测 2023 年桃红颈天牛发生面积 0.400 万~0.450 万亩。发生程度轻度至中度。主要分布在浦东、金山、奉贤、松江、青浦等区。

三、对策建议

（一）压实防控责任，提升御灾能力

依托林长制，压实各区政府在美国白蛾等重大林业有害生物防控中的主体责任，明确农业、公路、水务、铁路、教育、房管等横向部门的属地责任；继续将"美国白蛾等重大林业有害生物疫情防控是否有力、到位，疫情是否得到有效控制"纳入年度区绿化市容（林业）管理部门工作考核指标体系。

（二）优化监测体系，提高预警水平

以灾情、疫情为导向，继续发挥林业有害生物监测网络体系作用，做到早发现、早报告、早处置；强化全市林业有害生物测报点监测数据管理、信息服务，注重监测预报的防灾减灾的实效。强化科技支撑，加强上海地区美国白蛾成灾规律及综合防控技术研究，为美国白蛾精准防控提供技术支撑。

（三）强化源头治理，筑牢生态屏障

强化疫情源头管控，加大对造林、绿化工程项目的日常监管和执法力度，加强与海关沟通，做好国内进口松木流通环节检疫监管；同时深化与苏浙皖林业植物检疫机构合作，开展行政处罚信息共享与应用、疫情溯源、联合执法，探索构建守信激励、失信惩戒、行政约谈机制，探索"长三角"一体化政务服务应用。

（四）坚持联防联治，控制灾情传播

落实《长江三角洲区域一体化发展规划纲要》，以三区三市签订《长三角生态绿色一体化发展示范区重大林业有害生物联防联控框架协议》为契机，实现数据共享、联合监测预警、联合检疫执法、联动防控治理，筑牢沪苏浙毗连地区森林资源绿色保护屏障。以承办"五省一市"林业有害生物防控联席会为契机，学习先进经验，创新工作机制，推进社会化防治组织建设，规范社会化防治行为。

（主要起草人：张岳峰　冯琛　韩阳阳　李秋雨；主审：李晓冬）

11 江苏省林业有害生物 2022 年发生情况和 2023 年趋势预测

江苏省林业有害生物检疫防治站

【摘要】 2022 年全省主要林业有害生物发生 124.07 万亩，同比下降 25.7%，成灾率 8.15‰，总体以轻度发生为主，局部成灾。结合气象、林情、虫情等因素综合分析，预测 2023 年全省主要林业有害生物发生面积约 160 万亩，同比有所上升，松材线虫病发生面积、病死树数量基本持平或略有下降，美国白蛾可能会出现新疫情，并在苏北老疫区局部区域可能会有所反弹；以舟蛾类为主的杨树食叶害虫发生面积同比有所上升，其他病虫害发生趋于平稳或呈小幅上升。

一、2022 年林业有害生物发生情况

据统计，2022 年全省主要林业有害生物发生 124.07 万亩，同比下降 25.7%，总体以轻度发生为主，局部成灾（图 11-1）。林业病害发生 19.34 万亩，其中松材线虫病疫情发生 17.38 万亩，同比下降 1.19%；林业虫害发生 103.06 万亩，同比下降 29.2%，其中美国白蛾发生 55.46 万亩，占林业有害生物发生总面积的 44.7%，与去年同期相比下降 44.7%，以舟蛾为主的杨树食叶害虫发生 19.5 万亩，同比下降 38.13%；葛藤等有害植物发生 1.68 万亩，同比下降 12.04%（图 11-2）。根据各地统计数据，主要林业有害生物发生面积超过 10 万亩的设区市有徐州、连云港、镇江、南京和宿迁等 5 市。全省林业有害生物防治作业 912 万亩次，飞防作业 415 万亩次，地面防治 497 万亩次，释放周氏啮小蜂等生物天敌 19.8 亿只，主要林业有害生物监测覆盖率 99.47%，防治率 91.08%，无公害防治率 96.9%，成灾率 8.15‰，全面实现全年防治管理目标。

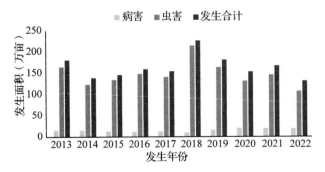

图 11-1 2013—2022 年江苏省林业有害生物发生面积柱状图

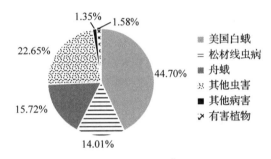

图 11-2 2022 年江苏省主要林业有害生物发生面积饼状图

（一）林业有害生物发生特点

一是全省林业有害生物发生面积同比有所下降，总体呈中等偏轻度发生，少数地区局部较重；二是松材线虫病疫情防控攻坚成效初显，松材线虫病疫情发生面积、病死株数、疫区数量、疫点数量、疫情小班数量实现"五下降"；三是全省美国白蛾危害整体较轻，但扩散趋势明显。受气候异常波动等因素影响，越冬代成虫羽化呈"双高峰"现象，世代重叠严重，多个非疫区监测到成虫；第一代美国白蛾发生危害同比略重，第二代、第三代美国白蛾危害偏轻；四是以舟蛾为主的杨树食叶害虫整体危害较轻，发生面积降幅明显；五是草履蚧、杨树溃疡病、黄脊竹蝗、茶黄蓟马、银杏超小卷叶蛾等病虫害在局部地区危害有加重趋势；六是银杏叶枯病、坡面方胸小蠹、马尾松毛虫、黑翅土白蚁、天牛类等病虫害

发生面积有所下降；七是以葛藤为主的有害植物发生面积略有降低。

林业有害生物监测预警重要事件：

3月，根据国家林业和草原局2022年第4号公告，成功撤销仪征市松材线虫病县级疫区。

4月，常州市金坛区、武进区，泰州市高港区、泰兴市，南通市如皋市，镇江市丹阳市、京口区、新区、句容市等9个非疫区先后监测到美国白蛾越冬代成虫，部分监测点性诱到成虫数量较多，疫情有向长江以南区域扩散趋势。

5月，非疫区南通市海安市监测到美国白蛾成虫。

6月，泰州市高港区、镇江市句容市首次发现美国白蛾幼虫危害。

10月，全省13个市监测到加拿大一枝黄花分布并引发舆情关注。

（二）主要林业有害生物发生情况分述

1. 松材线虫病

根据2022年全省松材线虫病疫情秋季普查结果，全省普查松林面积89.15万亩，松材线虫病疫情发生17.38万亩，死亡松树（含病死及其他原因致死）7.63万株。与2021年秋季普查结果相比，秋季松材线虫病发生面积和死亡松树数量分别下降1.19%和11.48%。疫情范围涉及南京市的江宁区、雨花台区、栖霞区、玄武区、六合区、浦口区、溧水区、高淳区；镇江市的句容市、丹徒区、润州区、镇江高新区；常州市的溧阳市、金坛区；无锡市的宜兴市、滨湖区、惠山区；淮安市的盱眙县；连云港市的连云区、海州区、赣榆区、灌云县，共计6个设区市22个县（市、区）95个乡镇级行政区（图11-3）。仪征市经过持续多年的不懈努力，连续3年在疫情普查和日常监测过程中，未发现松材线虫病疫情，2022年国家林业和草原局第4号公告已正式公告撤销疫区。

全省松材线虫病疫情防控成效明显，据统计，疫情发生面积、病死株数、疫区、疫点和疫情小班数量"五下降"，去冬今春除治面积17.75万亩，清理疫木9.98万株，预防保护近10万株健康松树，拔除乡镇级疫点5个（包括仪征市刘集镇），实现无疫情乡镇3个、无疫情小班203个、无疫情面积4148.64亩。连云港市连云区高公岛街道，镇江市润州区韦岗街道、官塘桥街道和常州市金坛区薛埠镇全年疫情发生面积为0，辖区内无感病松树分布，达到疫点撤销标准。经现场查定、专家论证等程序，已公告疫点撤销。宜兴市芙蓉茶场、连云港市连云区云山街道、盱眙县天泉湖镇全年疫情发生面积为零。

全省6个疫情发生设区市因松材线虫病致死松树数量同比都略有下降，连云港市因小班划分原因导致发生面积略有上升，其余地区发生面积都同比下降。从分布区域来看，苏北地区松材线虫病疫情集中分布在盱眙县和连云港云台山区，均为边缘孤立疫区，其中盱眙县松林立地条件较好，云台山区病死树多位于山腰之上、陡峭之处，清理难度较大；苏南地区松材线虫病疫情多分布在丘陵山区，南京、常州、无锡、镇江等地疫区相互毗邻、连片分布。从发生面积来看，南京、无锡、镇江等3个设区市松材线虫病发生面积超过2万亩，其中南京市发生危害面积最高，占全省发生面积56.8%，疫情小班数量占全省疫情小班总数66.4%，病死株数占全省病死数总量71.56%，防控任务尤为艰巨。

2. 美国白蛾

2022年美国白蛾疫情在苏北全部、苏中大部、苏南局部范围发生，全省美国白蛾疫情发生面积55.46万亩，同比下降47.2%，目前全省美国白蛾疫情涉及连云港、徐州、盐城、宿迁、淮安、扬州、泰州、南京、镇江等9个设区市的60个县（市、区），其中，镇江市句容市、泰州市高港区两地2022年首次发现美国白蛾幼虫危害，并已申报调整为疫情新发区（图11-4）。2022年美国白蛾疫情发生面积同比虽大幅下降，危害程度明显减轻，但多处非疫区监测到美国白蛾成虫，疫情传播扩散势头明显。

美国白蛾整体呈轻度发生。2022年全省美国

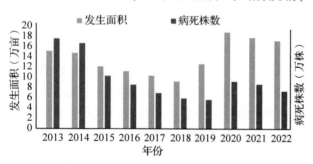

图11-3 2013—2022 江苏省松材线虫病发生面积与病死株数

图11-4 2013—2022年江苏省美国白蛾发生
疫情县区和面积

白蛾疫情危害面积大幅下降，呈现第一代危害略有加重，第二、三代轻度发生的特点。第一代美国白蛾发生面积32.63万亩，较去年同期上升1.1%，中度和重度发生面积均有所上升，在徐州市铜山区微山湖水网区域呈偏重发生，涟水县飞防避让区有虫株率较高以及泗阳县城乡结合区域悬铃木树上可见较多网幕。同时，越冬代成虫整体较常年同期提前5天左右，世代重叠现象比较明显，发育生长历期越拉越长。全省第二代、第三代美国白蛾发生危害较轻，成虫诱捕量、林间虫口密度及网幕数量同比大幅下降。从发生分布区域来看，徐州市、连云港市发生面积较大，两者占全省美国白蛾发生面积79.7%。

2022年美国白蛾疫情处于有效控制阶段，苏北老疫区及时监测、主动预防，多个区县针对同一区域美国白蛾与舟蛾类杨树食叶害虫危害并存的情况，合理选择防治"窗口期"，地面防治与飞机防治有机结合，实现一次施药、多虫并除的效果，徐州、宿迁、盐城、连云港、淮安等地完成飞机喷药防治工作，全省各地累计完成防治作业面积583万亩次。同时，为减少化学农药使用，积极组织开展生物防治，采取释放周氏啮小蜂等生物天敌，保护生物多样性，有效控制了疫情发展。

长江沿线警情不断。常州市金坛区、武进区，泰州市高港区、泰兴市，南通市如皋市、海安市，镇江市丹阳市、京口区、新区、句容市等10个非疫区先后监测到美国白蛾越冬代成虫，部分监测点性诱到成虫数量较多，疫情有向长江以南区域扩散趋势。针对突发疫情，各相关市县随即启动应急预案，强化监测预防，及时防控疫情，各新发生区的疫情已得到有效控制。总体上看，疫情向南自然传播并随人为活动呈跳跃式扩散的风险依然存在，防控形势相当严峻。

3. 杨树食叶害虫

全省以舟蛾为主的杨树食叶害虫（主要是杨小舟蛾、杨扇舟蛾、仁扇舟蛾、分月扇舟蛾、绿刺蛾、扁刺蛾、黄刺蛾、杨黄卷叶螟，其中舟蛾类占80%）发生较轻，全年未出现长距离或大范围吃光吃花现象。2022年全省杨树食叶害虫发生危害较轻，发生面积21.07万亩，同比下降33.15%，为近10年来发生面积最少的年份，中度发生为0.14万亩，重度发生仅有600余亩，发生范围主要集中在苏北、苏中地区，呈点、小片状发生（图11-5）。

根据2022年越冬后虫口基数调查，平均有蛹株率和蛹的存活率分别为6.74%和69.9%，同比略有上升，每株有蛹头数为1.59头，同比略有下降，根据掌握的越冬虫口基数情况，指导虫口基数较高的地区开展预防性除治。2022年8月以来，全省多地高达40℃，持续晴热高温少雨天气加快了舟蛾类杨树食叶害虫的发育进度，部分地区林间虫口密度较大，且发育不整齐。宁连、宁淮、京沪、沪陕高速部分路段，徐淮高速铜山段，沛县微山湖堤等地道路两侧杨树成片林都出现了不同程度的灾情，局部地段树叶被吃花。针对杨树食叶害虫危害特点，各地在全面监测、科学预判的基础上，全面开展预防性除治，在杨树食叶害虫高发期，对重点区域或虫源地进行重点防治，徐州、淮安、宿迁、连云港、盐城等24个县（市、区）结合美国白蛾飞防降低了舟蛾类害虫的虫口基数，有效地保护了生态环境和自然景观的完整性。

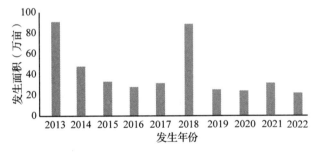

图11-5 2013—2022年江苏省舟蛾类杨树食叶害虫
发生面积

4. 杨树枝干害虫

江苏省常见的杨树枝干害虫主要是草履蚧和以桑天牛、云斑白条天牛、桃红颈天牛为主的天牛类害虫。草履蚧主要发生在徐州、连云港、淮安、盐城、宿迁等地，2022年整年危害较轻，发生面积为0.5万亩，相比去年略有增长，近几年由于各地严密监测、部署到位，并采取胶带阻隔、注干预防等措施，总体危害较轻。

以桑天牛、云斑白条天牛、桃红颈天牛等为主的天牛类害虫主要危害北方品系杨树、柳树以及近几年新造林地的栾树、红枫、栎树、女贞、薄壳山核桃等树种，全年共发生面积0.72万亩，同比下降26.04%，天牛类主要以幼虫在树干基部和主根内越冬，卵孵化后，在树干皮内向下蛀食，至地平线以下时，再向树干基部周围迂回扩展蛀食，被害后树势衰弱，严重时植株枯死。由于天牛类蛀干害虫危害的隐蔽性，基层在调查过程中不易发现，通过测报系统上报的发生防治数据可能比实际发生的数据偏小。

5. 其他虫害

竹蝗、竹螟为主的竹类害虫主要在南京地区和宜溧山区发生，2022年发生面积0.95万亩，比去年略有上升，南京市江宁区与安徽省马鞍山市花山区连续3年在竹蝗防治关键期开展联合防治，压低了竹蝗的林间虫口密度，有效保护了竹林生态环境。银杏超小卷叶蛾和茶黄蓟马主要分布在泰州、泰兴、泰县和徐州的邳州市，银杏超小卷叶蛾发生3.89万亩，同比上升69.8%，茶黄蓟马发生4.98万亩，同比上升29%，为有效防控银杏超小卷叶蛾、茶黄蓟马和叶枯病等银杏病虫害，邳州市近年来连续开展飞机防治工作，2022年组织实施3次飞防面积达30万亩次，防治效果明显。马尾松毛虫基本处于"有虫无灾"状态，零星发生，危害微轻，主要分布在苏南的苏州市、南京市、常州市等地，仅溧阳市报送发生60亩。侧柏毒蛾主要分布在徐州市铜山区，呈零星轻度发生。

杨直角叶蜂、小蠹虫、黑翅土白蚁、重阳木锦斑蛾、栎掌舟蛾等害虫种群有上升趋势，局部地区危害有加重态势。其中，坡面方胸小蠹已危害东台市、大丰区、盐都区等地杨树，发生危害明显呈北延西扩态势，2022年发生4380亩，造成部分杨树林枯萎死亡，近两年依托南京林业大学开展坡面方胸小蠹系统研究，重点对其发生危害特征、发生规律及防治技术等方面进行研究，会商防治对策，及时发布灾情预警信息，指导当地有针对性开展应急性防控和常态化科学治理工作。黑翅土白蚁危害香樟、杉木等树种，在南京市、无锡市、苏州市、镇江市等地林区及城市绿化带发生危害比较重，南京、苏州、镇江三个市共报送危害面积16.2万亩，由于主要在林区及城市道路两边发生危害，且具有隐蔽性，系统中填报数据远小于实际发生面积。重阳木锦斑蛾主要危害城市道路两侧的重阳木，南京市、苏州市两地报送发生危害0.81万亩，此虫有隔年间歇大发生现象，成虫白天在重阳木树冠或其他植物丛上吸食补充营养，幼虫取食叶片，危害盛期可将全树绿叶食尽，对重阳木威胁较大。

6. 其他病害

杨树溃疡病发生面积0.72万亩，同比大幅上升，根据各地监测调查显示，2022年杨树溃疡病发生危害较重，重点在新造林及过熟林杨树上发生较重，苗干出现黑斑、水泡型溃疡，影响苗木生长，徐州、宿迁、盐城等地部分地区出现杨树溃疡病危害加重导致杨树死亡情况。银杏叶枯病在局部地区零星发生，发生1.23万亩，同比危害较轻，主要发生在泰州及徐州等地区。杨树黑斑病、锈病，林苗煤污病，薄壳山核桃炭疽病，园林植物白粉病等病害受春夏季阴雨天气影响，在局部地区危害较重，由于病害发展的病程相对较长、病原物不易诊断等因素，在生产上远不如虫害那样"显而易见"，鉴定识别较困难，导致基层监测防治不到位，系统数据维护不及时，实际发生面积及造成的损失甚至比虫害更严重，实为基层防控工作短板。

7. 有害植物

加拿大一枝黄花，根据监测调查江苏省13个设区市均已发现其分布，主要生长在河滩、荒地、路边等区域，极易侵占其他植物领地，威胁当地生物多样性与生态安全。加拿大一枝黄花，喜阳不耐阴，耐旱、耐贫瘠，偶见于林缘处，在高大遮阴的森林中基本没有发现正常生长的群落。葛藤、何首乌、野蔷薇等有害植物发生1.68万亩，主要在苏南、苏中丘陵山区发生危害，与去年基本持平。葛藤属于多年生植物，根状茎发达，经冬复萌而防治困难，近年来随着葛藤开发利用率提高、苏南山区林地总体规模减小、人工除治和化学药剂防治力度加大，发生面积有下降趋势。

8. 重点监测预警对象

经全省林业有害生物普查，江苏省境内已查明确认的外来有害生物为20种，并呈扩散蔓延态势。检疫对象扶桑绵粉蚧：据外来有害生物普查，南京、常州、苏州、无锡等地均先后监测到扶桑绵粉蚧，疫情入侵定殖风险较高。检疫对象红棕象甲：江苏省多地从广东、海南等疫情发生省份引进大量棕榈科植物进行造林绿化，红棕象甲随着苗木调运而侵入江苏省的风险较大，目前江苏省尚未监测到红棕象甲危害。检疫对象红火蚁：近年来在国内部分省份传播速度加快、疫情发生程度加重，目前已传播至毗邻省份浙江省，江苏省每年从发生红火蚁的广东、浙江等省份调入大量花卉苗木、草坪草等，红火蚁随植物传入风险加大，一旦传入极易定殖危害。危险性林业有害生物悬铃木方翅网蝽：分布较广泛，在部分地区城市道路两边的悬铃木上危害较重。

（三）成因分析

2022年江苏省林业有害生物防控形势总体呈现出松材线虫病扩散蔓延势头得到基本遏制，发生面积、病死株树等呈逐年下降趋势，美国白蛾疫情发生整体较轻，杨树舟蛾类食叶害虫发生小幅下降，次要病虫发生平稳等特点，是多种因素叠加影响造成的。

1. 暖冬、高温少雨等气候条件使得害虫发生期提前，非侵染性病害加重

一是去冬今春温度偏高。根据省气象局数据，2021—2022年冬季江苏省为暖冬气候，平均气温普遍较常年偏高0～1℃，一方面降低了美国白蛾蛹的死亡率，另一方面积温偏高，加快了美国白蛾羽化进度。根据年初越冬后基数调查数据，全省美国白蛾平均有蛹株率和蛹的存活率分别为5.9%和77.1%，南京市江宁区、淮安市淮安区、清江浦区、淮阴区、涟水县等地有蛹株率高达85%、存活率在85%以上。徐州市铜山区、扬州市邗江区及兴化市等地越冬代成虫数量同比大幅增加（图11-6），同时美国白蛾越冬代成虫初始羽化期普遍提前一周，大部分地区成虫羽化高峰期比去年提前4～7天。受春季强对流天气影响，淮北、长江沿线等多地越冬代成虫羽化出现"双峰"现象（图11-6），"双峰"现象的出现，导致成虫期拉长进而致使幼虫危害期延长，增加了防治难度；二是入梅晚，雨水偏少，极端高温。根据江苏省气象局发布的气象信息，6月23日淮河以南地区入梅，入梅期略晚。入梅后全省降雨量较常年同期偏少3.5成，且徐州西北部、连云港、宿迁北部、淮安北部等地持续高温高达37℃以上，降雨偏少、气温偏高加剧了美国白蛾和杨小舟蛾发育进度，根据徐州市铜山区测报点监测，第一代美国白蛾成虫始发期同比略有提前。同时，高温少雨影响美国白蛾发育，林间出现美国白蛾幼虫滞育现象；三是秋天晴热高温天气居高不下。根据气象发布信息，2022年高温天气为1961年以来最强，出现早、日数多、影响广、强度强等特点，尤其全省多地连续高达40℃，持续晴热高温少雨天气加快了舟蛾类杨树食叶害虫的发育，林间虫态发育不整齐，且进度比往年提前7天，宁连、宁淮、京沪、沪陕高速部分路段，徐淮高速铜山段，沛县微山湖堤等地道路两侧杨树成片林都出现了不同程度的灾情，局部地段树叶被吃花、吃光。由于高温缺水，我省多地出现杨树大面积提前落叶的现象。同时，高温干旱天气更有利于松材线虫病源的传播和繁殖，松墨天牛会大量繁殖，并且在松树之间互相传播病原，立地条件较差、土壤瘠薄的地区局部区域松树枯死树较多。

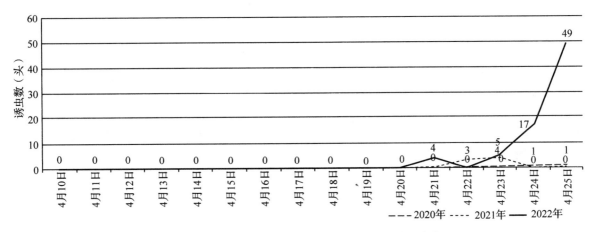

图11-6 2020—2022年兴化市美国白蛾越冬代监测数据

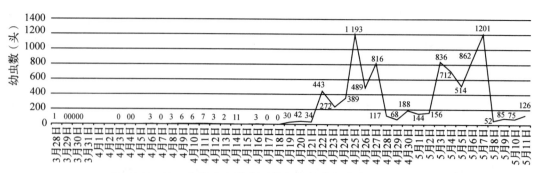

图 11-7　2022 年淮安市淮安区美国白蛾越冬代成虫监测数据

2. 苗木调运频繁、部门协调不力、新冠疫情影响造成病虫害扩散风险增高

一是物流人流跨区域流动频繁增加扩散风险。由于江苏省物流交通发达，跨区域苗木调运频繁，物流人流跨区域流动，极易发生林业有害生物疫情扩散事件。2022年上半年，江苏省10个美国白蛾非疫区先后监测到美国白蛾成虫，经分析，除了近距离从疫区向非疫区自然传播外，其余主要原因之一可能是随苗木调运携带，大量苗木随绿化工程异地调运，为美国白蛾疫情跨区域、大范围传播蔓延提供了机会。同时，由于贸易交流频繁，江苏省松材线虫病随松木包装及其制品向外围外省扩散问题较严重，据国家林业和草原局对全国近年来查处的跨省调运疫木案件调度初步统计中，从江苏省调出疫木的案件数量排在全国前列；二是多部门区域防治差异化增加了防控难度。林业有害生物发生区域涉及绿化、城建、水利、公路等多个部门，各部门的重视程度和协调能力参差不齐，监测水平和防治能力差距较大，无法真正做到监测防治全覆盖；三是监测人员较少、新冠疫情等多种因素叠加影响。机构改革后，基层专业监测人员较少，难以承担起高效、及时、准确的林业有害生物监测任务，导致部分林业有害生物监测预报不及时，监测发现时已大面积发生危害。同时，在林业有害生物防控关键期，由于新冠疫情影响，直接扰乱正常林业有害生物防控运行机制，各地苗木复检率较低，贻误防治时机，造成局部地区疫情发生较重。

3. 绿化树种结构调整、寄主多样性增加导致次生性害虫危害上升

近年来，江苏省在各种重点生态工程建设中，为打造宜居生态环境，加大了疏残林、纯林的改造，种植了栾树、红枫、女贞等景观绿化树种以及薄壳山核桃等经济树种，树种生物多样性更加丰富，优势有害生物种群暴发成灾概率下降。但在短期内，林分结构的快速变化也有可能导致危害种类年度变化明显，次生性害虫危害水平上升。同时，目前江苏省纯林仍以杨树、松林为主，纯林抗逆性脆弱，抵御病虫害能力较差，一旦发生病虫害，极易集中大面积发生危害。比如，东台市的杨树纯林生长过密，近些年抚育采伐力度不够，导致杨树长势衰弱，加上坡面方胸小蠹侵染危害，灾害范围迅速增大。邳州市大力发展银杏产业，银杏纯林面积迅速增大，原有生态系统受到破坏，银杏病虫的生物抑制因子不足，导致茶黄蓟马等病虫危害水平上升。

4. 压实主体责任、创新防控模式助力林业有害生物防控成效

一是林长制落地见效。自松材线虫病防控攻坚行动以来，全省上下高度重视松材线虫病防控工作，半年内两任省政府主要领导就单一病虫的防控工作作出重要批示，在江苏省林业有害生物防控史上尚属首次。各地压实林长制责任落实，高位推动，实行专班督导推进，落实属地责任，有效控制了松材线虫病发生危害。全年实现无疫情小班205个，实现无疫情面积4281.65亩，成功拔除县级疫区仪征市1个，拔除乡镇级疫点5个，超额完成攻坚行动年度目标任务。二是监测预报能力不断提高。全省各地不断加大监测巡查力度，及时发布预警信息，2022年各国家级、省级中心测报点上报至林业有害生物防治信息系统监测信息1766条，同比增幅6%，兴化市、铜山区、宝应县等国家级中心测报点及时开展监测，开展美国白蛾室外饲养试验，抢抓关键期开展防治，有效降低林业有害生物发生危害。三是科学防灾减灾。面对异常气候和严峻防控形势，全省各级林业有害生物防控机构攻坚克难、精心部署、迅速行动，坚持对松材线虫病、美国白蛾、杨树食叶害虫等重大林业有害生物实施工程治理，针对不同防治对象及危害特点，采取化学、生物、物理等多种措施，分类施策，科学防控，综合治理。针对同一区域美国白蛾与舟蛾类杨树食叶害虫危害并存的情况，科学选择防治"窗口期"，地面防治与飞机防治有机结合实现一次施药、多虫并除的效果，2022年江苏省24个县（市、区）实施了飞防作业，大幅压缩了危害范围，林业有害生物发生危害得到有效控制，未发生大面积连片成灾现象，没有发生扰民及投诉举报等舆情，防治成效明显。

二、2023年林业有害生物发生趋势预测

（一）预测依据

数据来源：江苏省林业有害生物防治信息管理系统数据，江苏省、国家气候中心信息数据。

预测依据：国家气候中心2022年冬季、2023年气候趋势预测，2022年主要林业有害生物越冬前基数调查结果，各市2023年林业有害生物发生趋势预测，林业有害生物发生规律。

预测方法：综合分析气象因子、历年江苏省林业有害生物发生数据、各市预测结果，形成2023年主要林业有害生物发生趋势。

（二）预测过程

1. 气候因素多变，加大成灾风险

据国家气候中心预测，预计2022年冬季（2022年12月至2023年2月），影响我国的冷空气强度总体偏弱，全国大部地区气温接近常年同期或偏高，前冬偏暖，后冬偏冷。同时，据江苏省气候中心预测，2022年冬季江苏气温总体以偏暖为主，局部可能偏高1℃以上，降水总体以偏少为主。气候变暖将导致林业有害生物越冬蛹死亡率下降，成活率上升，越冬蛹羽化提前，同时据林间美国白蛾、杨舟蛾类杨树食叶害虫越冬前基数调查，在局部地区虫口基数较高，加大了林业有害生物成灾风险，林业有害生物防控形势依然严峻。

2. 物流交通发达，增加扩散风险

江苏省地处长江下游，是一个典型的平原林区省份，交通便利，物流频繁，日益频繁的物流、贸易、大量的苗木及林木制品跨区域调运，为林业有害生物的传播扩散提供了机会和条件，同时，部分地区存在苗木调运检疫、调运复检及疫木处置监管不力的情况，增加了疫情传播扩散的风险。

3. 扩散态势明显，危害程度加剧

近几年来，江苏省林业有害生物危害呈高发态势，外来有害生物入侵频次频繁。松材线虫病危害虽趋于稳定，但防治难度逐年增大，且防范疫木外流的风险越来越高；美国白蛾疫情扩散势头明显，危害范围有增加趋势；外来有害生物入侵频率越来越大，多次发生洁长棒长蠹、扶桑绵粉蚧等重大林业有害生物入侵事件。

根据上述情况综合分析，2023年全省林业有害生物发生面积可能增大、危害可能加重。但林业有害生物发生情况还受人为干预强弱、防控力度不同等因素影响，通过加强监测预警、开展科学防治、严格检疫监管，可以在一定程度上降低暴发成灾风险。

（三）预测结果

预计2023年江苏省主要林业有害生物发生面积约160万亩，同比略有上升，成灾率1.6%以下，林木虫害面积约133万亩，病害面积约25万亩，有害植物面积约2万亩（图11-8）。总体特点：松材线虫病发生面积、病死树数量基本持平或略有下降；美国白蛾疫情将在苏中、苏南局部地区进一步扩散蔓延，极易发生疫情扩散事件，部分苏北老疫区可能会有所反弹；以舟蛾类为主的杨树食叶害虫发生面积同比有所上升，第三、四代种群数量可能急速增长，在高速公路、绿色通道两侧、部分村庄周围特别是在虫源地极易暴

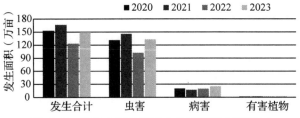

图11-8　2023年林业有害生物预测发生面积与近几年发生面积

发成灾；其他病虫害发生与危害趋于平稳或呈小幅上升。

(四) 分种类发生趋势预测

1. 松材线虫病

近几年，江苏省松材线虫病发生趋于稳定，目前松树成片死亡现象已不多见，但疫情防控形势仍然严峻，死树主要呈零星分布，大多位于山势陡峭之处，清理任务更加艰巨。预计2023年度松材线虫病发生面积将在17万亩左右，病死树数量将在8万株左右。若冬春季遇到恶劣天气，影响除治进度与质量，则夏秋季疫情会有所加重；若夏秋之时遇高温干旱少雨天气，则立地条件差的丘陵山区松树死亡数量有增加可能，连云港市连云区、海州区、灌云县等地松树死亡数量有可能上升。同时，近年来全国松材线虫病呈暴发态势，江苏省周边省份几乎都是松材线虫病疫情发生区，染疫松林面积大、疫木除治难度大，通过人为携带、违规调运等途径流入江苏省导致松林染病的概率较大，苏州市吴中区、张家港市、东海县、新沂市、邳州市等地尚未发生松材线虫病疫情的松林区域染病风险较高。

2. 美国白蛾

近年来，江苏省美国白蛾已扩散至苏北全部、苏中大部、苏南局部，目前由于各地及时采取监测预防性除治措施，扩散蔓延速度有所趋缓，但防控形势依然严峻，特别是林木种苗频繁异地调运、物流人流跨区域流动，美国白蛾疫情跳跃式扩散至非疫区风险加大。

预计2023年江苏省美国白蛾疫情呈缓慢上升趋势，发生面积约70万亩，部分区域危害加重。徐州市、宿迁市、盐城市、连云港市、淮安市等地在飞防避让区及地面防控不力的区域仍具暴发成灾风险。泰州市高港区、镇江市句容市等疫情新发县区虽采取紧急喷药扑灭措施，并呈零星发生，但仍具扩散风险，疫情由点状向块状或片状转变可能性大，发生面积将有所增大，危害程度有所加重。南京市雨花台区、高淳区、溧水区、江北新区，镇江市新区、京口区、丹阳市，泰州市泰兴市，南通市海安市、如皋市、如东县，苏州市太仓市、昆山市、吴江区等地与省内或省外美国白蛾疫区毗邻，都为高危区。特别是2022年监测到美国白蛾成虫10个非疫区，其辖区在2023年发生美国白蛾幼虫危害可能性极大，形势异常严峻，要加强监测力度、频度，确保及时发现、及时防治。

3. 杨树食叶害虫

近几年江苏省杨树食叶害虫发生危害情况波动较大，主要受气候条件和防治成效影响。如今冬明春为暖冬气候，杨舟蛾越冬蛹成活率将上升，杨舟蛾越冬后虫口基数增大。若夏秋季出现高温少雨天气，将导致第二、三、四、五代杨舟蛾虫口数量暴增，重点危害公路两侧林网及生态环境脆弱地区的杨树成片林，尤其是在杨舟蛾虫源地极易暴发成灾。

预计2023年以舟蛾类为主的杨树食叶害虫发生呈上升趋势，发生面积约50万亩，局部可能成灾，在南京市六合区、浦口区、栖霞区，扬州市邗江区、高邮市、宝应县、仪征市，徐州市铜山区、丰县、沛县，镇江市句容市、丹阳市，淮安市涟水县、盱眙县、洪泽区，泰州市姜堰区、兴化市，连云港市东海县，宿迁市宿城区等地中重度发生，在第三代、第四代将危害加重，甚至在局部地段暴发成灾。

4. 枝干害虫

预计2023年草履蚧发生呈加重趋势，发生面积约1万亩。近几年草履蚧在江苏省危害趋于平稳，预计在淮安市金湖县、淮安区，宿迁市泗洪县、泗阳县，盐城市东台市、射阳县等地发生危害并有成灾风险，危害严重的可以造成树木死亡，主要危害沟、渠、路、河道两侧的杨树。预计2023年天牛类害虫发生1.5万亩左右，重点危害生长较慢、长势衰弱的杨树、柳树、女贞、美国红枫、栾树等树种。

5. 其他有害生物

预计2023年竹类害虫在丘陵山区发生面积稳中有降，危害面积0.6万亩左右。徐州地区的侧柏毒蛾、苏南地区的松毛虫危害程度基本持平；银杏超小卷叶蛾、茶黄蓟马、银杏病害等危害程度缓慢下降；樟巢螟、重阳木锦斑蛾、杨潜叶蛾、苹掌舟蛾、杨直角叶蜂、女贞白蜡蚧、介壳虫、黑翅土白蚁等部分次要害虫发生面积将进一步扩大，在局部地区危害加重。

有害植物清理难度大，预计2023年全省葛藤、何首乌等有害植物发生2万亩，与去年基本持平。杨树溃疡病、锈病、白粉病等植物病害，若明年春季雨水多，空气湿度大，将有利于病原物孢子萌发、侵入至大面积流行感病传染，尤其是在春季新造林中应防范杨树溃疡病发生危害。

6. 重点监测预警对象

随着交通工具发展、贸易往来增加，外来物种入侵的风险不断上升，结合江苏省省情、林情等特点，将重点加强对扶桑绵粉蚧、红棕象甲、橙带蓝尺蛾、橘小实蝇、红火蚁、舞毒蛾、松树蜂、李痘病毒、小圆胸小蠹、坡面方胸小蠹等重大检疫性、危险性有害生物的监测，及时开展外来有害生物普查工作，防范外来有害生物入侵传播扩散，确保全省森林资源安全。

三、对策建议

当前及今后一个时期，江苏省林业有害生物灾害仍将高发、常发。从整体上看，林业有害生物防控对象越来越复杂、任务越来越繁重。面对新形势、新挑战，将持续贯彻习近平生态文明思想，以强化防治责任为抓手，以健全法规制度为保障，全面提升林业有害生物防控能力，坚决遏制林业有害生物高发态势，为保护绿水青山和促进江苏经济社会的高质量发展提供坚实保障。为此，将着重抓好以下几个方面的工作。

（一）落实防控责任，健全防控机制

全面贯彻落实《森林法》《生物安全法》等法律相关规定，认真执行《关于全面推行林长制的实施意见》对做好松材线虫病、美国白蛾等检疫性有害生物防控工作提出的相关要求。抓住全面推行林长制的契机，进一步明确各级政府在松材线虫病、美国白蛾等防控中的主体责任，层层压紧压实防控责任，将林业有害生物灾害防控纳入生物安全体系和应急防灾减灾体系，落实资金投入，将检疫、监测防控经费列入同级财政预算。

（二）筑牢检疫防线，严防疫情传播

持续贯彻省委、省政府领导批示精神，有序开展江苏省松材线虫病疫情防控五年攻坚行动。强化产地检疫、调运检疫和落地复检，着力做好松材线虫病疫木和携带美国白蛾的高危植物及其产品的检疫监管。加强引进林木种苗隔离试种、检疫监管和风险评估，严防外来有害生物入侵。以植物检疫互认互通为基础，建立检疫追溯、案件协查、信息共享和联合执法机制，严厉打击各类林业植物检疫违法行为，做好重大检疫违法案件的协调督办。

（三）强化监测预警，规范测报管理

充分发挥监测预报工作的防灾减灾作用，完善监测网络体系，推动林业有害生物智能监测进程，加密高风险区域站点布局，做到监测覆盖全面化、预测预报精细化、社会服务多元化。严格执行省级以上中心测报点绩效考核制度，明晰监测调查任务，准确掌握发生情况，科学研判形势，及时发布趋势预报，提高监测成效，为防治提供可靠依据。与气象等有关部门共同建立协同配合、信息互通的监测预警机制，提高监测预报的科学性和准确性。

（四）创新防控机制，科学防灾减灾

制定重大林业有害生物防控应急预案，加强应急演练，提升应急处置能力。加强物资储备库建设，做好药剂药械等防控物资储备，积极应对、果断处置，有效遏制灾情扩散蔓延。强化科技攻关与技术服务工作，加大营林措施、生物防治和无公害防治试验示范推广力度，提高防灾减灾水平。针对基层人员少、任务重的现状，积极倡导以防治效果可持续控制为考量的多年绩效承包防治。大力开展多层次业务培训，提高从业人员综合素质。

（主要起草人：叶利芹　钱晓龙　刘俊成聪；主审：李晓冬）

12 浙江省林业有害生物 2022 年发生情况和 2023 年趋势预测

浙江省森林病虫害防治总站

【摘要】 2022 年,浙江省的林业有害生物总体发生偏重,各类林业有害生物发生面积 632.04 万亩,其中病害 559.52 万亩,虫害 72.52 万亩。防治面积 556.28 万亩,其中无公害防治面积 554.95 万亩,无公害防治率 99.76%。嘉兴平湖市、嘉善县首次监测发现美国白蛾第一代幼虫零星危害。根据 2022 年全省林业有害生物发生基数、发生规律,以及防治作业等人为干预因子,结合未来天气趋势,经省森防总站组织专家及市县测报技术人员综合分析、会商,预测 2023 年浙江省林业有害生物仍将偏重发生,全省的林业有害生物总发生面积预计 560 万亩左右,与 2022 年相比有所下降,周期性林业有害生物发生将会平稳、小幅波动上升。

一、2022 年主要林业有害生物发生危害情况

截至 2022 年 11 月底,浙江全省完成林业有害生物监测面积 60663.95 万亩次,计划应施监测面积 61088.83 万亩次,监测覆盖率 99.30%。全省林业有害生物总发生面积 632.04 万亩,主要为轻度发生,计 478.73 万亩。与 2021 年 774.29 万亩相比,发生面积减少了 142.25 万亩,其中病害发生 559.52 万亩,占比 88.5%,虫害 72.52 万亩,占比 11.5%,成灾 102.47 万亩,成灾率 10.35‰。

防治情况:全省防治 556.28 万亩,防治率 85.91%;无公害防治 554.95 万亩,无公害防治率 99.76%。

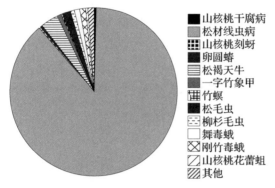

图 12-1 浙江省 2022 年主要林业有害生物发生情况比重图

2022 年浙江省发生的主要林业有害生物有松材线虫病、松褐天牛、松毛虫、柳杉毛虫、一字竹象、卵圆蝽、竹螟、刚竹毒蛾、山核桃刻蚜、舞毒蛾、山核桃花蕾蛆和山核桃干腐病 12 种,计 624.26 万亩,占总发生面积的 98.77%。

(一)发生特点

(1) 2022 年发生的林业有害生物种类与历年基本相同,以松材线虫病为主,总体仍偏重发生。

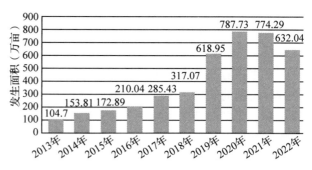

图 12-2 浙江省 2013—2022 年林业有害生物发生情况变化图

(2) 松杉类病虫危害面积有所减少,病死松树总量下降。松材线虫病疫情发生面积 556.39 万亩,病死树数量 252.51 万株。在前年病死树数量出现拐点之后,2022 年浙江省实现疫情面积和病死树数量继续双下降,发生区病死树数量,从 2021 年的 0.56 株/亩下降到 0.45 株/亩,发生范围相对集中。嘉兴全市仍保持无松材线虫病

疫情。

松褐天牛发生21.81万亩，与去年相比有所增加，主要集中在杭州、丽水、衢州、金华、绍兴等地区，零散发生。这些松林立地条件差，生长势弱，林内天牛虫口密度大，今年温度特别高，降雨又比较少，天气的高温干旱很适合松褐天牛的发生，从而引发松树死亡。

松杉林食叶害虫全省发生15.41万亩。较上年34.48万亩，发生面积下降19.07万亩，降幅55.31%。主要为马尾松毛虫、思茅松毛虫、柳杉毛虫等周期性食叶害虫局部发生。其中，马尾松毛虫主要发生在杭州、丽水、金华、衢州等老发生区；柳杉毛虫发生区域主要在宁波、温州、台州的高海拔山区、湿地、自然保护区范围内较多。

（3）经济林病虫发生有升有降。经济林病虫主要集中在山核桃和板栗以及油茶、香榧等传统经济林，发生8.88万亩，发生量与上年基本持平。杭州的临安、建德、桐庐和淳安等天目山脉周边地区山核桃林，山核桃干腐病发生2.52万亩，山核桃花蕾蛆发生2.71万亩，山核桃其他病虫1.74万亩。山核桃的干腐病高发阶段已过去；板栗等传统经济林趋于稳定并下降。

（4）竹林有害生物发生17.85万亩，较上年上升36.36%，主要为一字竹象发生5.40万亩、卵圆蝽发生2.85万亩、竹螟发生1.35万亩，发生程度趋于稳定，刚竹毒蛾发生7.41万亩，与去年相比有大的提高；在部分竹林发现竹篦舟蛾和山竹缘蝽，发生程度较轻。

（5）危害园林绿地、景观林病虫害7.82万亩，主要为舞毒蛾、樟巢螟、樟萤叶甲、斜纹夜蛾、白蚁等，多数危害的面积零散、虫口密度不高，舞毒蛾发生为6.66万亩，发生量比上年有较大的提高。

（6）通过大范围监测、敏感地区重点诱捕、网幕期巡查，在嘉兴市的平湖、嘉善应用性信息素诱捕器发现美国白蛾成虫，2022年6月上旬，两地首次发现零星的第一代幼虫网幕，主要危害枫杨、水杉、落羽杉、桑树等。全省其他地方暂未发现。

（二）主要林业有害生物发生概况分述

1. 松杉林病虫害

松杉林病虫害主要有松材线虫病、松褐天牛、马尾松毛虫、柳杉毛虫和松干蚧等，共发生593.54万亩。

截至11月26日，全省松材线虫病发生556.39万亩，病死树数量252.51万株，主要有以下几个特点：一是疫情实现"五下降"。与去年同期相比，疫情发生面积减少142.4万亩，同比下降20.3%；龙港市达到了拔除疫点的标准，余杭、萧山、海曙、越城、椒江等5个县（市、区）实现基本无疫情；156个乡镇疫点、23427个小班实现了基本无疫情。全省首次实现疫情发生面积、病死树数量、疫区数量、疫点数量、疫情小班数量"五下降"。全省松材线虫病疫情高发蔓延态势得到有效遏制，防控形势持续向好，工作成效不断巩固。

二是危害程度明显减轻。从发生趋势来看，自2020年全省疫情出现下降拐点后，疫区、疫点、发生面积、病死松树数量保持连续下降。从下降范围来看，10个市63个县（市、区）疫情发生面积下降，所以疫区枯死木数量都实现了下降；从下降比例来看，温州、金华、台州、丽水等重型疫区病死松树数量下降明显，平均下降32.5%，长兴、黄岩、富阳、龙湾、常山、柯桥、吴兴、嵊州、德清、诸暨、柯城等11个县（市、区）病死树下降比例超70%。从疫情危害程度看，病死松树不足1万株的县（市、区）有31个，占总数的48.4%，多数发生区域病死松树呈现零星分布趋势，松林连片大面积、高密度枯死现象明显减少。

三是发生范围相对集中。疫情在浙西、浙南地区的发生形势较为严峻，温州、台州、丽水3个地区疫情发生401.2万亩，占总发生面积的72.1%；病死树206.8万株，占全省病死树总量的79.9%。仙居、天台、永嘉、莲都、泰顺、缙云等6个县（市、区）病死树超过10万株，疫情发生面积占全省面积的44.4%，病死树数量占全省病死树总量的55.67%。

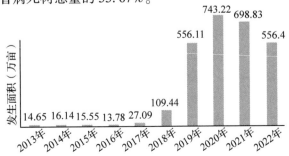

图12-3　浙江省2013—2022年松材线虫发生面积

松褐天牛发生21.81万亩,主要集中在杭州、湖州、绍兴、丽水、金华、衢州等地区。发生特点从区域分析,主要集中在浙江南部和中部地区的马尾松林以及少部分的黑松林分,发生面积较为分散,危害的区域逐渐缩小。今年的高温炎热干旱的天气有利于松褐天牛的发生,故今年的发生数量相对于去年有显著的增加。

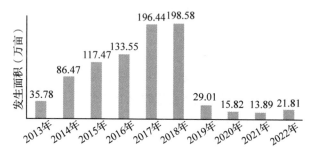

图12-4　浙江省2013—2022年松褐天牛发生面积

松杉类食叶害虫全省发生15.41万亩,较上年34.48万亩,发生面积下降了19.07万亩,降幅达55.31%。主要为马尾松毛虫、思茅松毛虫、柳杉毛虫等周期性食叶害虫局部发生。其中马尾松毛虫、思茅松毛虫发生10.48万亩,取食危害马尾松等树木针叶,主要发生在杭州、丽水、金华、衢州等老发生区。松毛虫是典型的周期性食叶害虫,从近些年发生规律看,每3~5年为一个发生周期,发生区域相对稳定,整体区块稍稍向北偏移,呈局部块状发生,近年的发生面积稳定。

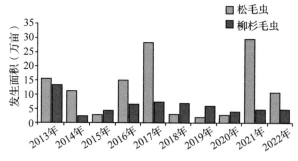

图12-5　浙江省2013—2022年松毛虫、柳杉毛虫等食叶害虫发生面积

全省柳杉毛虫发生4.92万亩,危害柳杉和柏木针叶,发生区域一般都在高海拔山区,有不少是在湿地、自然保护区范围,从保护生物多样性考虑,仅采取跟踪监测手段,除景区、生产基地外基本不进行人工防治干预,而利用森林自然生态系统进行各种生物种群消长自我调节,目前仍处于发生高峰的末期。

2. 竹林病虫害

2022年竹林有害生物发生17.85万亩,较上年上升36.36%,主要为一字竹象发生5.40万亩、卵圆蝽发生2.85万亩、竹螟发生1.35万亩,发生程度趋于稳定,刚竹毒蛾发生7.41万亩,与去年相比发生面积有较大增加,零星分布在衢州、丽水等地。

经过多年综合治理,今年一字竹象、竹螟、卵圆蝽、竹叶蜂等一些常见的竹林有害生物发生趋于稳定。另一方面,由于近几年毛竹收购价格下滑,竹农经营竹林的积极性较低,部分地方的毛竹勾梢和劈山垦复等营林措施也相对减少,部分竹林病虫发生消长也有一定的变化,经营方式的改变,引起竹螟等种群变迁,同时天敌种群数量和种类大大增加,因此竹螟、竹叶蜂等发生呈下降趋势,今年的高温炎热干旱天气可能有利于刚竹毒蛾的发生,所以今年的发生量相比去年有了较大的上升。同时竹林经营水平下降后,特别是失管竹林,林内竹子密度高、死竹多,卫生状况差,竹林病害发生可能会有所上升。

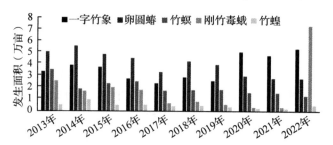

图12-6　浙江省2013—2022年主要竹林害虫发生面积

3. 经济林病虫害

全省经济林病虫害发生8.88万亩,与上年发生量基本持平,浙江省的经济林主要为板栗、山核桃、香榧、油茶等干果、油料类林种。

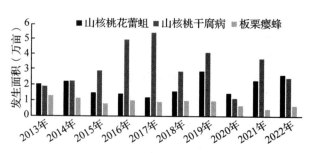

图12-7　2013—2022年全省主要经济林病虫害发生面积

山核桃病虫害主要集中在杭州的临安、建德、桐庐和淳安等天目山脉周边地区，发生面积6.98万亩，较上年的6.57万亩，同比上升了6.24%。其中山核桃干腐病发生2.52万亩，较上年下降33.3%；山核桃花蕾蛆发生2.71万亩，较上年的2.34万亩，同比增长15.8%；山核桃其他病虫发生1.74万亩。板栗病虫发生1.56万亩，其中栗瘿蜂0.7万亩，桃蛀螟0.18万亩，栗绛蚧0.07万亩，板栗大蚜0.1万亩，板栗剪枝象甲0.16万亩，铜绿金龟子0.35万亩。

此外，其他经济林病虫害发生0.34万亩。主要为危害油茶、香榧、林下经济和其他果树的小面积病虫。

4. 园林绿化苗圃等其他病虫害

危害园林绿地、景观林病虫害7.85万亩，其中，舞毒蛾发生6.66万亩，樟巢螟0.52万亩，斜纹夜蛾0.40万亩，樟萤叶甲0.22万亩，木毒蛾0.02万亩，白蚁0.02万亩，主要危害行道树、河岸绿化带以及苗圃地、城市景观林，多数危害的面积零散、虫口密度不高，但舞毒蛾发生面积较大，比上年有大幅上升，主要分布在杭州的余杭、富阳和西湖区。

(三) 成因分析

近几年浙江省林业有害生物发生发展呈上升趋势，经分析，气候异常，极端灾害性天气的频频出现，针对林木人为生产经营活动频繁，管理不善，干扰了林分的正常生长环境，对松材线虫病除治管理薄弱，防控意识和能力不足，造成大量枯死松树、疫木未能清理干净，引起反复感染等是主要原因。

1. 异常气候气象条件变化，导致森林健康状况下降，扰乱林业有害生物发生节律

全球继续变暖，以及近年"厄尔尼诺""拉尼娜"现象交替出现等因素，出现暖冬及倒春寒，降雨量集中且分布不均，特别是夏季浙江天气出现了极端的高温，进入秋季又出现持续干旱，从而影响寄主的健康状况，诱发多种有害生物种群的猖獗暴发，大量树木因干旱失水，造成生长衰弱，蛀干类害虫乘机而入造成危害并传播病原，加剧了林木的受害和死亡。

2. 多种病虫交叉危害影响和自然扩散蔓延，导致松材线虫病疫情形势严峻

浙江地处亚热带季风区，松林分布广泛，而且绝大部分为松材线虫病高度感病的马尾松和黑松。染病林分与健康林分之间缺乏有效的天然屏障；通过检疫封锁等措施杜绝了人为长距离传播后，以自然传播的方式扩散蔓延已经成为浙江省松材线虫病传播的重要因素，加上基层在清理除治和疫木管理工作上存在漏洞，造成边除治边扩散。虽然东部、北部的嘉兴、宁波、湖州、绍兴、舟山等市松材线虫病发生面积和病死松树已连续多年下降，嘉兴已多年无疫情。但浙南的温州、丽水、台州、金华等区域受近年极端高温干旱天气和松褐天牛、松毛虫危害等因素影响，以及其他植物如毛竹等侵入掠夺了松林的生长环境资源，压制了松林的正常生长，松树抗病能力下降，感病发病率正值发生上升期，引发衰弱松木加速死亡，造成死树增加。从调查情况看，这些松林立地条件差，生长势弱，林内天牛虫口密度大，松树发病、死亡且呈加速趋势，逐渐向浙中、浙西的松林扩散蔓延。

3. 环境变化和人为经营，导致部分有害生物在局部地区发生

新兴的经济林作物，如香榧、油茶等由于经济效益不断升高，引种、扩种规模加大，这些新建立的林业特色产业园区森林生态、生物群落还处于极不平衡、稳定的脆弱状态。另外，如山核桃等经济效益较高的林种由于林农过度经营，造成生境恶化、林分脆弱，一些传统经济林如板栗和毛竹林由于经济效益低下而失管；绿化苗木、景观植物受迁移、引种等人为干扰等影响，病虫随之带入种植地，造成有害生物危害加剧。

二、2023年林业有害生物发生趋势预测

(一) 总体趋势

浙江省2023年林业有害生物发生趋势，经专家及市县测报技术人员根据各市县预测分项数据、2022年全省林业有害生物越冬基数、防治情况以及未来气候趋势，综合分析、会商，预测2023年浙江省林业有害生物仍将偏重发生，全省的总发生面积预计将在560万亩左右，发生面积将有一定幅度的下降，而周期性林业有害生物发

生将会趋于平稳、小幅波动上升。

松材线虫病在浙江发生范围已处于历史高位，疫区数量已经"触顶"回落，通过综合治理和林分改造，浙江北部、东部发生区的发病面积和病死树数量正在逐年减少，浙南的温州、台州，浙中的金华等疫区的发生面积和死树株数也将开始进入下降通道，但浙江西部、西南部风险加剧，疫情逐步向西南扩散，衢州、丽水的部分县疫情暴发风险加剧。全省总体发病面积、致死松树总体趋于缓慢减少。松褐天牛因松材线虫病防治力度加大，发生面积和危害树木数量将会继续回落。马尾松毛虫、柳杉毛虫等松杉林周期性食叶害虫的发生已处于发生高峰期，将逐渐趋于平稳、小幅波动上升。竹子病虫的发生面积受气候和竹林大小年生产影响，将会有所减少；香榧、油茶等新兴经济林因引种扩种较多，虽然发生面积不大，但有虫面积不小，危害将会在未来几年缓慢上升，其他如山核桃、板栗等传统经济林，通过这些年生态治理，经济市场调控，生产规模压缩，有害生物发生将进一步得到控制。园林绿地、景观林有害生物受人为干扰影响较多，危害的病虫种类和发生面积将会有小幅上升。浙江北部的杭嘉湖平原为美国白蛾适生区，寄主较多，已连续两年在浙江嘉兴的监测中发现成虫，2022年嘉兴平湖市、嘉善县首次监测发现美国白蛾第一代幼虫零星危害，主要危害枫杨、落羽杉、桑树等植物，后续需要做好美国白蛾的监控。

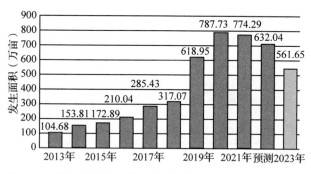

图12-8　浙江省近年来林业有害生物发生面积变化趋势图

（二）主要林业有害生物分项预测分析

1. 松材线虫病

基于2022年全省松材线虫病556.39万亩的疫情基数，加之传播媒介松褐天牛虫口基数高、新老发生区交替变化，局部地区疫情分布点多面广此消彼长；鉴于浙江省防控工作不断巩固加强，疫情高发态势已得到有效遏制，预计2023年松材线虫病疫情发生面积将控制在502万亩左右，相比2022年会有一定幅度下降，主要分布于全省10个市的70个县（市、区），以温州、台州、丽水、金华等地为严重发生区域。

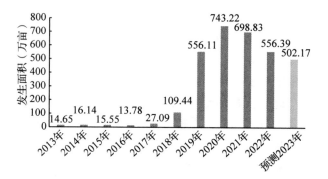

图12-9　浙江省近年来松材线虫病发生发展趋势图

2. 松褐天牛

松褐天牛属钻蛀性害虫，防控难度大，林间种群控制是个长期过程，短期内无法得到有效压制。根据各地诱捕数据及近几年发生发展规律，松褐天牛发生将趋于稳定，发生面积与致死松树数量回归正常水平，并会有一定程度的下降，故预测2023年全省将发生松褐天牛16万亩左右。

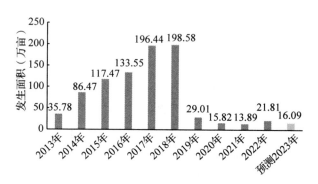

图12-10　浙江省近年来松褐天牛发生发展趋势图

3. 松毛虫、柳杉毛虫等松杉林食叶害虫

松毛虫等松杉林食叶害虫预测2023年发生约27.78万亩，其中松毛虫22.38万亩，柳杉毛虫约5.4万亩。松毛虫是典型的周期性食叶害虫，从近些年发生规律看，每3~5年为一个发生周期，发生区域相对稳定，整体区块稍稍向北偏移，呈局部块状发生，近年的发生面积将会有一定幅度上升，预计主要分布在衢州、丽水等地。柳杉毛虫高发地主要分布在温州的文成、苍南、平阳、永嘉和泰顺等高山远山地区。

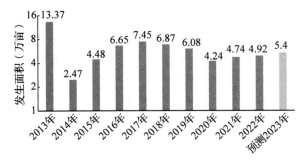

图 12-11 浙江省近年来柳杉毛虫发生发展趋势图

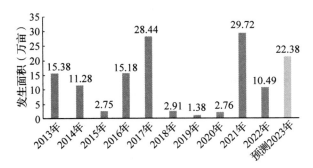

图 12-12 浙江省近年来松毛虫发生发展趋势图

4. 竹林病虫

全省竹林病虫预测 2023 年发生面积约 12.91 万亩,与 2022 年相比有所下降。其中,一字竹象发生约 4.77 万亩,主要分布于丽水的庆元、龙泉等地;卵圆蝽约 3.3 万亩,主要分布于衢州的龙游、衢江和湖州地区等主要竹子产区;竹螟发生约 1.73 万亩,刚竹毒蛾约 2.45 万亩。其他危害竹林的竹篦舟蛾、黄脊竹蝗等有害生物,零星分布在衢州、台州、丽水和宁波等地。

经过多年综合治理,今年一字竹象、竹螟、卵圆蝽等一些常见的竹林有害生物发生趋于稳定。另一方面,由于近几年竹产业调整,毛竹收购价格下滑,竹农经营竹林的积极性较低,竹林经营方式的改变,引起竹螟等危害竹林的病虫害种群变迁,同时天敌种群数量和种类大大增加,因此竹螟、刚竹毒蛾等发生呈下降趋势。但竹林经营水平下降后,特别是失管竹林,林内竹子密度高、死竹多,卫生状况差,竹林病害发生可能会有所上升。

5. 经济林病虫

预测 2023 年全省经济林病虫发生面积约 8.8 万亩,同比持平。浙江省的经济林主要为板栗、山核桃、香榧、油茶等干果、油料类林种。

主要经济林病虫中,预测山核桃花蕾蛆发生约 2.7 万亩,山核桃干腐病约 2.9 万亩,山核桃其他病虫约 1.32 万亩,主要分布于桐庐、淳安、建德和临安等山核桃产区;预测板栗病虫害发生约 0.41 万亩,其中栗瘿蜂发生约 0.37 万亩,板栗蚜虫 0.02 万亩,主要分布于景宁和庆元等板栗产区。其余经济林病虫害约 1.48 万亩,继续呈上升态势,预测有油茶煤污病、板栗潜叶蛾、香榧硕丽盲蝽和柿树病虫害等小规模发生。

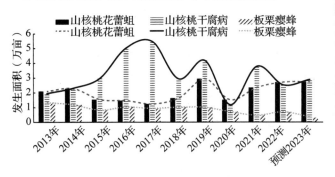

图 12-14 浙江省近年来主要经济林病虫发生发展趋势图

6. 园林绿化苗圃等其他病虫

预测危害绿化通道、苗木等病虫害发生约为 2.5 万亩。受反常天气和人为经营影响,局部区域、个别病虫害有可能成灾,突发性病虫害发生的可能性加大。浙江北部的杭嘉湖平原为美国白蛾适生区,寄主较多,周边的上海、江苏、安徽等省份已有发生,传入的危险性极大。

7. 美国白蛾

浙江北部杭嘉湖平原为美国白蛾适生区,寄主较多,嘉兴市平湖市、嘉善县分别于 2020 年和 2021 年诱捕发现美国白蛾成虫,已被列为美国白蛾疫区。2022 年两地已零星发现第一代幼虫网幕,预计美国白蛾在杭嘉湖平原,特别是向平湖市、嘉善县周边县区扩散的危险性极大。

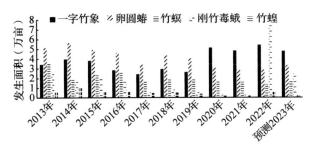

图 12-13 浙江省近年来主要竹虫发生发展趋势图

三、林业有害生物防治对策

为更好地保护森林资源,维护森林生态环境

安全，服务、指导林农有效防范林业有害生物发生成灾，下一阶段的对策思路是：以习近平生态文明思想为指导，围绕"在更严要求、更高水平上遏制重大有害生物危害"的总体目标，加强领导，加大投入，强化措施；加强监测预报工作，扩展监测覆盖面，引进先进测报技术和手段，有效提高监测预报水平，探索推进测报、防治工作社会化服务进程，坚持全面预防、防治结合，调节森林生态自我修复功能，进一步加强林业有害生物防控工作，最大限度地减少林业有害生物灾害损失。

（一）重点做好松材线虫病的除治工作

动员部署松材线虫病疫木清零行动，下达年度疫情防控任务，对各地除治工作开展除治质量、除治进度和资金保障"三跟踪"，扎实开展全省松材线虫病疫情防控五年攻坚行动。推动变革，提高除治质量，贯彻落实领导指示精神，督促各地建立健全长效机制，进一步规范除治合同，实行第三方质量抽查机制，实现省级抽查监理全覆盖。

（二）加大对美国白蛾等外来危险性有害生物的防控和阻击工作

继续抓好美国白蛾、舞毒蛾、红火蚁等重大有害生物调查工作和跟踪监测，加强组织领导、层层压实责任，坚持全覆盖的林业小班化管理，建立健全网格化、精细化的管理制度和措施。按照《浙江省美国白蛾防控方案》的分区施策要求，细化监测、阻击、扑灭等措施，开展全省性的监测防控工作。

（三）加快机制创新，推动智慧防控

全面推广"数字森防"平台应用，通过技术倒逼、机制重塑，进一步完善监测防控各个环节。认真总结成功技术和管理经验，利用国家级中心测报点和省市县级测报点，加大基础设施建设，充实监测力量，整合优质资源，充分调动基层监测站点的工作积极性，加强基层森防专业知识和技术培训，整体提升森防队伍监测预报、防治等能力和水平。加大科学研究支持力度，针对疫情监测、检测、除治、监理、检疫等工作过程中的问题和难点开展研究。加强与相关科研院所合作配合，利用无人机、卫星遥感、大数据、物联网、人工智能等数字技术，开展疫情监测、除治监管，推动决策更加科学、治理更加精准、服务更加高效。

（主要起草人：方源松　金沙；主审：李晓冬）

13 安徽省林业有害生物 2022 年发生情况和 2023 年趋势预测

安徽省林业有害生物防治检疫局

【摘要】 2022 年，安徽省主要林业有害生物发生 559 万亩，较 2021 年减少 67.9 万亩，其中，轻度发生 511.5 万亩，中度发生 32.1 万亩，重度发生 15.3 万亩；病害发生 166.9 万亩，虫害发生 392 万亩。预测 2023 年安徽省主要林业有害生物发生 532 万亩左右，局部区域可能偏重发生。

一、2022 年全省主要林业有害生物发生情况

（一）2022 年全省主要林业有害生物总体发生特点

2022 年全省主要林业有害生物发生 559 万亩，同比下降 10.8%。其中，松材线虫病发生面积、病死树数量、发生乡镇、发病小班实现四下降，但是仍呈现点多面广态势，安徽省大面积松林资源及重要松林景观安全面临威胁，防控形势依然严峻；美国白蛾发生面积继续下降，发生程度总体较轻；杨树病虫害、松褐天牛、松毛虫发生面积均有所下降，总体发生较轻；经济林病虫害发生面积较 2021 年有所上升，局部区域发生较重。

（1）2022 年主要林业有害生物发生构成情况（图 13-1）。

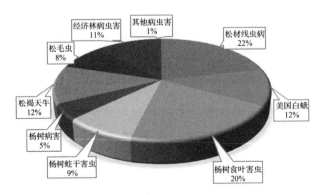

图 13-1 2022 年主要林业有害生物发生构成情况

（2）2017—2022 年主要林业有害生物发生面积对比（图 13-2）。

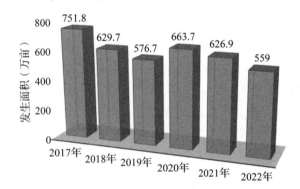

图 13-2 2017—2022 年主要林业有害生物发生面积对比

（3）2022 年主要种类发生预测和实际发生吻合对比（图 13-3）。

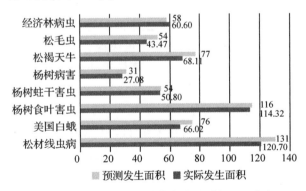

图 13-3 2022 年主要种类发生预测和实际发生面积吻合对比（万亩）

（二）2022 年全省主要林业有害生物发生情况分述

1. 松材线虫病

全省松材线虫病发生 120.7 万亩，疫情涉及

10个市、49个县(市、区)、362个乡镇,发病小班14139个,发病小班内死亡松树54.41万株(其中病死松树46.21万株,其他原因致死8.20万株)。与2021年度相比,全省疫情发生面积、病死树数量、发生乡镇、发病小班数量均实现下降,1个县区(南陵县)、56个乡镇实现无疫情,宣城市郎溪县疫情复发,涉及姚村镇和十字镇2个乡镇。松材线虫病仍呈现点多面广态势,重要松林区、自然保护地的部分区域疫情降中有升,黄山风景区内疫情点状散发规律难以把握,总体疫情防控形势依然严峻。

2. 美国白蛾

全省美国白蛾发生66.02万亩,轻度发生面积66.01万亩,占发生面积的99.9%,涉及13个市56个县级发生区481个乡镇级发生点,全省7个疫区、103个疫点未发现美国白蛾疫情,新增1个县级发生区、10个乡镇级发生点;与2021年相比,发生面积减少14.8万亩,同比下降18.3%。全省未发生美国白蛾连片成灾和扰民现象,但美国白蛾疫情点多面广,在皖北地区和江淮之间普遍发生,今年第一代美国白蛾在长江沿线局部地区发生情况较去年略有加重且有扩散趋势。

3. 松毛虫

全省松毛虫发生43.47万亩(其中马尾松毛虫36.08万亩、思茅松毛虫7.39万亩),主要分布在安庆、黄山、滁州、六安、池州、宣城、铜陵等地,马尾松毛虫发生面积比2021年减少21.95万亩,思茅松毛虫发生面积与2021年基本持平。马尾松毛虫在黄山市屯溪区、铜陵市枞阳县局部区域发生较重,思茅松毛虫在黄山市歙县、屯溪区局部区域中度发生。

4. 杨树病虫害

全省杨树食叶害虫发生114.3万亩,较2021年减少3.5万亩,整体危害程度较轻。种类主要有杨小舟蛾、杨扇舟蛾、黄翅缀叶野螟、春尺蠖,主要发生在宿州、阜阳、亳州、合肥、六安、滁州、蚌埠、池州、淮南等地。其中,杨扇舟蛾在亳州市蒙城县、利辛县,铜陵市枞阳县等局部区域发生较重;杨小舟蛾发生面积较去年有所增加,在宿州市灵璧县、埇桥区、泗县、萧县,池州市东至县及亳州市利辛县局部区域发生较重(图13-4)。

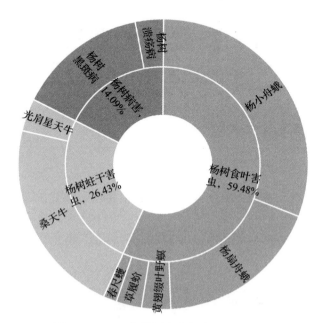

图13-4　2022年杨树病虫害发生构成情况

杨树蛀干害虫发生相对平稳,全省发生50.8万亩,较2021年减少2.7万亩,发生种类以桑天牛、光肩星天牛为主,其中桑天牛在亳州市蒙城县、蚌埠市怀远县局部区域发生较重。

杨树病害全省发生27.1万亩,较2021年下降9.9万亩,主要为杨树黑斑病、杨树溃疡病,以轻度发生为主,其中杨树溃疡病在亳州市蒙城县局部区域发生较重。

草履蚧以轻度发生为主,主要发生在宿州、亳州、淮北、阜阳、蚌埠等地,宿州市灵璧县、砀山县、萧县,蚌埠市怀远县局部区域发生较重。

5. 松褐天牛

全省发生68.1万亩,较2021年减少3.1万亩,主要分布在安庆、黄山、六安、宣城、滁州、池州、马鞍山等地,在黄山市歙县、黄山区,六安市舒城县局部区域发生较重。

6. 经济林病虫害

全省经济林病虫害发生面积60.6万亩,较2021年上升7.8万亩,局部区域危害较重。主要分布在宣城、六安、安庆等经济林分布较多的地区。其中,板栗病虫害发生25.1万亩,竹类病虫害发生13.5万亩,核桃病虫害20.4万亩,板栗膏药病、栗瘿蜂、栗实象、板栗疫病在六安市舒城县局部区域发生较重(图13-5)。

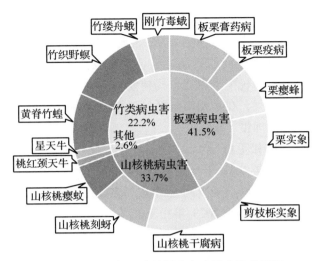

图 13-5 2022 年经济林树病虫害发生构成情况

(三) 成因分析

1. 松材线虫病防控取得一定成效，但形势依然严峻

省委、省政府高度重视松材线虫病防治工作，坚持高位推动，把松材线虫病防治作为推深做实新一轮林长制改革的重要任务，将松材线虫病疫情防治目标和成效纳入林长制考核指标体系，层层压紧压实各级林长责任，强力推进各项防控措施落实到位。全省扎实推进松材线虫病疫情防控五年攻坚行动和环黄山风景区靶向防控行动，精准实施防控措施，组织开展松材线虫病疫情防控质量提升行动，狠抓除治质量，贯彻落实松材线虫病疫情联防联控机制。尽管今年遭受多年未遇的极端高温干旱天气，松材线虫病疫情防控工作依然取得了进一步成效。但松材线虫病仍呈现点多面广态势，重要松林区、自然保护地的部分区域疫情降中有升，疫情防控形势依然严峻（图 13-6）。

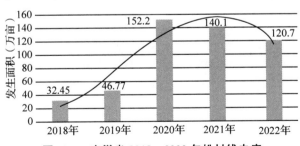

图 13-6 安徽省 2018—2022 年松材线虫病发生面积对比柱状图

2. 美国白蛾发生持续下降

安徽省高度重视美国白蛾疫情防控工作，将美国白蛾等重大林业有害生物成灾率和年度防治任务纳入林长制考核内容，强化落实各级政府和林长责任；各地加强美国白蛾虫情监测普查，实行美国白蛾发生防控周报告制度，全面准确掌握虫情动态，为有效防控提供科学依据；采取"以飞机防治为主，地面防治为辅，主防第一代，查防二、三代"的防控策略，实施分区施策，有效遏制了美国白蛾扩散蔓延的态势，实现了美国白蛾发生面积连续下降（图 13-7）。

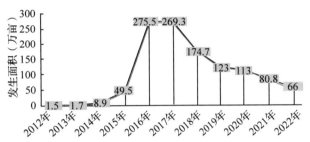

图 13-7 2012—2022 年安徽省美国白蛾发生面积对比（万亩）

3. 杨树病虫害发生基本平稳

皖北地区绿化造林近年注重调整树种结构，杨树寄主面积逐年减少；同时由于在杨树主要分布区持续开展美国白蛾大面积飞防，对杨树其他食叶害虫也起到明显的控制作用；今年，全省大部分地区遭遇多年未遇的高温干旱天气，对杨树病虫害也有一定的抑制作用，尤其对杨树病害发生影响较大，杨树病害发生明显下降，但是杨小舟蛾与去年相比发生面积增加，局部发生程度加重（图 13-8）。

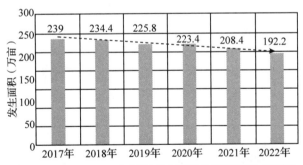

图 13-8 2017—2022 年杨树病虫害发生面积对比（万亩）

二、2023 年主要林业有害生物发生趋势预测

(一) 2023 年总体发生趋势预测

在全面分析 2022 年林业有害生物发生和防

治情况的基础上,根据国家级中心测报点对主要林业有害生物越冬前的虫口基数监测调查数据,结合其发生规律,预测2023年属于中等偏轻发生年份,发生面积比2022年略有下降。预测2023年全省主要林业有害生物发生在532万亩左右,其中松材线虫病发生较2022年略有下降,美国白蛾、杨树蛀干害虫发生基本保持稳定,杨树食叶害虫、松褐天牛、松毛虫、经济林病虫害发生面积略有下降,杨树病害将上升,一些突发性、偶发性病虫害可能在局部区域造成危害。

(二)主要种类发生趋势预测

1. 松材线虫病

预计2023年松材线虫病发生113万亩左右,较2022年略有下降,主要分布在安庆、滁州、六安、黄山、宣城、铜陵、池州、合肥、马鞍山、芜湖。

2. 美国白蛾

预计2023年安徽省美国白蛾发生面积约66万亩,与2022年基本持平。美国白蛾局部防控风险仍较大,铜陵、芜湖、马鞍山、池州沿江地区局部美国白蛾疫情可能继续扩散,飞防避让区以及年度间隔防治区美国白蛾危害程度可能加重。合肥市肥西县,马鞍山市花山区、博望区、和县存在新发疫情的风险。

3. 杨树病虫害

预计以舟蛾类为主的杨树食叶害虫2023年发生面积105万亩左右,较2022年有所下降,主要分布在宿州、亳州、阜阳、合肥、六安、蚌埠、滁州、池州、芜湖、马鞍山等地,如气象条件适宜,虫口基数较高的局部区域可能偏重发生。全省杨树蛀干害虫发生相对稳定,预测2023年发生50万亩,主要分布在阜阳、蚌埠、宿州、亳州、合肥、滁州、六安等地。杨树病害预计2023年发生面积有所上升,全省发生面积31万亩左右,杨树黑斑病、杨树锈病等病害如遇高温多雨天气,在宿州市埇桥区、萧县等部分区域发生可能加重。

4. 松毛虫

根据2022年松毛虫防治效果、越冬虫口基数数据和重点区域调查情况,结合我省松毛虫发生规律,预计2023年松毛虫发生有所下降,预测发生面积41万亩,主要分布在黄山、安庆、宣城、六安、池州、滁州、铜陵等地。马尾松毛虫、思茅松毛虫可能在黄山、宣城局部区域混合发生,造成危害。

5. 松褐天牛

预计2023年松褐天牛生面积65万亩左右,较2022年略有下降,主要分布在安庆、黄山、宣城、六安、滁州、池州等地。

6. 经济林病虫害

近年来,板栗、毛竹价格低迷,部分栗园、竹园管理粗放,油茶、核桃类等多种经济林种植面积增加,预计2023年以板栗、竹类、核桃类病虫害为主的经济林病虫害发生面积在56万亩左右,主要分布在宣城、六安、安庆等地。

7. 其他病虫害

由于绿化树种呈多样化发展,导致园林绿化病虫害发生的种类和面积都随之上升;双条杉天牛在宿州市萧县局部有加重可能;松叶蜂在安庆市潜山市、岳西县、宿松县主要林区局部地区有可能发生危害;旋柄天牛、天幕毛虫在宣城市局部地区有可能造成危害;另外,一些偶发性病虫害可能在局部暴发成灾。

表13-1 安徽省2023年主要林业有害生物发生情况预测表(万亩)

林业有害生物种类	2022年发生	2023年预计发生	趋势	危害程度
总计	558.96	532	略有下降	局部较重
松材线虫病	120.7	113	下降	
美国白蛾	66.02	66	持平	轻度为主
杨树食叶害虫	114.32	105	略有下降	轻度,局部较重
杨树蛀干害虫	51.78	50	持平	轻度
杨树病害	27.08	31	略有上升	轻度为主,局部较重
松褐天牛	68.11	65	略有下降	轻度为主
松毛虫	43.47	41	略有下降	轻度为主,局部较重
经济林病虫害	59.62	56	略有下降	轻度,局部较重

三、对策建议

（一）加强监测预警工作

依托国家级中心测报点等监测站点，充分发挥基层林长以及护林员作用，完善全省监测网络体系。鼓励各地创新监测机制，采取政府购买服务形式引入专业化监测队伍，充实监测力量。指导各地在开展松材线虫病、美国白蛾的日常监测和专项普查的同时，加强对松毛虫、杨树食叶害虫等常规病虫害的监测调查，准确掌握虫情动态，及时发布生产性预报，指导防治有效开展。

（二）科学有效开展防治

以深化新一轮林长制改革为抓手，层层压紧压实各级林长责任，根据松材线虫病疫情防控五年攻坚行动阶段性评估结果，科学制定年度防治方案，扎实推进五年攻坚行动，全面做好松材线虫病和美国白蛾防控工作。根据虫情趋势预测，提前做好防治各项准备工作。

（三）加强检疫执法工作

进一步加强检疫执法检查，严厉打击非法采伐、运输、加工、经营、使用疫木等行为，全面管控疫木流动；加强产地检疫和苗木企业监管，切断松材线虫病、美国白蛾等检疫性林业有害生物的人为传播路径，遏制疫情扩散蔓延。

（主要起草人：许悦　叶勤文；主审：李晓冬）

14 福建省林业有害生物2022年发生情况和2023年趋势预测

福建省林业有害生物防治检疫局

【摘要】 2022年福建省林业有害生物发生417.2万亩，总体较上年呈下降趋势，但危害种类多、松杉类病虫害发生比重大、松材线虫病发生危害严重、蛀干害虫发生呈上升态势。根据2022年全省各国家级中心测报点监测数据，及全省林业有害生物发生基数、发生规律，结合各地越冬代调查结果和未来气候趋势，预测2023年福建省林业有害生物发生总体呈下降趋势，发生面积约400万亩。

一、2022年林业有害生物发生情况

2022年，福建省林业有害生物发生面积417.2万亩，同比下降3.2%，轻度发生325.8万亩，中度发生43.7万亩，重度发生47.7万亩。其中病害133.0万亩，同比下降11.7%，虫害284.2万亩，同比上升1.4%（图14-1）。

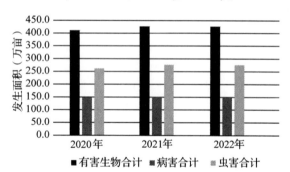

图14-1 2020—2022年福建省林业有害生物发生面积

（一）发生特点

一是林业有害生物种类多，涉及范围广。2022年全省林业有害生物发生种类有22种，危害松科、柳杉、杉木、毛竹、桉树、樟、油茶、板栗等植物；二是危害侧重明显，以松杉类病虫害为主。福建省松杉类病虫害发生面积达364.5万亩，占全省林业有害生物发生面积的87.4%（图14-2）；三是外来林业有害生物发生形势依然严峻。当前松材线虫病疫情发生及危害程度仍居全省林业有害生物首位，虽然疫情发生面积有所下降，但局部仍存在扩散态势，新增龙岩市永定区新发疫区，6个新发疫点乡镇；四是其他常发性林业有害生物得到有效控制。除松材线虫病外其他常发性林业有害生物发生较为平稳，大多呈轻度发生，没有造成大面积灾害。

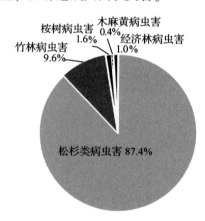

图14-2 2022年福建省主要林业有害生物种类发生面积对比

（二）主要林业有害生物发生情况分述

1. 松材线虫病

根据2022年秋季普查统计，福建省松材线虫病疫情发生面积为109.3万亩，同比去年秋季普查下降17.2%（图14-3），松材线虫病疫区县保持在54个，连续3年实现发生面积、乡镇疫点数量、病死松树数量"三下降"。

2. 松杉类其他病虫害

除松材线虫病外，松杉类其他病虫害发生主要有松墨天牛、萧氏松茎象等蛀干害虫，马尾松毛虫、松突圆蚧、柳杉毛虫、脊纹异丽金龟等叶

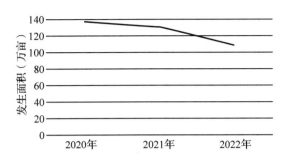

图 14-3　2020—2022 年福建省松材线虫病秋季普查疫情发生面积趋势

部害虫，此外，松针褐斑病、杉木炭疽病、黑翅土白蚁等病虫害等也有零星发生。松杉类病虫害是福建省发生面积最大、分布最广的一类，除松墨天牛、松突圆蚧、马尾松毛虫发生面积较大，其他均呈局部零星发生，危害不大。

松墨天牛　全省普遍发生，发生面积 143.6 万亩，同比去年上升 9.9%，局部区域已成连片发生。主要分布在宁德市、泉州市、三明市、福州市和南平市。

萧氏松茎象　局部地区发生，危害程度低，均为轻度发生，未成灾。发生 8.0 万亩，同比下降 25%，除 2021 年发生较往年有所波动外，总体发生较为平稳（图 14-4），主要分布在三明市。

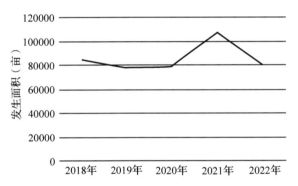

图 14-4　2018—2022 年福建省萧氏松茎象发生面积趋势

松突圆蚧　在闽东南沿海局部发生，发生面积较往年有所下降，整体危害轻，未成灾。发生 43.2 万亩，同比下降 10.2%，主要分布泉州市、莆田市、厦门市和漳州市。

马尾松毛虫　发生较为普遍，面积较往年相比有所下降，危害轻。发生 36.9 万亩，同比下降 7.3%，经过多年施放白僵菌、森得保等进行预防，全省马尾松毛虫发生较平稳，整体发生及危害程度呈下降趋势，主要分布在南平市。

柳杉毛虫　局部发生，危害轻。发生 3.0 万亩，同比下降 3.7%，主要分布在宁德市。

3. 竹林病虫害

竹林病虫害发生 40.2 万亩，总体发生平稳，无明显波动，基本为轻度发生。其中福建省常见的竹类病虫害有毛竹枯梢病、刚竹毒蛾、黄脊竹蝗、竹镂舟蛾、毛竹叶螨等，主要分布在南平市、三明市和龙岩市。

毛竹枯梢病　局部发生，危害轻。发生 2.1 万亩，同比下降 4.8%，主要分布在宁德市。

刚竹毒蛾　各发生区采用白僵菌、阿维菌素等进行第一代防治成效明显，危害轻。发生 23.5 万亩，同比上升 0.3%，主要分布在南平市和三明市。

黄脊竹蝗　各发生区采用尿药诱杀等方法进行防治成效明显，危害轻。发生 9.3 万亩，同比上升 4.5%，主要分布在龙岩市、南平市和三明市。

竹镂舟蛾　危害轻，局部地区达中度发生。发生 1.9 万亩，同比下降 23.4%，分布在三明市。

毛竹叶螨　危害轻。发生 2.0 万亩，同比上升 7.5%，分布于三明市和南平市。

4. 桉树病虫害

主要是桉树尺蛾，危害轻，发生 6.5 万亩，同比上升 21.2%，主要分布于漳州市。桉树枝瘿姬小蜂发生面积较小，为 0.2 万亩，主要分布于在泉州市。

5. 木麻黄病虫害

主要是木麻黄毒蛾，危害轻，发生 1.7 万亩，发生较往年有所上升，主要分布在平潭综合实验区和莆田市。

6. 经济林病虫害

主要有栗疫病、油茶宽盾蝽和栗瘿蜂，其中栗疫病发生 4.1 万亩，主要分布于南平市；油茶宽盾蝽和栗瘿蜂，发生面积较小，呈现零星分布。

（三）成因分析

一是持续高温干旱等极端气候条件造成林业有害生物易发。2022 年福建省平均气温较往年略高，主要体现在 7~9 月长时间的高温干旱，降水量偏少，是引发树势衰弱的主要原因，树势衰弱更加有利于相关林业有害生物发生和传播。

二是防治工作存在薄弱环节难以遏制松材线虫病高发。一些地方政府防控主体责任落实和责任传导不到位，工作措施不够具体，应急措施不够有力；一些地方资金保障不足，资金投入不能满足防治需要，导致疫情反复，没能从根本上控制疫情；经济贸易和国内交通日益便捷，调入使用松木及其制品渠道广、种类多、数量大，监管难度也越来越大。

三是大面积人工针叶树纯林致松杉类病虫害多发。松树是福建省用材林当家树种、荒山造林绿化先锋树种、水土流失治理功勋树种。福建省存在大面积人工松树、杉木纯林，树种组成较单一，森林生态系统稳定性和抗逆性差，森林自身抵御自然林业有害生物能力弱，为林业有害生物发生与传播蔓延创造了有利条件。

四是监测技术瓶颈等造成蛀干类害虫频发。蛀干类害虫的早期监测和防治存在大量困境：当前的监测技术和手段有待提高，大部地区仍以人工等方式开展监测，容易导致一些隐蔽性害虫不能够被及早发现；基层测报队伍相对薄弱，护林员监测水平还不够高，少数地方存在监测不全面、不及时等情况。

二、2023年林业有害生物发生趋势预测

（一）2023年总体发生趋势预测

根据2022年全省主要林业有害生物发生与防治情况，以及国家级林业有害生物中心测报点、林业有害生物普查提供的调查数据，结合林业有害生物发生规律、越冬代调查结果及气象资料，运用病虫测报软件的数学模型进行分析，预计2023年全省林业有害生物发生面积约400万亩，总体较2022年有所下降，其中病害约114万亩，虫害约286万亩（表14-1）。

表14-1 2023年主要林业有害生物预测情况表

主要有害生物种类	预测2023年发生面积（万亩）	主要发生地	预测发生趋势
有害生物合计	400		下降
病害合计	114.0		下降
松材线虫病	108.0	全省	下降
其他病害	6.0		平稳
虫害合计	286.0		下降
松突圆蚧	43.4	泉州市、莆田市	平稳
松墨天牛	145.2	泉州市、宁德市、福州市、三明市	平稳
萧氏松茎象	7.9	三明市	下降
桉树尺蛾	6.0	漳州市	平稳
马尾松毛虫	38.0	南平市	平稳
柳杉毛虫	2.8	宁德市	平稳
竹篓舟蛾	1.8	三明市	下降
刚竹毒蛾	23.9	南平市、三明市	平稳
毛竹叶螨	2.0	三明市、南平市	平稳
黄脊竹蝗	9.1	龙岩市、南平市、三明市	上升
板栗疫病	3.7	南平市	平稳
其他虫害	2.2		平稳

（二）分种类发生趋势预测

1. 松材线虫病

通过采取以死亡松树清理为核心，辅以防治性采伐改造、松墨天牛综合防治等综合措施，松材线虫病总体发生趋势持续下降，防控呈现良好势头，但仍需加强防控监测，预防局部区域扩散，预计2023年发生108.0万亩左右。

2. 松墨天牛

经过多年综合防治，挂设诱捕器，松墨天牛整体发生较为平稳，福州市、宁德市等局部地区有一定成灾可能性，预计2023年发生145.2万亩，主要发生在泉州市、宁德市、福州市和三明市。

3. 萧氏松茎象

受夏季高温干旱、台风天气等影响，发生呈下降趋势，成灾可能性小，预计2023年发生7.9万亩，主要发生在三明市。

4. 马尾松毛虫

经过多年施放白僵菌、森得保等进行预防，全省马尾松毛虫发生较平稳，且虫口密度一直处于较低水平，但受松毛虫周期性暴发规律影响，预计南平市局部地区会有暴发成灾的可能，2023年发生38.0万亩，主要发生在南平市。

5. 柳杉毛虫

发生较平稳，预计2023年发生2.8万亩，主要发生在宁德市。

6. 松突圆蚧

发生较平稳，成灾可能性小，预计2023年发生43.4万亩，主要发生在泉州市和莆田市。

7. 毛竹枯梢病

总体呈下降趋势，但存在局部地区高温、高湿等极端天气情况可能诱发灾害，预计2023年发生1.7万亩，主要分布在宁德市。

8. 刚竹毒蛾

经过主要虫源地多年施放白僵菌、森得保等进行预防，全省发生较平稳，且虫口密度一直处于较低水平，成灾可能性小，预计2023年发生23.9万亩，主要发生在南平市和三明市。

9. 黄脊竹蝗

发生较平稳，成灾可能性较小，预计2023年发生9.7万亩，主要发生在龙岩市、南平市和三明市。

10. 毛竹叶螨

发生较平稳，成灾可能性较小，预计2023年发生2.0万亩，主要发生在三明市和南平市。

11. 竹镂舟蛾

发生较平稳，成灾可能性较小，预计2023年发生1.8万亩，主要发生在三明市。

12. 桉树尺蛾

发生较平稳，局部地区可能成灾，预计2023年发生6.0万亩，主要发生在漳州市。

13. 板栗疫病

发生较平稳，成灾可能性小，预计2023年发生3.7万亩，主要发生在南平市。

14. 其他林业有害生物

预计2023年木麻黄毒蛾发生1.6万亩，主要发生在莆田市和平潭综合实验区；松针褐斑病、竹织叶野螟、竹节虫、竹笋禾夜蛾、栗瘿蜂、油茶宽盾蝽、黑翅土白蚁、竹节虫、异丽金龟等其他有害生物发生面积较小，成灾可能性不大。

三、对策建议

一是以林长制为抓手，进一步压实疫情防控责任。贯彻落实习近平总书记关于生物安全重要批示指示精神，加强生物安全风险防控和治理体系建设，全面提升对松材线虫病等重大林业有害生物的防控能力。以林长制为抓手，狠抓责任落实，对责任不落实、防治组织不力的，毫不手软运用通报、约谈、重点县整治等手段，进一步压实地方政府疫情防控主体责任，落实部门责任，形成地方政府主导、属地管理、部门协作、社会合作的工作格局。

二是以能力提升为手段，进一步夯实监测预警基础。统筹护林员、乡镇及林场管理员、社会化防治服务组织力量，充分发挥国家级中心测报点监测预报作用，织牢监测预警网络，做到早发现、早预警、早防治；全面应用林草生态网络管理感知系统松材线虫病精细化监管平台，推广应用无人机开展死亡松树监测，实施人工地面监测与航天航空遥感监测相结合的"天空地"一体化监测行动；加强开展森防技术人员、测报员、护林员监测技术培训，提高基层森防人员技术水平。

三是以防灾控灾为重点，进一步推进疫情全链条精准防控。坚持系统治理策略，全力以赴抓牢疫情监测、疫情除治和疫源疫木管控3个关键环节。落实松材线虫病疫情日常监测与专项普查制度，及时准确掌握疫情发生底数和动态；采取限期除治与集中除治相结合，全面彻底清理死亡松树；运用综合防治措施，开展媒介昆虫松墨天牛辅助防治；结合松林改造提升，加大松材线虫病发生小班松林改造力度，遏制疫情快速扩散蔓延的势头；常态化检疫执法与专项检查行动相结合，前移检疫关口，强化疫木管控，加大对非法采伐、出售、收购、存放、处理、加工和利用疫木及其剩余物的查处力度，防止疫木流失，并以案释法加大宣传教育，增强对检疫犯罪行为的震慑力。

四是以目标任务为导向，确保全面完成防治工作。紧盯 2025 年攻坚目标，按照"控制增量，消减存量"的总体要求，统筹松材线虫病防治和松林改造提升，分区分类科学精准施策。做到"快、准、狠"，及时全面彻底清除枯死松树，消除传播隐患。注重标本兼治，重点拔除轻型疫区以及孤立疫点、新发疫点，发生外围和严重发生区域要结合森林质量精准提升，加大防治性采伐改造，逐步压缩发生范围，努力实现预期目标。

（主要起草人：陈伟　石全秀　郑凌杰；主审：孙红　李加正）

15 江西省林业有害生物2022年发生情况和2023年趋势预测

江西省林业有害生物防治检疫中心

【摘要】 2022年全省主要林业有害生物总体呈偏重发生，发生728.74万亩，同比下降18.14%。其中病害399.92万亩，虫害328.77万亩。松材线虫病疫情防控成效显著提升，媒介昆虫松褐天牛点多面广、局部严重；马尾松毛虫越冬代在赣东北、赣西北暴发，黄脊竹蝗在赣西暴发；萧氏松茎象、油茶病害下降明显。

基于森林健康状况、防治成效、气候条件、生物学特性以及各地上报情况等因素分析，预测2023年林业有害生物发生总面积约为790万亩，略有上升，其中病害发生420万亩，虫害发生370万亩。针对当前有害生物发生特点及趋势，建议从提升监测能力、落实五年攻坚行动计划、做好常发性和突发性病虫害防治、推进检疫执法和宣传培训等几方面开展来年的工作。

一、2022年林业有害生物发生情况

根据各地监测调查数据显示，截至11月底，全省主要林业有害生物发生728.74万亩，同比下降18.14%。其中病害399.92万亩，同比下降14.13%；虫害328.77万亩，同比下降22.54%。按发生程度统计，其中轻度385.44万亩、中度110.7万亩、重度332.6万亩，成灾面积370.66万亩，成灾率23.02‰。无公害防治面积692.07万亩，无公害防治率99.1%。

(一) 发生特点

主要林业有害生物发生面积与去年相比略呈下降趋势。主要表现：危险性病虫害松材线虫病疫情防控成效显著提升，形势依然严峻、媒介昆虫松褐天牛点多面广、局部严重；常发性病虫害部分上升，局部严重，如马尾松毛虫在赣东北、赣西北暴发，黄脊竹蝗在赣西暴发；其他常发性害虫呈下降趋势（图15-1）。

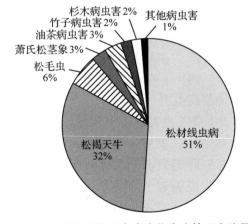

图15-1 全省主要林业有害生物发生情况占比图

(二) 主要林业有害生物发生情况分述

1. 松树病虫害

松材线虫病 防控成效显著，但依然严峻。根据松材线虫病专项普查结果显示，江西省松材线虫病发生面积370.26万亩、病死树326.63万株，发生面积和病死树数量均下降，与去年同期相比分别减少44.66万亩、92.34万株，分别下降10.76%和22.04%，撤销了疫点乡镇6个，鹰潭市月湖区、新建区大唐坪乡等40个乡镇已连续2年没有病死树，防控成效持续向好。但是疫情仍然点多面广，而且疫情有从一般林区向重点林区扩散，低海拔地区向高海拔地区蔓延的趋势，疫木清理难度加大，攻坚任务十分艰巨。

松褐天牛 点多面广、局地严重。发生235.11万亩，同比下降23.2%。在全省松林均有分布，特别是过火、风灾及雪压的松林受害后，引起松褐天牛等次生性虫害的大量发生，导致松褐天牛种群数量在部分山场较高，虫情发生前五的设区市依次是赣州市、吉安市、九江市、南昌

市和抚州市，5个设区市的发生面积占全省发生总面积的90%左右，特别是赣州市以发生面积61.57万亩居首位。发生面积超过10万亩的县（市、区）有4个，分别是万安县、庐山市、泰和县、宁都县，除此之外，还有53个县（市、区）发生面积超过万亩（图15-2）。

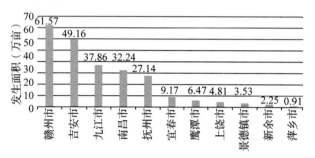

图15-2　2022年松褐天牛设区市发生情况图

马尾松毛虫　赣北赣中上升、局部危害严重。发生33.77万亩，同比上升98.75%。虫情呈上升的区域主要包括赣西北的武宁和修水、赣东北信江流域的弋阳和信州、赣中吉安市的永新、永丰、泰和、吉安县等地，其中在武宁和修水两县相邻部分区域出现周期性暴发，发生面积超过6万亩。全省越冬代发生13.91万亩，同比上升180%，48个县（市、区）报告有发生，其中发生面积超过5000亩的有修水县、弋阳县、吉安县、安福县、铅山县和武宁县6个县，发生面积超过千亩的有遂川县、横峰县等16个县（市、区）；第一代发生15.29万亩，同比上升91.12%，发生面积超过万亩的县（市、区）有修水县、武宁县和永新县，发生面积上千的县（市、区）有20个，大多数分布在鹰潭市、上饶市、吉安市、宜春市等中北部地区；第二代发生4.57万亩，同比下降17.13%，发生面积超过千亩的有上高县、信州区、弋阳县、宜黄县等15个县（市、区）（图15-3）。

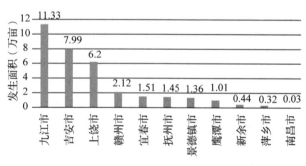

图15-3　2022年马尾松毛虫设区市发生情况图

思茅松毛虫　整体大幅上升，局部严重。发生面积8.06万亩，同比上升54.11%。共30个县（市、区）报告有虫情，局部区域与马尾松毛虫混合发生，主要分布在景德镇市、吉安市、上饶市、新余市和抚州市。发生面积超过5千亩的县（市、区）有4个，分别是永丰县、崇仁县、浮梁县和莲花县。发生面积超过千亩的县（市、区）还有12个，其中分宜县各国有林场种植的湿地松和莲花县荷塘乡严塘村、安全村等地松树林内都有发生，且危害严重。

萧氏松茎象　总体大幅下降、危害减轻。发生面积24.78万亩，同比下降45.99%。共有在8个设区市的31个县（市、区）报告有发生，虫情主要分布是在赣州市、吉安市、九江市、宜春市。发生面积超过万亩的县（市、区）只有6个，分别是宁都县、靖安县、永丰县、修水县、吉安县、信丰县，其中宁都县发生面积最大，为8.81万亩（图15-4）。

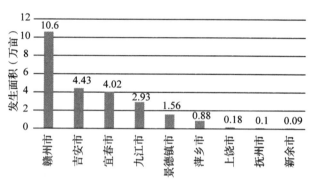

图15-4　2022年萧氏松茎象设区市发生情况图

松针褐斑病　发生1.12万亩，主要分布在崇仁县、分宜县和南城县。

松梢螟　发生1.21万亩，主要分布在修水县、弋阳县和余干县等。

马尾松赤枯病　发生0.9万亩，分布在弋阳县、南城县。

松突圆蚧　在赣州的全南市有发生，发生0.52万亩，同比下降91.2%。

2. 油茶病虫害

病害下降、虫害上升。发生24.07万亩，同比下降38.25%。其中油茶炭疽病9.28万亩、油茶软腐病5.11万亩、油茶煤污病4.06万亩、黑跗眼天牛4.17万亩、油茶象0.87万亩、茶黄毒蛾0.58万亩，主要分布在宜春市、上饶市、赣州市、萍乡市等（图15-5）。

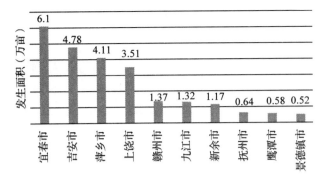

图15-5　2022年油茶病虫害设区市发生情况

3. 竹子病虫害

整体偏轻,但竹蝗局地严重。发生11.84万亩,同比下降31.84%。主要有黄脊竹蝗8.79万亩,同比下降30.68%,湘东区和浮梁县发生面积超过万亩,上栗、宜丰也发生偏重,局部出现了小范围成灾现象;毛竹枯梢病1.47万亩,刚竹毒蛾0.86万亩,在芦溪县、武功山管委会有中度危害面积;一字竹象0.25万亩。奉新县4个乡镇突发竹织叶野螟,宜丰县黄岗乡新竹突发不明食叶害虫(图15-6)。

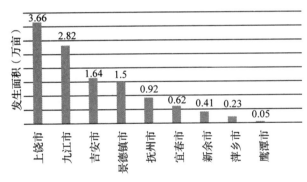

图15-6　2022年竹子病虫害设区市发生情况

4. 杉木病虫害

发生10.65万亩,同比下降27.6%。主要种类有黑翅土白蚁5.56万亩、杉木炭疽病4.56万亩、杉梢小卷蛾0.3万亩,杉木细菌性叶枯病0.23万亩。主要分布在赣州、萍乡、九江、上饶、景德镇等设区市。安福县明月山林场的300多亩10年生杉木人工林发生杉木黄化病,导致杉木针叶枯黄、部分植株枯死。

5. 杨树病虫害

发生1.81万亩,同比下降43.96%。其中杨树病害(炭疽病、锈病)0.14万亩,杨树食叶害虫(杨扇舟蛾、杨二尾舟蛾、分月扇舟蛾等)0.79万亩,杨树蛀干害虫(星天牛等)0.88万亩。主要分布在萍乡、吉安、宜春、上饶、抚州、九江等市通道绿化两旁和荒地、滩涂地种植的杨树林内。

6. 其他有害生物

舞毒蛾发生0.47万亩,分布在莲花县、芦溪县、庐山管理局;银杏大蚕蛾发生0.3万亩,分布在庐山、武功山、芦溪县、德兴市等,在九江市林科所连续4年发生,由突发变常发;枫毒蛾发生0.29万亩,分布在莲花县、奉新县;桉树枝瘿姬小蜂发生0.03万亩,分布在南康的桉树林内。庐山风景名胜区首次发现松白粉蚧,发生面积50余亩。

(三)成因分析

1. 上半年的多雨气候和下半年极端干旱气候影响林业有害生物的发生

2022年气候总体情况是上半年气温低、雨水多,下半年气温高,雨水少。3月下旬出现"倒春寒",4月中旬出现强冷空气,5月中旬出现"小满寒",且上半年出现了10次暴雨强对流天气,一方面影响越冬代马尾松毛虫的生长发育和导致病害的流行,另一方面影响防治效果。赣西北的修水、武宁和赣中的泰和在3月下旬至4月中旬都开展了越冬代马尾松毛虫防治,持续暴雨天气对药物的冲刷作用降低了防治效果,导致了第一代在赣西北部分县暴发。安福县明月山林场的杉木受3、4月持续降雨的影响,突发杉木病害导致杉木死亡。

自7月中旬局部开始出现重度气象干旱,至10月30日,全省94.6%的地区维持重度及以上气象干旱,重旱持续111天,是全国气象干旱持续时间最长、程度最重的省份之一。平均降水偏少程度和高温日数均居全国之首,平均降水量和平均气温均为历史同期最高。持续高温导致的重度干旱天气一方面导致我省立地条件较差地方的松树、杉木、毛竹等树种出现不同程度的枯死,另一方面影响病害的发病流行和虫害的生长发育,"旱生虫、湿生病",由于长期干旱,林间缺少病菌生长需要的湿度条件,油茶三病等病害与同期相比存在显著的下降;据松毛虫中心测报点反映,持续高温低温不利于松毛生长发育,第二代松毛虫幼虫虫口密度偏低、羽化率大幅度降低,多个监测点未发现越冬幼虫;萧氏松茎象在10月的化蛹受到天气的影响,滞后现象明显。

2. 主要林业有害生物持续防控效果显著

据松材线虫病专项普查结果，江西省的发生面积和病死树数量双下降，疫情扩散蔓延态势得到有效遏制。一是各级政府高度重视，防控成效逐年显现。省委、省政府持续高度重视松材线虫病防控工作，高位推动责任落实，督促引领各级政府切实扛起防治责任，坚决打好打赢松材线虫病防控五年攻坚战；二是完善防控机制。以林长制为抓手，下发林长责任清单，明确松材线虫病疫情防控责任和任务，提升林业有害生物(松材线虫病)防治考核比重，分值由原来的5分提高至10分，同时，将松材线虫病防控成效纳入影响度考核加减分项内容。各地坚持因地制宜、分类施策，以"清、保、改、封、补"等技术措施，落实一县一策；三是在绩效考核工作和成效评价下功夫。完善科学考核评价机制，分片成立省级联系指导小组，通过县级自评、市级复评、第三方核查、省级巡查后综合评分。评价结果将作为资金以奖代补重要参考依据，纳入省高质量发展、林长制考核等相关指标内容；四是突出重点区域，科学精准施策。在全省重点区域推广无人机监测、打孔注药、飞机喷药防治、释放天敌花绒寄甲、生态修复等综合技术，打出生物防控技术"组合拳"，防治成效显著。同时强化庐山和三清山风景名胜区立法工作和资金保障工作。2021—2022年度共向庐山、三清山等重点区域落实防治补助资金3805万元，占资金总量的比例超过20%，确保环黄山区域和庐山区域保卫战顺利实施。

3. 扎实开展监测预警工作，确保监测的准确性和真实性

一是强化病虫情监测核查。印发《关于进一步加强林业有害生物发生防治信息数据报送工作的通知》，在通知中强调对发生面积连片超过100亩的有害生物，需要定位和图片；二是开展松材线虫病卫星遥感、无人机遥感监测，卫星遥感覆盖全省53个县(市、区)，共监测松林1400万余亩；无人机遥感主要针对目标责任书中要求实现无疫情和有拔除任务的疫点乡镇进行核实，共核查松林79万余亩；三是抓好松毛虫等常发性及突发性林业有害生物虫情监测和核查。开展了马尾松毛虫越冬代虫情、竹蝗虫情及松褐天牛监测调查，上报周报50次、月报11次，虫情动态475条、短期预报405条，病虫情预警信息3期。

二、2023年林业有害生物发生趋势预测

(一) 总体趋势预测

预测2023年全省主要林业有害生物发生约为790万亩，其中病害发生420万亩，虫害发生370万亩。预计明年病虫害总体发生重于常年，松材线虫病呈缓慢下降趋势，受今年下半年气候影响，大量干枯死树、褐天牛、萧氏松茎象、马尾松毛虫等常发性病虫害将呈上升趋势。

预测依据：①据江西省气候中心预测，2022/2023年冬季(2022年12月至2023年2月)气候趋势预测，2020年秋季开始的"拉尼娜"状态，还将持续至2022/2023年冬季。2022年12月至2023年2月，江西省气温变化幅度较大，有阶段性强降温和低温雨雪冰冻天气发生。平均气温偏高，总体呈前冬暖后冬冷的态势。预计冬季，全省平均气温7.5~8.5℃，较历年同期偏高0~1℃，平均降水偏少，其中赣北偏少2~5成。②根据全省近年来林业有害生物发生和防治情况、主要林业有害生物越冬前基数和发生发展规律、各市预测情况、36个国家级中心测报点以及经济林种植面积和管理水平。

(二) 分种类发生趋势预测

1. 松树病虫害

松材线虫病　预测2023年全省松材线虫病发生面积缓慢下降趋势，预计发生约360万亩。

预测依据：①精准持续发力。以完成五年攻坚行动中期为目标任务，做好疫情分区分级，结合年度目标任务，科学制定年度除治实施方案，提高防控成效。②建立长效机制。坚持防控目标责任书一年一下达机制，压实防控责任。通过强化联系指导制度、健全监管制度、完善资金奖补制度，构建防控工作长效机制，推进松材线虫病防控工作常态化。③提升林分质量。结合疫木除治和造林绿化、抚育改造、生态修复工程，切实抓好疫点的阔叶树补栽补造和生态修复等工作，提升森林的健康水平。

随着各项措施的落地，江西省近几年在防控松材线虫病上取得良好成效，但是问题依然不少，今年下半年的极端干旱天气，存在大量的干枯死树和衰弱木，对2023年的松材线虫病扩散存在很大的隐患。由于防治手段过于单一，各地持续投入防控资金很难得到保障、防治力量不足未得到根本改善等，故松材线虫病防控形势不容乐观。

松褐天牛 预测呈上升趋势，发生面积约280万亩。预计在景德镇、萍乡、鹰潭、赣州、上饶地区上升，新余市持平，南昌、九江、吉安地区下降（图15-7）。

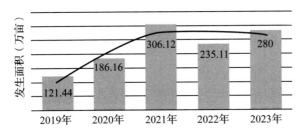

图15-7 2019—2022年松褐天牛发生面积对比及2023年趋势预测

预测依据：①极端干旱天气导致林间枯死松树数量增加。2022年持续数月（6月下旬至11月上旬）的高温酷暑天气不仅加速了感染线虫后的松树死亡，而且在立地条件差的地方出现大量枯死树，据2022年松材线虫病专项调查结果显示，全省其他原因造成的枯死松树共计158.6797万株。②受马尾松毛虫危害的影响。2022年上半年越冬代松毛虫在赣西北、赣东北信江流域弋阳和信州一带，特别是在赣西北的修水、武宁两县相邻区域暴发，面积达6万余亩，大片松林在遭受越冬代危害后又遇上连旱天气，松林新梢无法及时更新，导致松林大片死亡。③受异常天气影响。7~11月持续干旱少雨，森林火险等级不断攀升，森林火灾事件频发，火烧迹地松树（过火松树）生长势衰弱，会引起区域性松褐天牛暴发等；10月全省各地进入集中除治期，由于今年持续高温干旱日数创历史新高，导致大量枯死松树清理，各地除治工作时间紧、任务重，若未能全部清理到位，林间枯死木、衰弱木、濒死木极易引发松褐天牛等次生性害虫高发。

萧氏松茎象 预测持平或略有上升，预计发生约30万亩。预计在九江、景德镇、新余、赣州、吉安地区上升，萍乡、抚州和上饶地区持平（图15-8）。

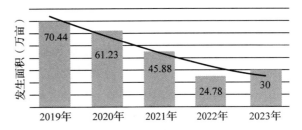

图15-8 2019—2022年萧氏松茎象发生面积对比及2023年趋势预测

预测依据：①林下小生境的改变影响萧氏松茎象的发生。近年来，松脂生产是各地林农增收主要来源之一，采脂人员会对湿地松基部的杂灌草进行清理方便采脂，不利于害虫发生的小生境，一定程度上使得害虫适生区域有所减少，随着湿地松割脂利用面积增大，监测更加精准，数据越真实。②湿地松成熟林拍卖采伐减少了寄主树种面积。③受气象因素和害虫生活习性的影响。2022年的夏秋连旱导致林间气温高、湿度低，而萧氏松茎象喜阴湿环境，因此高温对其生长不利。2023年的发生情况与松脂价格、采脂工采脂及中幼林内的萧氏松茎象是否防治关系密切。

松毛虫 预测呈上升趋势，马尾松毛虫发生面积约35万亩，预计赣州、抚州、新余、景德镇、萍乡等5市上升，其他6市下降。思茅松毛虫发生面积约8万亩（图15-9）。

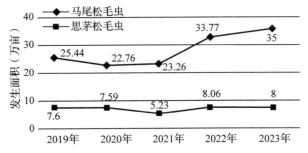

图15-9 2019—2022年松毛虫发生面积对比及2023年趋势预测

预测依据：①马尾松毛虫发生的周期性规律。赣西北九江市修水和武宁两县的大暴发已过，2023年将呈下降趋势；赣北的鄱湖片自1998年大发生后，虽然没有出现过全域性大面积暴发的情况，但是2018年在弋阳、广丰、玉山等县的局部区域性大发生，根据发生规律，弋阳、广丰、玉山等县局部区域可能会有高虫口出现。②防治情况。2022年赣州市马尾松毛虫发生区在越冬代、第一代分别开展了防治，且力度较大，据越冬前调查，多数马尾松毛虫常发地区及周边的越冬虫口密度较低，预测2023年仅在局地严重，总体可控。九江市松毛虫暴发后，因缺乏防治经验和药剂药械缺少储备，错过了最佳防治时间，同时存在防治盲区，造成防效不佳，2023年仍有小面积的发生。分宜、永丰、崇仁、莲花均对思茅松毛虫开展了防治，取得了较好的效果。③受气象因素和害虫生活习性的影响。8~9月全省日均平均温度是28~35℃，第二代松毛虫生长期明显缩短，高温低温下不利于生长育，死亡率较高，越冬幼虫明显减少，加上各地持续清理枯松死树和衰弱木，减少了松毛虫越冬场所，一定程度的减少马尾松毛虫的危害。但是根据今冬明春（2022.12—2023.02）的气候趋势预测，平均气温偏高，总体呈前冬暖后冬冷的态势，平均降水偏少，其中赣北偏少2~5成。有利于在赣北及东北地区马尾松毛虫的提前恢复取食。

2. 油茶病虫害

预测呈上升趋势，发生面积约45万亩（图15-10）。预计宜春、吉安、新余、鹰潭上升，赣州持平，其他市下降。

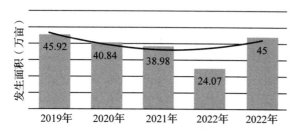

图15-10　2019—2022年油茶病虫害发生面积对比及2023年趋势预测

预测依据：①寄主树种面积逐年增加。近年来，习近平总书记多次就油茶产业发展做出重要指示批示，江西作为全国油茶种植第二大省，为保粮油安全，全面落实油茶产业高质量发展工作，油茶林面积不断增加，寄主树种面积的增加为病虫危害提供了条件。②植被单一，生物多样性减少。江西省企业和大户多采取单一、连片栽种模式，且前期种植密度过大，林内生境单一、生物多样性低、害虫天敌少，缺少完整的生态链，一旦发生病虫害，极易扩散蔓延、连片发生，如各地高产油茶林普遍发生叶甲取食叶片，降低油茶叶片的光合作用，影响油茶生长。③林农主动预防。由于油茶是重要的油料树种，经济效益好，企业、大户和林农关注度高，一般会主动开展病虫害预防措施，基本保持在有虫不成灾的可控范围内。

3. 竹子病虫害

预测2023年会上升，发生面积20万亩（图15-11）。预计在萍乡、宜春、赣州上升，吉安、上饶持平，其他市下降。

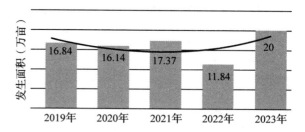

图15-11　2019—2022年竹子病虫害发生面积对比及2023年趋势预测

预测依据：①防治情况。赣西萍乡市的湘东和上栗、宜春市的奉新和宜丰、赣北景德镇市的浮梁、昌江等地对发生的林分开展了防治，进行烟剂熏杀或无人机药物防治，降低了林间虫口密度，但防治手段较单一，林间仍存有一定的虫口，预计2023年仍将发生。②历年发生规律。根据竹蝗的生活史，自7月上旬起，竹蝗食叶量逐渐增加，8月是食叶量的最高峰，对竹林的危害才显现出来。通过分析近年来各地上报的情况，普遍在7月以后发现，此时竹蝗虫龄偏大、抗药性强，且随着羽化期的到来，7月下旬至8月成虫可能迁移、迁飞，各地未能抓住产卵地、上竹前、迁飞前的时机开展防治，导致防效差，遗留虫口多。预计在萍乡、宜春、赣州上升，其他设区市持平或弱下降。③受今年极端天气影响。今年下半年的干旱导致毛竹大量的枯死，减少了病虫害的发生，明年发生面积高于往年。

4. 杉木病虫害

预测呈上升趋势，发生面积约16万亩（图15-12）。预计在赣州、上饶上升，景德镇、吉安持平，其他市下降。

预测依据：①林分状况。杉木病虫害的发生与杉木林的林内卫生、郁闭度、通风透光等林分状况情况息息相关，江西省杉木林大多处于封山育林阶段，郁闭度高，通风条件不好，林间地被物和灌木多，易导致以杉木炭疽病、叶枯病为主的病害流行发生。②气象因素。受今年夏秋连旱的极端天气影响，立地条件差的地方杉树生长不良，且有很多干旱致死的杉树，林间枯死木、衰弱木的增加将导致黑翅土白蚁和杉肤小蠹等次生性害虫危害。

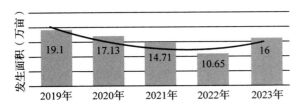

图 15-12　2019—2022 年杉木病虫害发生面积对比及 2023 年趋势预测

三、对策和建议

（一）加大智能监测系统的研发和推广力度

随着事业单位机构改革，面对基层人员薄弱能力不足等出现的新问题，以完善监测体系、全面落实责任、提升科技含量、创新工作机制为抓手，推动监测预报工作转型升级，推进监测立体化、预报精细化、服务多元化、管理信息化，加大林业有害生物智能监测系统研究，实现及时监测、准确预报、主动服务。以灾害为导向，积极推广和应用测报先进技术、新方法、新成果。如无人机监测、灯光和信息素监测调查，将基层测报员从具体繁重的日常监测中解放出来。

（二）持续抓好松材线虫病疫情防控五年攻坚行动

一是完成年度疫木清理任务，科学开展考核评价工作，完成国家林草局中期目标考核任务；二是进一步搅动地方，压实防控责任，发挥好林长制考核指挥棒作用；三是严格疫源管控，坚持开展联系指导和调度通报，确保疫情防控成效；四是抓好重点地区松材线虫病防控，坚决守住重点生态区域阵地、敏感地区生态安全；五是抓好专项普查和疫木管控，加强技术指导，指导各地做好疫情专项普查工作和科学制定年度除治方案，确保分类施策落地落实。进一步压实疫情防控监管责任，严格疫木源头管控。

（三）统筹抓好监测预报和常发性、突发性病虫害防治

一是指导各地做好病虫情监测调查。加强美国白蛾疫情监测预警，筑牢美国白蛾入侵防线；做好松毛虫、油茶病虫害等常发性及突发性林业有害生物的日常监测和重点时期防治工作。继续指导龙虎山、三清山做好松褐天牛飞防；二是抓实林业有害生物测报网管理，强化省级重点测报点监测能力建设，做好病虫情信息报送和趋势会商等工作，高效开展松材线虫病遥感监测和灾情调查。

（四）深入推进检疫执法和宣传工作

一是开展好"双随机一公开"行政检查工作、疫木清理专项行动，抓好临时检疫检查站的延期和新增申报工作，强化依法行政和检疫监管，严防疫木流失。加强与公安、市场监督等执法部门的配合，持续开展检疫执法联合专项行动，精准打击违法调运、生产经营加工疫木及其制品的行为。特别是针对疫木跨省违法调运案件，发现一起、立案一起、查处一起，坚决防止疫木跨省调运事件发生。推广应用松材线虫病疫木监管平台和 APP，加强疫木除治精细化管理；二是创新宣传与培训，办精办实业务培训班，提升基层业务监测水平。

（主要起草人：吴宗仁　侯佩华　管铁军　李红征　占明　施凤生　谢菲；主审：孙红　李加正）

16 山东省林业有害生物2022年发生情况和2023年趋势预测

山东省森林病虫害防治检疫站

一、2022年林业有害生物发生情况

根据森防报表数据，2022年全省主要林业有害生物发生675.83万亩（轻度发生658.69万亩，中度发生13.24万亩，重度发生3.90万亩），同比下降10.78%。其中病害发生132.56万亩，同比下降27.65%；虫害发生543.26万亩，同比下降5.40%（图16-1）。全省共投入防治资金3.84亿元，防治作业面积4764.06万亩次。

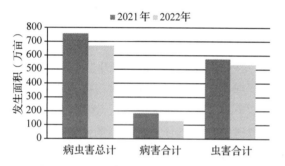

图16-1 近两年林业有害生物发生情况

（一）发生特点

受各方面因素影响，2022年全省林业有害生物发生总体偏轻，监测的35种重要林业有害生物中，长林小蠹为新增加的监测种类，枣疯病、日本龟蜡蚧、双条杉天牛、杨白纹潜蛾、杨小舟蛾、侧柏毒蛾等6种发生面积上升，其他28种发生面积下降（表16-1、表16-2）。主要发生特点：一是外来林业有害生物发生面积有所下降，但仍处于高位，形势严峻。2022年，5种外来入侵物种发生面积占总面积的60%。松材线虫病在青岛、烟台、威海、日照等市局部地区危害仍然严重；美国白蛾第2代、第3代在济南、青岛、泰安等市部分区域危害严重，在青岛市引起舆情；日本松干蚧在鲁中、鲁东局部地区危害严重；长林小蠹在青岛、泰安新发现危害；二是杨小舟蛾在济南、青岛、潍坊、泰安、日照、临沂等市局部地区暴发，片状成灾。其他常发性有害生物发生相对平稳。

表16-1 各市2021—2022年林业有害生物总计发生面积

发生地	2021年发生面积（万亩）	2022年发生面积（万亩）	同比（%）
合计	757.49	675.83	-10.78
济南市	86.92	81.38	-6.37
青岛市	56.68	63.11	11.35
淄博市	34.18	28.14	-17.67
枣庄市	27.34	30.99	13.34
东营市	13.94	10.62	-23.83
烟台市	46.19	47.68	3.22
潍坊市	32.80	30.49	-7.04
济宁市	25.57	24.72	-3.34
泰安市	31.20	29.8	-4.47
威海市	125.15	71.29	-43.04
日照市	17.37	26.61	53.19
临沂市	62.35	56.66	-9.13
德州市	19.38	10.19	-47.43
聊城市	30.45	32.21	5.77
滨州市	78.26	71.41	-8.75
菏泽市	69.69	60.54	-13.13

表16-2 山东省2021—2022年主要林业有害生物发生情况

病虫名称	2021年发生面积(万亩)	2022年发生面积(万亩)	同比(%)
病虫害总计	757.49	675.83	-10.78
病害合计	183.22	132.56	-27.65
松烂皮病	7.12	6.34	-10.87
杨树黑斑病	29.38	29.36	-0.08
杨树溃疡病	42.10	34.85	-17.22
板栗疫病	1.49	1.37	-8.18
枣疯病	0.00	0.01	100.00
泡桐丛枝病	0.66	0.42	-36.55
松材线虫病	113.75	96.00	-15.60
虫害合计	574.26	543.26	-5.40
日本龟蜡蚧	0.30	0.41	39.93
日本草履蚧	4.10	2.88	-29.62
日本松干蚧	20.59	19.25	-6.48
悬铃木方翅网蝽	17.82	15.57	-12.62
光肩星天牛	11.61	10.87	-6.42
桑天牛	3.88	3.46	-10.73
锈色粒肩天牛	0.05	0.00	-100.00
松墨天牛	78.95	63.35	-19.77
双条杉天牛	5.85	6.12	4.56
长林小蠹	/	2.16	/
大袋蛾	0.19	0.00	-100.00
杨白纹潜蛾	3.45	3.86	11.75
白杨准透翅蛾	0.19	0.05	-73.68
微红梢斑螟	2.65	2.14	-19.04
春尺蠖	23.31	18.60	-20.22
黄连木尺蛾	0.07	0.06	-14.29
国槐尺蛾	1.47	0.99	-32.56
赤松毛虫	3.78	3.01	-20.39
杨扇舟蛾	20.62	18.66	-9.52
杨小舟蛾	58.76	65.85	12.07
美国白蛾	333.55	320.48	-3.92
舞毒蛾	1.11	0.68	-38.88
侧柏毒蛾	2.18	2.19	0.74
杨毒蛾	4.18	3.18	-23.93
枣叶瘿蚊	1.10	1.04	-5.45
松阿扁叶蜂	10.47	7.75	-26.01
杨扁角叶爪叶蜂	0.73	0.60	-17.91
朱砂叶螨	4.96	3.47	-30.07

(二)主要林业有害生物发生情况分述

1. 美国白蛾

全省发生320.48万亩,同比下降3.92%(图16-2)。16市均有发生,在青岛、枣庄、烟台、泰安、日照、聊城等6市发生面积同比上升;济南、淄博、东营、潍坊、济宁、威海、临沂、德州、滨州、菏泽等10个市发生面积同比下降。济南、青岛、枣庄、潍坊、济宁、日照、临沂、德州、聊城、滨州、菏泽等11市局部地区中、重度发生。商河县、惠民县、无棣县、博兴县等4个县(区)发生面积在10万亩以上,长清区、章丘区、莱芜区、济阳县、黄岛区、平度市、高青县、诸城市、五莲县、莒县、河东区、费县、滨城区、沾化区、牡丹区、东明县等16个县（市、区）发生面积在5万~10万亩。全省投入2.39亿元，防治作业面积3823.11万亩次，除烟台、威海2市外，其他14个市飞机防治面积3215.73万亩，取得较好的防治效果，没有出现大面积成灾现象。但城乡接合部，县、乡交界处，以及水源地周围、沿海虾蟹等特殊养殖区、市区居民区等防治困难的地方，发生较重，局部成灾。

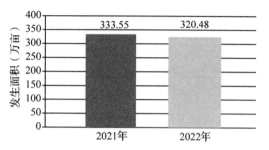

图16-2　近两年美国白蛾发生情况

2. 松材线虫病

全省发生96万亩，同比下降15.60%（图16-3）；死亡松树64.1万株，同比下降52.60%。秋季普查在青岛、烟台、泰安、威海、日照等5个市19个县（市、区）123个乡镇17555个小班发现松材线虫病疫情；全省有5个疫区、21个疫点、20187个疫情小班秋季普查没有发现疫情，无疫情面积24.4633万亩。全省投入4171.39万元，防治作业面积82.31万亩次。

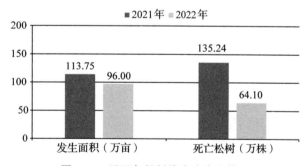

图16-3　近两年松材线虫病发生情况

3. 悬铃木方翅网蝽

发生15.57万亩，同比下降12.62%（图16-4）。临朐县、寿光市、安丘市、任城区、泰山区、牡丹区、鄄城县等7个县（市、区）发生面积在0.5万亩以上，潍坊、济宁、滨州等市局部地区发生较重。全省投入504.90万元，防治作业面积26.26万亩次。

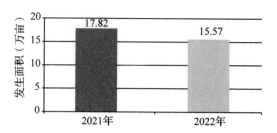

图16-4　近两年悬铃木方翅网蝽发生情况

4. 日本松干蚧

发生19.25万亩，同比下降6.48%（图16-5）。潍坊市、临沂市发生面积同比上升，青岛市、泰安市发生面积与去年持平，济南市、淄博市、烟台市、济宁市、日照市等5市发生面积同比下降。莱芜区、钢城区、沂源县、牟平区、招远市、栖霞市、临朐县、徂徕山林场、五莲县、蒙阴县等10个县（市、区、林场）发生面积在0.5万亩以上。全省投入1206.13万元，防治作业面积16.57万亩次。

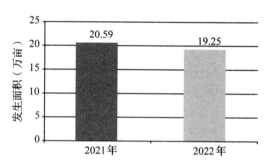

图16-5　近两年日本松干蚧发生情况

5. 杨树溃疡病

发生34.85万亩，同比下降17.22%（图6）。商河县、黄岛区、滕州市、沾化区、惠民县、博兴县、牡丹区、曹县、东明县等9个县（市、区）发生面积在1万亩以上。济南、枣庄、潍坊、济宁、滨州等市局部地区中度发生，济南市局部地区重度发生。全省投入605.07万元，防治作业57.51万亩次。

6. 杨树黑斑病

发生29.36万亩，同比下降0.08%（图16-6）。章丘区、商河县、滕州市、惠民县、牡丹区、定陶区、曹县、单县、成武县、东明县等10个县（市、区）发生面积在1万亩以上，枣庄市、济宁市局部地区中度发生。全省投入433.19万元，防治作业面积45.20万亩次。

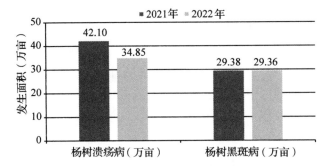

图 16-6 近两年杨树病害发生情况

7. 杨扇舟蛾

发生 18.66 万亩,同比下降 9.52%(图 16-7)。黄岛区、平度市、莱西市、高青县、滕州市、沾化区、博兴县等 7 个县(市、区)发生面积在 1 万亩以上。济宁、滨州等市局部地区中度发生。全省投入 475.13 万元,防治作业面积 71.04 万亩次。

8. 杨小舟蛾

发生 65.85 万亩,同比上升 12.07%(图 16-7)。章丘区、高新区、平阴县、商河县、先行区、黄岛区、胶州市、平度市、莱西市、高青县、市中区、滕州市、诸城市、高密市、嘉祥县、东平县、莒县、蒙阴县、邹平市、牡丹区、曹县、单县、东明县等 23 个县(市、区)发生面积在 1 万亩以上。济南、潍坊、济宁、日照、临沂、德州、聊城等市局部呈中度发生,济南、青岛、日照、临沂等市局部地区呈重度发生。全省投入 2060.72 万元,防治作业面积 309.71 万亩次。

9. 春尺蠖

发生 18.60 万亩,同比下降 20.22%(图 16-7)。济阳县、先行区、高青县、牡丹区、单县、东明县等 6 个县(市、区)发生面积在 1 万亩以上。济南、潍坊、济宁、滨州等市局部地区中度发生。全省投入 416.14 元,防治作业面积 64.71 万亩次。

10. 杨毒蛾

发生 3.18 万亩,同比下降 23.93%(图 16-7)。招远市、莱西市发生面积在 0.5 万亩以上。全省投入 72.35 万元,防治作业面积 4.44 万亩次。

11. 杨白潜蛾

发生 3.86 万亩,同比上升 11.75%(图 16-7)。主要发生在菏泽市,均为轻度发生。投入 46.16 万元,防治作业面积 3.95 万亩次。

12. 杨扁角叶蜂

发生 0.60 万亩,同比下降 17.91%(图 16-7)。在淄博、德州两市局部地区轻度发生。全省投入 7.02 万元,防治作业面积 0.60 万亩次。

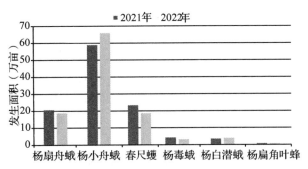

图 16-7 近两年杨树食叶害虫发生情况

13. 光肩星天牛

发生 10.87 万亩,同比下降 6.42%(图 16-8)。莱西市、广饶县、新泰市、莒南县、滨城区、牡丹区、定陶区、曹县等 8 个县(市、区)发生面积在 0.5 万亩以上。枣庄、临沂、菏泽等市局部地区中重度发生。全省投入 328.89 万元,防治作业面积 18.43 万亩次。

14. 桑天牛

发生 3.46 万亩,同比下降 10.73%(图 16-8),均为轻度发生。牡丹区发生面积在 0.5 万亩以上。全省投入 42.87 万元,防治作业面积 13.98 万亩次。

15. 白杨透翅蛾

发生 0.05 万亩,同比下降 73.68%(图 16-8)。在东营市轻度发生。全省投入 2 万元,防治作业面积 0.1 万亩次。

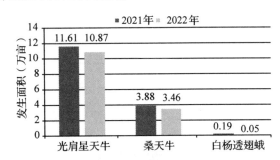

图 16-8 近两年杨树蛀干害虫发生情况

16. 松烂皮病

发生 6.34 万亩,同比下降 10.87%(图 16-9)。黄岛区、崂山区、牟平区、莱州市、栖霞市莱州市等 5 个县(市、区)发生面积在 0.5 万亩以上上，烟台市局部地区中度发生。全省投入208.71万元，防治作业面积9.52万亩次。

17. 赤松毛虫

发生3.01万亩，同比下降20.39%（图16-9），其中黄岛区发生面积在2.3万亩。全省投入49.28万元，防治作业面积4.13万亩次。

18. 松褐天牛

发生63.35万亩，同比下降15.77%（图16-9）。崂山区、芝罘区、牟平区、莱山区、烟台高新技术产业开发区、栖霞市、徂徕山林场、环翠区、文登区、荣成市、乳山市、威海高新区、临港区、东港区等14个县（市、区、林场）发生面积在1万亩以上。全省投入2952.50万元，防治作业面积169.04万亩次。

19. 松阿扁叶蜂

发生7.75万亩，同比下降26.01%（图16-9）。莱芜区、沂源县、鲁山林场、泰山林场、徂徕山林场等5个县（区、林场）发生面积在0.5万亩以上。泰安市局部地区中、重度发生。全省投入31.27万元，防治作业面积4.75万亩次。

20. 松梢螟

发生2.14万亩，同比下降19.04%（图16-9）。全省投入223万元，防治作业面积2.65万亩次。主要在青岛、淄博、日照等3市局部地区轻度发生。

21. 长林小蠹

发生2.16万亩（图16-9）。全省投入17.73万元，防治作业面积0.50万亩次。主要在青岛、烟台、威海等3市局部地区轻度发生。

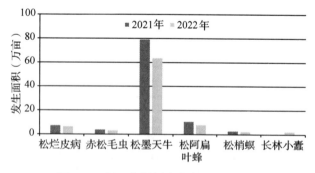

图16-9 近两年松树有害生物发生情况

22. 双条杉天牛

发生6.12万亩，同比上升4.56%（图16-10）。平阴县、淄川区、滕州市、青州市泰山林场等5个县（市、区、林场）发生面积在0.5万亩以上，枣庄市局部地区中、重度发生。全省投入355.78万元，防治作业面积12.30万亩次。

23. 侧柏毒蛾

发生2.19万亩，同比上升0.74%（图16-10）。滕州市发生面积在0.5万亩以上，枣庄市局部地区中度发生。全省投入32.85万元，防治作业面积4.18万亩次。

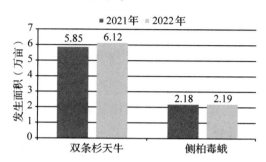

图16-10 近两年侧柏有害生物发生情况

24. 板栗疫病

发生1.37万亩，同比下降8.18%（图16-11）。枣庄、济宁、日照、临沂等市局部地区轻度发生，枣庄市局部地区中度发生。全省投入32.72万元，防治作业面积1.57万亩次。

25. 日本龟蜡蚧

发生0.41万亩，同比上升39.93%（图16-11）。在枣庄、德州、滨州等市轻度发生。全省投入4.91万元，防治作业面积0.48万亩次。

26. 枣叶瘿蚊

发生1.04万亩，同比下降5.45%（图16-11）。在东营、滨州两市局部地区轻度发生，滨州市局部地区中度发生。全省投入21.2万元，防治作业面积1.09万亩次。

27. 红蜘蛛

发生3.47万亩，同比下降30.07%（图16-11）。在日照、临沂、滨州等市局部地区轻度发生，在滨州市局部地区中度发生。全省投入96.51万元，防治作业面积3.64万亩次。

28. 枣疯病

发生0.01万亩，去年为零发生（图16-11）。在东营市局部地区轻度发生。全省投入0.15万元，防治作业面积0.01万亩次。

29. 泡桐丛枝病

发生0.42万亩，同比下降36.55%，在菏泽市局部地区轻、中度发生。全省投入7.40万元，防治作业面积0.47万亩次。

30. 槐尺蛾

发生0.99万亩，同比下降32.56%，在潍

图 16-11 近两年经济林有害生物发生情况

坊、淄博、济宁、德州、聊城、滨州等市局部地区轻度发生，在德州市局部地区中度发生。全省投入 63.25 万元，防治作业面积 2.94 万亩次。

31. 舞毒蛾

发生 0.68 万亩，同比下降 38.88%，在济南、淄博、枣庄、泰安、德州等市局部地区轻度发生，在枣庄市局部地区中度发生。全省投入 7.02 万元，防治作业面积 0.88 万亩次。

32. 草履蚧

发生 2.88 万亩，同比下降 29.62%，在济南、淄博、滨州、菏泽等市局部地区轻度发生。全省投入 35.37 万元，防治作业面积 2.91 万亩次。

33. 木橑尺蠖

发生 0.06 万亩，同比下降 14.29%，在淄博市局部地区轻度发生。全省投入防治经费 0.46 万元，防治作业面积 0.09 万亩次。

(三) 发生原因分析

1. 气候对林业有害生物发生和防治的影响

2021—2022 年充沛降水对松材线虫病和松墨天牛发生有一定抑制，加上近几年防治取得一定成效，实现连续 3 年呈现双下降。今年山东省异常气候对美国白蛾发生影响较大，4~5 月降水少且气温出现骤降，导致部分区域孵化率较低，低龄幼虫死亡率增加。但 7~8 月丰富的降雨有利于美国白蛾、杨小舟蛾发育繁殖，加上降雨影响了防治效果，美国白蛾第 2 代、第 3 代，杨小舟蛾第 3 代、第 4 代在局部地区反弹，造成点、片状成灾。

2. 属地管理、各负其责有所落实

由于林业有害生物灾害的特殊性，涉及行业部门多，需要多方协调，联防联控。今年全省对林业有害生物防治工作高度重视，各地充分认识到了防控工作的复杂性和严峻性，各级领导亲自部署督导，相邻市、县开展联防联治，加强虫情监测和防控工作沟通交流。紧盯防控工作中的薄弱环节和突出问题，严格压实各部门职责。

3. 防治药剂及防治技术有待提升

近几年飞机防治效果明显，但飞防使用最多的灭幼脲等仿生制剂对虾蟹、桑蚕、蜜蜂、蚂蚱等有杀伤，特殊养殖区和居民区防治受限，留下漏洞和死角，成为向外扩散的虫源地，导致虫情反复。对于松材线虫病、蛀干害虫、刺吸性害虫，目前缺少经济高效的防治技术，难以取得理想防治效果。

二、2023 年主要林业有害生物发生趋势预测

(一) 2023 年总体发生趋势预测

全面分析 2022 年全省发生及防治情况，结合森林状况、气象因素、主要林业有害生物历年发生规律，综合各市意见，预测 2023 年林业有害生物呈中度偏重发生态势，发生面积在 670 万亩左右。总体发生特点：外来林业有害生物发生面积继续压缩，局部危害严重。济南、济宁、泰安、临沂 4 市松材线虫病疫情基本控制，青岛、烟台、日照、威海 4 市局部地区松材线虫病疫情仍然严重，有可能反弹，并形成新扩散。美国白蛾越冬基数较大，第 2 代、第 3 代大范围反弹的概率较大。日本松干蚧在济南、泰安、临沂 3 市局部地区危害严重。悬铃木方翅网蝽在城区危害严重。杨小舟蛾在济南、青岛、潍坊、泰安、日照、临沂等市局部地区暴发的概率较高，其他常发性林业有害生物发生相对平稳。

预测依据：

1. 综合 16 市预测意见，2023 年发生面积呈下降趋势。6 个市预测上升，11 个市预测下降。37 种林业有害生物中，各市预测 12 种上升，4 种持平，21 种下降 (表 16-3、表 16-4)。

表16-3 各市预测2023年林业有害生物总计发生面积

单位名称	2022年发生面积（万亩）	预测2023年发生面积（万亩）	发生趋势
合计	675.83	672.61	下降
济南市	81.38	100.00	上升
青岛市	63.11	67.09	上升
淄博市	28.14	26.25	下降
枣庄市	30.99	25.20	下降
东营市	10.62	11.89	上升
烟台市	47.68	42.39	下降
潍坊市	30.49	23.45	下降
济宁市	24.72	23.57	下降
泰安市	29.80	30.91	上升
威海市	71.29	63.80	下降
日照市	26.61	20.40	下降
临沂市	56.66	60.18	上升
德州市	10.19	18.00	上升
聊城市	32.21	31.74	下降
滨州市	71.41	69.13	下降
菏泽市	60.54	58.61	下降

表16-4 全省预测2023年林业有害生物分种类发生情况

病虫名称	2022年发生面积（万亩）	预测2023年发生面积（万亩）	发生趋势
病虫害总计	675.83	672.61	下降
病害合计	132.56	161.70	上升
松烂皮病	6.34	6.67	上升
杨树黑斑病	29.36	28.53	下降
杨树溃疡病	34.85	36.34	上升
板栗疫病	1.37	1.32	下降
枣疯病	0.01	0.00	下降
泡桐丛枝病	0.42	0.37	下降
松材线虫病	97.19	92.73	下降
虫害合计	543.26	510.91	下降
日本龟蜡蚧	0.41	0.22	下降
日本草履蚧	2.88	3.00	上升
日本松干蚧	19.25	18.65	下降
悬铃木方翅网蝽	15.57	16.02	上升
光肩星天牛	10.87	11.30	上升
桑天牛	3.46	3.19	下降
锈色粒肩天牛	0.00	0.00	持平
松墨天牛	63.35	101.58	上升
双条杉天牛	6.12	5.85	下降
长林小蠹	2.16	1.23	下降
大袋蛾	0.00	0.00	持平
杨白纹潜蛾	3.86	3.26	下降
白杨准透翅蛾	0.05	0.05	持平
芳香木蠹蛾东方亚种	0.00	0.40	上升
微红梢斑螟	2.14	2.22	上升
春尺蠖	18.60	18.87	上升
黄连木尺蛾	0.06	0.00	下降
国槐尺蛾	0.99	1.42	上升
赤松毛虫	3.01	2.12	下降
柏松毛虫	0.00	0.00	持平
杨扇舟蛾	18.66	16.75	下降
杨小舟蛾	65.85	78.05	上升
美国白蛾	320.48	296.43	下降
舞毒蛾	0.68	0.45	下降
侧柏毒蛾	2.19	2.17	下降
杨毒蛾	3.18	2.84	下降
枣叶瘿蚊	1.04	1.01	下降
松阿扁叶蜂	7.75	6.88	下降
杨扁角叶爪叶蜂	0.60	0.25	下降
朱砂叶螨	3.47	3.78	上升

2. 历年发生规律

从历年发生面积趋势图看，从2007—2011年处于上升期，2012—2016年处于下降，2017年以来处于上升期，2019年以来处于稳中有降，预测2023年仍处于稳中有降趋势(图16-12)。

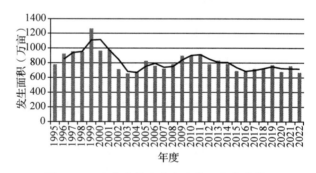

图16-12 山东省林业有害生物历年发生情况

(二)分种类发生趋势预测

1. 美国白蛾

(1)预测2023年发生面积同比下降，在300万亩左右。第2代、第3代在全省大范围反弹的概率较大。

预测依据：

(2)气象因素。根据气象长期预报，2023年降水较多，适合美国白蛾发生。

(2)综合16市预测意见,2023年呈下降趋势。5个市预测上升,11个市预测下降(见表16-5)。

表16-5 各市预测2023年美国白蛾发生面积

发生地点	2022年发生面积(万亩)	预测2023年发生面积(万亩)	发生趋势
全省合计	320.48	296.43	下降
济南市	51.90	55.00	上升
青岛市	22.02	23.30	上升
淄博市	11.31	11.09	下降
枣庄市	17.48	12.20	下降
东营市	5.29	5.40	上升
烟台市	3.13	3.10	下降
潍坊市	17.40	9.07	下降
济宁市	12.72	11.36	下降
泰安市	10.83	10.86	上升
威海市	3.41	3.40	下降
日照市	15.69	8.62	下降
临沂市	43.86	40.97	下降
德州市	3.78	5.00	上升
聊城市	24.72	22.66	下降
滨州市	53.20	51.20	下降
菏泽市	23.76	23.20	下降

(3)历年发生规律处于反弹期。从美国白蛾历年发生趋势图看,自2005—2011年呈上升趋势,2012—2016年发生面积下降,2017年以来处于上升趋势,2020年出现短暂下降后出现反弹,预测2023年可能处于下降趋势(图16-13)。

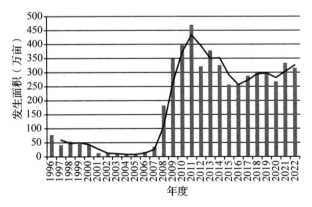

图16-13 山东省美国白蛾历年发生情况

(4)越冬基数下降。全省调查110068株树木,有虫株数4114株,活虫口数17961头,全省平均有虫株率3.74%,同比下降1.31%,为2012年以来的第二高位。济南、青岛、淄博、聊城等市有虫株率较高,其他市有虫株率相对较低。

2. 松材线虫病

预测2023年发生面积93万亩左右,死亡松树数量在50万株以内,实现双下降的概率较大,但仍处于高位,形势非常严峻。达到拔除条件的莱芜区、泰山区、泗水县、莒南县、临沭县仍有可能复发;岱岳区实现秋季普查无疫情的概率较大。

(1)各级重视力度空前,防治效果逐年显现。近几年松材线虫病危害引起空前关注,各级重视力度加大,疫木清理质量、媒介昆虫防治都取得比较好的效果,老疫区死亡树木将会有所下降,新发生区疫情将会得到较好控制。

(2)高新监测技术有效指导疫木除治工作的开展。2022年所有疫区都对松林开展了无人机监测调查和地面灾害APP巡查,一是可以早发现疫情;二是能够对疫木进行精准定位,将有效指导和促进疫木的清理,取得更好的防治效果。

(3)气候因素影响。2020—2022年降水量相对充沛,根据气候长期预测,2023年降水充沛的概率较大,树木生长旺盛,对媒介昆虫不力,会一定程度上压低虫口,会降低松材线虫病的传播概率。

(4)局部地区危害仍然严重。全省144个疫点,24%的疫点死亡松树超过1株/亩,集中在青岛、烟台、威海、日照4市。烟台市37个疫点,16个疫点超过1株/亩,其中昆嵛山自然保护区昆嵛镇12.89株/亩,福山区福新街道9.39株/亩。胶东地区出现新疫情的概率较大。

(5)发生规律。松材线虫病处于高发期。(图16-14)。

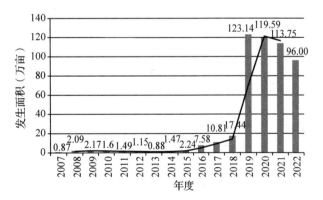

图16-14 山东省松材线虫病历年发生情况

3. 悬铃木方翅网蝽

近几年新传入外来林业有害生物，虽然各市普遍加大了监测与防治力度，危害程度得到遏制，但因为防治困难，仍呈逐年扩散蔓延趋势，预测2023年发生面积呈稳中有升趋势，发生16万亩左右，主要在城区和交通要道发生。

（1）各市预测意见，2023年发生面积呈稳中有升趋势。7个市预测发生面积上升，6个市预测下降，1个预测持平，青岛、德州2市没有预测意见（表16-6）。

表16-6 各市预测2023年悬铃木方翅网蝽发生面积

发生地点	2022年发生面积（万亩）	预测2023年发生面积（万亩）	发生趋势
全省合计	15.57	16.02	上升
济南市	1.04	1.00	下降
淄博市	0.69	0.61	下降
枣庄市	0.00	0.01	上升
东营市	0.41	0.60	上升
烟台市	0.16	0.24	上升
潍坊市	3.87	3.59	下降
济宁市	3.23	3.20	下降
泰安市	1.10	1.10	持平
威海市	0.43	0.30	下降
日照市	0.16	0.15	下降
临沂市	0.30	0.37	上升
聊城市	1.39	1.90	上升
滨州市	0.62	0.63	上升
菏泽市	2.18	2.32	上升

（2）越冬基数仍然处于高位。全省调查25820株树木，有虫株数2037株，平均有虫株率7.88%，同比下降了9.64%。但是部分地区越冬虫口基数比较高，济南、枣庄、潍坊、济宁、菏泽等市有虫株率在10%以上。

（3）防治效果不理想。各地均加大了对悬铃木方翅网蝽的防治力度，但因为寄主树木多在城区，树木高大且比较分散，防治困难，效果不理想。

4. 日本松干蚧

预测2023年发生面积20万亩左右，呈下降趋势。胶东半岛老发生区虫情比较平稳，不会造成大的灾害。在鲁东、鲁中快速扩散蔓延趋势减缓，随着各地防治力度加大，取得比较好的效果，但在泰安、临沂等市局部地区造成松树死亡的概率仍然较大。

预测依据：

（1）取得了一定的防治成效。2022年发生严重的地区，进行了打孔注药等措施防治，取得了一定的防治效果，虫口密度降低。预计2023年如果降水量充足，还会进一步减轻。

（2）综合各市预测意见，2023年稳中有降趋势。9个发生日本松干蚧的市，3个预测上升，3个预测持平，3个预测下降（表16-7）。

表16-7 各市预测2023年日本松干蚧发生面积

发生地点	2022年发生面积（万亩）	预测2023年发生面积（万亩）	发生趋势
全省合计	19.25	18.65	下降
济南市	6.41	6.00	下降
青岛市	0.00	0.00	持平
淄博市	1.57	1.43	下降
烟台市	3.67	3.49	上升
潍坊市	2.26	1.06	下降
济宁市	0.00	0.00	持平
泰安市	1.70	1.70	持平
日照市	0.74	0.90	上升
临沂市	2.90	4.07	上升

（3）越冬基下降幅度较大。全省调查10094株树木，有虫株数555株，平均有虫株率5.50%，同比下降了26.66%。

5. 杨树病害

预测杨树溃疡病发生面积36万亩左右，呈稳中有升趋势，在济南、青岛、滨州以及菏泽的部分区域发生较重。预测杨树黑斑病发生面积在29万亩左右，呈稳中有降趋势，主要发生在菏泽市。

预测依据：

（1）防治情况。连年防治使杨树生长旺盛，病害发生较轻。

（2）林分情况。山东省杨树幼林比例大，易发生杨树溃疡病。现有树种结构中，107杨易感染杨树溃疡病。中林46杨为杨树黑斑病的高感病树种，且栽植密度大，为病害的流行创造了有利条件，如果夏季降雨量大，还会大面积流行。

（3）历年发生规律（图16-15）。根据历年发生规律，杨树溃疡病呈稳中有升趋势，杨树黑斑病呈稳中有降趋势。

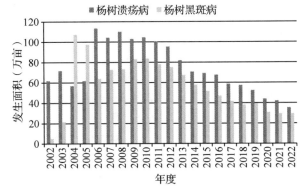

图 16-15　山东省杨树病害历年发生情况

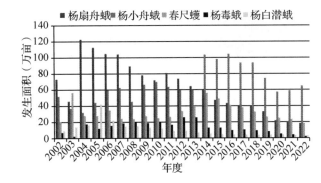

图 16-16　山东省杨树食叶害虫历年发生情况

6. 杨树食叶害虫

预测 2023 年发生面积稳中有升趋势，局部地区仍有暴发。杨扇舟蛾在青岛、潍坊、泰安、临沂等市的局部地区可能中度偏重发生。杨小舟蛾在济南、青岛、枣庄、潍坊、济宁、泰安、德州、聊城等市局部地区中重度发生，如防控不力可能暴发成灾。杨毒蛾在胶东半岛局部地区发生较重。春尺蠖在沿黄河两岸特别是菏泽、德州、聊城、济宁、枣庄、济南等市局部地区危害严重，可能点片状成灾。预测杨扇舟蛾发生面积 17 万亩，杨小舟蛾发生面积 78 万亩，杨毒蛾发生面积 3 万亩，春尺蠖发生面积 18 万亩，杨白潜叶蛾发生面积 3 万亩，杨扁角叶蜂发生面积 1 万亩。

预测依据：

（1）防治成效。2022 年全省对春尺蠖、杨树舟蛾实施飞机防治 238.28 万亩，取得了较好的防治效果，但部分地区还是能看到危害状。

（2）越冬基数均有所上升。春尺蠖：全省调查树木 26426 株，有虫株数 581 株，平均有虫株率 2.20%，同比上升 0.27%。杨小舟蛾：全省调查 57549 株树木，有虫株数 1814 株，平均有虫株率 3.15%，同比上升 1.47%。杨扇舟蛾：全省调查 49180 株树木，有虫株数 506 株，平均有虫株率 1.03%，同比上升 0.1%。杨毒蛾：全省调查 16084 株树木，有虫株数 168 株，平均有虫株率 1.04%，同比下降 0.2%。

（3）历年发生规律。从山东省历年发生规律看，杨小舟蛾处于高发期，春尺蠖呈上升趋势，杨扇舟蛾、杨毒蛾、杨白潜叶蛾处于下降趋势（图 16-16）。

（4）综合各市预测意见：

杨小舟蛾：11 个市预测发生面积上升，4 个市预测下降，威海市没有对其预测。综合各市意见，2023 年发生面积上升（表 16-7）。

表 16-8　各市预测 2023 年杨小舟蛾发生面积

发生地点	2022 年发生面积（万亩）	预测 2023 年发生面积（万亩）	发生趋势
全省合计	65.85	78.05	上升
济南市	11.99	14.50	上升
青岛市	14.79	15.47	上升
淄博市	2.80	2.90	上升
枣庄市	3.10	3.20	上升
东营市	0.55	0.53	下降
烟台市	0.18	0.47	上升
潍坊市	3.59	6.63	上升
济宁市	4.56	4.44	下降
泰安市	2.84	3.38	上升
日照市	2.67	0.78	下降
临沂市	5.43	10.18	上升
德州市	1.83	3.00	上升
聊城市	3.01	3.67	上升
滨州市	1.50	2.00	上升
菏泽市	7.02	6.90	下降

春尺蠖：5 个市预测上升，6 个市预测下降。综合各市意见，2023 年发生面积上升（表 16-9）。

表 16-9　各市预测 2023 年春尺蠖发生面积

发生地点	2022 年发生面积（万亩）	预测 2023 年发生面积（万亩）	发生趋势
全省合计	18.60	18.87	上升
济南市	4.70	5.00	上升
淄博市	2.04	1.93	下降
东营市	0.67	0.61	下降
潍坊市	0.47	0.42	下降
济宁市	0.76	0.72	下降

(续)

发生地点	2022年发生面积（万亩）	预测2023年发生面积（万亩）	发生趋势
泰安市	0.90	1.29	上升
临沂市	0.09	0.20	上升
德州市	0.22	0.30	上升
聊城市	1.44	1.16	下降
滨州市	1.85	2.50	上升
菏泽市	5.46	4.74	下降

6. 杨树蛀干害虫

近几年杨树蛀干害虫呈稳中有降的趋势，预测2023年发生面积同比基本持平。光肩星天牛发生11万亩左右，桑天牛发生3万亩左右，白杨透翅蛾发生1万亩左右。

预测依据：

从历年发生规律看，处于下降趋势，但是蛀干害虫防治比较困难，发生相对平稳，预测2023年发生面积同比基本持平或下降（图16-17）。

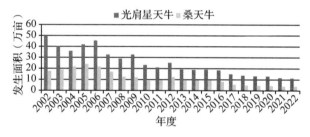

图16-17 山东省杨树蛀干害虫历年发生情况

7. 松树有害生物

2022年松树有害生物发生面积呈下降趋势。预测2023年松墨天牛发生面积有所上升，松梢螟、松烂皮病发生面积有所上升，赤松毛虫和松阿扁叶蜂发生面积有所下降。预测发生面积分别为赤松毛虫2万亩，松烂皮病7万亩，松墨天牛102万亩，松阿扁叶蜂7万亩，松梢螟2万亩左右。外来入侵物种长林小蠹危害趋轻，有可能发现新扩散。

预测依据：

（1）防治情况。青岛、烟台、威海市对松墨天牛实施了飞机防治，虫口密度明显下降。人工摘茧、毒笔涂环等措施防治松毛虫取得了良好的效果，虫口密度一直维持在较低的水平，近期内不会出现大的灾情。

（2）林分状况。近年来采取封山育林和抚育措施，森林生态环境得到较大的改善，天敌种类增多，生物多样性增加，森林生态系统自身的调控作用得到加强，对有害生物的发生起到了有效的抑制作用。

（3）气象因素。松烂皮病发生程度与春秋季降水密切相关，如果2022年冬季和2023年春季继续干旱，发生面积可能会上升。

（4）历年发生规律。从松树有害生物历年发生规律看，除松墨天牛、松阿扁叶蜂、松梢螟呈上升趋势外，其他有害生物稳中有降趋势（图16-18）。

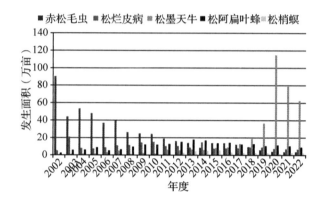

图16-18 山东省松树有害生物历年发生情况

（5）越冬基数均有所下降。赤松毛虫：全省调查树木10270株，有虫株数5株，平均有虫株率0.05%，越冬基数同比下降0.30%。松阿扁叶蜂：全省调查树木2960株，有虫株数471株，平均有虫株率15.91%，同比下降31.74%。松墨天牛：全省调查树木16744株，有虫株数374株，平均有虫株率2.23%，越冬基数同比下降0.15%。

（6）综合各市预测意见，预测松墨天牛发生面积上升，松阿扁叶蜂发生面积下降，松烂皮病发生面积上升；其他松树害虫发生基本稳定，不会形成大的灾害。

8. 侧柏有害生物

双条杉天牛、侧柏毒蛾发生面积呈稳中有降趋势。预测双条杉天牛发生6万亩左右，侧柏毒蛾发生2万亩。

预测依据：

（1）防治情况。双条杉天牛发生区积极采取清理死树、饵木诱杀、释放管氏肿腿蜂等有效防治措施，取得一定成效。

（2）气象因素。近两年雨水充沛，侧柏长势较好，双条杉天牛为弱寄生有害生物，发生面积将有所下降，危害减轻。

(3)林分状况。近年来采取封山育林措施，森林生态环境得到较大的改善，天敌数量增多，对害虫起到了较好的抑制作用。

(4)历年发生规律。从历年发生趋势看，双条杉天牛、侧柏毒蛾呈下降趋势(图16-19)。

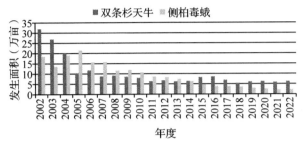

图16-19　山东省侧柏有害生物历年发生情况

(5)综合各市预测意见。双条杉天牛、侧柏毒蛾为下降趋势。

9. 经济林有害生物

经济林有害生物发生面积呈稳中有降趋势。预测板栗疫病发生1.32万亩，枣叶瘿蚊发生1万亩，红蜘蛛发生4万亩，日本龟蜡蚧发生1万亩左右。

10. 其他有害生物

预测2023年发生总面积同比持平。预测刺槐有害生物木橑尺蠖零发生；泡桐有害生物大袋蛾零发生；泡桐丛枝病发生1万亩，菏泽等地零星发生；国槐有害生物锈色粒肩天牛零星发生；槐尺蛾发生1万亩，零星发生；舞毒蛾发生1万亩；草履蚧发生3万亩。

三、对策建议

根据山东省林业有害生物灾害发生特点及对2023年林业有害生物发生趋势研判，建议：

(一)做好新发突发重大林业有害生物灾害防控

贯彻落实"党的二十大"精神，落实"加强生物安全管理，防治外来物种侵害"工作部署，从维护国家生物安全的战略高度深刻认识有害生物灾害防控的必要性和紧迫性，压实地方政府防治主体责任。建立部门间、区域间联防联治机制，落实各部门在松材线虫病、美国白蛾、杨小舟蛾防控方面的责任。制定完善相关管理办法，实行重要外来入侵物种"一种一策"防控。以控制扩散和严防暴发成灾为目标，加强美国白蛾兼顾其他食叶害虫精准预防和治理。完善林业有害生物灾害应急防控预案，积极做好应急防控所需的物资储备，一旦突发灾害，要迅速响应，及时高效采取应急处置措施。

(二)持续推进松材线虫病五年攻坚行动

以林长制考核评估为依托，建立松材线虫病等重大有害生物灾害及防治成效评估评价技术体系，组织开展松材线虫病疫情防控攻坚行动成效评估及重点区域防控成效评价；加强疫情防控攻坚行动督促指导，组织开展蹲点指导和明察暗访，开展疫情数据真实性、准确性核实核查和跨省调运案件闭环管理，组织实施疫木管控专项行动。

(三)强化监测预报网络体系建设

运用遥感、大数据等先进技术，构建天空地一体化监测技术体系。一是要组建基层队伍，统筹护林员、林场管护人员、社会化组织及林业监测机构等力量，明确责任区域和工作任务，实行疫情防控网格化精细化管理，以小班为单位开展精细化常态化监测；二是要建立健全监测信息质量追溯和监测报告责任制度，强化疫情监测、检疫封锁等关键环节督查指导和跟踪监管；三是要建立健全疫情核查问责和服务指导相结合的工作机制，加强疫情监测数据逐级核实核查管理。

(主要起草人：张秋梅　郑金媛；主审：孙红　李加正)

17 河南省林业有害生物2022年发生情况和2023年趋势预测

河南省森林病虫害防治检疫站

【摘要】 河南省2022年主要林业有害生物发生总面积690.93万亩,其中,病害发生143.36万亩,虫害发生547.57万亩,病害、虫害发生均呈下降趋势;同比减少31.81万亩、下降4.40%,2022年全省主要林业有害生物发生面积稳中有降,整体呈轻度发生,局部有成灾,松材线虫病、美国白蛾等重大林业有害生物发生面积同比减少,常发性林业有害生物发生面积减少、危害减轻。预测2023年河南全省主要林业有害生物发生总面积为691.89万亩,整体基本持平。

一、2022年主要林业有害生物发生情况

河南省2022年主要林业有害生物发生总面积为690.93万亩,其中,轻度发生645.63万亩、中度发生40.00万亩、重度发生5.30万亩,发生总面积同比减少31.81万亩、下降4.40%;自2015年以来,连续8年发生面积持续下降。局部有成灾,成灾面积1.78万亩,成灾率0.26‰。

预测2022年主要林业有害生物发生面积约为720.00万亩,实际发生面积为690.93万亩,测报准确率为95.79%;全省主要林业有害生物防治面积为623.52万亩(防治作业面积为1266.12万亩),无公害防治面积596.59万亩,无公害防治率95.68%。

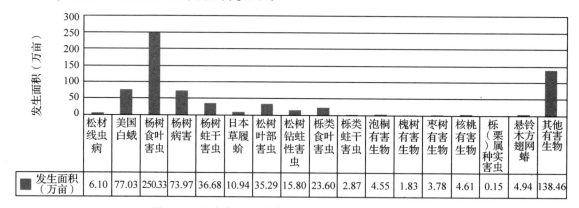

图17-1　河南省2022年林业有害生物分种类发生情况

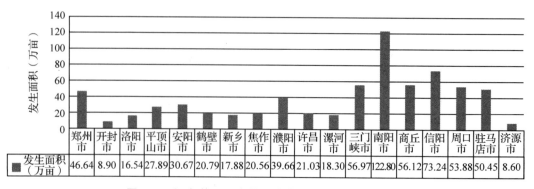

图17-2　河南省2022年林业有害生物分地区发生情况

（一）主要林业有害生物发生情况

1. 松材线虫病

发生6.10万亩，占全省发生总面积的0.88%，发生于信阳市新县、光山县、罗山县，南阳市西峡县、淅川县，三门峡市卢氏县，洛阳市栾川县，同比减少0.81万亩、下降11.72%。

（1）信阳市发生5.54万亩，发生在罗山、光山和新县3县。其中，新县发生5.46万亩，涉及吴陈河、苏河、八里畈、陡山河、浒湾、千斤、郭家河、陈店、箭厂河、泗店、田铺、国有新县林场等12个乡（镇、林场）。光山县发生0.04万亩，涉及晏河、殷棚2个乡（镇）。罗山县发生面积0.04万亩，涉及定远、山店2个乡（镇）。

（2）三门峡市发生0.37万亩，发生在卢氏县窑沟乡。

（3）南阳市发生0.15万亩，发生在淅川县和西峡县。其中，西峡县疫情发生0.11万亩，涉及西坪、丁河、重阳3个乡（镇）。淅川县疫情发生0.04万亩，涉及荆紫关、西簧2个乡（镇）。

（4）洛阳市发生0.04万亩，发生在栾川县城关镇和栾川乡。

（5）驻马店确山县未发生。

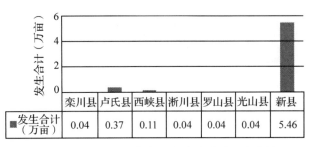

图17-3 河南省2022年松材线虫病分地区发生情况

2. 美国白蛾

发生77.03万亩，其中，轻度发生75.20万亩、中度发生1.65万亩、重度发生0.18万亩，以轻度危害为主，占全省发生总面积的11.15%，同比减少7.96万亩、下降9.37%，自2017年以来连续5年发生面积持续下降。

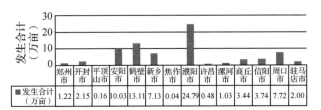

图17-4 河南省2022年美国白蛾分地区发生情况

主要发生于濮阳、安阳、鹤壁、新乡、郑州、开封、许昌、周口、商丘、信阳、驻马店、漯河、焦作、平顶山14个省辖市的75个县（市、区）。

表17-1 河南省2022年美国白蛾发生情况一览表

行政区划	2021发生面积（万亩）	2022发生面积（万亩）	同比（%）	发生县（区、市）
郑州市	1.78	1.22	-31.46	金水、惠济、中牟
开封市	3.76	2.15	-42.82	龙亭、顺河回族、祥符、通许、尉氏、兰考
平顶山市	0.4	0.16	-60.00	叶县
安阳市	10.8	10.03	-7.13	内黄、汤阴、安阳、滑县
鹤壁市	12.8	13.11	2.42	淇滨、山城、浚县、淇县
新乡市	6.65	7.13	7.22	红旗、卫滨、新乡、原阳、延津、封丘、长垣、卫辉
焦作市	0.04	0.04	0.00	修武、武陟
濮阳市	25.44	24.79	-2.56	华龙、经开、濮阳、南乐、台前、清丰、范县
许昌市	0.33	0.48	45.45	建安、魏都、鄢陵、襄城
漯河市	1.05	1.03	-1.90	源汇、郾城、召陵、舞阳、临颍
商丘市	3.08	3.44	11.69	梁园、睢阳、夏邑、虞城、民权、永城
信阳市	8.22	3.74	-54.50	浉河、光山、新县、商城、固始、潢川、淮滨、息县

(续)

行政区划	2021发生面积（万亩）	2022发生面积（万亩）	同比（%）	发生县（区、市）
周口市	7.77	7.72	-0.64	川汇、扶沟、淮阳、沈丘、商水、项城、西华、郸城
驻马店市	2.87	2.00	-30.31	驿城、西平、上蔡、平舆、确山、泌阳、汝南、遂平、新蔡

3. 杨树食叶害虫

发生250.33万亩，其中，轻度发生233.51万亩、中度发生14.77万亩、重度发生2.05万亩，占全省发生总面积的36.23%，是河南省发生面积最大的主要林业有害生物类别。同比减少15.52万亩、下降5.84%；自2015年以来，连续8年发生面积持续下降。主要种类包括春尺蠖、杨小舟蛾、杨扇舟蛾、杨扁角叶爪叶蜂、黄翅缀叶野螟、杨白纹潜蛾、杨毒蛾、杨柳小卷蛾、白杨叶甲、铜绿异丽金龟、黄刺蛾等，以杨小舟蛾、杨扇舟蛾为主。

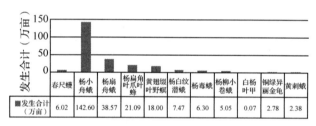

图17-5 河南省2022年杨树食叶害虫分种类发生情况

（1）杨树舟蛾合计发生181.17万亩，占全省杨食叶害虫发生面积的72.37%，同比减少9.27万亩、下降4.87%；成灾面积0.75万亩。

（2）杨扁角叶爪叶蜂发生21.09万亩，占全省杨树食叶害虫发生面积的8.42%，同比减少0.42万亩、下降1.96%。

（3）黄翅缀叶野螟发生18.00万亩，占全省杨树食叶害虫发生面积的7.19%，同比减少3.25万亩、下降15.28%。

（4）春尺蠖发生6.02万亩，以轻度发生为主，占全省杨树食叶害虫发生面积的2.40%。同比减少0.42万亩、下降6.48%。

（5）其他杨树食叶害虫种类有杨白纹潜蛾、杨毒蛾、杨柳小卷蛾、黄刺蛾、铜绿异丽金龟、白杨叶甲等，发生24.05万亩，占全省杨树食叶害虫发生面积的9.61%，同比减少2.16万亩、下降8.28%。

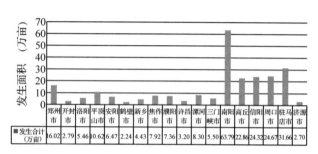

图17-6 河南省2022年杨树食叶害虫分地区发生情况

4. 杨树病害

发生73.97万亩，其中，轻度发生67.71万亩、中度发生5.44万亩、重度发生0.82万亩，占全省发生总面积的10.71%，同比减少6.67万亩、下降8.27%；自2017年以来，连续6年发生面积持续下降。主要种类有杨树溃疡病、杨树烂皮病、杨树黑斑病、杨树白粉病。

图17-7 河南省2022年杨树病害分种发生情况

以轻度危害为主，全省各地均有发生。

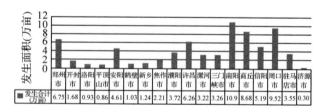

图17-8 河南省2022年杨树病害分地区发生情况

5. 杨树蛀干害虫

发生36.68万亩，其中，轻度发生35.25万亩、中度发生1.24万亩、重度发生0.19万亩，占全省发生总面积的5.31%，同比减少2.02万亩、下降5.22%。主要种类有光肩星天牛、桑天牛、星天牛。

以轻度发生为主，除安阳、济源外其他市均

有发生；自 2015 年以来，已经连续 8 年发生面积持续下降。

图 17-9　河南省 2022 年杨树蛀干害虫分地区发生情况统计

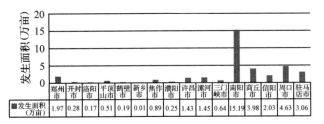

图 17-10　河南省 2022 年杨树蛀干害虫分地区发生情况统计

6. 日本草履蚧

发生 10.94 万亩，其中，轻度发生 10.49 万亩、中度发生 0.38 万亩、重度发生 0.07 万亩，占全省发生总面积的 1.58%，同比减少 0.44 万亩、下降 3.87%。发生于除南阳、信阳之外的其他 16 个省辖市的部分县(市、区)，呈零星、点、片小范围发生，焦作市沁阳市零星成灾。

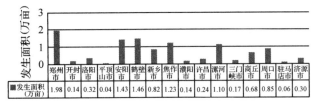

图 17-11　河南省 2022 年日本草履蚧分地区发生情况

7. 松树叶部害虫

发生 35.29 万亩，其中，轻度发生 26.90 万亩、中度发生 7.63 万亩、重度发生 0.76 万亩，占全省发生总面积的 5.11%，同比增加 8.34 万亩、上升 30.95%；自 2020 年以来，连续 3 年发生面积呈增加趋势。主要种类为松阿扁叶蜂、马尾松毛虫、油松毛虫、华北落叶松鞘蛾、松梢螟、中华松针蚧。

松阿扁叶蜂发生 7.18 万亩，发生于洛阳市的嵩县、栾川县和三门峡市的渑池县、卢氏县、灵宝市河西林场。有零星成灾现象，全省成灾面积 0.02 万亩，成灾率 0.16‰，在洛阳市嵩县。

图 17-12　河南省 2022 年松树叶部害虫分种发生情况

马尾松毛虫发生 12.04 万亩，较去年同期增加 8.68 万亩。发生于南阳市的南召县、唐河县、桐柏县，信阳市的浉河区、平桥区、光山县、罗山县、商城县、固始县，驻马店市的确山县、泌阳县。全省主要发生在信阳市商城县 10.20 万亩，成灾面积 0.60 万亩，成灾率 1.72‰。

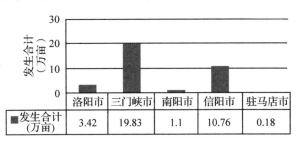

图 17-13　河南省 2022 年松树叶部害虫分地区发生情况

油松毛虫轻度发生 0.10 万亩，发生于三门峡市卢氏县。

华北落叶松鞘蛾发生 1.13 万亩，主要发生在洛阳市的栾川县、嵩县，三门峡市卢氏县。全省成灾面积 0.07 万亩，成灾率 24.47‰，在洛阳市嵩县。

松梢螟发生 0.47 万亩，发生于洛阳市的栾川县和三门峡市的卢氏县。

中华松针蚧发生 14.40 万亩，发生于洛阳市栾川县和三门峡市陕州区、卢氏县、灵宝市河西林场，同比基本持平。

8. 松树钻蛀性害虫

发生 15.80 万亩，占全省发生总面积的 2.29%，以轻度发生危害为主；同比基本持平。主要种类有松墨天牛、纵坑切梢小蠹、红脂大小蠹。

松墨天牛轻度发生 6.75 万亩，同比略有下降。发生于南阳市的西峡县、桐柏县，信阳市的新县、固始县，驻马店市的确山县、泌阳县。

松纵坑切梢小蠹轻度发生 5.87 万亩，同比持平。主要发生于三门峡市的卢氏县、灵宝市，南阳市的南召县、西峡县、内乡县、淅川县，信

图 17-14　河南省 2022 年松树钻蛀害虫分种发生情况

阳市的浉河区、平桥区、光山县。

红脂大小蠹发生 3.18 万亩,以轻度发生为主,同比减少 0.12 万亩、下降 4.05%。发生于新乡市辉县市,焦作市修武县,安阳市林州市及济源市。

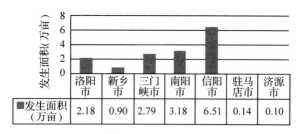

图 17-15　河南省 2022 年松树钻蛀害虫分地区发生情况

9. 栎类食叶害虫

发生 23.60 万亩,其中,轻度发生 22.96 万亩、中度发生 0.54 万亩、重度发生 0.10 万亩,占全省发生总面积的 3.42%,同比减少 2.84 万亩、下降 10.74%。主要发生于郑州、洛阳、平顶山、安阳、三门峡、南阳、信阳、驻马店、济源 9 市的部分县(市、区),主要种类有栎黄掌舟蛾、栓皮栎尺蛾、黄连木尺蛾、栎粉舟蛾、黄二星舟蛾、栓皮栎薄尺蛾、舞毒蛾、栗黄枯叶蛾。

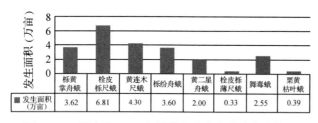

图 17-16　河南省 2022 年栎类食叶害虫分种发生情况

(1)栎黄掌舟蛾发生 3.62 万亩,同比减少 0.75 万亩、下降 17.16%。主要发生于洛阳市新安县、嵩县、汝阳县,平顶山市叶县、鲁山县、郏县、舞钢市、汝州市,驻马店市驿城区、确山县、泌阳县。

(2)栓皮栎尺蛾发生 6.81 万亩,同比减少 0.12 万亩、下降 1.73%,主要发生在郑州市新密市,平顶山市郏县、舞钢市、汝州市,南阳市南召县、方城县、西峡县、镇平县、内乡县、淅川县、桐柏县,驻马店市确山县、泌阳县。

(3)黄连木尺蛾发生 4.30 万亩,同比减少 0.60 万亩、下降 12.32%,发生于洛阳市栾川县,安阳市林州市,三门峡市陕州区、渑池县、灵宝市。

(4)栎粉舟蛾发生 3.60 万亩,同比减少 0.32 万亩、下降 8.20%,以轻度发生为主。发生于洛阳市新安县、嵩县、汝阳县、宜阳县,安阳的林州市,南阳市的南召县、西峡县、镇平县、内乡县、淅川县及济源市。

(5)黄二星舟蛾发生 2.00 万亩,同比减少 0.76 万亩、下降 27.64%,以轻度发生危害为主。发生于平顶山市鲁山县、舞钢市,南阳市南召县、方城县、内乡县、社旗县,驻马店市驿城区、确山县、泌阳县。

(6)栓皮栎薄尺蛾发生 0.33 万亩,以轻度发生为主。发生于驻马店市确山县、泌阳县。

(7)舞毒蛾发生 2.55 万亩,同比减少 0.31 万亩、下降 10.84%,以轻度发生为主。发生于郑州市登封市、洛阳市新安县。

(8)栗黄枯叶蛾发生 0.39 万亩,以轻度发生为主。发生于洛阳市新安县、嵩县和信阳市固始县。

10. 栎类蛀干害虫

发生 2.87 万亩,以轻度发生危害为主,同比增加 0.33 万亩、上升 12.89%。主要种类有栎旋木柄天牛、云斑白条天牛。

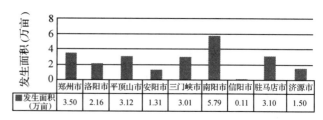

图 17-17　河南省 2022 年栎类食叶害虫分地区发生情况

栎旋木柄天牛发生 2.18 万亩,发生于洛阳市的嵩县、汝阳县、宜阳县,南阳市的西峡县、淅川县,济源市。

云斑白条天牛轻度发生 0.69 万亩,发生于南阳市的西峡县、淅川县。

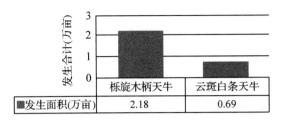

图 17-18　河南省 2022 年栎类蛀干害虫分种发生情况

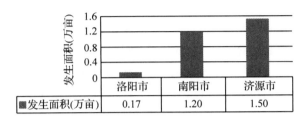

图 17-19　河南省 2022 年栎类蛀干害虫分种发生情况

11. 泡桐有害生物

发生 4.55 万亩，以轻度发生危害为主，同比减少 0.13 万亩、下降 2.91%。主要种类有泡桐丛枝病、北锯龟甲、大袋蛾等。发生于郑州、开封、洛阳、平顶山、安阳、鹤壁、三门峡、商丘、周口 9 市的部分县(市、区)。

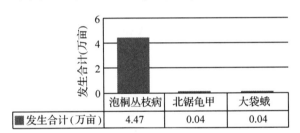

图 17-20　河南省 2022 年泡桐有害生物分种发生情况

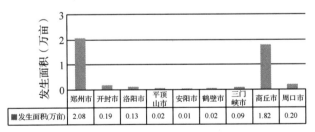

图 17-21　河南省 2022 年泡桐有害生物分地区发生情况

12. 槐树有害生物

发生 1.83 万亩，同比增加 0.18 万亩、上升 10.75%，主要种类为刺槐白粉病、刺槐叶斑病、刺槐尺蠖、刺槐外斑尺蠖、桑褶翅尺蠖。发生于郑州、洛阳、平顶山、安阳、新乡、商丘、济源 7 市的部分县(市、区)，轻度发生危害。

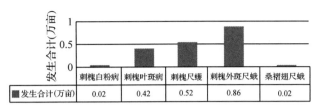

图 17-22　河南省 2022 年槐树有害生物分种发生情况

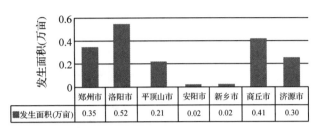

图 17-23　河南省 2022 年槐树有害生物分地区发生情况

13. 枣树有害生物

发生 3.78 万亩，以轻度发生危害为主。同比增加 0.82 万亩、上升 27.82%，主要种类有枣疯病、枣尺蠖、桃蛀果蛾。发生于郑州市新郑市、安阳市内黄县和三门峡市灵宝市。

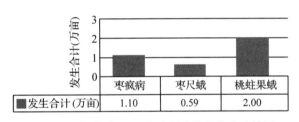

图 17-24　河南省 2022 年枣树有害生物分种情况

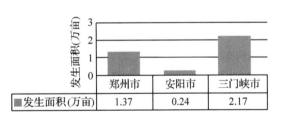

图 17-25　河南省 2022 年枣树有害生物分地区发生情况

14. 核桃有害生物

发生 4.60 万亩，轻度发生危害，同比减少 0.79 万亩、下降 14.63%；主要是种类有核桃细菌性黑斑病、核桃溃疡病、核桃举肢蛾、核桃小吉丁。发生于郑州、洛阳、三门峡、济源 4 市。

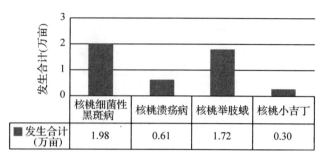

图17-26 河南省2022年核桃有害生物分种发生情况

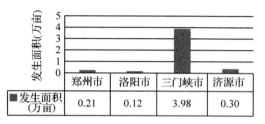

图17-27 河南省2022年核桃有害生物分地区发生情况

15. 栎(栗)种实害虫

发生0.15万亩，主要发生于信阳市商城县，种类为剪枝栎实象。

16. 悬铃木方翅网蝽

发生4.95万亩，其中，轻度发生4.59万亩、中度发生0.32万亩、重度发生0.04万亩，同比下降0.31万亩、减少5.89%。发生于郑州市、开封市、洛阳市、平顶山市、新乡市、商丘市。

图17-28 河南省2022年悬铃木方翅网蝽发生情况

17. 其他有害生物

发生138.46万亩，其中，轻度发生131.92万亩、中度发生5.58万亩，重度发生0.96万亩，同比减少4.31万亩、下降3.02%；种类有松针褐斑病、合欢枯萎病、梨锈病、重阳木锦斑蛾、杉肤小蠹、黄连木种子小蜂、绿盲蝽、锈色粒肩天牛、淡娇异蝽、膜肩网蝽、丝棉木金星尺蛾等。

(二) 发生特点

2022年河南省主要林业有害生物发生总面积小于去年。自2015年起，连续8年呈下降趋势，今年首次下降至700万亩以下。其中，松材线虫病发生面积减少，美国白蛾整体危害下降，以杨树为寄主的常发性林业有害生物发生面积稳步下降。

1. 松材线虫病、美国白蛾等重大林业有害生物扩散势头减缓

2022年年初，在国家林业和草原局公告中，河南省松材线虫病疫区为信阳市新县、光山县和罗山县，南阳市西峡县、淅川县，洛阳市栾川县，三门峡市卢氏县，驻马店市确山县，共计5个省辖市8个县；2022年，河南省松材线虫病发生6.10万亩，同比减少0.81万亩、下降11.72%。

2022年年初，在国家林业和草原局公告中，河南省美国白蛾疫区数量仍保持14个省辖市84个疫区县(区、市)；2022年，河南省美国白蛾发生面积77.03万亩，以轻度危害为主，同比减少7.95万亩、下降9.37%。

经2022年全年监测普查，信阳市固始县、驻马店市确山县松材线虫病发生面积为0，开封市鼓楼区、安阳市文峰区和北关区、商丘市睢县、信阳市平桥区和商城县、驻马店市正阳县美国白蛾发生面积为0，全省未发现松材线虫病、美国白蛾新的疫情县(区、市)，松材线虫病、美国白蛾等重大林业有害生物扩散势头得到有效遏制。

2. 常发性本土林业有害生物危害得到有效控制，发生面积逐年下降

全省主要林业有害生物发生总面积由2015年的896.81万亩连续8年下降至2022年的690.03万亩，发生总面积逐年减少。作为河南省发生面积最大、危害相对较重的常发性林业有害生物杨树食叶害虫、杨树蛀干害虫、杨树病害呈现出发生面积逐年下降趋势，杨树食叶害虫发生面积由2015年的350.14万亩连续8年下降至2022年的250.33万亩，杨树蛀干害虫发生面积由2015年的50.67万亩连续8年下降至2022年的36.68万亩，杨树病害发生面积由2017年的95.83万亩连续6年下降至2022年的73.97万亩。

表 17-2 常发性主要林业有害生物近年发生面积对比表(单位：万亩)

类别	2015年	2016年	2017年	2018年	2019年	2020年	2021年	2022年
杨树食叶害虫发生面积	350.14	307.37	306.92	305.46	290.76	289.94	265.85	250.33
杨树蛀干害虫发生面积	50.67	49.62	46.02	43.73	41.50	39.42	38.70	36.68
杨树病害发生面积	107.07	91.29	95.83	92.03	85.81	85.26	80.64	73.97

3. 杨小舟蛾首次发现在9月成灾

在杨树食叶害虫连续8年呈现下降趋势的情况下，杨小舟蛾在河南省首次出现9月局部成灾现象，成灾面积0.32万亩，主要在平顶山市、南阳市、驻马店市的部分县(市、区)。

(三) 成因分析

1. 领导重视是松材线虫病、美国白蛾等重大林业有害生物扩散势头得到有效遏制的关键因素

进入"十四五"，国家林业和草原局开展了松材线虫病五年攻坚行动，制定并出台了一系列政策，确定了五年拔除松材线虫病疫点的目标和任务。仅2021年，就出台了《国家林业和草原局关于科学防控松材线虫病疫情的指导意见》《松材线虫病防治技术方案(2021年版)》《国家松材线虫病疫情防控五年行动计划(2021—2025年)》等多项文件，并列入2022年各级林长制年度考核目标。各级政府高度重视，加大人力财力投入，加强疫情监测普查，努力实现五年攻坚目标。由于去年第3代美国白蛾在京津鲁豫危害加重，今年十分重视美国白蛾疫情监测和防治，增加了《美国白蛾发生和防控周报表》《美国白蛾第2代成虫期调查表》，促进并提高了各地对美国白蛾的重视程度；及时监测、及时发现问题、及时开展防治，很大程度上遏制了美国白蛾的扩散势头，美国白蛾发生面积、危害程度双双下降。

2. 树种结构的调整可能对本土常发性林业有害生物的发生起了主要的抑制作用

随着黄河流域生态保护和高质量发展等重大国家战略的不断深入实施，全省林业树种结构发生了显著改变，尤其在平原地区，高速通道、沿黄廊道两边的树种日益呈现多样性，寄主植物的多样性抑制了林业有害生物的大发生；杨树比重的显著下降，以杨树为寄主的有害生物，杨树食叶害虫、杨树蛀干害虫、杨树病害的发生面积也随之下降。

3. 环境因素和人为因素可能是杨小舟蛾局部成灾的诱因

一是气候因素，今年8月、9月平均气温较常年偏高。8月已经在南阳市大部分县(区、市)、驻马店市确山县和泌阳县、焦作市沁阳市、周口市扶沟县和郸城县、鹤壁市淇县等出现成灾现象，成灾面积0.43万亩。2012年8月，受高温影响，周口、商丘、南阳、驻马店等淮河流域、长江流域的大部分县出现大面积连片成灾现象，开封、鹤壁、焦作、漯河、洛阳、三门峡等海河流域、黄河流域的个别县局部出现成灾现象。2018年驻马店市因人为因素、延误防治关键时期，出现成灾现象。但是，9月杨小舟蛾成灾现象以前尚未发生，可能与今年9月的连续高温、干旱气候有关；二是因奥密克戎病毒疫情静默管理，人为活动受限，无法及时开展防治工作，杨小舟蛾种群数量上升，导致成灾；三是可能受飞防事故影响。因飞防作业成本低、效果好、技术成熟，市场份额占比较高，各地对飞防依赖程度较高。暂停飞防，就无法及时压低虫口密度，可能导致杨小舟蛾成灾；四是可能与经验主义有关。在过去长期积累的工作经验中，一般在7月，第3代杨小舟蛾成灾的概率较高。偶尔出现8月成灾现象，是第4代危害所致，与异常高温有关，一般也不会准备防治第4代，更别提防治第5代。

二、2023年主要林业有害生物发生趋势预测

(一) 2023年总体发生趋势

根据省气候中心分析：2022/2023年冬季河南省气温冷暖波动较大，预计全省平均气温除豫西和豫北西部偏低0~1℃，其他地区偏高0~1℃；降水量总体偏少，除豫西偏多0~2成外，

其他地区偏少0~2成。2023年春季(3~5月)趋势，全省降水量偏少0~2成，全省平均气温偏高0~1℃，出现干旱的可能性较大。

根据全省各地主要林业有害生物越冬前调查情况、省气候中心预测的气象趋势数据、主要林业有害生物寄主分布、树种结构调整、2022年全省主要林业有害生物发生和防治情况、主要林业有害生物发生发展规律，以及各市预测情况，经综合分析，预测2023年全省主要林业有害生物发生691.89万亩，其中，病害发生142.02万亩，虫害发生约549.87万亩，总体基本持平，整体以轻度发生为主，局部可能成灾。

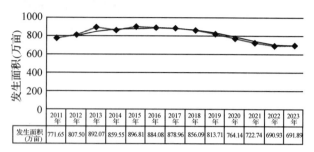

图17-29 河南省历年林业有害生物发生情况及2023年发生预测

表17-3 河南省2023年主要林业有害生物分类发生趋势预测

病虫名称	2022年实际发生面积（万亩）	2023年预测发生面积（万亩）	发生趋势	病虫名称	2022年实际发生面积（万亩）	2023年预测发生面积（万亩）	发生趋势
病虫合计	690.93	691.89	基本持平	栎类食叶害虫	23.60	24.45	上升
松材线虫病	6.10	6.30	略上升	栎类蛀干害虫	2.87	3.07	上升
美国白蛾	77.03	69.88	下降	泡桐有害生物	4.55	3.87	下降
杨树食叶害虫	250.33	249.27	基本持平	槐树有害生物	1.83	1.49	下降
杨树病害	73.97	73.74	基本持平	枣树有害生物	3.78	4.01	上升
杨树蛀干害虫	36.68	37.14	基本持平	核桃有害生物	4.61	5.24	上升
日本草履蚧	10.94	11.19	上升	栎(栗)种实害虫	0.15	0.70	上升
松树叶部害虫	35.29	46.71	上升	悬铃木方翅网蝽	4.94	5.03	上升
松树钻蛀性害虫	15.80	15.34	基本持平	其他有害生物	138.46	134.46	下降

表17-4 各市2023年主要林业有害生物总体发生趋势预测

区划名称	2022年发生面积（万亩）	2023年预测发生面积（万亩）	发生趋势	区划名称	2022年发生面积（万亩）	2023年预测发生面积（万亩）	发生趋势
河南省	690.93	691.89	基本持平				
郑州市	46.64	50.04	上升	许昌市	21.03	20.25	下降
开封市	8.90	10.07	上升	漯河市	18.30	17.72	下降
洛阳市	16.54	17.01	基本持平	三门峡市	56.97	55.80	下降
平顶山市	27.89	27.22	下降	南阳市	122.80	119.00	下降
安阳市	30.67	31.59	持平	商丘市	56.12	55.88	下降
鹤壁市	20.79	21.32	上升	信阳市	73.24	81.81	上升
新乡市	17.88	19.51	上升	周口市	53.88	53.83	持平
焦作市	20.56	22.00	上升	驻马店市	50.45	50.18	持平
濮阳市	39.66	30.36	下降	济源市	8.60	8.30	下降

分类发生趋势预测：一是松材线虫病发生略上升；二是美国白蛾发生呈明显下降趋势，杨树食叶害虫发生将下降，杨树病害、杨树蛀干害虫发生基本持平，松树叶部害虫可能偏重发生。

（二）2023年主要林业有害生物发生趋势预测

1. 松材线虫病发生将略上升

预测2023年发生6.30万亩。继续在信阳市新县、光山县、罗山县，南阳市淅川县、西峡县，三门峡卢氏县，洛阳市栾川县发生。

按照河南省五年攻坚目标，驻马店确山县要实现拔除任务，预计为0；洛阳、信阳2市预计发生面积呈略微下降趋势，三门峡市持平，南阳市上升；全省呈略上升趋势。与发生区接壤的松材有可能出现新的乡镇疫点，甚至出现新的县级疫情，防控形势依然严峻。

表17-5 河南省2023年松材线虫病发生趋势预测

区划名称	2022年发生面积（万亩）	2023年预测发生面积（万亩）	发生趋势
河南省	6.10	6.30	略上升
洛阳市	0.04	0.03	下降
三门峡市	0.37	0.37	持平
南阳市	0.15	0.50	上升
信阳市	5.54	5.40	略下降

2. 美国白蛾发生将呈下降趋势

预测2023年发生69.88万亩，发生于郑州等14市。

预计发生面积新乡、濮阳、漯河、商丘、周口5市下降，其中，濮阳市下降趋势显著，焦作市持平，许昌市基本持平，郑州、开封、平顶山、安阳、鹤壁、信阳、驻马店7市上升，总体呈下降趋势。

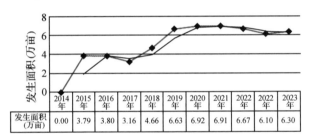

图17-30 河南省历年松材线虫病发生情况及2023年发生趋势预测

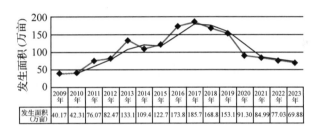

图17-31 河南省历年美国白蛾发生情况及2023年发生趋势预测

表17-6 河南省2023年美国白蛾发生趋势预测

区划名称	2022年发生面积（万亩）	2023年预测发生面积（万亩）	发生趋势	区划名称	2022年发生面积（万亩）	2023年预测发生面积（万亩）	发生趋势
河南省	77.03	69.88	下降				
郑州市	1.22	2.50	上升	濮阳市	24.79	14.51	下降
开封市	2.15	2.52	上升	许昌市	0.48	0.50	基本持平
平顶山市	0.16	0.20	上升	漯河市	1.03	0.89	下降
安阳市	10.03	11.47	上升	商丘市	3.44	3.35	下降
鹤壁市	13.11	13.65	上升	信阳市	3.74	4.03	上升
新乡市	7.13	6.87	下降	周口市	7.72	7.13	下降
焦作市	0.04	0.04	持平	驻马店市	2.00	2.22	上升

3. 杨树食叶害虫发生将呈略微下降趋势

预测2023年发生249.27万亩，同比略微下降，局部可能出现成灾。种类有春尺蠖、杨小舟蛾、杨扇舟蛾、黄翅缀叶野螟、杨白纹潜蛾、杨扁角叶爪叶蜂、黄刺蛾、杨柳小卷蛾、杨毒蛾、铜绿异丽金龟等。

预计发生面积郑州、开封、鹤壁、新乡、焦

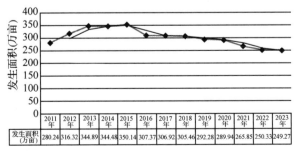

图17-32 河南省历年杨树食叶害虫发生情况及2023年发生趋势预测

表 17-7　河南省 2023 年各市杨树食叶害虫发生趋势预测

区划名称	2022 年发生面积（万亩）	2023 年预测发生面积（万亩）	发生趋势	区划名称	2022 年发生面积（万亩）	2023 年预测发生面积（万亩）	发生趋势
河南省	250.33	249.27	略下降				
郑州市	16.02	19.95	上升	许昌市	3.20	2.45	下降
开封市	2.79	3.46	上升	漯河市	8.30	8.36	基本持平
洛阳市	5.46	4.92	下降	三门峡市	5.50	5.30	下降
平顶山市	10.62	10.55	略下降	南阳市	63.79	63.00	基本持平
安阳市	6.47	6.26	下降	商丘市	22.86	22.10	下降
鹤壁市	2.24	2.31	略上升	信阳市	24.32	21.49	下降
新乡市	4.43	4.95	上升	周口市	24.67	24.99	基本持平
焦作市	7.92	8.14	上升	驻马店市	31.66	30.54	下降
濮阳市	7.36	7.00	下降	济源市	2.70	3.50	上升

作、济源 6 市呈上升趋势，漯河、南阳、周口 3 市基本持平，其他 9 市发生呈下降趋势，总体呈略微下降趋势。

表 17-8　河南省 2023 年春尺蠖发生趋势预测

区划名称	2022 年发生面积（万亩）	2023 年预测发生面积（万亩）	发生趋势
河南省	6.02	6.40	上升
郑州市	0.98	1.30	上升
开封市	0.26	0.46	上升
洛阳市	0.03	0.02	下降
平顶山市	0.03	0.05	上升
安阳市	1.50	1.55	基本持平
鹤壁市	0.14	0.11	下降
新乡市	0.40	0.39	基本持平
濮阳市	1.80	1.67	下降
商丘市	0.88	0.85	基本持平

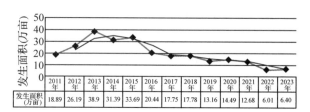

图 17-33　河南省历年来杨树舟蛾发生面积及 2023 年发生趋势预测

春尺蠖预测发生 6.40 万亩，主要发生在郑州、开封、洛阳、平顶山、安阳、鹤壁、新乡、濮阳、商丘等 9 市的部分县（市、区），总体呈略上升趋势。

杨树舟蛾（杨小舟蛾、杨扇舟蛾）预计发生 182.10 万亩，全省各地均有发生。

预计发生面积洛阳、安阳、濮阳、许昌、三门峡、信阳、驻马店 7 市呈下降趋势，平顶山、商丘、南阳 3 市基本持平，其他 8 市呈上升趋势，总体基本持平。

表 17-9　河南省 2023 年各市杨树舟蛾发生趋势预测

区划名称	2022 年发生面积（万亩）	2023 年预测发生面积（万亩）	发生趋势	区划名称	2022 年发生面积（万亩）	2023 年预测发生面积（万亩）	发生趋势
河南省	181.17	182.10	基本持平				
郑州市	11.02	14.15	上升	许昌市	1.87	1.80	下降
开封市	2.10	2.62	上升	漯河市	7.40	7.51	上升
洛阳市	2.86	2.26	下降	三门峡市	1.60	1.50	下降
平顶山市	9.54	9.50	基本持平	南阳市	50.02	49.50	基本持平
安阳市	4.67	4.37	下降	商丘市	12.97	12.54	基本持平

(续)

区划名称	2022年发生面积（万亩）	2023年预测发生面积（万亩）	发生趋势	区划名称	2022年发生面积（万亩）	2023年预测发生面积（万亩）	发生趋势
鹤壁市	1.68	1.79	上升	信阳市	16.15	14.30	下降
新乡市	3.25	3.38	上升	周口市	22.94	23.69	上升
焦作市	6.10	6.54	上升	驻马店市	21.16	20.17	下降
濮阳市	3.24	2.98	下降	济源市	2.60	3.50	上升

其他杨树食叶害虫预计发生60.78万亩，主要种类有黄翅缀叶野螟、杨白纹潜蛾、杨扁角叶爪叶蜂、黄刺蛾、杨柳小卷蛾、杨毒蛾、铜绿异丽金龟等，总体呈下降趋势。

4. 杨树病害发生将基本持平

预测发生73.74万亩，总体基本持平，主要种类有杨树黑斑病、杨树溃疡病、杨树烂皮病、杨树白粉病等，叶部病害以杨树黑斑病为主，干部病害以杨树溃疡病为主。

预计发生面积郑州、洛阳、濮阳、漯河、三门峡、信阳6市呈下降趋势，平顶山、济源2市

持平，安阳、鹤壁、许昌、南阳、商丘、周口6市基本持平，开封、新乡、焦作、驻马店4市呈上升趋势；总体基本持平。

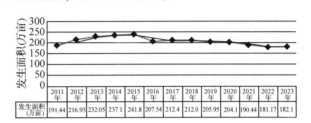

图17-34 河南省历年杨树病害发生情况及2023年发生预测

表17-10 河南省2023年各市杨树病害发生趋势预测

区划名称	2022年发生面积（万亩）	2023年预测发生面积（万亩）	发生趋势	区划名称	2022年发生面积（万亩）	2023年预测发生面积（万亩）	发生趋势
河南省	73.97	73.74	基本持平				
郑州市	6.75	6.62	下降	许昌市	6.26	6.20	基本持平
开封市	1.68	1.86	上升	漯河市	3.22	3.03	下降
洛阳市	0.93	0.86	下降	三门峡市	3.26	2.99	下降
平顶山市	0.86	0.86	持平	南阳市	10.96	11.00	基本持平
安阳市	4.61	4.63	基本持平	商丘市	8.68	8.82	基本持平
鹤壁市	1.03	1.01	基本持平	信阳市	5.19	4.23	下降
新乡市	1.24	1.68	上升	周口市	9.52	9.46	基本持平
焦作市	2.21	2.73	上升	驻马店市	3.55	3.98	上升
濮阳市	3.72	3.48	下降	济源	0.30	0.30	持平

5. 杨树蛀干害虫发生将基本持平

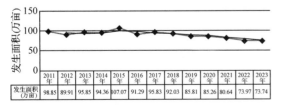

图17-35 河南省历年杨树蛀干害虫发生情况及2023年发生预测

预测发生37.14万亩，主要种类有桑天牛、星天牛、光肩星天牛等。

预计发生面积开封、平顶山、焦作、商丘、周口5市呈下降趋势，漯河、驻马店2市持平，郑州、洛阳、鹤壁、许昌、三门峡、南阳6市基本持平，新乡、濮阳、信阳3市呈上升趋势；总体基本持平。

表 17-11 河南省 2023 年杨树蛀干害虫发生趋势预测

区划名称	2022年发生面积（万亩）	2023年预测发生面积（万亩）	发生趋势	区划名称	2022年发生面积（万亩）	2023年预测发生面积（万亩）	发生趋势
河南省	36.68	37.14	基本持平				
郑州市	1.97	1.86	下降	许昌市	1.43	1.45	基本持平
开封市	0.28	0.17	基本持平	漯河市	1.45	1.45	持平
洛阳市	0.17	0.18	基本持平	三门峡市	0.64	0.65	基本持平
平顶山市	0.51	0.00	下降	南阳市	15.19	15.50	基本持平
鹤壁市	0.19	0.18	基本持平	商丘市	3.98	3.70	下降
新乡市	0.01	0.10	上升	信阳市	2.03	2.67	上升
焦作市	0.89	0.68	下降	周口市	4.63	4.45	下降
濮阳市	0.25	1.04	上升	驻马店市	3.06	3.06	持平

6. 日本草履蚧将基本持平

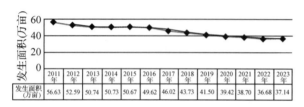

图 17-36 河南省历年来日本草履蚧发生情况 2023 年发生趋势预测

预测发生 11.19 万亩，除南阳市、信阳市外，其他各市均有发生。

预计发生面积平顶山、鹤壁、许昌、漯河 4 市呈下降趋势；三门峡、济源 2 市持平；郑州、洛阳、焦作、商丘 4 市基本持平；开封、安阳、新乡、濮阳、周口、驻马店 6 市呈上升趋势；总体基本持平。

表 17-12 河南省 2023 年日本草履蚧发生趋势预测

区划名称	2022年实际发生面积（万亩）	2023年预测发生面积（万亩）	发生趋势	区划名称	2022年实际发生面积（万亩）	2023年预测发生面积（万亩）	发生趋势
河南省	10.94	11.19	基本持平				
郑州市	1.98	2.00	基本持平	濮阳市	0.14	0.19	上升
开封市	0.14	0.16	上升	许昌市	0.24	0.20	下降
洛阳市	0.32	0.33	基本持平	漯河市	1.10	0.90	下降
平顶山市	0.03	0.00	下降	三门峡市	0.17	0.17	持平
安阳市	1.43	1.49	上升	商丘市	0.68	0.70	基本持平
鹤壁市	1.45	1.40	下降	周口市	0.85	0.98	上升
新乡市	0.82	1.03	上升	驻马店市	0.06	0.07	上升
焦作市	1.23	1.27	基本持平	济源市	0.30	0.30	持平

7. 松树叶部害虫发生将保持上升趋势

预测发生 46.71 万亩，种类有马尾松毛虫、油松毛虫、松阿扁叶蜂、中华松针蚧、华北落叶松鞘蛾，以中华松针蚧和松阿扁叶蜂发生危害为主，主要发生在洛阳、三门峡、南阳、信阳、驻马店 5 市。

预计发生面积驻马店市持平，三门峡市基本持平，洛阳、南阳、信阳 3 市呈上升趋势；总体呈上升趋势。

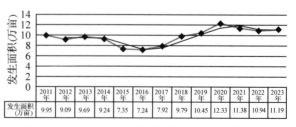

图 17-37 河南省历年松树叶部害虫发生情况及 2023 年发生预测

表 17-13　河南省 2023 年松树叶部害虫发生趋势预测

区划名称	2022年发生面积（万亩）	2023年预测发生面积（万亩）	发生趋势
河南省	35.29	46.71	上升
洛阳市	3.42	4.26	上升
三门峡市	19.83	19.79	基本持平
南阳市	1.10	2.00	上升
信阳市	10.76	20.48	上升
驻马店市	0.18	0.18	持平

8. 松树钻蛀性害虫发生将继续保持稳定态势

预测发生约 15.34 万亩，种类有松墨天牛、纵坑切梢小蠹、红脂大小蠹，发生在安阳、新乡、三门峡、南阳、信阳、驻马店、济源 7 市。

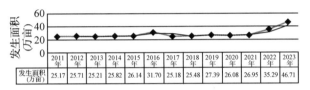

图 17-38　河南省松树钻蛀性害虫历年发生情况及 2023 年发生预测

预计发生面积信阳市呈略下降趋势，济源市持平，安阳、三门峡、驻马店 3 市基本持平，新乡、南阳 2 市呈略上升趋势；总体呈下降趋势。

表 17-14　河南省 2023 年松树钻蛀性害虫发生趋势预测

区划名称	2022年发生面积（万亩）	2023年预测发生面积（万亩）	发生趋势
河南省	15.80	15.34	基本持平
安阳市	2.18	2.20	基本持平
新乡市	0.90	0.97	略上升
三门峡市	2.79	2.81	基本持平
南阳市	3.18	3.30	略上升
信阳市	6.51	5.81	略下降
驻马店市	0.14	0.15	基本持平
济源市	0.10	0.10	持平

9. 栎类食叶害虫发生将呈上升趋势

预测发生 24.45 万亩，种类有黄连木尺蛾、栗黄枯叶蛾、栓皮栎尺蛾、栎粉舟蛾、黄二星舟蛾、栎黄掌舟蛾、舞毒蛾等。发生于郑州、洛阳、平顶山、安阳、三门峡、南阳、信阳、驻马店、济源 9 市。

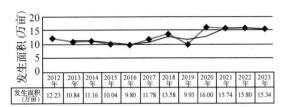

图 17-39　河南省栎类食叶害虫历年发生情况及 2023 年发生预测

预计发生面积三门峡市下降，济源市持平，郑州、安阳 2 市基本持平，洛阳、平顶山、南阳、信阳、驻马店 5 市呈上升趋势；总体呈上升趋势。

表 17-15　河南省 2023 年栎类食叶害虫发生趋势预测

区划名称	2022年发生面积（万亩）	2023年预测发生面积（万亩）	发生趋势
河南省	23.60	24.45	上升
郑州市	3.50	3.55	基本持平
洛阳市	2.16	2.36	上升
平顶山市	3.12	3.20	上升
安阳市	1.31	1.35	基本持平
三门峡市	3.01	2.89	下降
南阳市	5.79	6.00	上升
信阳市	0.11	0.40	上升
驻马店市	3.10	3.20	上升
济源市	1.50	1.50	持平

10. 栎类蛀干害虫发生将略呈上升趋势

预测发生 3.07 万亩，种类为栎旋木柄天牛、云斑白条天牛，发生于洛阳、南阳、信阳、济源 4 市。

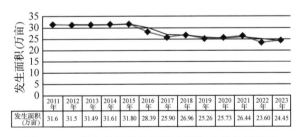

图 17-40　河南省栎类蛀干害虫历年来发生情况及 2023 年发生预测

预计发生面积南阳、济源 2 市持平，洛阳、信阳 2 市呈上升趋势；总体呈上升趋势。

表 17-16　河南省 2023 年栎类钻蛀性害虫发生趋势预测

区划名称	2022年发生面积（万亩）	2023年预测发生面积（万亩）	发生趋势
河南省	2.87	3.07	上升
洛阳市	0.17	0.27	上升
南阳市	1.20	1.20	持平
信阳市	0.00	0.10	上升
济源市	1.50	1.50	持平

11. 泡桐有害生物发生危害将呈下降趋势

预测发生 3.87 万亩，发生面积有所减少。主要种类为泡桐丛枝病、北锯龟甲、大袋蛾等，发生于郑州、开封、洛阳、平顶山、安阳、鹤壁、三门峡、商丘、周口 9 市。

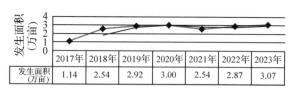

图 17-41　河南省泡桐有害生物历年发生情况及 2023 年发生趋势

预计发生面积郑州、洛阳 2 市呈下降趋势，开封、平顶山、安阳、鹤壁、三门峡 5 市持平，商丘、周口 2 市呈上升趋势；总体呈下降趋势。

表 17-17　河南省 2023 年预测泡桐有害生物发生趋势

区划名称	2022年发生面积（万亩）	2023年预测发生面积（万亩）	发生趋势
河南省	4.55	3.87	下降
郑州市	2.07	1.30	下降
开封市	0.19	0.19	持平
洛阳市	0.13	0.12	下降
平顶山市	0.02	0.02	持平
安阳市	0.01	0.01	持平
鹤壁市	0.02	0.02	持平
三门峡市	0.09	0.09	持平
商丘市	1.82	1.86	上升
周口市	0.20	0.26	上升

12. 槐树有害生物发生将继续呈下降趋势

预测发生约 1.49 万亩，主要种类为刺槐白粉病、刺槐叶斑病、刺槐尺蠖、刺槐外斑尺蠖、桑褶翅尺蠖等，发生于郑州、洛阳、安阳、新乡、商丘、济源 6 市。

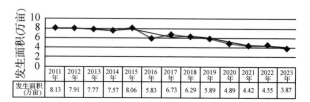

图 17-42　河南省历年来槐树有害生物发生情况及 2023 年发生预测

预计发生面积郑州、洛阳、平顶山、商丘 4 市呈下降趋势，安阳、新乡、济源 3 市持平；总体呈下降趋势。

表 17-18　河南省 2023 年槐树有害生物发生趋势预测

区划名称	2022年发生面积（万亩）	2023年预测发生面积（万亩）	发生趋势
河南省	1.83	1.49	下降
郑州市	0.35	0.29	下降
洛阳市	0.52	0.50	下降
平顶山市	0.21	0.00	下降
安阳市	0.02	0.02	持平
新乡市	0.02	0.02	持平
商丘市	0.41	0.36	下降
济源市	0.30	0.30	持平

13. 枣树有害生物发生将呈上升趋势

预测发生约 4.01 万亩，主要种类为枣疯病、枣尺蛾、桃蛀果蛾等，发生于郑州、安阳、三门峡 3 市。

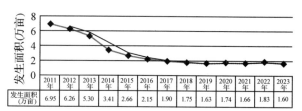

图 17-43　河南省枣树有害生物历年发生情况及 2023 年发生趋势

预计发生面积郑州呈上升趋势，安阳、三门峡持平；总体呈上升趋势。

表 17-19　河南省 2023 年枣树有害生物发生趋势预测

区划名称	2022年发生面积（万亩）	2023年预测发生面积（万亩）	发生趋势
河南省	3.78	4.01	上升
郑州市	1.37	1.60	上升
安阳市	0.24	0.24	持平
三门峡市	2.17	2.17	持平

14. 核桃有害生物发生危害将呈上升趋势

预测发生约 5.24 万亩，主要种类为核桃溃疡病、核桃细菌性黑斑病、核桃举肢蛾。发生于郑州、洛阳、新乡、三门峡、济源 5 市，预计均呈上升趋势。

图 17-44 河南省历年来核桃有害生物发生情况及 2023 年发生预测

表 17-20 河南省 2023 年核桃有害生物发生趋势预测

区划名称	2022年发生面积（万亩）	2023年预测发生面积（万亩）	发生趋势
河南省	4.61	5.24	上升
郑州市	0.21	0.27	上升
洛阳市	0.12	0.15	上升
新乡市	0.00	0.02	上升
三门峡市	3.98	4.00	上升
济源市	0.30	0.80	上升

15. 栎（栗）属种实害虫发生将呈明显下降趋势

预测发生 0.70 万亩，整体呈明显下降趋势，主要发生在信阳市商城县。

16. 悬铃木方翅网蝽发生面积将略有增加

预测发生 5.03 万亩，主要发生于郑州、开封、洛阳、平顶山、新乡、商丘 6 市。

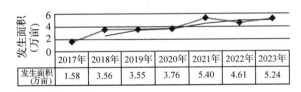

图 17-45 河南省悬铃木方翅网蝽历年发生情况及 2023 年发生预测

预计发生面积郑州、开封 2 市下降，平顶山市持平，洛阳、新乡、商丘 3 市呈上升趋势；总体略呈上升趋势。

表 17-21 河南省 2023 年悬铃木方翅网蝽发生趋势预测

区划名称	2022年发生面积（万亩）	2023年预测发生面积（万亩）	发生趋势
河南省	4.94	5.03	上升
郑州市	3.04	3.00	下降
开封市	0.41	0.38	下降

（续）

区划名称	2022年发生面积（万亩）	2023年预测发生面积（万亩）	发生趋势
洛阳市	0.10	0.12	上升
平顶山市	0.30	0.30	持平
新乡市	0.25	0.38	上升
商丘市	0.84	0.85	上升

17. 其他主要林业有害生物发生将上升

预测发生 134.46 万亩，全省各地均有发生。主要种类为松针褐斑病、杉木细菌性叶枯病、合欢枯萎病、梨锈病、苹果腐烂病、核桃炭疽病、重阳木锦斑蛾、杉肤小蠹、黄连木种子小蜂、绿盲蝽、锈色粒肩天牛、淡娇异蝽、膜肩网蝽、丝棉木金星尺蛾等。

三、对策建议

紧紧围绕黄河流域生态保护和高质量发展等重大国家战略，以林长制为抓手，以"天地空"监测立体化为目标，强化日常监管，加强宣传培训，稳定专业队伍，全面提升疫情监测防控能力。

（一）进一步加强松材线虫病防控工作

严格按照国家林业和草原局《关于科学防控松材线虫病疫情的指导意见》《松材线虫病疫区和疫木管理办法》《松材线虫病防治技术方案（2021版）》《国家松材线虫病疫情防控五年行动计划（2021—2025 年）》要求，始终围绕河南省"十四五"松材线虫病疫情防控总目标，科学谋划松材线虫病疫情防控工作，进一步落实地方政府防治主体责任、林业主管部门行业指导责任、林业有害生物防治机构专业技术责任。

（二）进一步完善日常监测网络体系

积极推广和应用测报新技术、新方法、新成果，以建设河南省林业有害生物国家级中心测报点防治能力提升项目为契机，配置自动化智能监测设备，加大对重点生态区位、自然保护区、风景名胜区等松材线虫病、美国白蛾和杨食叶害虫等的监测，做到时时监测、准确预报、提早预警、精准治理，确保在源头上控制住疫情的传播蔓延。将一线护林员纳入日常监测网络体系中，将监测职能落实到乡（镇、林场），提高乡镇政府和林业站的参与度，及时掌握疫情，提升基层监测站点监测预警和应急反应能力。

（三）进一步强化法律法规宣传和技术培训

加大宣传力度，拓宽宣传渠道，线上线下相结合，利用微视频、宣传条幅、传单、海报等形式，深入宣传《生物安全法》《森林法》《森林病虫害防治条例》《植物检疫条例》等法律法规，增强全民疫情防控意识，在全社会形成群防群治的浓厚氛围。加大基层人员培训力度，结合基层实际，培训一线专兼职测报员、护林员，能培尽培、愿培尽培，持续举办内容与时俱进、形式丰富多样的监测、防治、检疫等业务知识培训，努力打造一支专业技术扎实过硬、实践经验深厚丰富的高素质基层测报队伍。

（主要起草人：古京晓　朱雨行　方松山；主审：孙红　李加正）

18 湖北省林业有害生物2022年发生情况和2023年趋势预测

湖北省林业有害生物防治检疫总站

【摘要】 2022年湖北省主要林业有害生物发生整体略呈上升趋势，发生总面积达705万亩（含有害植物102.9万亩），轻度发生占比为70.7%，发生总面积同比上升2.8%。外来重大林业有害生物扩散蔓延势头得到持续遏制，其中，松材线虫病发生面积和病死松树数量继续呈下降态势，在东湖风景区、洪山区、黄石港区、枝江市、五峰县、猇亭区、石首市、樊城区等8个疫区、17个疫点实现无疫情；美国白蛾发生面积和危害程度稳步下降，零星发生，襄州区、枣阳市2个疫区实现无疫情，未出现扰民事件。受气候等因素影响，本土常发性林业有害生物总体发生面积同比上升，其中，板栗、油茶等经济林病虫害发生面积增幅最大，同比分别上升93.8%、46.6%；马尾松毛虫呈周期性上升发生趋势；松褐天牛、鼠兔害发生面积略有上升；华山松大小蠹、杨树和竹类病虫害、有害植物等发生面积下降，危害减轻。

全省各地积极组织林业有害生物防治，合计防治面积594.9万亩（累计防治作业面积916.5万亩），其中无公害防治面积573.7万亩，无公害防治率达96.4%，实现了预期管理目标。

经综合分析，预计2023年全省林业有害生物呈偏重发生态势，全年发生710万亩左右。总体趋势：一是松材线虫病继续得到有效遏制，但疫情基数大，防控形势依然严峻；二是美国白蛾老疫区疫情得到较好控制，但存在外省输入、省内扩散的风险；三是随着外来入侵物种普查的深入开展，可能会发现新的林草外来入侵物种；四是受气候等因素影响，马尾松毛虫、松褐天牛、杨树舟蛾等食叶、蛀干害虫发生可能呈上升趋势；五是华山松大小蠹、经济林、竹类病虫害、鼠兔害及有害植物整体发生平稳或略呈下降趋势。

针对2023年全省林业有害生物发生趋势，建议：压实防治责任，建立健全防控机制；强化综合防控，切实提升防控质量；强化创新发展，着力提升防控效能；强化宣传发动，营造浓厚防控氛围。

一、2022年林业有害生物发生情况

2022年湖北省主要林业有害生物整体略呈上升发生趋势，发生705万亩（同比上升2.8%），轻度发生占比为70.7%。其中：虫害发生430.7万亩（同比上升8%），病害发生164.2万亩（同比下降6.6%），森林鼠兔害发生7.2万亩（同比上升4.3%），有害植物102.9万亩（同比下降1.9%）（图18-1）。

（一）发生特点

外来重大林业有害生物扩散蔓延势头得到持续遏制，其中，松材线虫病发生面积和病死松树

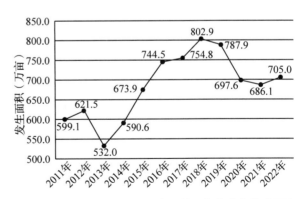

图18-1　2011—2022年湖北主要林业有害生物发生面积

数量继续呈下降态势，在东湖风景区、洪山区、黄石港区、枝江市、五峰县、猇亭区、石首市、樊城区等8个疫区、16个疫点实现无疫情；美国白蛾发生面积和危害程度稳步下降，零星发生，

襄州区、枣阳市2个疫区实现无疫情，未出现扰民事件。受气候等因素影响，本土常发性林业有害生物总体发生面积同比上升，其中，板栗、油茶等经济林病虫害发生面积增幅最大，同比分别上升93.8%、46.6%；马尾松毛虫呈周期性上升发生趋势；松褐天牛、鼠兔害发生面积略有上升；华山松大小蠹、杨树和竹类病虫害、有害植物等发生面积下降，危害减轻。

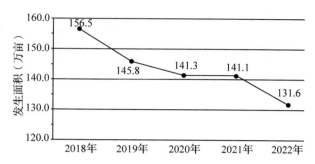

图18-2　2018—2022年湖北松材线虫病发生面积

（二）主要林业有害生物发生情况分述

1. 松材线虫病

2022年普查结果显示，全省松材线虫病疫情发生131.6万亩，病死松树72.3万株，其他原因死亡松树108.4万株。疫情涉及武汉市、宜昌市、荆门市、咸宁市、黄冈市、十堰市、孝感市、襄阳市、随州市、恩施土家族苗族自治州（以下简称恩施州）、黄石市、荆州市、鄂州市等13个市（州）、82个县（市、区）。疫情发生面积和病死松树数量继续呈下降态势，分别较上年下降13.8%、14.8%，东湖风景区、洪山区、黄石港区、枝江市、五峰县、猇亭区、石首市、樊城区等8个疫区实现无疫情。但受夏秋两季长时间持续高温干旱影响，全省各地因干旱及其他原因致死松树数量有所上升，后续还将有新增死树，防控形势仍然严峻。

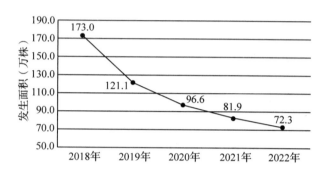

图18-3　2018—2022年湖北松材线虫病病死树数量

今年是疫情防控攻坚行动第二年，湖北省进一步压实重大林业有害生物防控政府主体责任，将松材线虫病等重大林业有害生物防控纳入林长制督查考核内容，本年度召开了全省松材线虫病疫情防控工作部署会，举办了防控技术培训班，组织了年中、年末两次防控效果评价，开展了春秋两季卫星遥感监测核查，以目标和问题为导向，督促各地抓好整改落实。各地普遍实行专业化疫情防控和第三方监理，越来越多的地方推行三年绩效承包防控，采取空天地一体化疫情监测，开展常态化检疫执法行动，全面应用松材线虫病疫情防控监管平台采录监测普查、取样鉴定、疫木除治等数据，对疫情防控实施全过程管理，全省松材线虫病疫情防控取得了较好效果（图18-2、图18-3）。

2. 美国白蛾

根据性诱监测和幼虫网幕调查统计，2022年全省美国白蛾发生呈持续下降态势，发生总面积7717亩，同比下降0.1%。美国白蛾疫情被控制在鄂东北的老疫区，虫口密度总体偏低，轻度发生占93.9%；其中：随州市的广水市、孝感市的大悟县两地发生面积之和占总发生面积的65.6%，分别为3420亩、1650亩；孝感市的安陆市、孝昌县、云梦县、孝南区、应城市，随州市的随县，黄冈市红安县等地发生面积小，呈点状零星发生。襄阳市的襄州区、枣阳市连续3年未诱捕到成虫、也未发现幼虫，计划拔除疫区。非疫区的武汉市东西湖区、新洲区分别诱捕到3头、2头越冬代成虫，武汉市江岸区诱捕到1头第一代成虫，以上三地及周边区域全年持续开展排查，未发现幼虫。

湖北省认真贯彻全国美国白蛾联防联控工作会议精神，召开专题会议安排部署美国白蛾防控工作，5~10月实行监测防控工作周报制，派出工作组赴疫区包片督办指导，各疫区按照"主防第一代，严防第二代，查防第三代"的防控策略，及时开展三代幼虫防治，把虫情控制在较低水平，未造成大的危害和引发扰民事件（图18-4）。

3. 松褐天牛

松褐天牛是松材线虫病的传播媒介，在全省广泛分布。2022年全省发生176.4万亩，同比上升1.8%，成灾0.2万亩。危害较重的地方主要分布在鄂东的黄冈市的罗田县、英山县、麻城市、蕲春县，武汉市黄陂区，黄石市阳新县，鄂

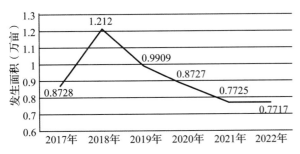

图 18-4　2017—2022 年湖北美国白蛾发生面积

北随州市的随县，鄂中荆门市东宝区、京山市，鄂西北十堰市郧阳区、张湾区，鄂南荆州市松滋市及三峡库区宜昌夷陵区等地。5~7月，松褐天牛成虫羽化初期、盛期，各地采取直升机、无人机、地面人工施药等方式防治了2~3次，全省累计防治作业面积260.4万亩，降低了虫口密度，削弱了林间松材线虫病的自然传播（图18-5）。

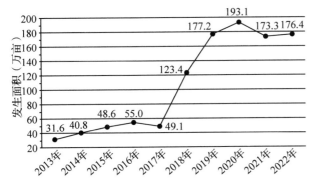

图 18-5　2013—2022 年湖北松褐天牛发生面积

4. 马尾松毛虫

马尾松毛虫是湖北省广泛分布的周期性害虫，一般5~6年一个发生高峰，2017年处于发生高峰期，受发生规律及气候影响，2022年发生面积继续呈小幅上升趋势，发生66.3万亩，同比上升14.5%，成灾0.7万亩。在鄂东北大别山区黄冈市大部、孝感市大悟县及毗邻的武汉市黄陂区，鄂西北十堰市郧阳区，鄂南荆州市松滋市等地发生面积超过2万亩。4月、6~7月期间，马尾松毛虫的主要发生区分别采取直升机、无人机及地面人工施药方式，对越冬代、第一代幼虫及时进行了防治，有效降低了虫情危害（图18-6）。

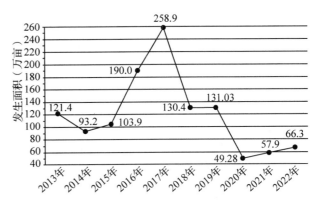

图 18-6　2013—2022 年湖北马尾松毛虫发生面积

5. 华山松大小蠹

华山松大小蠹是鄂西北华山松的毁灭性害虫，因个体小、钻蛀危害，前期难以发现，防治手段有限，防治难度较大。2011—2016年，华山松大小蠹在神农架林区大发生，对林区森林资源和生态环境造成了巨大威胁。近几年，通过综合治理，特别是对虫害木实施全面清理，华山松大小蠹种群密度逐渐下降。2022年发生0.5万亩，主要发生在鄂西北的神农架林区及周边的十堰市竹溪县、宜昌市兴山县、襄阳市保康县，同比下降33.3%（图18-7）。

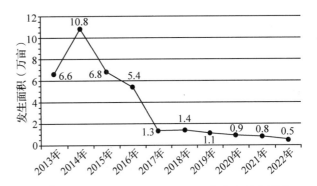

图 18-7　2013—2022 年湖北华山松大小蠹发生面积

6. 杨树病虫害

杨树病虫害在湖北省杨树产区广泛分布，主要有食叶害虫（杨小舟蛾、杨扇舟蛾）、蛀干害虫（云斑白条天牛、桑天牛）和病害（黑斑病、溃疡病、烂皮病）。2013—2016年，湖北省杨树病虫害处于发生高峰期，发生面积大、危害重，经过历年来密切监测、及时防治，其发生危害得到了控制，2022年气候条件虽有利于杨树食叶、蛀干害虫发生，但虫口基数总体偏低。2022年杨树病虫害发生总面积115.3万亩，同比下降5.0%，以轻度发生为主。其中：杨树食叶害虫发生79.1万亩，同比下降5.2%，成灾0.3万亩，主要发生在江汉平原的天门市、仙桃市、潜江市，荆州市石首市、公安县、洪湖市、监利市，鄂东南的咸宁市嘉鱼县、赤壁市，鄂中的孝感市汉川市、荆门市沙洋县；杨树蛀干害虫发生24.1万亩，同比下降4.4%，主要发生在江汉平原潜江市、天门市、仙桃市，荆州市公安县、监利市，鄂东南咸宁市嘉鱼县、赤壁市，鄂中荆门市沙洋县，鄂北孝感市汉川市，襄阳市谷城县等地；杨树病害发生12.1万亩，同比下降5.5%，主要发生在鄂东南的咸宁市嘉鱼县、鄂南的荆州市监利市、鄂东北的黄冈市麻城市，鄂北的襄阳市南漳县、老河口市，鄂中的孝感市汉川市等地（图18-8、图18-9、图18-10）。

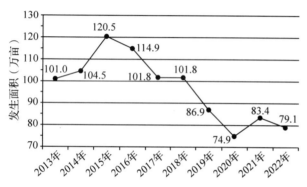

图18-8　2013—2022年湖北杨树食叶害虫发生面积

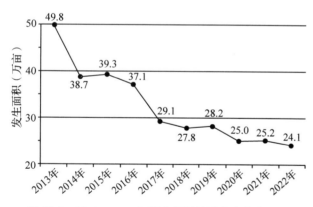

图18-9　2013—2022年湖北杨树蛀干害虫发生面积

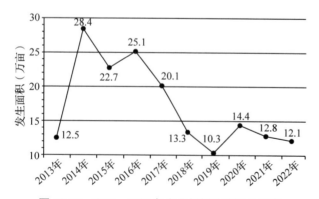

图18-10　2013—2022年湖北杨树病害发生面积

7. 经济林病虫害

以板栗、核桃、油茶等病虫害为主，2022年全省发生总面积72.0万亩，同比上升66.7%，以轻度发生为主。其中：板栗病虫害发生55.8万亩，同比上升93.8%，以板栗剪枝象、栗瘿蜂、栗实象、板栗疫病、板栗炭疽病为主，其中板栗两象发生面积占69.0%，主要发生大别山区黄冈市罗田县（发生面积占比65.4%）、麻城市（占比10.9%）、孝感市大悟县（占比9.3%）等地；核桃病虫害发生8.5万亩，同比上升46.6%，以核桃细菌性黑斑病、银杏大蚕蛾、核桃长足象为主，主要发生鄂西十堰市大部、恩施市等地及三峡库区宜昌市兴山县等地；油茶病虫害发生6.2万亩，同比下降12.7%，以油茶煤污病、油茶炭疽病为主，主要发生在鄂东黄冈市麻城市、蕲春县，咸宁市通山县、通城县，黄石市阳新县，鄂西恩施市等地；木瓜锈病发生1.5万亩，同比持平，发生在十堰郧阳（图18-11）。

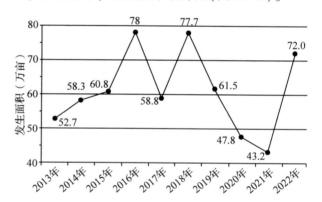

图18-11　2013—2022年湖北经济林病虫害发生面积

8. 竹类病虫害

竹类病虫害主要有黄脊竹蝗、刚竹毒蛾、竹笋夜蛾、竹丛枝病、一字竹象。2022年全省发生总面积11.6万亩，同比下降7.2%，以轻度发生为主，主要发生在鄂东南咸宁市大部、鄂南荆州市石首市。2015年咸宁等地暴发刚竹毒蛾后，各地注重竹类病虫害的监测防治工作，尤其是2020年以来为应对沙漠蝗虫入侵，各级积极开展黄脊竹蝗监测和防治，竹类病虫害持续处于较低发生水平（图18-12）。

9. 鼠兔害

鼠兔害主要是草兔、中华鼢鼠。2022年全省发生总面积7.2万亩，同比上升4.3%，其中：兔害发生1.9万亩、鼠害发生5.3万亩，主要发生在鄂西北十堰市竹溪县、竹山县、郧阳区，鄂

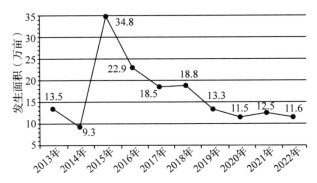

图 18-12 2013—2022 年湖北竹类病虫害发生面积

东南咸宁市崇阳县、通城县，鄂北襄阳市枣阳市、南漳县等地。

10. 有害植物

2022 年全省有害植物发生总面积 102.9 万亩，同比下降 1.9%，以轻度发生为主，其中：葛藤发生占 99.1%，加拿大一枝黄花、剑叶金鸡菊小面积发生。葛藤是本土有害植物，在湖北省山区广泛分布，茎蔓生长快，具有较强的攀附和覆盖能力，影响灌木生长，但对乔木影响不大。近年来，加拿大一枝黄花作为外来入侵植物在多地发现，引起社会的广泛关注，掀起了防治热潮。经调查，加拿大一枝黄花大多分布在农地、荒地、路边、城乡接合部，林地外缘有少量分布，面积 0.7 万亩。11 月在种子成熟前，发生地农林等部门开展联合防除，组织人员采取连根铲除、喷施除草剂的方式进行防治。

(三) 成因分析

1. 极端高温连旱气候削弱树势，加重林业有害生物危害

气象因子是影响植物生长、有害生物发生流行的重要因子，对林业有害生物的分布、发生及发展影响显著。2021/2022 年全省冬季平均最低气温较常年略偏高 0.1℃，极端低温较常年偏高，有利于病虫越冬。冬后温度回升快，入春较常年偏早 11 天；春季 3~4 月全省大部平均气温较常年同期西部偏高 1~2℃，东部高 1.8~2.5℃，初春高温有利于提高害虫越冬蛹的成活率，出蛰时间提前，发育加快，加重了对树木的危害。夏秋出现历史罕见的连旱、晴热高温气候，5~11 月全省降水量仅 509.6mm，较常年同期偏少 4.3 成；全省平均高温日数（最高气温≥35℃）51.4 天，较常年同期偏多 32.1 天，全省大部均创极端最高气温。长时间高温干旱天气，导致大量树木树势衰弱甚至干旱枯萎，抗病虫害能力下降，高温天气也加快了有害生物的发育和基数积累，导致今年马尾松毛虫、松褐天牛、经济林害虫、鼠兔害危害加重。

2. 经贸活动频繁，部门间联防联治不到位，加大有害生物传播扩散风险

一方面，随着经济快速发展，经贸、物流等活动往来日益频繁，加之各地通讯电力网路建设、铁路公路施工等大型工程建设较多，为有害生物跨区域、大范围传播蔓延提供了机会。另一方面，有害生物发生区域涉及林业、农业、城建、交通、水利等多部门，各部门重视程度和协调配合能力不一，很难做到统防统治，有时因防治责任主体不明，造成防治不及时、不到位或出现防治盲区。

3. 森林生态系统脆弱，抵御灾害能力不足

湖北省林分结构以松、杨为主，且多为纯林，为松褐天牛、马尾松毛虫、杨树食叶害虫提供了广阔的生存和繁育环境，而松褐天牛在松林中的广泛分布，有利于松材线虫病的传播扩散。近些年各地大力发展油茶、核桃等经济林产业，大量种植纯林、栽植密度过大，生物多样性低，且外地品种适应性差，导致林分处于亚健康状态，抗性差，为病虫害大发生创造了客观条件。

4. 压实政府主体责任，防治效果逐步显现

各地深入贯彻落实习近平生态文明思想，以林长制为抓手，压实压紧政府防控主体责任，强化组织领导，加大资金投入，推行重大林业有害生物专业化防控，稳步推进松材线虫病、美国白蛾疫情防控攻坚行动，积极开展马尾松毛虫、杨树食叶害虫等常发性林业有害生物监测预防，加强防治普法宣传，取得了显著成效。

二、2023 年林业有害生物发生趋势预测

(一) 2023 年总体发生趋势预测

1. 预测依据

据气象部门预测，2022 年 12 月至 2023 年 2 月湖北省平均气温大部略高；前冬暖后冬冷。2023 年 3~4 月全省平均气温与常年同期相比，湖北大部偏高 0.1~1.2℃，鄂东偏高 1℃以上；降

水量鄂西南、鄂西北西部偏多1~2成，其他大部偏少1~3成。5~9月与常年同期相比，平均气温鄂东东部偏低0.1~0.5℃，其他大部偏高0.1~1℃；降水量鄂东南和江汉平原偏多1~2成，其他大部偏少1~3成。据上述气象条件，根据各地越冬虫口基数调查、2022年主要林业有害生物发生及防治情况，结合专家会商意见，综合形成2023年主要林业有害生物发生趋势预测。

2. 预测结果

经综合分析，预计2023年全省林业有害生物呈偏重发生态势，全年发生710万亩左右。其中，虫害发生440万亩，病害发生160万亩，鼠（兔）害发生6万亩，有害植物发生100万亩。

总体趋势：一是松材线虫病继续得到有效遏制，但疫情基数大，防控形势依然严峻；二是美国白蛾老疫区疫情得到较好控制，但存在外省输入、省内扩散的风险；三是随着外来入侵物种普查的深入开展，可能会发现新的林草外来入侵物种；四是受气候等因素影响，马尾松毛虫、松褐天牛、杨树舟蛾等食叶、蛀干害虫发生可能呈上升趋势；五是华山松大小蠹、经济林、竹类病虫害、鼠兔害及有害植物整体发生平稳或略呈下降趋势。

（二）分种类发生趋势预测

1. 松材线虫病

2023年是"十四五"松材线虫病疫情防控五年攻坚行动中期考核之年，湖北省将逐步实现"控制一批、压缩一批、拔除一批"的疫情防控目标，防控成效将得到进一步巩固，预计拔除3个疫区，乡镇疫点、疫情小班和病死树数量继续呈下降趋势，疫情发生面积130万亩左右。但全省疫情分布点多面广、病死树基数大，防控任务还很艰巨。当前要着重加强神农架等预防区的监测预防，同时，要切实做好疫区疫木的彻底清理和封锁监管，确保各项防控措施落实到位，进一步巩固防控成效。

2. 美国白蛾

美国白蛾老疫区疫情得到较好控制，虫口密度整体维持在较低、稳定的状态，预测发生0.7万亩，持续呈下降趋势。然而，现有疫区均相邻且与邻省疫区接壤，务必做好联防联治、全面防控，如有漏防，有局部成灾风险。襄阳的枣阳、襄州一直未发现幼虫，连续3年未诱捕到成虫，有望拔除疫情。美国白蛾随苗木调运、交通工具远距离传播风险高，武汉邻近疫区区域已诱捕到少量成虫，有传入疫情的风险，武汉、黄冈、荆州、十堰、荆门等区域要切实抓好监测调查和检疫监管，要外防输入、内防扩散，严防出现新疫情。

3. 松褐天牛

近年来，各地扎实开展松材线虫病疫情防控，通过疫木清理、药剂防治，松褐天牛种群密度得到一定程度控制，然而松褐天牛成虫羽化期长、很难防治到位，加之2022年夏秋连续干旱，2023年3~9月全省大部高温少雨，导致树势衰弱，有利于蛀干害虫危害，预计松褐天牛发生180万亩，呈上升趋势，在鄂东的黄冈、武汉、咸宁，鄂北随州，鄂中荆门，鄂西北十堰，鄂南荆州松滋及三峡库区宜昌夷陵等地偏重发生。

4. 马尾松毛虫

根据马尾松毛虫周期性发生规律，结合2023年春夏全省大部高温少雨的气候条件，预计全省发生70万亩，呈上升趋势。大别山区黄冈、孝感，鄂西北十堰等老虫源地虫口密度较大，要关注虫情动态，及时组织防治，防止局部成灾。

5. 华山松大小蠹

近些年防控措施得力，华山松大小蠹种群密度较低，预计全年发生0.5万亩，同比持平，主要发生在鄂西北的神农架林区及周边的宜昌兴山、十堰竹溪、襄阳保康、恩施州巴东等地。

6. 杨树病虫害

预计发生120万亩，2023年夏季全省大部雨量偏少、气温偏高，有利于加重杨树食叶、蛀干害虫发生，预计杨树食叶害虫发生约85万亩，呈上升趋势；杨树蛀干害虫发生约25万亩，呈上升趋势；高温少雨气候不利于病害流行，杨树病害发生约10万亩，呈下降趋势。主要发生在江汉平原的荆州、仙桃、潜江、天门及武汉、咸宁、孝感等地，杨树食叶害虫在局部地区可能暴发。

7. 经济林病虫害

近些年各地大力发展经济林产业，大量外地引种、大面积栽植纯林，造成经济林水土不服、生物多样性匮乏、抗病虫能力差，加之气候因素，导致病虫害发生严重。2022年经济林病虫害发生严重，各地加大了防治力度，2023年发生面积将有所下降，预计发生67.5万亩，但危害依然较重。其中：板栗病虫害（栗瘿蜂、板栗剪枝象、栗实象、板栗疫病）发生约50万亩，同比下降，主要发生在大别山区；核桃病虫害（核桃细菌性黑斑病、核桃长足象、核桃举肢蛾）发生约8万亩，同比下降，主要发生在鄂西十堰、恩施，鄂北襄阳，三峡库区宜昌等地；油茶病虫害（油茶煤污病、油茶炭疽病）发生约8万亩，同比上升，主要发生在鄂东黄冈、黄石、咸宁等地；木瓜锈病发生约1.5万亩，同比持平，发生在鄂西北十堰郧阳。经济林病虫害直接关系到贫困山区林农经济利益，应切实做好监测和防治技术指导。

8. 竹类病虫害

以黄脊竹蝗、刚竹毒蛾为主的竹类病虫害预计发生11万亩，同比下降，主要发生在鄂东南咸宁地区。

9. 鼠兔害

预计发生6万亩，呈下降趋势，其中：兔害发生1万亩，鼠害发生5万亩，主要发生在鄂西北十堰、襄阳，鄂东南咸宁等地，危害新造林。

10. 有害植物

有害植物繁殖力强，侵占农林用地、影响其他植物生长，近些年，其危害逐渐引起重视，各地加大了防治力度，预计2023年有害植物发生100万亩左右，同比下降。保护地、湿地有可能成为外来有害植物的重点危害区域，需严防入侵，做好防范工作。

三、对策建议

（一）压实防控责任，建立健全防控机制

积极落实以林长制为核心的疫情防控责任制度，压实各级林长松材线虫病疫情防控主体责任。坚持实行防控调度机制，采取明察与暗访相结合，跟踪检查和督导，及时发现问题，及时通报，督促整改，确保完成松材线虫病疫情防控五年攻坚行动年度任务和总目标。

（二）强化综合防控，切实提升防控质量

一是加强疫情监测调查。完善天空地人一体化监测体系，开展疫情日常监测和专项普查，及时精准掌握疫情发生发展动态；二是加强疫情封锁监管。持续开展全省松材线虫病疫木检疫执法行动，对木材加工企业、木材市场、建设工地和农民房前屋后等重点部位加强清理检查，严厉打击违法违规行为，坚决切断疫情传播途径；三是加强联防联治。建立健全松材线虫病跨区域联防联控和部门间协同作战机制，统筹防治，实现防控最大效益。

（三）强化创新发展，着力提升防控效能

一方面要创新防治机制。针对基层人少事多任务重的现状，各地要适应新形势要求，改进管理方式，完善和创新防控工作模式，统筹乡镇林业站、林场、村级护林员和社会化组织等力量，实行病虫害监测调查网格化管理，大力推行政府购买服务的方式实施专业化防治和第三方质量监管，积极倡导以防控效果可持续控制为考量的多年绩效承包防治。另一方面要创新防治技术。以解决防控工作中"卡脖子"问题和一线需求为导向，加强松材线虫病天空地监测、快捷检测、综合防控、疫木处理等核心技术研究。加快新技术、新药剂、新设备推广应用和科技成果转化，积极应用卫星、无人机遥感监测及物联网等先进技术开展疫情监测预警和疫情除治智能化监管。大力开展多层次业务培训，提高从业人员综合素质。

（四）强化宣传发动，营造浓厚防控氛围

继续加大新《森林法》《关于全面推行林长制的意见》《国务院办公厅关于进一步加强林业有害生物防治工作的意见》《湖北省林业有害生物防治条例》《党政领导干部生态环境损坏责任追究办法》等相关政策法规的宣传力度，提高各级政府和相关部门的生态灾害风险防范意识。像重视新冠肺炎、森林防火一样，重视松材线虫病疫情防控宣传，采取广播电视媒体宣传报道、挂横幅、竖宣传牌、贴告示等方式，广泛宣传松材线虫病危害、防控重要性、除治措施及相关责任义务等，营造政府主导、部门协调、社会参与的防控氛围。

（主要起草人：陈亮　戴丽；主审：陈怡帆）

湖南省林业有害生物2022年发生情况和2023年趋势预测

湖南省林业有害生物防治检疫站

【摘要】 2022年，湖南省林业草原有害生物发生579.3万亩，比2021年上升6.8%。一是松材线虫病疫情实现"四下降"；二是2022年上半年气温回升较快，有利于马尾松毛虫出蛰和羽化，发生面积、虫口密度均较2021年明显上升；三是松褐天牛、黄脊竹蝗、油茶炭疽病发生面积与2021年基本持平。分析原因，2021年冬季偏暖，有利于松毛虫等有害生物越冬，2022年春季迅速回暖，加上天晴少雨，使松毛虫等有害生物快速出蛰，虫口密度上升；二是马尾松、国外松面积占全省乔木林面积的27%，且以人工林为主，易遭受有害生物危害；三是通过松材线虫病防控五年攻坚行动等一系列行之有效的措施，湖南省松材线虫病疫情防控工作成效初显，疫情得到初步控制。预测2023年林业草原有害生物发生面积与2022年持平，全省发生580万亩，局部将成灾，松材线虫病防控压力持续位于高位。为圆满完成2023年有害生物防控各项工作，一是进一步做好松材线虫病等重大林业有害生物防控；二是进一步加强监测预警；三是进一步做好两个普查工作；四是强化防灾减灾能力建设。

一、2022年林业有害生物发生情况

2022年，湖南省林业草原有害生物发生579.3万亩，比2021年上升6.8%。其中虫害发生450.2万亩，比2021年上升12.3%；病害发生129.1万亩，比2021年下降8.8%。防治388.3万亩，其中无公害防治341.2万亩，无公害防治率88%。2022年成灾104.5万亩，其中松材线虫病成灾103.6万亩，成灾率5.36‰。

（一）发生特点

一是松材线虫病疫情实现"四下降"；二是2022年上半年气温回升较快，有利于马尾松毛虫等有害生物出蛰和羽化，发生面积、虫口密度均较2021年明显上升；三是松褐天牛、黄脊竹蝗、油茶炭疽病发生面积与2021年基本持平。

（二）主要林业有害生物发生情况分述

1. 常发性林业有害生物

（1）食叶害虫

马尾松毛虫　2022年全省马尾松毛虫发生260.3万亩，较2021年上升47.5%，全省各地都有发生，重点发生在邵阳市、怀化市。全省有86个县市区报告马尾松毛虫发生，邵阳县、长沙县、安化县、新化县、通道侗族自治县（以下简称通道县）、溆浦县、湘乡市发生超过10万亩。

黄脊竹蝗　全省黄脊竹蝗发生43.7万亩，与2021年基本持平，主要发生在株洲市、岳阳市、永州市。攸县发生7.5万亩，平江县、东安县发生面积超过3万亩。湖南省高度重视竹蝗的监测和防治工作，多年来坚持做好重点竹林区的联防联治协作，加强长株潭绿心区、怀邵地区、常张益地区的联防联治工作，推广竹腔注射防治、喷烟喷雾防治、尿毒诱杀法等方法防治黄脊竹蝗，确保黄脊竹蝗"有虫不成灾"。

思茅松毛虫　全省发生18.6万亩，比2021年上升9.4%。主要发生在岳阳市、郴州市。

（2）蛀干害虫

松褐天牛　全省2022年发生78.9万亩，跟2021年相比上升13.4%，主要发生区域在长沙市、张家界市、郴州市、怀化市、娄底市。长沙县发生14.2万亩，宁乡市发生6.6万亩，桑植县发生5.3万亩。

松梢螟　松梢螟经过重点治理，加上松林幼林减少，危害逐年下降。2021年湖南省松梢螟发

生17.0万亩，较2021年下降22.0%。主要发生在怀化市、岳阳市。

萧氏松茎象 发生4.7万亩，比2021年下降44.7%。主要发生在永州市、郴州市。

（3）病害

油茶炭疽病 发生19.4万亩，较2021年基本持平。主要发生在岳阳市、怀化市、郴州市。

油茶软腐病 发生8.1万亩，主要发生在常德市、怀化市。

2. 外来有害生物

湖南省外来有害生物有桉树枝瘿姬小蜂、松材线虫、湿地松粉蚧、红火蚁、加拿大一枝黄花等12种，其中松材线虫病为主要林业生物灾害。经2022年秋季普查，全省疫情发生103.42万亩，较去年下降7.79万亩；病死松树49.4万株，较去年下降11.03万株，分布于14市州70县（市、区）459个乡镇19724个小班，较去年减少49个乡镇1697个小班。石峰区、炎陵县、双清区、蒸湘区、宁远县、云溪区、安乡县和中方县等8个县市区实现无疫情，其中炎陵县、双清区、安乡县和宁远县4个疫区连续两年无疫情，将按照相关程序要求申请拔点，已提前完成"十四五"防控目标任务。

（三）成因分析

气候因素：2021年冬季偏暖，有利于松毛虫等有害生物越冬，2022年春季迅速回暖，加上天晴少雨，使松毛虫、松褐天牛、黄脊竹蝗等有害生物快速出蛰和羽化，虫口密度迅速上升，至5月底，马尾松毛虫在全省发生近160万亩，比2021年同期高出50%。

寄主因素：一是湖南省人工林面积较大，森林资源总体质量不高，林分结构相对简单，抵抗林业生物灾害的能力不强，一旦发生危害，很容易出现快速蔓延和扩张，导致局部地区成灾；二是湖南省马尾松、国外松面积合计约3700万亩，占全省乔木林面积的27%，易遭受有害生物危害。

其他因素：通过松材线虫病防控五年攻坚行动等一系列行之有效的措施，湖南省松材线虫病疫情防控工作成效初显，枯死松树数量、发生面积、疫区数量、疫点数量实现"四下降"，疫情得到控制。

二、2023年林业草原有害生物发生趋势预测

（一）2023年总体发生趋势预测

根据2022年林业草原有害生物发生情况，结合有害生物生物学特性、发生规律及气候特征综合分析，经专家会商，预测2023年全省林业草原有害生物发生面积为580万亩。松材线虫病传播扩散形势依然严峻，红火蚁、加拿大一枝黄花等入侵生物在局部地区危害，美国白蛾入侵风险加剧。本土有害生物以马尾松毛虫、黄脊竹蝗、松褐天牛和油茶病虫害等为主。全省林业草原有害生物发生面积持续位于历史高位，危害程度呈逐步上升趋势，在局部地区可能成灾。

（二）分种类发生趋势预测

松毛虫 2022年秋冬季气温较低，影响松毛虫越冬。预计2023年全省松毛虫发生230万亩，主要发生在怀化、邵阳等地。

松材线虫病 疫情防控工作成效初显，但疫源随松木包装材料大量进入湖南省的风险较大，现有疫区呈合流趋势，防控形势可能进一步趋重。

松褐天牛 持续防控使松褐天牛发生面积得到较好控制，预计2023年松褐天牛发生60万亩，主要发生在张家界、邵阳市、岳阳市、益阳市、怀化市。

黄脊竹蝗 黄脊竹蝗2022年发生点多面广，部分竹林虫口密度呈上升趋势，加上竹材行情走低，经营者防治意愿不高，预计2023年黄脊竹蝗发生50万亩，主要发生在益阳市、邵阳市、岳阳市、长沙市。

松梢螟 近年来松科植物新造林持续减少，松林已经郁闭成林，不利于松梢蛀虫的发生发展，虫口密度呈下降趋势。预测2021年全省松梢螟发生14万亩，主要发生在怀化市、岳阳市。

油茶炭疽病、油茶软腐病 当前油茶主要品种抗病能力不强，今年冬季偏暖、明年春季多雨的可能性较大，有利于油茶病害发生。预测2021年油茶两种病害发生面积将超过60万亩，主要分布在怀化市、岳阳市、郴州市、衡阳市、永

州市。

萧氏松茎象　预计发生10万亩，主要发生在永州市。

三、对策建议

按照国家林业和草原局和湖南省局党组的工作部署，为切实维护湖南省生物安全和生态安全，加强外来入侵物种管控，巩固松材线虫病疫情防控效果，遏制重大危险性林业有害生物扩散蔓延。重点做好以下工作：

（一）抓好松材线虫病防控工作

1. 依托林长制落实防控责任

对照林长制督查考核办法，重点抓好发生面积、疫区和疫点数量三下降工作。常态化开展松材线虫病除治质量拉网式专项巡查工作，确保防控成效持续向好。用好督查考核结果，与贵阳专员办共同开展提醒和约谈，压实防治责任，督促地方问题整改。

2. 推进松材线虫病五年攻坚行动

打好松材线虫病五年攻坚行动"主动战"，科学组织疫木除治清理，按期保质完成年度除治目标。贯彻落实国家2022年版松材线虫病技术方案，加大对无害化处理厂的建设和指导。对照五年攻坚行动目标，开展中期评估，做好迎接国家检查的准备工作。加大督导力度，继续执行分片包干负责制和疫情除治月报制度，聘请第三方公司开展松材线虫病防控工作明察暗访，结合普查结果科学评估除治成效。

3. 加强检疫执法

开展"护松2023"检疫执法专项行动及涉松木加工、运输和使用单位"双随机一公开"监管抽查行动，加大复检力度，重点检查外省非法输入湖南省的松木及其制品，做到"外防输入"。

4. 抓好联防联治工作

推动建立省际、市县交界地段联防联治体系，继续做好与湖北、广东、贵州等地，以及湘西南、常益张、绿心地区等3个片区松材线虫病联防联治工作。

（二）全面提升防控能力

1. 强化基础设施建设

全面完成《张家界等重点地区松材线虫病智慧防控能力提升建设项目》建设；力争启动《环南山国家公园等重点保护地松材线虫病防控能力建设项目》；积极争取1~2个新项目立项；选取5~6个县开展标准示范站建设。进一步完善天空地一体化监测网络，对林业有害生物信息化管理平台进行升级和完善。加强森林植物检疫检查站和检疫执法队伍建设，提升检疫御灾能力。加强国家林业和草原局南方天敌繁育与应用工程技术研究中心管理，提升生物防治产品质量和品牌影响力。

2. 强化能力提升

举办全省业务能力提升培训班，指导各地加大专业技术人员培训力度。发挥省重大林业草原生物灾害防治专家委员会的作用，加大对地方防控技术的指导。加大林业有害生物防治的科普宣传，提升社会公众对林业有害生物应急防控意识，做好林业有害生物防治舆情应对工作。

（三）完成专项普查工作

1. 全面完成草原有害生物普查和外来入侵物种普查工作

充分发挥专家组的作用，加大对两项普查工作的技术指导。派出督导组，分片区对普查工作进行督导，确保按时完成普查任务。

2. 开展主要外来入侵有害生物的监测预警和防治

加强红火蚁、美国白蛾、加拿大一枝黄花等有害生物监测预报，确保疫情及时发现、及时报告、及时除治。建立3~4个省级湿地有害生物测报点，强化湿地有害生物的监测预警。完成加拿大一枝黄花和红火蚁两种公众关注度高的外来入侵物种的风险评估。

（四）抓好林业生物灾害防控

1. 强化监测预警

加强国家级中心测报点管理，提高直报信息的数量和质量。开展测报趋势分析，及时发布短、中期灾害预警预报信息。落实护林员巡林工作职责，充分发挥"一长四员"在林业有害生物监测预警工作中的作用。

2. 抓好林业生物灾害的防控

积极应对极端气候对林业生物灾害带来的影响，加大油茶炭疽病、马尾松毛虫、竹蝗等本土林业病虫害的防治。推广生物农药、天敌、信息素、低毒低残留农药和物理手段等开展无公害防治。指导重点发生区提前制定防治预案、做好防治药剂药械准备、飞机作业计划申报及防治资金筹措等工作，及时开展应急处置，严防出现明显的森林生态灾害。

（五）强化科技创新

1. 开展松材线虫病卫星遥感监测及效果核查

借助卫星遥感技术对未发生疫情、已经拔除或实现无疫情的松林进行监测，及早预警，赢得治理主动权。开展卫星遥感技术用于疫情除治成效核查工作试点。

2. 加大松材线虫病科技创新工作

继续做好国家松材线虫病绿色新型药剂防治试验揭榜挂帅项目工作。开展松材线虫病疫木种植茯苓关键技术研究，提升疫木的利用价值。

（主要起草人：黄向东　曾志　戴阳；主审：陈怡帆）

20 广东省林业有害生物2022年发生情况和2023年趋势预测

广东省森林资源保育中心

【摘要】 2022年广东省主要林业有害生物发生危害程度略有降低,全年发生671.01万亩,与2021年相比减少了90多万亩;重大林业有害生物在局部地区仍呈高发频发态势,全省防控形势依然严峻。松材线虫病扩散趋势减缓,2022年全省共有19个地级市75个县级行政区发生疫情,发生415.30万亩,病死松树81.43万株,粤北、粤东等重点生态区位的局部地区防控形势严峻。薇甘菊在珠三角和粤西地区发生危害稍重,在粤东和粤北地区发生危害较轻。红火蚁分布范围广,但在林地发生占比低,发生危害程度有所下降,以轻度发生为主。马尾松毛虫、松蚧虫、经济林病虫及林木病害等整体控制良好,轻度发生。

预计2023年全省主要林业有害生物发生危害略有降低,全省发生约661.5万亩,但有可能在个别地区产生危害。松材线虫病发生面积将略有下降、病死树数量略有减少,但疫情在局部地区严重发生的可能性仍然较高,防控形势依然严峻。薇甘菊在广东省20个地级市仍呈偏重危害态势,零星地区有可能成灾;马尾松毛虫、松蚧虫等的发生危害将趋于稳定,不会造成危害;经济林病虫、林木病害等危害将整体减轻,红树林病虫害有可能在零星地区成灾。

根据当前广东省林业生物灾害发生特点和形势,建议进一步提高思想认识,明确防治责任;加强监测调查,及时发现、及早采取防治措施;加强调查监测信息化建设,提升监测能力;进一步加强植物检疫执法,严防有害生物入侵与扩散。

一、2022年林业有害生物发生情况

2022年全省林业有害生物发生671.01万亩,其中,轻度发生635.95万亩,中度发生33.27万亩,重度发生1.80万亩,以轻度危害为主;病害合计发生419.32万亩,虫害合计发生183.56万亩,有害植物合计发生64.64万亩(图20-1);成灾面积362.28万亩,成灾率25.70‰。全省发生面积与2021年相比,同比下降14.09%。其中,松材线虫病415.30万亩,病枯死松木81.43万株;薇甘菊64.18万亩,林地红火蚁9.05万亩,松树食叶害虫11.82万亩,松树枝干害虫54.49万亩,松树钻蛀害虫76.05万亩,桉树病虫害27.44万亩,经济林病虫9.75万亩,其他有害生物11.03万亩。主要种类有松材线虫病、薇甘菊、松褐天牛、松突圆蚧、湿地松粉蚧、油桐尺蛾、马尾松毛虫、红火蚁、黄脊竹蝗、竹笋禾夜蛾、桉树青枯病、桉树焦枯病、沉香黄野螟、桉扁蛾、金钟藤、广州小斑螟、肉桂双瓣卷蛾、松茸毒蛾、杉木枯梢病、桉树紫斑病、木麻黄青枯病、椰心叶甲等30多种(图20-2)。截至11月底,2022年全省防治面积632.53万亩,防治率为94.27%,防治作业面积1156.19万亩次;无公害防治面积583.14万亩,无公害防治率为92.19%。

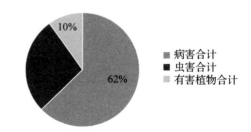

图20-1 广东省2022年主要发生林业有害生物种类

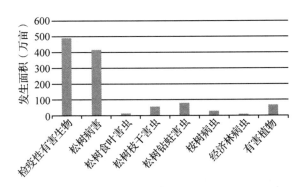

图 20-2　广东省 2022 年主要林业有害生物发生情况

(一) 发生特点

1. 重大林业有害生物危害势头减缓

2022年，松材线虫病在我省19个市75个县603个镇(含7个省属林场)发生。全省没有新发县级疫区和乡镇疫点，且发生面积、病死树数量和县疫级区数量、乡镇疫点数量与2021年相比实现"四下降"。薇甘菊在20个地级市117个县级行政区发生，发生面积同比下降，扩散势头得到遏制，危害程度减轻，但在局部地区危害仍较重，已从林缘缓慢进入林中危害。红火蚁在全省各地均有分布，但在在林地范围发生较少、危害较轻，主要在林缘周边、森林公园草坪、城市绿道周边等地带发生。2022年全省没有出现"重大有害生物灾害"和"特别重大有害生物灾害"。

2. 常发性林业有害生物发生平稳

马尾松毛虫、松茸毒蛾、萧氏松茎象等松树害虫防控成效明显，危害逐年减轻。油桐尺蛾等桉树病虫害发生平稳，同比持平，未发现成灾。竹林、肉桂和沉香等经济林病虫害整体发生平稳。黄脊竹蝗虫口密度依然保持较低水平，未出现暴发成灾的现象。肉桂双瓣卷蛾、肉桂枝枯病和沉香黄野螟虽然发生面积不大，但在局部地区危害较重，造成一定的经济损失。

3. 松树枝干害虫继续保持较低危害水平

松突圆蚧、湿地松粉蚧在全省分布发生范围广，但危害逐年减轻，虫口密度较低，基本不造成危害，不需要采取防治措施。

4. 次生性有害生物在局部地区发生较重

广东省混交林地面积逐渐扩大，城市绿化和红树林等树种种类增多，林业有害生物发生种类也逐渐增加，并且在局部地区危害较重，近几年发生种类不断更替，个别地区时有危害。

(二) 主要林业有害生物发生情况分述

1. 松材线虫病

根据松材线虫病秋季专项调查结果，全省松材线虫病发生415.30万亩，同比下降6.26%；涉及疫情小班约3.2万个，疫情主要发生在广州、河源、梅州、清远、韶关、惠州、揭阳、肇庆等19个地级以上市的75个县级行政区603个镇(含7个省属林场)(图20-3)。2022年松材线虫病病死松树81.43万株(含因干旱、水灾、火烧等原因死亡1.18万株)，比2021年减少15.12万株，同比减少15.66%，实现了发生面积、病死树数量和县级疫区数量、疫点镇数量与2021年相比"四下降"。

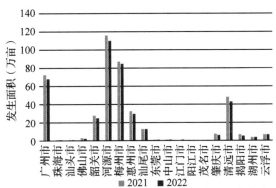

图 20-3　广东省 2021 年和 2022 年各地松材线虫病发生情况对比

2. 薇甘菊

2022年，薇甘菊发生64.18万亩，同比下降20.14%，发生在除韶关以外的20个市117个县级行政区(图20-4)，以轻度发生为主，受气候和人为活动影响，珠三角、粤西地区危害程度加剧，部分地区已从林缘进入林区危害，对林木生长造成影响。

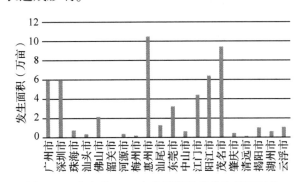

图 20-4　广东省 2022 年各地薇甘菊发生情况对比

3. 红火蚁

全省各地均有分布，发生9.05万亩，同比下降28.52%，主要在林缘周边、森林公园公共活动区、城市绿道周边、草坪等地带发生，林地范围内发生较少、危害较轻，没有造成人员伤害事件。

4. 松墨天牛

松墨天牛发生76.05万亩，同比下降22.65%，以轻度危害为主，局部地区虫口密度较高。河源市东源县、新丰县、紫金县、和平县，肇庆市封开县、德庆县，惠州市惠东县，梅州市五华县等地发生面积较大。

5. 松树枝干害虫

松突圆蚧和湿地松粉蚧在全省分布范围广，合计分布面积达248.71万亩，但危害逐年减轻，虫口密度较低，基本不造成危害，不需要采取防治措施（图20-5）。松突圆蚧全年发生38.44万亩，同比下降33.86%，轻度发生为主，主要在阳江市阳春市、茂名市信宜市、梅州市五华县、云浮市云城区、肇庆市高要区、韶关市新丰县等地。湿地松粉蚧全年发生16.14万亩，同比下降18.03%，均为轻度发生，主要发生在阳江市阳东区、阳西县，云浮市云城区、云安区，肇庆市高要区等地。

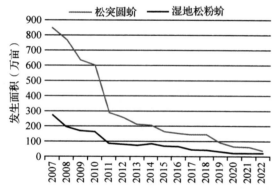

图20-5　广东省2007—2022年松蚧虫发生情况

6. 松树食叶害虫

马尾松毛虫全年发生11.49万亩，同比下降31.93%，危害持续减轻（图20-6），主要发生在云浮市罗定市、云安区、新兴县，韶关市市属林场，江门市台山市，梅州市五华县等地。松茸毒蛾全年仅在阳江市阳东区、阳西县和阳春市合计发生0.33万亩，同比下降61.63%，轻度危害为主。

7. 桉树病虫害

广东省桉树林主要危害种类有油桐尺蛾、桉树桉扁蛾、桉树枝瘿姬小蜂、桉树焦枯病、桉树青枯病、桉树紫斑病和桉树枯梢病等（图20-7），

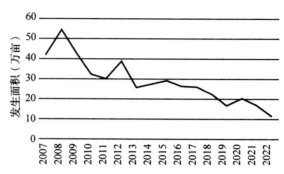

图20-6　广东省2007—2022年马尾松毛虫发生情况

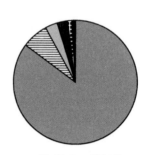

图20-7　广东省2022年桉树病虫害发生情况

发生27.35万亩，同比下降21.29%，油桐尺蛾发生23.31万亩，同比下降17.69%，主要发生在肇庆市高要区、封开县、怀集县，江门市鹤山市、恩平市，茂名市信宜市，云浮市罗定市，河源市东源县等地，轻度危害为主，未发现暴发成灾现象。桉扁蛾发生2.28万亩，主要发生在茂名市高州市、化州市，肇庆市德庆县，阳江市阳春市等地，轻度危害。桉树枝瘿姬小蜂发生0.14万亩，主要发生在湛江市遂溪县、廉江市等地，轻度危害。桉树青枯病、焦枯病、枯梢病和紫斑病等桉树病害共发生3.24万亩，同比下降39.78%%，主要发生在江门市台山市、恩平市、开平市，肇庆市德庆县、广宁县，云浮市云城区、罗定市，河源市紫金县，阳江市阳春市，茂名市高州市等地，轻度危害。

8. 经济林病虫

2022年，危害竹林的种类主要为黄脊竹蝗、竹笋禾夜蛾，分别发生5.53万亩、3.33万亩，同比下降16.96%，轻度危害，单位面积跳蝻数量明显减少，未出现局部成灾的现象。主要分布在肇庆市怀集县、广宁县，韶关市南雄市、曲江区、始兴县、仁化县，河源市和平县等地。危害肉桂的种类主要为肉桂枝枯病和肉桂双瓣卷蛾，分别发生0.14万亩和0.41万亩，在云浮市罗定肉桂种植区发生，轻度危害为主，对肉桂种植造

成一定的经济损失。沉香黄野螟在茂名市电白区、高州市、化州市、信宜市，中山市的土沉香和莞香上发生1.17万亩，轻度危害为主。

9. 其他有害生物

棕榈科植物有害生物主要为椰心叶甲和椰子织蛾，共计发生0.22万亩，中度危害为主，主要发生在湛江市徐闻县、遂溪县、麻章区、廉江市、雷州市，江门市台山市等地。广东省沿海地区湛江市徐闻县、吴川市，阳江市江城区、阳西县，江门市台山市的沿海防护林木麻黄主要发生木麻黄青枯病0.27万亩，轻度危害为主。红树林病虫害主要有广州小斑螟和栗黄枯叶蛾，共计发生0.52万亩，主要发生在湛江市廉江市、麻章区、遂溪县，茂名市电白区，阳江市阳西县等地。

(三) 成因分析

1. 气候异常影响林业有害生物的发生和危害

去冬今春广东省气温偏低、日照偏少，有2次冬季暴雨过程、8次冷空气过程。温度偏低不利于病虫越冬。今年上半年气温较常年同期低、"龙舟水"降雨异常多，5~6月全省共出现7次大范围降水过程，落区高度集中在粤北市县，暴雨日数达39日，该次过程具有"降水时间长、影响范围广、累计雨量大、暴雨落区重叠、多种灾害叠加"等特点。当昆虫长时间处于一定湿度下，其卵、幼虫和蛹的生长发育受到影响，大雨、暴雨或者长时间降雨已造成卵和幼虫的死亡和成虫虫口数量的急剧下降，导致种群数量降低。下半年气温较常年同期显著偏高、阶段性高温明显、降水显著偏少。高温干旱的气候使松材线虫病病死树集中暴发，清理难度大。

2. 灾害防控力度加大，遏制林业有害生物发生蔓延

2022年，广东省部署开展全省松材线虫病防治"百日秋风攻坚大行动"；举办了五年攻坚、防治技术、检疫执法、调查监测等一系列培训；组织开展了松材线虫病春季飞机防治、松材线虫病防治质量核验、林长制考核年度目标任务完成情况外业核查等工作；同时加强疫区疫木管理，实施疫源精准监测、疫源清剿、动态清零措施，对防治进度慢、防治质量较差的市县发督办函、提醒函，建立问题清单，制定整改台账，进一步压实责任。2022年，湖南省防治作业面积共1156.19万亩次(其中实施松材线虫病防治作业面积784.5万亩次、薇甘菊防治作业71.23万亩次、红火蚁防治作业43.35万亩次)，全省监测覆盖率达99.87%，无公害防治率92.19%，成灾率25.65‰(低于国家下达的27.95‰)，未出现"重大有害生物灾害"和"特别重大有害生物灾害"级别事件。

3. 新冠疫情背景下一定程度减缓有害生物的扩散

由于广东省新冠肺炎疫情反复，人们外出活动大量减少，且跨国、跨省等长距离的外出活动也大幅减少，一定程度上减缓了由人为活动传播引起的有害生物发生蔓延趋势。

二、2023年林业有害生物发生趋势预测

(一) 2023年总体发生趋势预测

以预测气候因素与林业有害生物发生发展关系的预测结果为基础，综合分析历年来广东省林业有害生物的发生与防治情况，结合森林资源状况、生态环境与林分质量、气象信息、生物因子以及人为影响等多种因素进行综合分析，运用趋势预测软件的数学模型进行分析，预测2023年广东省林业有害生物发生661.5万亩，发生趋势稳定，整体维持高位震荡态势，危害程度仍属偏重年份。其中，松材线虫病发生400万亩，仍处于高位发生态势，粤北、粤西和粤东出现新疫区县及新疫点可能性存在，疫情发生面积和病死树数量同比可能有所下降，但疫情松林小班和病死树在零星地区存量仍然较大，"控增量、消存量"压力依然较重。薇甘菊发生70万亩，比2022年略有增加，在珠三角、粤西地区呈现快速扩散态势，局部市县危害严重。常发性林业有害生物的危害继续保持低水平，发生面积略有减少；松树食叶害虫发生面积下降，松树钻蛀害虫发生范围可能扩大；桉树病虫害发生面积和危害程度将持续走低；竹林病虫害发生面积与2022年基本持平，个别害虫可能局部地区危害严重；其他林业有害生物发生面积平稳或者下降(表20-1)。

表 20-1 2023 年广东省主要林业有害生物预测发生统计表　　　　单位：万亩

主要林业有害生物种类	主要危害寄主	2022 年发生面积	预测 2023 年发生面积	发生趋势
合　计	现有林地	671.01	661.5	上升
松材线虫病	松属	415.30	400	下降
薇甘菊	有林地	64.18	70	上升
马尾松毛虫	马尾松	11.49	12	持平
湿地松粉蚧	湿地松等国外松	16.14	15	下降
松突圆蚧	马尾松	38.44	35	下降
松褐天牛	马尾松	76.05	80	上升
油桐尺蛾	桉树	23.31	25	上升
桉树病害	桉树	3.24	4	上升
黄脊竹蝗	青皮竹等竹类	5.53	6	持平
竹笋禾夜蛾	茶秆竹	3.33	3	持平
环斜纹枯叶蛾	毛竹	0	0.5	持平
广州小斑螟	红树林	0.45	0.5	持平
木麻黄青枯病	木麻黄	0.27	0.5	持平
其他		13.28	10	下降

预测依据：

1. 2023 年气象预测

据国家气候中心预测，广东省 2022 年 12 月至 2023 年 1 月，影响广东省的冷空气强度较弱，气温较常年同期偏高；2023 年 1 月下旬至 2 月，冷空气强度逐渐加强，西部较常年同期偏低，大部分地区降水总体偏少；明年春季大部分地区气温偏高，降水总体偏少。

2. 历年发生数据

从全省林业有害生物发生发展规律来看，全省林业有害生物发生面积总体呈不断增加的趋势。从近两年松材线虫病和薇甘菊发生数据来看，发生面积均有较大幅度增加。

3. 实际防治情况

2022 年全省防治作业面积 1156.19 万亩次，防治面积 632.53 万亩，防治率达 94.27%。主要影响因素是：防治率较高，防治及时，但是有时防治技术简单，防治质量参差不齐，资金未能及时到位，购买服务过程复杂、时间长，不能全面、及时开展防治工作，影响了防治成效。

4. 林分结构改变

近年来广东省实施绿化广东大行动，新造林面积越来越大，新造林地有害生物发生多、危害重的可能性较大。根据二类资源调查结果，林分统计标准改变，纯松林面积减少，针阔混和针叶混面积增大，重点区域残次林、纯松林及布局不合理桉树林的改造和乡土树种和珍贵阔叶树面积不断扩大，使得有害生物寄主种类发生变化，纯林面积减少，有害生物种类相应发生变化。

（二）分种类发生趋势预测

1. 松材线虫病

预测松材线虫病发生 400 万亩，较 2022 年略有下降，局部地区疫情分布点多面广，危害形势依然严峻，今年实现无疫情乡镇明年有可能复发，疫情防控成效初显，发生面积和病死树数量均呈下降趋势，扩散总体势头有所减缓。

预测依据：

（1）松材线虫病疫情历年发生趋势。疫情发生面积已处于历史高位，在粤东北等老疫区危害形势依然严峻。2022 年全省有 75 个县发生有松材线虫病疫情，发生面积和病死树数量均呈下降趋势。

（2）松材线虫病发生区纯松林面积大。2022 年梅州、河源、韶关和清远市马尾松林面积大，疫情发生较严重，病死树存量大，疫情将长期处于高发态势，短期内控制到较低水平难度较大。

（3）松褐天牛 2022 年发生量。2022 年全省松褐天牛发生 76.05 万亩，且由于气候原因，松褐天牛虫口仍有较高基数，广泛分布在全省松林种植区，极易携带松材线虫自然传播。

2. 薇甘菊

预计薇甘菊 2023 年发生 70 万亩，发生面积比 2022 年略有增加，在粤西和粤东地区继续扩散危害，部分地区盖度较大，在新造林地、水源地、农田、高速公路两旁、铁路边等区域发生依然十分严重，尤其是粤东沿海和粤西地区的个别市县发生可能会比较严重。

预测依据：

（1）历年发生趋势情况。2013—2022 年薇甘菊的发生面积呈明显的逐年上升趋势。

（2）生物学特性。薇甘菊自身繁殖能力强，结籽数量多，不仅可以进行无性繁殖，也可以通过大量的种子随气流、车流、水流远距离传播，极易扩散危害，生长期难以调查，且在路边、篱笆障等特殊区位有美化风景的效果，没有连片防治，造成防治效果不佳。

（3）人为活动因素。新冠疫情背景下，人们外出活动大大减少、距离缩短，交通、物流等跨省市运输受到部分限制，一定程度上影响了薇甘菊的扩散蔓延。

3. 松树虫害

（1）马尾松毛虫。预测 2023 年马尾松毛虫发生 15 万亩，比 2022 年略偏高，但依然保持较低的虫口密度，轻度危害，不排除局部地区成灾的可能。主要发生在韶关、茂名、阳江、肇庆、云浮、梅州等市。

（2）松褐天牛。依据松褐天牛历年发生数据，上年山上仍有一定数量的枯死松木，预测 2023 年松褐天牛发生 80 万亩，发生依然比较严重。主要分布松材线虫病发生区。

（3）松蚧虫。预测松蚧虫发生面积持续下降，预计松突圆蚧 2023 年发生 35 万亩，湿地松粉蚧发生 15 万亩，主要发生在茂名、阳江、云浮、韶关、梅州、肇庆、汕尾等地，多数地区在林间处于低虫口密度，轻度危害不成灾。

预测依据：

（1）气候因素。影响马尾松毛虫灾害发生的气候因子主要是温度和降水，其中上年冬季和当年早春温度是第一影响因子，相互之间呈正相关性，而夏季降水量是第二影响因子，相互之间呈负相关性。今冬明春气候预测结果，平均气温较常年同期偏高，降温较常年同期偏少，提高了马尾松毛虫越冬虫口的存活率，缩短病虫的发育历期，有利于马尾松毛虫的发生。影响松突圆蚧和湿地松粉蚧种群消长的气候因子有气温、相对湿度、降水量和风等，其中气温和降水量是主导因子，当日平均气温过高或过低时，其死亡率增大；降水量越多，其虫口密度越低。近年来，极端高温、低温常现，强降水天气频发，不利于松蚧虫的发生发育。

（2）历年发生防治数据。从马尾松毛虫历年发生防治数据趋势来看，整体呈下降趋势。根据马尾松毛虫的历年发生防治数据，应用多元回归构建预测数学模型 $X(N) = 1.2671 \times X(N-1) - 0.5926 \times X(N-2) + 0.3297 \times X(N-5)$，预计发生 11.90 万亩。从马尾松毛虫历年发生数据趋势来看，整体呈下降趋势，2022 年在局部地区出现了虫口密度大的现象，明年有上升的可能性。松蚧虫的历年发生数据，呈持续走低的趋势，预测明年松蚧虫的发生面积继续下降。

（3）林分情况。近年来，广东省加大纯松林林分改造力度，纯松林面积逐步缩小，松树虫害因寄主面积减少相应减少发生面积。

（4）防治情况。松褐天牛作为松材线虫病的传播媒介昆虫，各地高度重视松褐天牛的防控，积极采取清理病死树、挂诱捕器、飞机喷药防治等多种方法，取得一定的成效，但松褐天牛属钻蛀性害虫，防治难度大。松突圆蚧在林间虫口密度小，基本不造成危害，不需进行防治。

4. 桉树林病虫害

广东省桉树纯林的面积约 2500 万亩，结合明年的气候预测、各市和专家会商意见，预测桉树虫害发生合计约 30 万亩，主要种类有油桐尺蛾、桉蝙蛾和桉树枝瘿姬小蜂；桉树病害预测发生 4 万亩，主要种类有桉树青枯病、桉树焦枯病和桉树褐斑病等，发生面积有所下降，主要发生在桉树种植区，如韶关、江门、湛江、茂名、肇庆、河源、清远、云浮等市。

预测依据：

（1）气候因素。广东省历年气候发生规律。

（2）林分情况。广东省桉树林改造力度加大，寄主树面积减少，桉树病虫害发生危害将有所下降。

5. 竹林病虫害

广东省竹林主要危害种类有黄脊竹蝗、竹笋禾夜蛾和环斜纹枯叶蛾。预测竹林病虫害共发生约10万亩。其中，黄脊竹蝗发生6万亩，主要发生在韶关、梅州、清远、肇庆、河源和阳江等市。环斜纹枯叶蛾在韶关预测发生0.5万亩，不会成灾。竹笋禾夜蛾在肇庆怀集县预测发生3万亩，局部地区可能危害偏重。

预测依据：

（1）气候因素：每年1~3月的气温和降水量与黄脊竹蝗的孵化期有密切的关系，气温越高，孵化越早，降雨有助于卵块吸收必要的水分，尽早完成胚胎发育。依据气象部门明年春季的气候预测，预测广东省黄脊竹蝗发生与2022年持平。

（2）林分情况：竹林面积约有500万亩，幼林比例大，且栽植密度大，易发生竹林虫害。

（3）虫口基数：根据黄脊竹蝗监测点卵块收集情况来看，虫口基数比往年同期减少，危害持续减轻。

三、对策建议

结合广东省目前林业有害生物防控工作现状，提出以下对策与建议：

（一）进一步提高思想认识

贯彻落实习近平生态文明思想，按照《森林法》和《生物安全法》，从维护国家生物安全的战略高度和保护生态安全的长远维度，深刻认识松材线虫病等重大林业有害生物防控的必要性和紧迫性。始终围绕广东省松材线虫病疫情防控五年攻坚行动的总目标，统一思想认识，提高政治站位，科学谋划松材线虫病疫情防控工作，高质量实现广东省"十四五"松材线虫病疫情发生面积和乡镇疫点数量"双下降"目标，进一步落实地方政府的防治主体责任、林业主管部门的部门责任、森防机构的专业技术责任，建立健全疫情防治督办问责制度。

（二）进一步加强疫情监测调查

加强林业有害生物日常监测和松材线虫病专项普查，加大对重点生态区位、自然保护区、风景名胜区等林业有害发生情况的监测，做到及时监测、准确预报、提早预警，争取"早发现、早除治"，切实在源头上控制疫情的传播蔓延。实行护林员林业有害生物监测网格化管理，将监测职能落实到山头地块个人，争取提早发现疫情及时准确上报，将监测责任落实到乡镇，提高乡镇和林业站的参与度，及时掌握疫情，提升基层监测站点监测预警和应急反应能力。

（三）进一步加强疫情信息化建设

加强林业有害生物监测预警和防控体系建设，推进信息化项目立项和实施，充分利用森林资源一张图，大力推广应用卫星、无人机等航空器遥感监测松材线虫病疫情技术。全面推广应用松材线虫病疫情防控监管平台2.0，推进疫情常态化监测，做好两月一次日常监测和秋季专项调查疫情信息数据的录入工作，加强数据录入的指导，及时解决基层在疫情信息录入中存在的问题。

（主要起草人：刘春燕　李亭潞；主审：陈怡帆）

21 广西壮族自治区林业有害生物2022年发生情况和2023年趋势预测

广西壮族自治区林业有害生物防治检疫站

【摘要】 2022年受气候等多重因素影响，广西壮族自治区林业生物灾害种类多，发生范围广，局部灾害严重，松材线虫病疫情部分区域仍在扩散蔓延，油桐尺蛾、八角叶甲等本土林业有害生物危害较严重，局地成灾。根据各地年度发生防治情况统计，全区发生并造成危害的林业有害生物共有62种，总发生面积548.73万亩，同比上升3.44%，发生率3.94%。成灾面积34.81万亩，成灾率1.60‰，无公害防治率98.78%，实现了预期目标管理任务指标。

经大数据综合分析，结合运用趋势预测模型分析，预测2023年全区林业有害生物仍处于多发、高发态势，发生总面积为572.38万亩，总体发生趋势上升，松材线虫病等主要生物灾害持续发生，局部严重，桉树、经济林、红树林等病虫害危害局部仍然严重。2023年广西林业有害生物防控形势依然严峻，需提高松材线虫病等重大林业有害生物疫情防控意识，加强日常监测监管，稳定专业技术队伍，加大监测防控资金投入，建立关键领域联防联治机制，做好应急物资储备，加强综合治理体系建设，提升疫情监测防控能力。

2022年广西林业有害生物发生范围广，局部灾害严重。据统计，全年总发生面积548.73万亩，同比上升3.44%，发生面积略有上升，但局部危害程度仍然严重。根据广西当前林业有害生物发生规律、防治情况、历年发生大数据、趋势预测数学模型，结合资源状况、生态环境与林分质量、气象信息以及人为影响等多种因素进行综合分析，预测2023年林业有害生物发生面积为572.38万亩，总体发生趋势上升，松材线虫病等重大林业有害生物灾害较为严重（图21-1）。

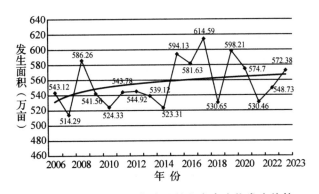

图21-1 2006—2023年广西林业有害生物发生趋势

一、2022年林业有害生物发生情况

2022年全区下达监测任务13.81亿亩次，实际完成监测面积14.01亿亩次，重点区域监测覆盖率为100%。全区发生并造成较严重危害的林业有害生物共有62种，其中病害20种，虫害40种，鼠害1种，有害植物1种，发生总面积548.73万亩，同比上升3.44%，发生率3.94%。病害发生112.46万亩，同比下降4.02%，占发生总面积的20.5%；虫害发生412.34万亩，同比上升5.74%，占发生总面积的75.14%；鼠害发生0.41万亩，占总面积的0.07%；有害植物发生23.53万亩，与去年持平，占总面积的4.29%（图21-2）。成灾面积34.81万亩，成灾率1.60‰。发生危害并成灾的种类有松材线虫病、桉树青枯病、桉树叶斑病、八角炭疽病、马尾松毛虫、松茸毒蛾、松褐天牛、桉蝙蛾、油桐尺蛾、黄脊竹蝗、八角叶甲、八角尺蠖等（附表21-1）。

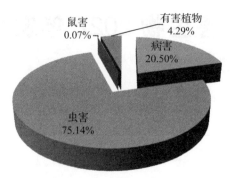

图 21-2　2022 年各种类林业有害生物发生面积占总面积百分比

2022 年共采购苏云金杆菌、益林微净 24% 氨氯吡啶酸、0.1% 茚虫威红火蚁饵剂、白僵菌等防治药剂 77.95t，喷雾喷粉机 88 台，向各地调拨防治药剂 41.5t、防治器械 27 台，用于预防和除治松毛虫、松墨天牛、八角尺蠖、桉蝙蛾等害虫，有关市县（区）也积极购买药剂药械开展防控，把灾害造成的损失控制在较低水平。2022 年全区林业有害生物防治作业面积 223.68 万亩，其中预防面积 31.19 万亩，实际防治面积 173.75 万亩，无公害防治率达 98.78%。应用飞机喷施药剂防治松褐天牛、桉树病虫害、八角病虫害等林业有害生物共作业 32.83 万亩，其中在桂林市、柳州市、梧州市、贵港市、玉林市等地防治松褐天牛共作业 30.8 万亩，在钦廉林场、东门林场、三门江林场防治桉树病虫害作业 1.93 万亩，在河池市金城江区防治核桃食叶害虫作业 0.1 万亩。

（一）林业有害生物发生特点

1. 松材线虫病疫情呈多点散发、略为缓和的上升趋势

2022 年广西松材线虫病疫情发生 42.23 万亩，较 2021 年减少 7.6 万亩，涉及除北海市以外的 13 个市、50 个县（市、区）、182 个乡镇。今年新增疫区县 3 个、疫点乡镇 4 个，分别为象州县（中平镇、大乐镇）、马山县（乔利乡）和藤县平福乡。

2. 本土林业有害生物危害仍然较严重，局部成灾

马尾松毛虫在广西松树种植区均有不同程度的危害，在桂北、桂东局地偏重成灾。油桐尺蛾、桉蝙蛾、桉树叶斑病等桉树病虫害在桂东、桂中局地发生成灾。竹类病虫发生面积较 2021 年有所下降，但在桂北地区和桂中局地成灾。八角、核桃、油茶等经济林病虫在桂西、桂东、桂中等局地均呈不同程度危害，其中八角病虫害发生面积较 2021 年有所下降，但在桂西和桂东局地偏重成灾，经济、生态、社会效益损失严重。

广州小斑螟、白囊袋蛾、柚木肖弄蝶夜蛾等红树林害虫在沿海的钦州、北海红树林分布区有不同程度的危害，其中广州小斑螟在北海市合浦县局部区域危害较重。

随着广西大力推广种植珍贵树种，危害土沉香、降香黄檀、格木、柚木等珍贵树种的肉桂双瓣卷蛾、黄野螟、灰卷裙夜蛾、柚木野螟等在多地发生危害。

3. 潜在突发性有害生物时有发生

核桃食叶害虫夜蛾（未鉴定出具体种）在百色市隆林各族自治县（以下简称隆林县）、河池市金城江区发生危害，隆林县局部区域发生偏重成灾。

（二）主要林业有害生物发生情况分述

1. 外来林业有害生物

外来林业有害生物发生占比较大，发生面积 333.73 万亩，占全区总发生面积的 60.82%，与去年相比持平，对广西林业的危害及潜在威胁仍然较大。

（1）松材线虫病发生 42.23 万亩，同比下降 15.39%。涉及除北海市以外的 13 个市、50 个县（市、区）、182 个乡镇。今年新增疫区县 3 个、疫点乡镇 4 个，分别为象州县（中平镇、大乐镇）、马山县（乔利乡）和藤县平福乡。发生面积较 2021 年减少 7.6 万亩，其中，江南区、兴宁区、横州市等 15 个疫区 69 个疫点（含无疫情县）1471 个小班秋季普查无疫情，无疫情面积共计

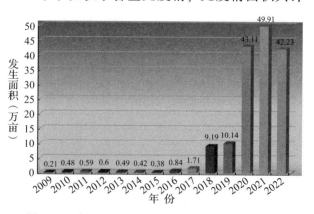

图 21-3　广西 2009—2022 年松材线虫病发生面积

5.79万亩。柳北区、城中区、鱼峰区、柳南区、藤县等5个老疫区因疫情扩散引起发生面积有所增加，较2021年共新增面积7399.4亩、新增乡镇疫点1个，恭城县和港北区等2个疫区因小班数据变更造成面积增加(图21-3)。

（2）松突圆蚧发生241.49万亩，与去年相比下降4.93%(图21-4)，占全区林业有害生物总发生面积的44.01%。主要分布于梧州市和玉林市，少量发生于钦州市、贵港市和六万林场，其中容县、博白县和北流市等局部区域发生程度中度以上。

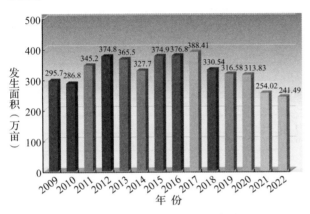

图21-4　广西2009—2022年松突圆蚧发生面积

（3）湿地松粉蚧发生25.48万亩，同比上升86.14%。发生在梧州市龙圩区和苍梧县，贵港市桂平市，玉林市容县、陆川县、博白县、玉州区、福绵区、兴业县，发生程度以轻度为主(图21-5)。

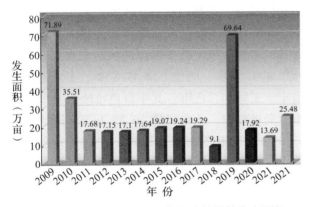

图21-5　广西2009—2022年湿地松粉蚧发生面积

（4）桉树枝瘿姬小蜂发生1.00万亩，同比上升116.01%。在梧州市龙圩区，钦州市钦南区，贵港市桂平市，玉林市福绵区、容县和陆川县轻度发生(图21-6)。

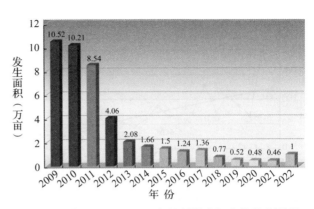

图21-6　广西2009—2022年桉树枝瘿姬小蜂发生面积

（5）薇甘菊发生23.53万亩，与去年持平(图21-7)。主要分布于桂南和桂东南，在南宁市青秀区和西乡塘区，钦州市钦南区、钦北区和灵山县等局部区域发生程度重度，玉林市发生面积达16.38万亩，对当地的林木生长未造成较大影响。

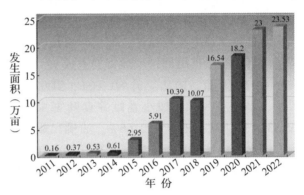

图21-7　广西2011—2022年薇甘菊发生面积

2. 本土林业有害生物

以马尾松毛虫为主的本土林业有害生物发生211.92万亩，占总发生面积的38.62%，同比上升18.40%。

（1）松树虫害发生56.50万亩，同比上升55.39%。2022年全区松毛虫发生37.51万亩，同比上升65.42%(图21-8)，全区松树种植区均有不同程度的危害，其中南宁市隆安县，桂林市雁山区、临桂区、灵川县、全州县、兴安县，钦州市灵山县，贵港市桂平市，贺州市钟山县、富川县，河池市都安县，来宾市忻城县等局部区域危害偏重，灵川县、桂平市、钟山县、富川县、都安县、忻城县等局地成灾；萧氏松茎象发生0.65万亩，同比上升13.67%，主要分布于桂北和桂东，均为轻度发生；松褐天牛发生14.64万亩，同比上升33.18%，发生在松林分布区。

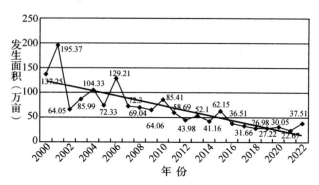

图 21-8 广西 2000—2022 年松毛虫发生面积

(2) 杉树病害发生 1.02 万亩，同比下降 33.62%。主要种类是炭疽病、叶枯病，主要发生在桂西地区，其中杉木叶枯病在百色市乐业县局地偏重发生。

(3) 桉树病虫害发生 72.59 万亩，同比上升 77.92%（图 21-9）。病害发生 25.72 万亩，同比上升 73.35%，主要种类是青枯病、叶斑病和焦枯病，分布于速生桉种植区，桉树叶斑病在贵港市平南县和桂平市局部区域危害偏重成灾。虫害发生 46.87 万亩，同比上升 80.41%，其中油桐尺蛾、小用克尺蛾、桉小卷蛾等食叶害虫发生 39.53 万亩，同比上升 122.66%，油桐尺蛾在南宁、柳州、桂林、北海、贵港、来宾等市局部地区速生桉人工林区危害偏重，柳州市融安县、贵港市桂平市、来宾市忻城县和象州县等局地成灾。以桉蝙蛾为主的桉树蛀干害虫发生 7.34 万亩，同比下降 10.81%，分布于速生桉种植区，其中南宁市隆安县和上林县、贵港市覃塘区和桂平市、贺州市八步区、河池市金城江区、高峰林场、三门江林场、黄冕林场等局部区域桉蝙蛾危害较严重。

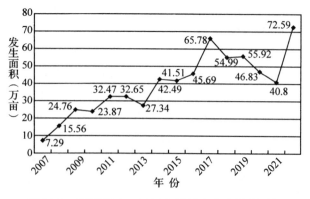

图 21-9 广西 2007—2022 年桉树病虫害发生面积

(4) 竹类病虫害发生 45.65 万亩，同比下降 12.01%（图 21-10）。发生种类有竹丛枝病、黄脊竹蝗、竹茎广肩小蜂、竹篦舟蛾、刚竹毒蛾，其中：竹丛枝病 29.36 万亩，同比下降 7.26%，发生在桂林市，其中临桂区、灵川县等局部区域发生偏重；竹茎广肩小蜂 4.38 万亩，与去年持平，发生在桂林市，其中兴安县发生偏重；黄脊竹蝗 8.99 万亩，同比下降 38.47%，发生在柳州、桂林、贺州和来宾市，其中柳州市三江县、桂林市灵川县、兴安县发生危害偏重，融安县局地成灾；竹篦舟蛾 2.88 万亩，同比上升 138.02%，发生在桂林市临桂区、兴安县、资源县，在兴安县发生偏重。

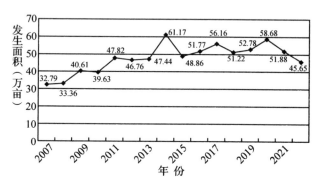

图 21-10 广西 2007—2022 年竹类病虫害发生面积

(5) 八角病虫害发生 26.14 万亩，同比下降 39.92%（图 21-11）。发生种类主要有八角炭疽病、八角煤烟病、八角叶甲、八角尺蠖，其中：八角炭疽病 11.07 万亩，同比下降 33.95%，发生在防城港、玉林、百色、河池、来宾、崇左等 6 个市和高峰林场以及六万林场，其中百色市凌云县、河池市凤山县等局部区域偏重成灾；八角叶甲 4.01 万亩，同比下降 42.80%，主要发生在南宁、玉林和百色市，其中百色市凌云县危害严重，局地成灾；八角尺蠖 10.33 万亩，同比下降 47.43%，发生在南宁、梧州、玉林、百色、贺州、河池、崇左等市局部地区的八角种植区，其中梧州市藤县局部发生偏重成灾。

(6) 核桃病虫害发生 7.89 万亩，同比下降 26.47%。病害以核桃炭疽病为主，发生 0.26 万亩，同比下降 82.43%，在河池市凤山县轻度发生。虫害以云斑白条天牛危害为主，发生 7.63 万亩，同比下降 17.51%，分布于核桃种植区，主要发生在河池市凤山县，多以轻度发生为主。

(7) 油茶病虫害发生 1.16 万亩，同比上升

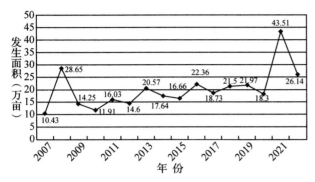

图 21-11 广西 2007—2022 年八角病虫害发生面积

46.84%。发生种类有油茶炭疽病、油茶织蛾、茶黄蓟马、油茶毒蛾，发生程度总体偏轻、局部较重。油茶炭疽病发生 0.48 万亩，在百色市田阳区、乐业县和西林县轻度发生。茶毒蛾发生 0.40 万亩，发生在桂林市、百色市、河池市以及三门江林场。茶黄蓟马发生 0.23 万亩，在钦廉林场轻度发生。

（8）红树林害虫发生 0.28 万亩，同比下降 5.07%（图 21-12）。危害种类主要有广州小斑螟、白囊袋蛾、柚木肖弄蝶夜蛾等，发生程度总体偏轻局部较重，发生在沿海的钦州、防城港、北海红树林分布区。广州小斑螟在北海市合浦县局部区域发生较严重；柚木肖弄蝶夜蛾在北海市银海区局部区域中度危害。

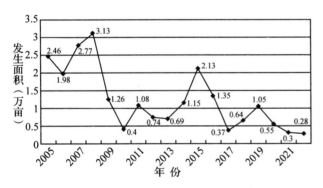

图 21-12 广西 2005—2022 年红树林害虫发生面积

（9）珍贵树种病虫害发生 0.69 万亩，同比下降 28.87%，危害种类主要有降香黄檀炭疽病、灰卷裙夜蛾、黄野螟、肉桂双瓣卷蛾、橙带蓝尺蛾、樟巢螟等。黄野螟发生 0.44 万亩，在崇左市江州区和凭祥市以及钦廉林场轻度发生危害。肉桂双瓣卷蛾在钦廉林场局部中度发生。橙带蓝尺蛾在来宾市金秀瑶族自治县（以下简称金秀县）偏重发生。

（三）林业有害生物灾害成因分析

2022 年广西林业有害生物发生种类多，分布广，局部危害严重的原因：

1. 森林资源数量增加，林分质量总体不高

近年来，随着大规模人工植树造林，在取得重大建设成果的同时，人工林固有的弱点开始凸现。以桉树、松树、杉木为主的用材林和以八角、油茶、核桃为主的经济林均以纯林为主，造林品种（品系）单一，结构简单，林分抗逆性差，极易受到病虫害的侵袭，一些常发性病虫害反复成灾，突发性虫害时有发生。

2. 受极端气候及新冠肺炎疫情影响，防控压力大

今年夏季以来，桂林、贺州、梧州等地干旱严重，出现较多枯死松树，同时，因森林防火形势严峻，多地实行禁火令之后无法及时组织开展枯死松树清理，导致部分疫区疫情有所扩散。同时 8 个边境县，受到新冠肺炎疫情封控影响较大，监测普查和疫木清理等工作无法持续开展。

3. 气候条件有利于有害生物的发生发展

2021 年冬季阶段性低温对桂北及高寒山区害虫安全越冬有一定影响，但桂林、柳州、北海、梧州、贺州、玉林、贵港、钦州、河池、百色等市低海拔地区的害虫仍可以安全越冬，越冬虫源基数大，利于害虫繁育扩大。2022 年 2 月以来全区以低温阴雨寡照天气为主，降水偏多，形成马尾松毛虫越冬代总体出蛰延后的局面。2022 年极端天气气候事件频繁，3 月气温异常快地回暖而且异常偏高，桂北局地松毛虫危害严重，八角主要害虫八角尺蠖比历年提早发生危害，在藤县、昭平县等部分地区已出现成虫。7 月以后夏秋持续高温少雨有利于马尾松毛虫、油桐尺蛾、黄脊竹蝗、八角尺蠖等虫害暴发成灾。

4. 人财物保障不足，防治工作不到位

全区每年所需防控投入约 3.6 亿元，缺口在 2 亿元以上，市县防控经费较少，难以持续保障。当地政府对重大林业有害生物防治的重视程度不够，防治技术力量总体薄弱，特别是市县级，机构改革后防治检疫机构撤销或整合，专业技术人员较少，且工作岗位变动频繁，影响防控工作的有效开展。

二、2023年林业有害生物发生趋势预测

(一) 广西2023年气候趋势预测

预计2023年广西全区年平均气温21~22℃，较常年偏高；全区平均年总降水量1500~1600mm，接近常年，其中桂北偏多、桂南偏少。暴雨集中期桂北出现在5~6月，其余地区出现在6~7月。影响广西的台风有4~6个，接近常年。具体预测如下：

1. 年总降水量预测

预计2023年总降水量：钦州和防城港二市南部、桂林市中部为2000~2500mm；百色、河池、来宾、贵港和梧州五市大部，柳州市西南部，崇左、南宁和玉林三市北部为1000~1500mm；其余地区为1500~2000mm；年总雨量接近常年，其中桂北偏多1~3成、桂南偏少1~3成。

2. 季节气候趋势预测

预计2023年1~3月总降水量桂西北偏多1~2成，其余地区偏少1~3成，部分地区可能出现冬春连旱；平均气温桂东北接近常年，其余地区偏低0.1~1℃，有阶段性低温过程，桂北部分地区、桂西高寒山区有阶段性低温雨雪冰冻天气过程；春播期低温阴雨日数偏少，结束期偏早。

4~6月总降水量桂北偏多1~2成，桂南偏少1~3成。平均气温大部偏高。

7~9月总降水量桂西北偏少1~2成，其余地区偏多1~2成。平均气温沿海地区偏低，其余地区偏高，可能出现阶段性高温天气过程。

10~12月总降水量桂东北偏多1~3成，其余地区偏少1~2成。平均气温桂西北偏高，其余地区偏低。

3. 台风预测

预计2023年影响广西的台风有4~6个，接近常年。

(二) 2023年总体发生趋势预测

根据广西林业有害生物发生的历史数据和各市2022年主要林业有害生物监测调查、发生防治情况以及病虫害越冬情况调查，结合资源状况、生态环境与林分质量、气象信息、生物因子以及人为影响等多种因素进行综合分析，运用趋势预测软件的数学模型进行分析，预测2023年广西林业有害生物发生面积为572.38万亩，发生程度局部偏重，总体发生趋势较2022年略有上升。其中：病害预测发生112.1万亩，发生趋势持平；虫害发生434.78万亩，发生趋势略有上升；鼠害发生0.5万亩，发生趋势上升；有害植物发生25万亩，发生趋势上升，详见附表21-2。

(三) 分种类发生趋势预测

1. 松树病虫害

预测2023年发生面积将达368.48万亩，与2022年相比持平。

（1）松材线虫病

松材线虫病疫情仍有扩散趋势，但略为缓和。发生面积40万亩左右，略有下降(5.28%)，预计新增疫区1~2个，部分老疫区疫点数量增加2~3个，也有面积扩大、枯死树数量增加的可能。在全区松林分布区特别是重点生态区位、人流物流频繁区域新发疫情的可能性较大。

（2）其他松树害虫

松突圆蚧、湿地松粉蚧在梧州市、钦州市、玉林市的马尾松和湿地松林区继续危害，预计发生面积267.28万亩。松毛虫（含松茸毒蛾）2023年预计发生40万亩，较2022年相比上升6.65%，主要发生在桂东、桂北和桂西松树分布较多的县区，其中在临桂区、灵川县、全州县、兴安县、灵山县、钟山县、富川县等局部区域发生较重的可能性较大。萧氏松茎象在桂林市、梧州市和贺州市等松林区继续发生危害。

2. 杉树病虫害

预测2023年发生1.5万亩左右，比2022年上升47.43%，以杉树炭疽病、杉树叶枯病、杉梢小卷蛾为主，主要发生于百色市和河池市，以轻度发生为主。

3. 桉树病虫害

预测2023年发生76.4万亩，与2022年相比持平，在全区桉树种植区局部区域发生危害仍然较重。其中病害26万亩，与2022年相比持平，青枯病、叶斑病、枝枯病的危害仍将比较严重，主要发生在桂东和桂南的局部地区，其中在贵港

市平南县局地成灾的可能性较大；虫害50.4万亩，比2022年上升5.29%，其中桉树枝瘿姬小蜂危害仍在继续，预计2023年发生面积将减少至0.6万亩，在梧州、钦州、贵港、玉林等局部地区轻度发生；油桐尺蠖预计发生39.5万亩，与2022年相比上升4.91%，分布于桉树种植区，南宁、柳州、桂林、北海、贵港、来宾等部分地区可能危害较重；桉蝙蛾预计发生7.5万亩，与2022年相比上升5.99%，分布于桉树种植区，南宁、贺州、河池等市局部区域可能危害较重。

4. 竹类病虫害

预测2023年竹类病虫害发生51万亩，与2022年相比上升11.74%，以毛竹丛枝病、竹茎广肩小蜂、刚竹毒蛾、黄脊竹蝗、竹篦舟蛾为主，黄脊竹蝗在柳州市融安县，桂林市临桂区、灵川县和兴安县危害严重可能性较大。

5. 八角病虫害

预测2023年八角病虫害持续偏重发生，危害面积达34.6万亩，与2022年相比上升32.36%，以八角炭疽病、八角煤烟病、八角尺蠖、八角叶甲为主，分布于八角种植区，梧州市、百色市局地偏重发生的可能性较大。

6. 油茶病虫害

预测2023年油茶病虫害0.8万亩，油茶炭疽病、油茶毒蛾等油茶病虫害在柳州市三江县和百色市右江区、田阳区、乐业县、西林县以及河池市巴马瑶族自治县发生危害。

7. 核桃病虫害

预测2023年核桃病虫害9万亩左右，与2022年相比上升17.96%，以炭疽病和蛀干害虫云斑白条天牛为主，仍在河池市凤山县等地区危害。危害核桃的夜蛾可能继续发生。

8. 红树林害虫

预测2023年红树林虫害发生趋势上升，发生面积0.5万亩左右，比2022年上升76.87%，在北海市局部区域灾害仍然较严重。以危害白骨壤为主的广州小斑螟在沿海的钦州、北海红树林分布区仍然有危害，其中北海市合浦县危害可能较重。危害桐花树、秋茄树为主的白囊袋蛾、星天牛、柚木肖弄蝶夜蛾、桐花毛颚小卷蛾等在钦州市和北海市仍然有危害。

9. 珍贵树种病虫害

预测珍贵树种病虫害危害面积0.6万亩，发生趋势下降（12.57%）。种类主要有降香黄檀炭疽病、降香黄檀黑痣病、栎掌舟蛾、荔枝异形小卷蛾、黄野螟、灰卷裙夜蛾、橙带蓝尺蛾、肉桂双瓣卷蛾、樟巢螟等。橙带蓝尺蛾在来宾市金秀县危害罗汉松。黄野螟在崇左、钦州等地危害沉香。

10. 有害植物薇甘菊

预测2023年薇甘菊的发生面积将达到25万亩，比2022年上升6.26%，仍扩散蔓延，主要发生在玉林市，其他市县（林场）也有发生可能。

11. 鼠害

预测2023年鼠害发生0.5万亩，在百色市平果市、那坡县、乐业县、隆林县、田林县和河池市天峨县等局部区域仍危害杉木。

三、防控对策与建议

（一）加强监测预警，完善监测网络体系

抓好日常监测和重大疫情专项普查工作，依托林长制，推动建立网格化精细化监测网络，及时全面掌握松材线虫病等主要有害生物发生动态，适时发布趋势预报和防治建议。加强对桉树等主要用材林，八角、油茶等主要经济林和红树林主要病虫害的监测预警，做好薇甘菊等外来有害生物监测工作。加强对中心测报点的管理，系统监测掌握可能造成危害的林业有害生物种类、分布和危害情况。应用松材线虫病精细化监管平台对疫情进行精细化管理，推进各地实行地面网格化监测与无人机监测手段相结合，做好日常监测和定期巡查。目前需重点监测和预防外来林业有害生物的入侵，警惕本土松树、桉树、八角、油茶食叶害虫和桉树、经济林蛀干害虫和红树林害虫的危害。

（二）全力抓好松材线虫病疫情防控工作

认真落实国家林业和草原局印发的《全国松材线虫病疫情防控五年攻坚行动计划（2021—2025年）》和广西壮族自治区人民政府办公厅印发的《广西开展松材线虫病疫情防控五年攻坚行动八条措施》。认真抓好秋季普查，加强现有疫区的周边发生区、重要交通枢纽区和重点生态区

的疫情排查，利用无人机和卫星遥感信息化技术监测，加强对重点区域疫情的监测和核查，全面掌握疫情底数。狠抓冬季疫木除治期，加大林分改造力度，分片区开展松材线虫病疫情除治质量抽查和防控成效巡查，督促问题整改。

（三）加强检疫执法和监管

强化行政许可事项的事中事后监管，加强产地检疫、调运检疫和检疫复检工作，加强对普及型国外引种试种苗圃的监管，组织做好引进林木种子苗木风险评估。组织开展"绿网·飓风2023"专项行动，严厉打击违法违规采伐、运输、加工、经营和使用松材线虫病疫木行为，从源头控制疫情扩散蔓延。

（四）加强防治技术研究与应用

加强产、学、研、管四方力量联合，加大部门间、学科间的技术合作，建立有效的技术合作体制和协调机制，重点开展松材线虫病等重大林业有害生物综合防控技术研究。与科研院所合作，积极探索松材线虫病、薇甘菊、红树林病虫害防治新技术。

（五）做好应急防控物资储备

根据林业有害生物发生情况，及时做好喷雾喷粉机、白僵菌、BT粉等应急防控药剂、器械的采购贮备和调拨工作，有效应对突发性林业有害生物灾害。

（六）加大宣传培训力度

通过广播电视、主流媒体等开展防控公益宣传，加大违法犯罪行为曝光力度，切实提高社会公众防控意识。加强岗位培训，分级开展防治管理及专业技术培训，提高各级防控技术和管理水平。

（主要起草人：刘杰恩　韦曼丽　邓艳　秦江林；主审：陈怡帆）

附表 21-1　广西 2022 年林业有害生物发生情况统计表

病虫名称	2021年发生面积（万亩）	2022年发生面积（万亩）				成灾率（‰）	成灾面积（万亩）
		合计	轻度	中度	重度	同比（%）		
有害生物总计	530.46	548.73	403.30	79.53	65.89	3.44	34.81	1.595
一、病害总计	117.17	112.46	48.73	16.57	47.16	-4.02	32.00	3.357
1. 松材线虫病	49.91	42.23	0	0	42.23	-15.39	30.60	10.12
2. 杉木病害	1.53	1.02	0.91	0	0.10	-33.62	0	0
3. 桉树病害	14.84	25.72	18.94	5.30	1.48	73.35	1.07	0.25
4. 竹类病害	31.66	29.36	18.50	8.97	1.90	-7.26	0	0
5. 八角病害	16.85	11.80	8.23	2.12	1.44	-30.00	0.33	1.098
6. 珍贵树种病害	0.51	0.08	0.08	0	0	-85.00	0	0
7. 其他病害	1.86	2.25	2.07	0.19	0	21.02	0	0
二、虫害总计	389.95	412.34	334.54	59.21	18.60	5.74	2.81	0.131
1. 松树害虫总计	304.07	323.47	266.67	41.27	15.53	6.38	1.87	0.61
马尾松毛虫	22.67	37.51	21.88	7.97	7.66	65.42	0.99	0.328
湿地松粉蚧	13.69	25.48	25.46	0.02	0	86.14	0	0
松突圆蚧	254.02	241.49	204.58	30.95	5.96	-4.93	0	0
松褐天牛	10.99	14.64	11.48	1.60	1.56	33.18	0.66	0.219
萧氏松茎象	0.57	0.65	0.63	0.02	0	13.67	0	0
其他松树害虫	2.13	3.71	2.65	0.71	0.36	74.41	0.22	0.11
2. 桉树害虫	26.44	47.87	43.49	3.36	1.02	81.03	0.63	0
桉树食叶害虫	17.75	39.53	36.17	2.67	0.69	122.66	0.49	0.126
桉树蛀干害虫	8.22	7.34	6.33	0.69	0.32	-10.81	0.14	0.032

(续)

病虫名称	2021年发生面积（万亩）	2022年发生面积（万亩）					成灾率（‰）	成灾面积（万亩）
		合计	轻度	中度	重度	同比（%）		
桉树枝瘿姬小蜂	0.46	1.00	1.00	0	0	116.01	0	0
3. 八角害虫	26.66	14.34	11.03	2.79	0.52	-46.20	0.23	0.39
4. 竹类害虫	20.22	16.28	5.92	8.98	1.39	-19.48	0.03	0.105
5. 油茶害虫	0.43	0.68	0.67	0.01	0	57.28	0	0
6. 核桃害虫	9.25	7.63	5.17	2.46	0	-17.48	0	0
7. 红树林害虫	0.30	0.28	0.28	0.005	0	-5.07	0	0
8. 珍贵树种害虫	0.46	0.61	0.51	0.06	0.04	32.88	0.04	26.67
9. 其他害虫	2.12	1.17	0.80	0.28	0.1	-44.71	0.01	0.056
三、鼠害总计	0.33	0.41	0.41	0	0	21.15	0	0
赤腹松鼠	0.33	0.41	0.41	0	0	21.15	0	0
四、有害植物	23.00	23.53	19.63	3.76	0.14	2.29	0	0
薇甘菊	23.00	23.53	19.63	3.76	0.14	2.29	0	0

附表21-2 广西2023年主要林业有害生物发生趋势预测表

项目	2022年实际发生面积（万亩）	2023年预测发生面积（万亩）	同比（%）	发生趋势
有害生物合计	548.73	572.38	4.31	上升
一、病害	112.46	112.10	-0.32	持平
松材线虫病	42.23	40.00	-5.28	下降
杉树病害	1.02	1.50	47.43	上升
桉树病害	25.72	26.00	1.09	持平
竹类病害	29.36	30.00	2.17	持平
八角病害	11.8	12.00	1.71	持平
珍贵树种病害	0.08	0.10	29.53	上升
其他病害	2.25	2.50	11.02	上升
二、虫害	412.34	434.78	5.44	上升
1. 松树害虫	323.47	328.48	1.55	持平
松毛虫	37.51	40.00	6.65	上升
湿地松粉蚧	25.48	25.68	0.80	持平
松突圆蚧	241.49	241.60	0.05	持平
松褐天牛	14.64	18.20	24.31	上升
萧氏松茎象	0.65	0.50	-22.53	下降
其他松树害虫	3.71	2.50	-32.66	下降
2. 桉树害虫	47.87	50.40	5.29	上升
油桐尺蛾	37.65	39.50	4.91	上升
桉蝙蛾	7.08	7.50	5.99	上升
桉树枝瘿姬小蜂	1.00	0.60	-39.90	下降
其他桉树害虫	2.14	2.80	30.73	上升
3. 八角害虫	14.34	22.60	57.56	上升
4. 竹类害虫	16.28	21.00	28.96	上升
5. 油茶害虫	0.68	0.80	17.53	上升

（续）

项目	2022年实际发生面积（万亩）	2023年预测发生面积（万亩）	同比(%)	发生趋势
6. 核桃害虫	7.63	9.00	17.96	上升
7. 红树林害虫	0.28	0.50	76.87	上升
8. 珍贵树种害虫	0.61	0.50	−17.91	下降
9. 其他害虫	1.17	1.50	27.93	上升
三、鼠害	0.41	0.50	23.27	上升
四、有害植物	23.53	25.00	6.26	上升
1. 薇甘菊	23.53	25.00	6.26	上升

22 海南省林业有害生物2022年发生情况和2023年趋势预测

海南省森林病虫害防治检疫站

【摘要】 2022年，海南省林业有害生物发生41.61万亩，同比上升2.79%。根据海南省当前森林资源状况、林业有害生物发生规律和调查防治情况，结合气象资料，经综合分析预测，2023年全省林业有害生物总体平稳，全年发生42万亩左右。

一、2022年林业有害生物发生情况

2022年海南林业有害生物发生41.61万亩，与2021年相比，发生面积略有增加，同比上升2.79%。其中病害发生0.01万亩，比2021年减少0.14万亩；虫害发生12.73万亩，同比下降0.95%；有害植物28.87万亩，同比上升4.19%。成灾面积0.12万亩，成灾率0.04‰。全省防治面积合计8.16万亩（防治作业面积10.31万亩次），无公害防治面积合计7.54万亩，无公害防治率92.31%（图22-1）。

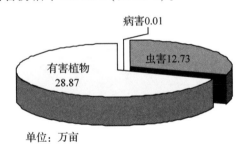

图22-1　2022年各类林业有害生物发生面积

（一）发生特点

2022年海南省林业有害生物总体发生平稳，没有重大林业有害生物灾害和突发事件发生。呈现以下特点：一是外来入侵林业有害生物疫情平稳；二是本土有害植物金钟藤发生面积依然较大。

（二）主要林业有害生物发生情况分述

1. 薇甘菊

近年来，海南省加大薇甘菊的防治力度，薇甘菊发生面积有所下降。全年发生9.29万亩，同比下降13.65%，危害有所减轻。主要发生在高速公路旁、农田边、河道水沟边、撂荒地。主要分布在澄迈、儋州、文昌、屯昌、临高、琼海、琼中、海口等市县，其中文昌、儋州、临高局部危害较重（图22-2）。

2. 棕榈科害虫

棕榈科害虫是海南省的主要林业有害生物，全年发生12.26万亩，同比上升2.08%。以轻度发生为主，中度以下发生面积12.01万亩，占97.96%。主要有椰心叶甲、红棕象甲和椰子织蛾（图22-2）。

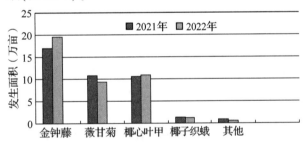

图22-2　主要林业有害生物发生面积

椰心叶甲　随着释放寄生蜂等生物防治为主、挂药包等化学防治为辅的椰心叶甲综合治理措施在海南省广泛应用，椰心叶甲疫情平稳。全省发生10.94万亩，同比上升3.21%，以轻度发生为主，中度以下发生面积占98.24%，各市县均有发生。

椰子织蛾　全年发生1.23万亩，同比下降8.21%，以轻度发生为主，中度以下发生面积占98.24%，主要分布在陵水、琼海、澄迈、海口、三亚、文昌、临高、儋州等市县。

红棕象甲　推广使用以信息素为主的重要入侵害虫红棕象甲综合防治技术，对红棕象甲的监

测防控取得了较好效果。监测发现大部分市县均有分布，但达到发生程度的较少，在澄迈、儋州、三亚等地发生0.09万亩，与上年基本持平。

3. 金钟藤

金钟藤是海南本土有害植物，主要危害天然次生林，发生19.58万亩，同比上升15.52%，主要发生在中部热带雨林国家公园区域和琼中、屯昌、五指山、白沙、澄迈、琼海等地的天然次生林区(图22-2)。

4. 其他病虫害

其他病虫害发生0.48万亩，以轻度发生为主。其中红火蚁在全省林业用地发生0.37万亩，主要分布在儋州、澄迈、海口、琼海、文昌、黎母山分局等地的绿化带及苗木花圃；木麻黄青枯病在文昌发生0.01万亩；随着树种的更新及野外天敌的增多，桉树病虫害危害较轻，发生0.10万亩，主要发生在儋州(图22-2)。

5. 未发生松材线虫病

2022年秋季普查结果表明，海南未发生松材线虫病，零星枯死松树主要是由于干旱、不正确割香、树龄老化、松针锈病等原因所致(图22-2)。

(三)成因分析

1. 气象因素影响林业有害生物的发生和危害

海南省高温高湿气候有利于林业有害生物的发生和危害，椰心叶甲、椰子织蛾等害虫世代重叠，全年危害。下半年，台风天气在10月频繁发生，雨水较多，有利于病害发生和薇甘菊等有害植物扩散蔓延。

2. 经济发展加速林业有害生物的传播扩散

随着海南建设自由贸易港力度不断加大，极大地带动了物流、旅游产业。特别是在打造国家生态文明试验区过程中，各类苗木和林木制品跨区域调运数量大幅增加，加速了林业有害生物的传播扩散。

3. 防治不彻底导致灾害反复发生

防控经费投入普遍不足，难于开展全面防治，一些得不到及时防治的区域成为扩散的虫源地，导致灾害反复发生。金钟藤主要发生在天然次生林区，山高路陡，防治难度大，危害面积仍然较大。

二、2023年林业有害生物发生趋势预测

(一) 2023年发生趋势预测

根据海南省当前森林资源状况、林业有害生物发生规律、防治情况及气候因素，经综合分析预测：2023年全省主要林业有害生物整体发生平稳。发生42万亩左右，其中病害约0.2亩，虫害约12.8万亩，有害植物约29万亩。

(二) 分种类发生趋势预测

1. 薇甘菊

海南自由贸易港建设步伐不断加快，促进人流、物流以及区域间的苗木调运，同时重大工程相继开工建设，人为传播隐患加大，加上薇甘菊繁殖能力强，结籽量多，可通过气流、水流等远距离传播，且防治后复发率高。预计2023年发生将呈扩散趋势，约10万亩，主要分布在文昌、儋州、屯昌、海口、澄迈、临高等市县(图22-3)。

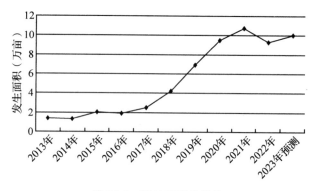

图22-3 薇甘菊发生趋势

2. 棕榈科病虫害

椰心叶甲 近年来，随着以释放寄生蜂等生物防治为主、挂药包等化学防治为辅的综合治理措施的不断实施，椰心叶甲正在实现可持续控制的防治目标，椰心叶甲疫情相对平稳。预计2023年椰心叶甲发生面积基本持平，约10.7万亩，以轻度危害为主，全省均匀发生(图22-4)。

椰子织蛾 椰子织蛾繁殖速度快，寄主丰富，随物流扩散能力强，尽管受今年冬季气温偏低影响，椰子织蛾传播得到一定程度的抑制，但随着春季气温回暖，发生程度和面积可能会出现一定的反复，预测2023年椰子织蛾的发生约1.3

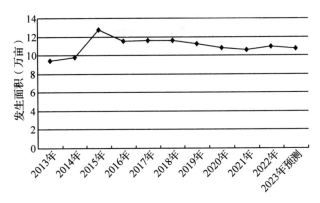

图 22-4 椰心叶甲发生趋势

万亩，以轻度发生为主。主要发生在三亚、陵水、儋州、琼海、文昌、澄迈等市县(图22-5)。

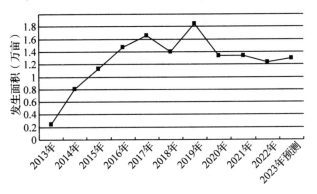

图 22-5 椰子织蛾发生趋势

红棕象甲　根据监测数据分析，红棕象甲相对平稳。预计红棕象甲2023年轻度发生，面积约0.1万亩，主要发生在三亚、儋州、澄迈、文昌等市县。

3. 金钟藤

金钟藤在热带雨林国家公园区域内发生面积大，对海南省热带天然林区景观造成不同程度的危害，但仍缺乏有效的防治技术，防治难度大。目前，主要通过加大天然林区的森林抚育工作力度，控制金钟藤病害。预计2023年发生19万亩左右，主要分布在热带雨林国家公园区域及屯昌、琼海、儋州等市县。

4. 其他有害生物

红火蚁的防控力度持续加强，红火蚁疫情得到较好控制，预计2022年发生约0.5万亩，主要发生在海口、儋州、澄迈、屯昌等市县。

桉树、松树、木麻黄病虫害及其他食叶害虫零星分布，预计发生约0.4万亩。主要发生在东部的文昌及干旱少雨的临高、儋州等西部地区。

5. 松材线虫病

做好松材线虫病预防工作，确保五年攻坚目标实现，海南省持续加大经费投入力度，强化植物检疫工作措施，对外加强码头检疫拦截，对内强化产地检疫和调运检疫的制度，阻止带疫松木制品上山。定期清理各类工地丢弃松木制品，从源头上管控，切断松材线虫病的传染源。同时做好日常监测和秋季普查，做到早发现、早报告、早除治。预计明年仍为零疫区。

三、对策建议

(一)强化监测预警，指导防治工作

扎实做好病虫害日常监测工作，进一步加大高速公路、铁路、国道、省道、景区景点等重点区域的监测力度，合理规划、科学布设固定监测点，准确掌握林间动态，及时发布生产性预报，指导市县和有关基层单位做好防治工作，确保有虫不成灾。

(二)加强队伍建设，提高测报水平

将林业有害生物监测预报工作纳入各级林长制考核内容，压实市县预防主体责任和有关部门责任。积极探索基层测报组织模式，充分发挥护林员、林业工作站、科研机构等作用，努力组建一支相对稳定的测报队伍。开展林业有害生物监测调查、松材线虫病疫情防控监管平台应用等业务培训，使基层监测普查人员熟练掌握测报系统和松材线虫病疫情防控监管平台Web及调查APP的应用，提升测报水平。

(三)加大资金投入，提升防控能力

继续积极争取各级政府的重视和支持，将监测防治资金纳入政府财政预算。推动地方政府向社会化组织购买监测调查、数据分析、技术服务、防治业务服务，提升防控能力。

(四)筑牢检疫防线，严防疫情传播

对外继续实行"码头拦截、跟踪除害、建档监测"，严防松材线虫病等外来重大林业有害生物的入侵；对内强化产地检疫和调运检疫的制度，阻止带疫松木制品上山。从源头上管控，防止林业有害生物传播。

(主要起草人：布日芳　黎丽娟；主审：徐震霆)

23 重庆市林业有害生物 2022 年发生情况和 2023 年趋势预测

重庆市森林病虫防治检疫站

【摘要】2022年全年林业有害生物发生537.60万亩，发生面积整体同比下降4.96%，松材线虫病的发生及危害仍然严重。其中，轻度发生342.21万亩，同比减少1.49%，中度发生15.4万亩，同比增加15.18%，重度发生179.99万亩，同比减少12.15%。病害发生188.5万亩，同比减少11.43%；虫害发生328.31万亩，同比减少2.22%；鼠（兔）害发生18.59万亩，同比增加22.87%；有害植物发生2.2万亩，同比增加14.58%。核桃病害、松毛虫、黄脊竹蝗、蜀柏毒蛾、其他虫害、鼠（兔）害和有害植物等发生面积增加，在部分区县局部危害较重；核桃病害在奉节和巫山局部地区危害较重；松毛虫在涪陵、永川、开州、南川、忠县、酉阳等区县局部危害较重；黄脊竹蝗在璧山局部地区危害较重；蜀柏毒蛾在长寿、开州和巫山局部地区危害较重。松墨天牛、云斑天牛、松蠹虫和其他病害等发生面积减少，部分区县危害较重；松墨天牛在武隆、巫山、大渡口、南川和璧山等地危害较重；云斑天牛在酉阳危害较重；松蠹虫在巫山和奉节危害较重。

预测2023年全市林业有害生物发生面积整体呈下降趋势，危害程度除松材线虫病危害程度较重以外，其他林业有害生物整体以轻度发生为主，在局部地区危害程度可能偏重。2023年预测发生506万亩，其中：病害173.5万亩，主要以松材线虫病为主，发生面积减少，危害较重；虫害312万亩，主要以松墨天牛、松毛虫、蜀柏毒蛾等常发性病虫害为主，发生面积减少，轻度为主，局部危害较重；鼠兔害17.5万亩，发生面积减少，轻度发生；有害植物3万亩，发生面积有所增加，轻度发生。

对策建议：一是推动松材线虫病疫情防控五年攻坚行动落地落实；二是加强林业有害生物监测预警；三是强化检疫执法监管；四是抓好重大林业有害生物治理。

一、2022 年林业有害生物发生情况

截至11月25日，发生537.60亩，同比减少4.96%。其中：轻度发生342.21万亩，同比减少1.49%；中度发生15.40万亩，同比增加15.18%；重度发生179.99万亩，同比减少12.15%。与2021年相比，中度发生面积增加，轻度和重度发生面积减少。在林地范围内，重庆市未发现美国白蛾、红火蚁、加拿大一枝黄花等有害生物发生（图23-1）。

其中：森林病害发生188.5万亩，同比减少11.43%；森林虫害发生328.31万亩，同比减少2.22%；森林鼠（兔）害发生18.59万亩，同比增加22.87%。有害植物发生2.20万亩，同比增加

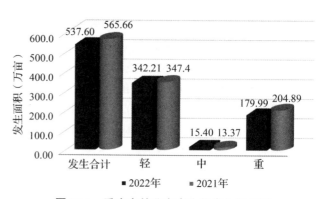

图 23-1 重庆市林业有害生物发生程度图

14.58%。与2021年相比，森林病害和虫害发生面积都相应减少；鼠（兔）害和有害植物发生面积增大（图23-2）。

主要种类：松材线虫病、马尾松赤枯病、侧柏叶枯病、核桃褐斑病、核桃炭疽病、核桃黑斑

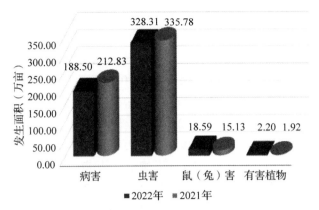

图23-2 重庆市林业有害生物发生种类面积图

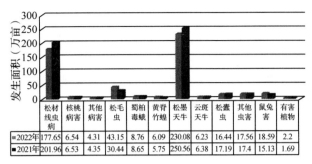

图23-3 重庆市2021年和2022年主要林业有害生物发生面积对比

病、黄栌白粉病、亚洲飞蝗、黄脊竹蝗、白带短肛虫䗴、褐喙尾虫䗴、黑翅土白蚁、落叶松球蚜、山竹缘蝽、多斑白条天牛、云斑白条天牛、松墨天牛、粗鞘双条杉天牛、核桃长足象、华山松大小蠹、纵坑切梢小蠹、黄刺蛾、缀叶丛螟、油茶尺蠖、云南松毛虫、马尾松毛虫、银杏大蚕蛾、竹镂舟蛾、舞毒蛾、刚竹毒蛾、蜀柏毒蛾、栗瘿蜂、鞭角华扁叶蜂、落叶松叶蜂、南华松叶蜂、毛竹叶螨、鼠兔、有害植物野葛和菟丝子等39种。

(一)发生特点

(1)危险性林业有害生物松材线虫病基本覆盖全市,虽然发生面积减少,但防控形势仍然严峻。

(2)蛀干害虫松墨天牛、云斑天牛、松蠹虫发生面积减少,以轻度发生为主,部分区县危害较重;松墨天牛分布全市,武隆、巫山、南川等区县危害较重;松蠹虫在渝东北部分区县危害较重。

(3)食叶害虫松毛虫、黄脊竹蝗、蜀柏毒蛾等发生面积整体上升,危害减轻。黄脊竹蝗在渝西局部地区危害较重。

(4)森林鼠(兔)害在少数区县分布,轻度发生,危害较轻。

(5)其他林业有害生物发生的种类多,呈现零星分散轻度发生,其中,鞭角华扁叶蜂、核桃长足象、栗瘿蜂、落叶松叶蜂、落叶松球蚜和缀叶丛螟等在个别区县局部危害较重。

(二)主要林业有害生物发生情况分述(图23-3)

松材线虫病 发生面积减少,危害程度依旧严重。发生177.65万亩,同比减少12.04%。主要分布万州、黔江、涪陵、大渡口、江北、沙坪坝、九龙坡、南岸、北碚、渝北、巴南、长寿、江津、合川、永川、南川、綦江、璧山、铜梁、荣昌、开州、梁平、武隆、城口、丰都、垫江、忠县、云阳、石柱、彭水等30个区县和万盛经开区。其中,忠县、巴南、涪陵、万州、云阳、长寿等地发生面积达10万~20万亩以上,防控难度较大。

核桃病害 发生面积增加,危害程度有所增加。主要是核桃褐斑病、核桃炭疽病和核桃黑斑病,发生6.54万亩,轻、中度发生为主,同比增加0.15%,分布在荣昌、城口、巫山和奉节等区县;奉节、巫山发生面积最大,局部地区危害较重。

其他病害 发生面积减少,危害程度较小。主要是马尾松赤枯病、侧柏叶枯病和黄栌白粉病,发生4.31万亩,轻、中度发生为主,同比减少0.69%;马尾松赤枯病和侧柏叶枯病分布荣昌,黄栌白粉病分布巫山,危害较重。

松毛虫 发生面积增加,危害程度有所增加。主要是云南松毛虫和马尾松毛虫,发生43.15万亩,以轻、中度发生为主,同比增加41.75%。云南松毛虫主要分布在开州和巫溪,发生面积0.52万亩,轻、中度发生,开州局部地区危害较大。马尾松毛虫是常发性害虫,发生42.63万亩,广泛分布在万州、涪陵、九龙坡、南岸、北碚、綦江、大足、巴南、黔江、江津、合川、永川、南川、璧山、万盛、铜梁、潼南、荣昌、开州、梁平、武隆、丰都、垫江、忠县、云阳、奉节、巫山、石柱、秀山、酉阳等30个区县;开州、南川、忠县、涪陵、酉阳、永川等区县局部危害较重;万州、秀山、开州、垫江、梁平、涪陵、北碚、永川、合川、巴南、万盛、南岸、忠县、奉节等区县发生面积达到万亩以上，万州和秀山达4万亩发生面积较大，危害较小。

蜀柏毒蛾　发生面积增加，危害程度减轻。发生8.76万亩，以轻、中度发生为主，同比增加1.27%。主要分布在万州、荣昌、梁平、涪陵、潼南、忠县、长寿、北碚、开州、巫山、万盛、武隆和石柱等区县；长寿、开州和巫山局部地区危害较重；万州、荣昌达万亩以上，梁平、涪陵和潼南达5000亩发生面积较大，危害较轻。

黄脊竹蝗　发生面积增加，危害程度有所增加。发生6.09万亩，以轻、中度发生为主，同比增加5.91%，分布在永川、大足、铜梁、璧山、万盛、北碚、潼南、涪陵、江津、荣昌等区县；璧山局部地区危害较重，永川达2万亩、大足和铜梁1万亩左右发生面积较大，危害较轻。

松墨天牛　发生面积减少，危害程度有所增加。发生230.08万亩，以轻、中度发生为主，部分区县有中、重度发生，同比减少8.17%，分布在全市各区县；涪陵、忠县和巴南发生达20万亩以上，渝北、万州、云阳、梁平和黔江等区县发生达10万亩以上，发生面积大，危害程度较小；武隆、巫山、大渡口、南川和璧山等地危害较为严重。

云斑天牛　发生面积减少，危害程度有所增加。主要危害杨树、桉树、核桃等，发生6.23万亩，以轻、中度发生为主，同比减少2.35%，分布在城口、酉阳、荣昌、巫山、永川、大足、巫溪、潼南等区县；城口发生达2万亩以上，酉阳、荣昌和巫山发生5000亩以上，发生面积较大，危害程度较轻；酉阳危害较重。

松蠹虫　发生面积减少，危害程度有所增加。主要是华山松大小蠹和纵坑切梢小蠹。发生16.44万亩，轻、中度发生为主，同比减少4.36%；分布在巫山、奉节、巫溪和城口；纵坑切梢小蠹在巫山和奉节危害较重，华山松大小蠹在城口和巫溪轻度发生。

其他虫害　发生面积增加，危害程度有所增加。发生17.56万亩，以轻、中度发生为主，同比增加4.46%；主要是鞭角华扁叶蜂，发生1.1万亩，轻度发生，分布在奉节、云阳、开州和巫山，奉节发生面积较大，有5万亩，危害较轻，开州危害较重；粗鞘双条杉天牛发生2.3万亩，轻度发生，分布在武隆和彭水；核桃长足象发生1.9万亩，褐喙尾虫脩0.6万亩，栗瘿蜂5万亩，落叶松叶蜂2.2万亩，落叶松球蚜0.9万亩，亚洲飞蝗0.26万亩，缀叶丛螟0.6万亩，以轻、中度发生为主，均分布在巫山；舞毒蛾发生0.8万亩，南华松叶蜂0.26万亩，轻度发生，均分布在涪陵；毛竹叶螨发生0.2万亩，竹镂舟蛾发生面积0.18万亩，刚竹毒蛾0.1万亩，轻度发生，均分布在永川；黑翅土白蚁0.32万亩，油茶尺蛾0.15万亩，轻度发生，均分布在南岸；白带短肛虫脩发生0.2万亩，轻度发生，分布在奉节；山竹缘蝽0.36万亩，轻度发生，分布在梁平；银杏大蚕蛾发生0.07万亩，轻度发生，分布在巫溪；黄刺蛾发生0.06万亩，轻度发生，分布在万盛。

森林鼠（兔）害　发生面积增加，轻度发生。发生18.59万亩，轻度发生，同比增加22.87%。主要分布在巫山、大足、巫溪、江津、涪陵、城口、潼南、万州、彭水、荣昌等区县；巫山、大足、巫溪、江津、涪陵等区县发生面积较大。

有害植物　发生面积增加，轻度发生。发生2.2万亩，轻度发生，同比增加14.58，主要分布在开州、江津和巫山。

（三）成因分析

1. 危险林业有害生物防治难度大

松材线虫病传染性强，防控的复杂性十分严峻，自然传播、人为传播以及多重灾害叠加增大了疫情的防控难度。

2. 寄主面积快速增加、林分结构不合理

重庆市林分结构比较单一，纯林多，混交林少；针叶林多，阔叶林少等多种原因，导致林业有害生物多发生。

3. 适宜的气候地理条件

重庆市位于中亚热带湿润季风气候区，冬暖春早，夏热秋凉，大部分地区处于低海拔区域，适宜林业有害生物生长危害。入春比常年提前，气温偏高，日照偏多，降水偏少，造成林业有害生物越冬期死亡率低、发育进度加快。

4. 林业有害生物自身的生物生态学特性所决定

松材线虫病等检疫性林业有害生物以及其他蛀食性害虫自然死亡率低、种群繁殖迅速；其他林业有害生物虽然经常表现出大发生周期，但种群始终在林间存在，并且种群繁殖迅速，种群衰退之后，在条件适宜时很快又大发生。

二、2023年林业有害生物发生趋势预测

（一）2023年总体发生趋势预测

在2022年全市主要林业有害生物发生与防治情况基础上，结合气候因素、寄主分布、各区县预测数据以及林业有害生物发生发展规律等因素，预测2023年全市主要林业有害生物发生面积整体呈下降趋势，发生506万亩左右，其中：森林病害173.5万亩、森林虫害312万亩、森林鼠（兔）害17.5万亩，有害植物3万亩。除松材线虫病外，其他林业有害生物以轻、中度发生为主（图23-4）。

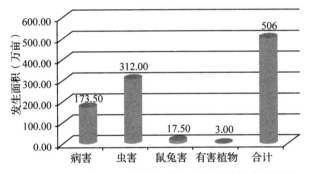

图23-4　重庆市2023年林业有害生物种类发生趋势图

（二）分种类发生趋势预测（图23-5）

松材线虫病　预测发生面积与上年相比减少，危害程度较重，发生约162万亩，分布于全市大部分区县。

核桃病害　预测发生面积与上年相比持平，危害程度有所增加；发生约6.5万亩，分布在渝东北的部分区县。

其他病害　预测发生面积与相比增加，危害程度减轻；发生约5万亩，分布在全市大部分区县，在渝东南个别区县危害较重。

松毛虫　预测发生面积与上年相比减少，危害程度减轻；发生约40万亩，分布在全市大部分区县，在渝东南及渝西部分地区危害较重。

蜀柏毒蛾　预测发生面积与上年相比增加，危害程度减轻；发生约9万亩，主要分布在渝东北片区。

黄脊竹蝗　预测发生面积和与上年相比增加，危害程度有所增加；发生约7.5万亩，主要分布在渝西片区。

松墨天牛　预测发生面积与上年相比减少，危害程度减轻；发生约215万亩，分布在全市大部分区县。

云斑天牛　预测发生面积与上年相比持平，危害程度有所增加；发生约6.5万亩，主要分布在渝西、渝东南、渝东北片区，在渝西片区的荣昌、大足发生较重。

松蠹虫　预测发生面积与上年相比持平，危害程度有所增加；发生约16万亩，主要分布在渝东北片区。

其他虫害　预测发生面积与上年相比增加，危害程度减轻；主要包括鞭角华扁叶蜂、粗鞘双条杉天牛、核桃长足象和松叶蜂等，发生约18万亩，分布在武隆、巫山、奉节、巫溪等区县。

森林鼠（兔）害　预测发生面积与上年相比减少，危害程度减轻；发生约17.5万亩，主要分布在渝东北、渝东南片区。

有害植物　预测发生面积与上年相比增加，危害程度减轻；主要是野葛和菟丝子，发生约3万亩，分布在开州、巫山、江津等区县。

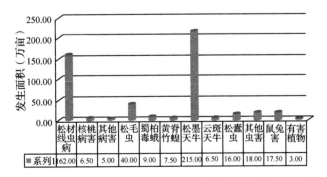

图23-5　重庆市2023年主要林业有害预测发生面积图

三、对策建议

（一）推动松材线虫病疫情防控五年攻坚行动落地落实

围绕《重庆市松材线虫病疫情防控五年攻坚行动方案（2021—2025年）》落地落实，一是严格落实责任，依托林长制平台，全面落实各级林长重大林业有害生物主体责任；二是实施精准防

控。以病(枯)死树原因调查为基础，以小班为单位实施精细化管理、精准化防控，做到疫点小班档案和检测确认全程可溯可查；三是常态推进"冬春战役"。持续开展春节前"百日会战"、节后"回头看"和"拉网式"清理，坚持"六个一"标准，执行月通报制度，建立拔除疫区、疫点市和区县分级蹲点督导制度；四是强化检疫监管。纵深推进联防联治到边到底，建立林区在建工程一律规范处置松木制度，织密"外防输入、内防反弹"检疫封锁网络；五是营造健康森林。做好松材线虫病防治与马尾松林改培国家试点，加大打孔注药等防治力度；六是建立长效机制。将松材线虫病防控列入林长制和区县经济社会发展业绩考核，推行以奖代补和"两扣一问"制度；建立护林员履职报告和社会有奖举报制度，形成发现问题、通报告知、限期整改工作闭环。

(二) 加强林业有害生物监测预警

健全网格化林业有害生物监测网络，认真落实林业有害生物监测"应急周报告"制度、"月报告"制度，做好疫情数据信息按时统计上报。加强松毛虫、红火蚁、美国白蛾等有害生物监测预报，确保疫情及时发现、及时取样、及时报告、及时发布预警。升级完善重庆林业有害生物防控信息系统，做好与林草生态网络感知系统松材线虫病疫情防控监管平台的深度融合，全力推进林草生态网络感知平台全国示范省市建设。做好松材线虫病日常监测和秋季专项普查，形成"网格护林员日常巡查、区县专业化全域普查、无人机技术补充调查"的三查体系。

(三) 强化检疫执法监管

加强源头管控，加大产地检疫、调运检疫、落地复检力度，严禁从美国白蛾、红火蚁等重大检疫性有害生物发生区调运带土苗木、草坪草等，做到应检尽检，严防外来有害生物入侵。加强检疫执法和联防联治工作，强化省际、区县间(林场)、乡镇(林场)间、村社间四级联防体系，推动边界联防联治制度化、规范化、常态化。

(四) 抓好重大林业有害生物治理

坚持预防和治理一体推进，对危害程度大、社会关注度高的林业有害生物要全力除防、重点治理。抓好加拿大一枝黄花、红火蚁、华山松大小蠹等有害生物治理，编制防控技术手册，明确防控关键期和主要措施，推进"一种一策"精准防治。加强舆情引导，对加拿大一枝黄花、红火蚁等屡屡登上舆情热点的林业外来有害生物，要提前预判，做好预案，引导权威媒体和专家发声，开展科普知识，回应社会关切。

(主要起草人：左正银　陈录平　曾艳　杨萍；主审：徐震霆)

24 四川省林业有害生物2022年发生情况和2023年趋势预测

四川省林业和草原有害生物防治检疫总站

【摘要】 2022年，全省主要林业有害生物发生面积较去年明显下降，总体危害程度同比减轻，但局地危害仍然偏重。全省发生面积合计888.40万亩，同比减少47.96万亩，较常年均值低95.31万亩，较历史极高值低310万亩，特别是近年来呈明显下降态势。按发生类型统计，病害发生178.45万亩、虫害发生663.37万亩，同比分别下降9.10%、4.72%；鼠害发生46.43万亩，同比上升6.54%；有害植物发生0.15万亩，同比基本持平。经各地大力实施防控，全省防治691.02万亩，无公害防治率97.49%，防控取得明显成效。松材线虫、蜀柏毒蛾、松毛虫、红火蚁、云杉病害等主要林业有害生物发生面积均大幅下降，危害程度有所减轻，但在局部危害仍然偏重。松材线虫病疫情发生面积和病死松树数量同比分别下降22.16%、23.30%，多个疫区、疫点实现首年和连续两年无疫情。主要林业有害生物成灾面积74.76万亩（同比减少21.95万亩），成灾率1.96‰，远低于国家下达的目标任务指标。

根据全省主要林业有害生物发生防治情况、2023年气候预测结果等，经会商分析研判，预计2023年全省主要林业有害生物发生总面积867.30万亩，同比减少21万亩。其中，预计病害发生170万亩，同比减少8万亩；虫害发生650万亩，同比减少13万亩；鼠害发生47万亩，同比基本持平；有害植物发生0.3万亩，同比略有增加。预计本土有害生物危害程度总体以轻度、中度为主；外来有害生物继续入侵扩散蔓延的风险仍然很大，松材线虫等重大林业有害生物在部分发生区危害仍然偏重；预计全省主要林业有害生物成灾面积70.5万亩，同比减少4万亩。

一、2022年全省主要林业有害生物发生及防治情况

2022年，全省主要林业有害生物发生总面积888.40万亩，同比下降5.12%，发生率2.33%；监测覆盖率99.49%，测报准确率93.03%。其中轻度发生625.78万亩，中度发生188.55万亩，重度发生74.07万亩，分别占发生总面积的71%、21%和8%（图24-1、图24-2、图24-3）。

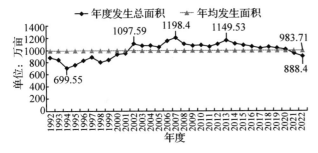

图24-1　1992—2022年四川省主要林业有害生物发生面积图

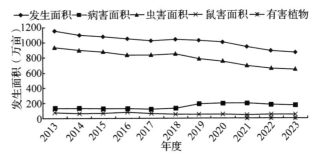

图24-2　2013—2023年四川省主要林业有害生物发生面积分类型趋势图

按类型分，病害发生178.45万亩（同比减少17.85万亩），虫害发生663.37万亩（同比减少32.84万亩），鼠害发生46.43万亩（同比增加2.85万亩），有害植物发生0.15万亩（同比基本持平）（图24-4），各发生类型分别占发生总面积的20%、75%和5%（有害植物发生面积太小，占比忽略不计）。

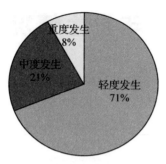

图 24-3　2022 年四川省主要林业有害生物发生程度百分比图

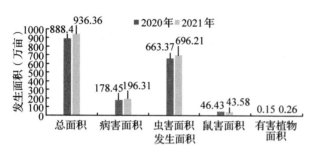

图 24-4　2022 年和 2021 年四川省主要林业有害生物发生面积分类型同比图

各地实施防治面积 691.02 万亩（防治作业面积 871.48 万亩次），其中人工物理防治 317.12 万亩，生物防治 15.43 万亩，化学防治 24.57 万亩，营林防治 161.06 万亩，生物化学防治 172.84 万亩。无公害防治 673.67 万亩，无公害防治率达 97.49%。

（一）全省主要林业有害生物发生特点分析

1. 松材线虫病防控"五年攻坚"行动成效初显，扩散蔓延势头得到极大遏制

一是多个疫区和疫点实现无疫情。秋季普查结果表明（截至 2022 年 11 月底），全省有松材线虫病疫区 43 个（其中有 3 个连续两年、6 个首年实现无疫情）、乡镇级疫点 306 个（其中有 18 个连续两年、46 个首年实现无疫情）、24293 个松林小班（其中 7098 个松林小班实现无疫情），无新增疫情发生区、疫点和松林小班，有效压缩了松材线虫病疫情发生范围。绵阳两个疫区连续两年实现无疫情，乐山、资阳、内江分别有一个疫区首年实现无疫情，凉山两个疫区首年实现无疫情，南充一个疫区连续两年实现无疫情，一个疫区首年实现无疫情。巴中首次和连续两年实现无疫情疫点的乡镇分别为 10 个、2 个；二是危害程度明显减轻。秋季普查结果表明，全省现有松材线虫病疫情发生 74.55 万亩（同比减少 21.22 万亩），病死松树数量 25.28 万株（同比减少 7.68 万株），均呈大幅下降态势（图 24-5）。巴中、宜宾、自贡发生面积同比分别下降 22.59%、21%、7.3%。广安病死松树数量同比下降 11%。但也存在少数地方疫木除治质量不高、监管不到位等情况，导致病死松树数量同比增加，如平昌县病死松树数量同比增加 2.77%；三是"内防扩散、外防输入"的防控任务仍然艰巨。虽然全省松材线虫病疫情发生范围有所压缩，危害程度有所减轻，但发生的存量仍然很大，加之其彻底根除困难，易传播扩散蔓延的特点，特别是一些发生面积大的老疫区，病死松树数量仍居高不下，呈连片扩散蔓延趋势，要完成五年攻坚任务，还需要进一步攻坚克难。同时，四川省还有 90% 多的松林面积未发生松材线虫病，预防其潜在入侵任务也十分繁重。此外，2022 年因夏季极端高温干旱天气导致松材线虫病疫情发生区大量松树枯死，除治任务十分艰巨。

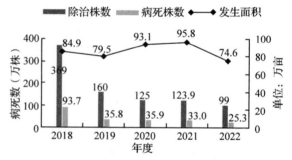

图 24-5　2018—2022 年四川省松材线虫病疫情发生面积和病死松树数量图

2. 森林病害（不含松材线虫病）发生面积稳中有升，局部危害偏重

主要种类有松树病害（不含松材线虫病，下同）、云杉病害（云杉落针病、云杉锈病等）等，发生 103.9 万亩，同比上升 3.36 万亩，以轻度、中度发生为主，但在部分地方危害仍然偏重。松树病害发生 20.92 万亩，同比增加 1.13 万亩；在甘孜发生面积增加较多。华山松疱锈病发生 3.24 万亩，同比减少 0.81 万亩，但在巴中同比上升 11.9%。云杉病害发生 45.93 万亩（云杉落针病占 98.7%），同比减少 5.2 万亩，在阿坝、雅安部分人工更新的云杉幼林中发生偏重成灾，成灾面积 200 亩。

3. 常发食叶性害虫发生面积大幅减少，部分次要食叶性害虫在局地突发大面积危害

常发食叶性害虫主要种类有蜀柏毒蛾、松毛虫、叶蜂等，多数地方发生面积呈下降趋势，总体以轻度、中度危害为主，在少数多年未开展防治或者漏防区域有危害偏重成灾现象。蜀柏毒蛾是四川省发生面积最大的有害生物，发生334.80万亩，同比减少49.33万亩。除利州、苍溪、旺苍等少数县(市、区)发生面积有所增加外，其余地方同比呈下降趋势。在剑阁、旺苍、苍溪、射洪、船山、大英、巴州、雁江、南部等地部分区域存在有虫株率和虫口密度偏高、危害偏重成灾情况，成灾面积192亩。松毛虫发生45.35万亩，同比减少6.12万亩；其中，云南松毛虫发生23.35万亩，同比减少7.27万亩，但在巴中发生面积同比上升25.26%；在昭化、旺苍局地偏重发生。马尾松毛虫发生18.51万亩，同比基本持平；但在宜宾、自贡发生面积同比分别增加18.7%、13.3%。松叶蜂发生3.96万亩，同比减少1万亩；其中，落叶松叶蜂在旺苍发生面积增加较多，在朝天、旺苍等局地危害偏重。鞭角华扁叶蜂发生5.53万亩，同比减少1.56万亩。部分次要食叶性害虫在局地大面积发生，黄脊竹蝗在纳溪、合江等地，竹节虫在万源，云南油杉尺蠖和云南松针蚧在仁和，德昌松毛虫在西昌突发大面积偏重危害。

4. 多数常发钻蛀性害虫发生面积大幅下降，部分虫种发生面积呈上升趋势

主要发生种类有松墨天牛、松切梢小蠹、华山松大小蠹等，经过防控，多数种类发生面积大幅下降，松墨天牛、华山松大小蠹等少数种类呈上升趋势。松墨天牛发生116.41万亩，同比增加24.68万亩；在凉山、广元、巴中等地增加明显，在朝天、青川等地偏重发生。松切梢小蠹发生44.05万亩，同比减少5.23万亩；在汉源等局地危害云南松成灾，成灾面积0.12万亩。华山松大小蠹发生7.39万亩，同比增加1.82万亩，呈逐年大幅上升趋势，在朝天、南江同比增加较多；在朝天、旺苍、青川等地偏重危害。

5. 红火蚁多地多点发生，但危害程度有所减轻

红火蚁发生4.70万亩，同比减少1.75万亩，但发生点位有增加趋势。经过大力开展防治，多数地方危害程度有所减轻。但因其根除难度大，在攀枝花、凉山、巴中等地仍有扩散蔓延趋势，部分地方发生面积有所增加。

6. 经济林有害生物发生面积呈增加趋势，部分种类危害偏重

主要发生种类有核桃黑斑病、核桃炭疽病、油橄榄孔雀斑病、花椒锈病、核桃长足象、油茶果象等，在巴中、内江、自贡发生面积同比均有所增加。其中，核桃病害、花椒病害在巴中发生面积同比分别上升11.54%、29.06%。核桃长足象在成都、资阳等地发生面积增加，并在局部偏重发生。核桃黑斑病同比增幅较大，在巴中局地偏重发生。核桃炭疽病同比有所减少，但在广元局地偏重发生。油茶果象在自贡发生面积增加明显。竹煤污病同比有所增加，在成都局地偏重发生。云斑白条天牛同比有所减少，在成都等地局部偏重发生。

7. 森林鼠害发生面积呈稳中有升态势，在部分林区危害仍然偏重

森林鼠害发生46.43万亩，同比增加2.85万亩；其中，成都增加2.4万亩。主要发生种类有赤腹松鼠和黑腹绒鼠，分别发生37.34万亩和5.67万亩，同比均有所增加。赤腹松鼠在成都、雅安等地局部偏重发生。黑腹绒鼠在巴中发生面积同比上升25.45%，在巴中、成都等局地危害偏重。

(二) 成因分析

1. 主要林业有害生物防控成效明显原因分析

一是各地将林业有害生物防控纳入各级林长制考核内容，得到了各地领导的高度重视，建立健全防控机制，防控力度不断加大；二是实施松材线虫病五年攻坚行动，集中各方面资源开展防控，力度前所未有，从而取得明显防控成效；三是本土主要有害生物的生物学特性经过多年研究较为清楚，可以开展有针对性地防控。加之林间生长着的一些可抑制有害生物过度繁殖的天敌也起到了一定程度的作用。

2. 次要林业有害生物突发大面积危害原因分析

一是这些次要林业有害生物长期以来发生面积不大，危害较轻，未引起当地足够的重视而加以监测防治，随着时间的推移，这些有害生物的种群密度经过多年的不断生长繁殖积累到一定程度后，就可能在局部区域发生大面积危害；二是今年我省发生了少见的极端高温干旱天气，造成树势衰弱，在一定程度上也加重了林业有害生物的危害状况。

二、2023年全省主要林业有害生物发生趋势预测

根据全省林业有害生物越冬代虫情调查及78个国家级、省级中心测报点的系统观察，结合全省主要林业有害生物发生流行规律和2022年度防控工作情况，以及四川省气象部门对全省2022年冬季及2023年的气候预测资料，对2023年全省主要林业有害生物发生趋势预测如下：

（一）预测依据

1. 各地虫情调查数据汇总统计分析情况

根据各地2022年秋冬季开展的林业有害生物越冬代虫情调查及40个国家级和38个省级中心测报点系统观察数据汇总统计分析结果。

2. 有害生物发生规律及防治情况

根据不同有害生物的生物学特性及其发生规律，结合2022年全省各地对主要林业有害生物的防治情况等因素综合分析结果。

3. 森林树种组成及林木健康状况

根据不同的森林树种构成、立地条件、林木健康状况等因素综合分析结果。

4. 气候预测发生情况

预计2022—2023年冬季平均气温川西高原北部、盆地西部、盆地南部较常年同期偏低，省内其余地区较常年同期偏高；平均降水量在盆地西部、盆地南部较常年同期偏多，省内其余地区较常年同期异常偏少。2023年春季全省平均气温较常年同期偏高，平均降水量较常年同期偏少。

（二）2023年主要林业有害生物发生总体趋势预测

预计2023年全省主要林业有害生物发生面积867.30万亩，同比减少21.10万亩。

1. 按有害生物发生类型趋势预测

森林病害发生的种类　松材线虫病、松树病害、云杉病害、核桃病害等，预计发生170万亩，同比减少8.5万亩。其中，预计松材线虫病发生70万亩，同比减少4.5万亩；除松材线虫病外的森林病害预计发生100万亩，同比减少4万亩（图24-6）。

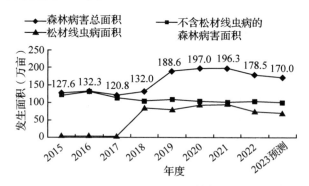

图24-6　2015—2023年四川省森林病害发生面积趋势图

森林虫害发生的主要种类　蜀柏毒蛾、松毛虫、鞭角华扁叶蜂、松叶蜂、松墨天牛、松切梢小蠹、云斑白条天牛、长足大竹象、核桃长足象等。自2013年以来，虫害发生面积呈大幅下降趋势，预计2023年发生650万亩，同比减少13万亩，较常年均值偏低163.6万亩（图24-7）。预计蜀柏毒蛾等食叶性害虫总体仍然是以轻度、中度危害为主，但不排除在局部地区危害偏重成灾的可能。松切梢小蠹等钻蛀性害虫在局部地方危害仍然严重并可能成灾。

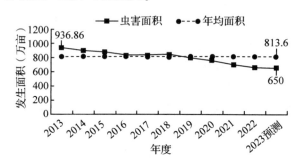

图24-7　2013—2023年四川省森林虫害发生面积趋势图

森林鼠害发生的主要种类　赤腹松鼠、黑腹绒鼠等，主要危害人工营造的中幼林。近年来随着人工新造林面积减少，幼林所占份额逐年下降，加之开展持续防控等，鼠害发生面积自2016年以来呈下降趋势，预计2023年发生47万亩，同比基本持平，较常年均值偏低12.91万亩（图24-8）。

有害植物发生的主要种类　加拿大一枝黄花、菟丝子等，预计发生0.3万亩，同比略有增加。

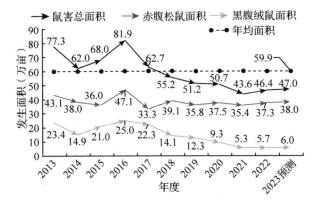

图 24-8　2013—2023 年四川省森林鼠害发生面积趋势图

2. 按市（州）有害生物发生面积趋势预测

预计在攀枝花、宜宾、巴中、雅安、凉山等地发生面积上升，在宜宾上升幅度可能较大；在绵阳、广元、遂宁、达州、广安、眉山、阿坝、甘孜等地发生面积下降，其余市（州）发生面积基本持平。

病害　预计在巴中、雅安、眉山等地发生面积上升，广元、阿坝、甘孜等地发生面积下降，其余市（州）发生面积基本持平。

虫害　预计在攀枝花、巴中、雅安、阿坝等地发生面积上升，达州、广元、遂宁、眉山、甘孜等地发生面积下降，其余市（州）发生面积基本持平。

鼠害　预计在宜宾等地发生面积上升，在巴中、眉山、雅安、阿坝等地发生面积下降，其余市（州）发生面积基本持平。

有害植物　预计在成都等地发生面积有所上升。

（三）主要林业有害生物分种类发生趋势预测

1. 病害

松材线虫病　目前全省有 34 个县级松材线虫病疫情发生区、242 个乡镇级疫情发生点。在全省大力实施松材线虫病防控"五年攻坚"行动，防控力度不断加大，不断巩固现有防控成果，并能够继续实现无疫情发生点或发生区的情况下，预计全省疫区、疫点、病死松树数量和疫情发生面积同比均可能进一步下降，发生面积 70 万亩，病死松树 23 万株。但鉴于松材线虫病在四川省发生的存量仍然较大、分布点多面广、防控难度大等情况，预计 2023 年在川南、川北、攀西等局地新发疫点和县级疫情的可能性仍然较高。

松疱锈病等松树病害　发生在阿坝、巴中、广元、雅安、甘孜、内江、泸州、攀枝花、成都、达州、宜宾、凉山、绵阳等地。近年来发生面积稳中有升，预计发生 21 万亩，同比基本持平（图 24-9）；在巴中、阿坝发生面积可能上升。其中，检疫性有害生物松疱锈病菌预计发生面积 3 万亩，同比基本持平；在巴中、广元发生面积可能上升。

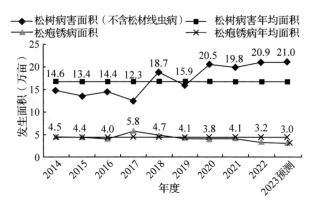

图 24-9　2014—2023 年四川省松树病害及松疱锈病发生面积趋势图

云杉落针病等云杉病害　发生在阿坝、甘孜、雅安、凉山等地的云杉纯林中，近年来发生面积总体呈震荡下降趋势，预计发生 44 万亩，同比减少 2 万亩（图 24-10）。其中，在云杉病害发生面积中占比大的云杉落针病，预计发生面积 43 万亩，同比减少 2.3 万亩，但在雅安发生面积同比可能上升。

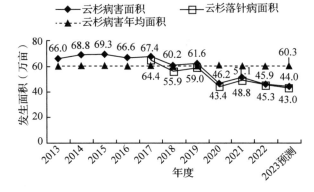

图 24-10　2013—2023 年四川省云杉病害及云杉落针病发生面积趋势图

核桃黑斑病等核桃病害　发生在成都、广元、巴中、凉山等地，近年来随着各地大力发展核桃产业，种植面积不断增加，核桃病害发生面积也随之增加，预计发生 15 万亩，同比略有增加（图24-11）。

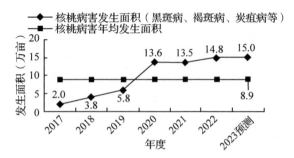

图24-11　2017—2023年四川省核桃病害发生面积趋势图

2. 虫害

蜀柏毒蛾　主要发生在四川盆地周围及川北地区16个市70余个县（市、区），危害柏木林，近年来各地通过加强林分经营管理，提高林分质量，强化有害生物防控等综合措施，发生面积呈震荡下降趋势，危害程度明显减轻，预计全省发生335万亩，同比基本持平，较常年均值少65.4万亩（图24-12）；在遂宁等地发生面积可能下降幅度较大，但在达州等地发生面积可能增加。危害程度总体以轻度、中度为主，但在利州、剑阁、苍溪、旺苍、射洪等局部地方可能偏重发生。

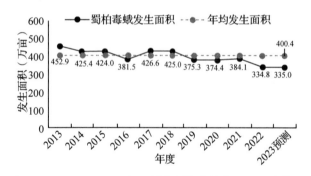

图24-12　2013—2023年四川省蜀柏毒蛾发生面积趋势图

松毛虫（马尾松毛虫、云南松毛虫等）　近年来发生面积呈逐年下降趋势，预计发生42万亩，同比减少3.4万亩，较常年均值偏少26.5万亩（图24-13），总体以轻度、中度危害为主，但在虫口密度较高的局部区域仍有严重危害的风险。

马尾松毛虫：发生在自贡、泸州、广元、乐山、宜宾、广安、达州、巴中等地，危害马尾松，预计发生19万亩，同比略有增加，总体以轻度危害为主。在宜宾、自贡发生面积同比可能大幅增加。

云南松毛虫：发生在成都、泸州、绵阳、广元、巴中等地危害柏树，近年来呈震荡下降趋势，预计发生20万亩，同比减少3万亩。在昭化区、剑阁县等地可能偏重发生。

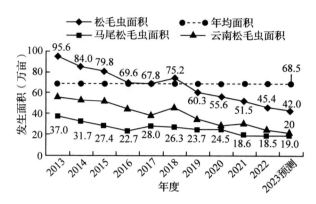

图24-13　2013—2023年四川省松毛虫发生面积趋势图

红火蚁　发生在凉山、攀枝花、广元、遂宁、绵阳、巴中等地的局部林地，因其繁殖扩散能力强，传播途径广，彻底根除难度大，在全省发生点位呈扩散蔓延趋势，预计发生面积5万亩，同比略有增加；在巴中可能上升幅度较大。

松叶蜂（落叶松叶蜂、扁叶蜂等）　分布在巴中、广元、凉山等地，主要危害落叶松、马尾松、云南松等，总体以轻度、中度发生为主。近年来发生面积呈逐年下降趋势，预计发生3.5万亩，同比下降0.50万亩。其中，落叶松叶蜂在广元发生面积同比可能有所增加，在朝天区、旺苍县局部地方可能偏重发生。

鞭角华扁叶蜂　分布在遂宁、绵阳、广安等地，主要危害柏树，预计发生6万亩，同比略有增加。在蓬溪县、船山区等局部区域可能偏重发生。

松墨天牛　松材线虫病的传播媒介昆虫，在我省松林区分布普遍，在部分林区虫口密度较大，预计发生116万亩，同比基本持平。在宜宾等地发生面积可能增加。

松切梢小蠹（纵坑、横坑切梢小蠹）　分布在攀枝花、凉山、雅安、甘孜、阿坝等地的云南松、油松林区，近年来发生面积呈逐年下降趋势，预计发生43万亩，同比下降1万亩。在雅安、凉山同比可能上升；在汉源等局部地方可能偏重危害。

华山松大小蠹　分布在巴中、广元等地，是危害华山松的先锋害虫，近年来发生面积呈上升趋势，预计发生8万亩，同比略有增加。在巴中发生面积可能有较大幅度增加，在旺苍、南江县可能偏重发生。

云斑白条天牛　分布在成都、攀枝花、德阳、遂宁、眉山、广安、资阳、凉山等地，主要危害核桃、杨树、柳树、桉树等，形成许多虫孔，影响林木生长，被害植株易风折，降低木材材质，对成片栽植的退耕还林、工业原料林威胁较大。近年来发生面积趋于稳定，预计发生7万亩，同比基本持平。

核桃长足象　分布在成都、广元、巴中、资阳等核桃产区，预计发生15万亩，同比略有增加。在广元发生面积可能增加较多。

长足大竹象　主要危害竹笋及嫩竹，分布在乐山、眉山、雅安、自贡、成都、宜宾和广安等地，近年来发生面积总体趋于稳定，预计发生16万亩，同比基本持平。在自贡、雅安发生面积可能增加。

3. 鼠害

赤腹松鼠　主要发生在成都、眉山、乐山、雅安等地，啃食危害人工柳杉、水杉、银杏等树皮，造成林木生长缓慢、停滞，甚至死亡，部分区域危害严重。近年来发生面积呈稳中有升趋势，预计发生38万亩，同比略有增加；在雨城、宝兴、荥经、邛崃、大邑等局部地方可能偏重危害。

黑腹绒鼠　发生在成都、绵阳、德阳、阿坝、巴中等地，危害杉木、松树、柳杉、银杏、厚朴、香樟等新造林及幼林等，啃食树干基部树皮，环剥一周导致植株死亡，危害较为严重。近年来发生面积呈上升趋势，预计发生6万亩，同比略有增加。

4. 其他病虫害

主要是危害四川省林业产业林的有害生物，主要种类包括危害桉树的油桐尺蠖、褐斑病、焦枯病等，危害杨树的杨扇舟蛾、锈病、溃疡病、烂皮病等，危害花椒的虎天牛、根腐病、锈病、膏药病等，危害油橄榄的大粒横沟象、炭疽病等；以及危害城区绿化树、四旁树等的菟丝子、无根藤、蚜虫等，预计发生76.80万亩。

三、对策建议

一是继续加大防控工作力度。各地继续坚持现有好的经验和做法，巩固防控成果；并持续加大防控工作力度，压紧压实各级防控责任，确保防控不断取得新成效。

二是持续提升监测防控能力。进一步完善以护林员为基础的县、乡、村林业有害生物地面监测预警网格化管理体系，确保灾情疫情早发现、早报告、早处置。各国家级、省级中心测报点适时发布主测对象等重大有害生物监测预警信息，为精准防控提供科学依据。加强人员队伍建设，加大基层人员培训力度，提高从业人员防控水平。同时，争取各级政府不断加大防控投入，保障各项工作正常开展。

三是突出抓好重大林业有害生物防控。各地要根据辖区林业有害生物发生实际情况，抓住防控重点，明确目标任务，规范开展防控工作，确保不发生大的灾害。特别是要抓好松材线虫病防控工作，按照制定的《五年攻坚行动方案》及年度实施方案，集中力量实施攻坚行动，强化疫木除治质量全过程监管，大幅减少病死松树数量，不断压缩松材线虫病发生面积，力争早日拔除一批疫点及疫区，确保森林生态安全。

四是持续大力开展社会面宣传。采取多种宣传形式，特别是利用好新传播媒体，不断加大宣传力度，充分发动广大人民群众参与到有害生物防控中来，提高全民对林业有害生物防控认识，营造群防群控的良好氛围。

（主要起草人：刘子雄　陈绍清　姜波；主审：徐震霆）

25 贵州省林业有害生物 2022 年发生情况和 2023 年趋势预测

贵州省森林病虫防治检疫站

【摘要】 截至 2022 年 11 月 29 日，贵州省林业有害生物发生面积为 268.9014 万亩，与 2021 年的 270.1214 万亩相比有所增加。2021 年预测 2022 年发生 273 万亩，测报准确率为 98.13%，达到了国家林业和草原局下达的年度管理指标。根据贵州省当前森林资源状况、林业有害生物发生防治情况，预测 2023 年全省林业有害生物发生面积在 285 万亩左右，较 2022 年发生面积相比大幅上升。

一、2022 年林业有害生物发生情况

截至 2022 年 11 月 29 日统计，全省林业有害生物发生 268.9014 万亩，其中，轻度发生 252.4397 万亩，中度发生 14.0969 万亩，重度发生 2.3646 万亩。在总发生面积中，虫害 225.0989 万亩，病害 36.6141 万亩，鼠（兔）害 3.6295 万亩，有害植物 3.5587 万亩。据统计，全省全年累计防治 242.4725 万亩，防治率 90.17%，其中无公害防治 237.5343 万亩，无公害防治率为 98.38%。

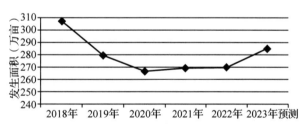

图 25-1　贵州省近 5 年林业有害生物发生面积及 2023 年趋势预测

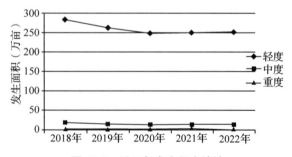

图 25-2　近 5 年发生程度统计

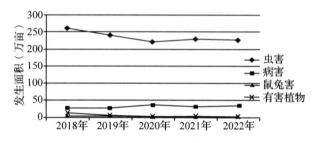

图 25-3　近 5 年发生类别统计

（一）发生特点

2022 年贵州省林业有害生物发生的基本特点：

1. 松材线虫病新增疫情小班多，扩散蔓延态势严峻

根据全省秋普结果汇总显示，今年多地持续干旱，发现枯死松树 559991 株，分布于全省 87 个县（市、区）和 3 个省属林场，对不明原因死亡的取样镜检 65643 株，检出松材线虫病的 369 株，其余枯死松树未检出有松材线虫，全省松材线虫病发生总面积达 1.3375 万亩，新增了黔南布依族苗族自治州（以下简称黔南州）三都县 1 个松材线虫病县级疫区，贵阳市乌当区、黔东南苗族侗族自治州（以下简称黔东南州）剑河县、黔南州福泉市等 3 个县级疫区暂未发现疫情。但毕节市金沙县、黔东南州从江县和榕江县新增 25 个疫情小班，呈扩散蔓延态势，对全省松林资源构成极大威胁。

2. 外来林业有害生物灾害时有发生

2022 年全省林业有害生物发生面积较去年同期有所下降，发生多以轻度为主，危害程度偏

轻，但是局部地区受害严重，如遵义市汇川区、新蒲新区和绥阳县交界处松林发生的日本松干蚧，近年来虽一直在采取防治措施，但是防治成效有限。2022年以来遵义市对日本松干蚧开展人工地面防治和飞机防治，截至目前，当地发生日本松干蚧达2.5044万亩，且危害程度多为中度以上，枯死松树数量进一步增大，给当地经济社会发展和生态景观造成极大损失。此外，紫茎泽兰、加拿大一枝黄花在黔南州、黔西南布依族苗族自治州（以下简称黔西南州）、毕节市、遵义市部分区县发生，也给当地防控工作带来较大压力。

3. 常发性林业有害生物发生面积占比大

受森林资源结构及分布特点的影响，一些常发性林业有害生物如天牛类、象鼻虫类、松毛虫类、毒蛾类、叶甲类、介壳虫类等害虫发生面积较大，但通过采取一定防治措施，危害程度总体偏轻，但局地森林资源受害严重。如日本松干蚧、黄脊竹蝗在遵义市局地造成严重危害；天牛类，尤其是松墨天牛、云斑天牛、光肩星天牛、蓝墨天牛等种类在黔东南州、铜仁市、毕节市发生达73万亩；萧氏松茎象在铜仁市思南县、碧江区，黔东南州黎平县等地造成一定危害；核桃扁叶甲、核桃长足象和云南木蠹象在毕节市威宁彝族回族苗族自治县（以下简称威宁县）发生危害仍较严重，给当地森林资源和林业产业构成极大威胁。

4. 经济林和林业产业病虫害危害加重

近年来由于全省经济林产业的进一步发展，全省广泛种植油茶、竹子、花椒、皂角、核桃、刺梨、板栗、苹果、梨等经济树种，但对病虫害采取的防控措施通常有所缺失，加之经营管理手段较为单一，导致全省经济林树种的病虫害危害程度也有所加重。据统计，全省经济林病虫害发生面积近50万亩，其中造成中度以上危害程度的发生面积达5万余亩。总体来说，经济林和林业产业有害生物发生面积进一步加大，危害程度进一步加剧，一定程度上制约了全省经济林和林业特色产业的发展。

（二）主要林业有害生物发生情况分述

截至2022年11月29日统计，全省已发生的林业有害生物种类较多，一些种（类）发生面积达万亩以上。总体来说，发生面积大、分布范围广、危害严重的林业有害生物种类有松材线虫病、天牛类、经济林病虫害、象鼻虫类、松毛虫类、叶甲类、小蠹虫类、毒蛾类、介壳虫类、松树病害、叶蜂类、鼠兔害、有害植物等。

松材线虫病 发生面积较去年同期有所降低，发生面积达13375亩。其中：黔南州三都县为新发疫区，发生277.45亩；遵义市播州区发生199亩，凤冈县发生754.25亩，习水县发生199亩，仁怀市发生395.55亩；毕节市金沙县发生2271.86亩；铜仁市碧江区发生3875.25亩，万山区发生655.5亩，松桃县发生1381.79亩；黔东南州榕江县发生975.89亩，从江县发生1852亩；贵阳市乌当区、黔南州福泉市、黔东南州剑河县无疫情。但黔东南州榕江县、从江县，毕节市金沙县等地新增疫点乡镇及面积较大，且铜仁市各疫区的疫情有往梵净山世界自然遗产地扩散蔓延的趋势，严重影响。近两年来，贵州省松材线虫病疫区数量、发生面积和枯死松树呈大幅增长趋势，尤其今年秋普以来，全省多地持续干旱，枯死松树达55万余株，其中疫区枯死松树达37万余株，给全省松材线虫病疫情防控带来巨大挑战，也给全省松林资源带来较大威胁。

表25-1 近年来贵州省松材线虫病发生、枯死松树及县级疫区数量统计表

年份	发生面积（亩）	枯死树数量（株）	县级疫区数量（个）
2014年	5873.4	13892	5
2015年	4877.8	14888	5
2016年	4364.5	12486	5
2017年	4048.9	19704	6
2018年	4598.3	12506	10
2019年	5019.82	21525	13
2020年	15568	20940	14
2021年	28651	42094	15
2022年	13375	559991	14

天牛类 发生面积与去年同期有所降低，危害程度所有增加。截至目前，全省天牛类发生119.1506万亩，其中轻度发生115.3449万亩，中度发生3.4945万亩，重度发生0.3110万亩。在天牛类发生种类中，松褐天牛发生面积占比最大，全省累计发生116.1060万亩，其中轻度发生112.4846万亩，中度发生3.0370万亩，重度发生0.2843万亩，在全省各地广泛发生。其次是多斑白条天牛和云斑白条天牛，发生面积分别

为 1.1310 万亩和 1.1211 万亩，主要在毕节市、铜仁市、黔南州的部分区县发生，其余地区零星发生。

经济林病虫害 主要包括竹、核桃、桃、李、樱桃、梨、苹果、刺梨、板栗、油茶、花椒等经济树种的病害。全省各地经济树种均有所发生，发生面积达 49.8895 万亩，其中轻度发生 44.7359 万亩，中度发生 4.8826 万亩，重度发生 0.2710 万亩。在经济病害中，竹类、板栗、核桃、油茶、花椒、水果等病虫害发生面积均超过万亩。

象鼻虫类 发生面积与去年同期相比发生面积稍有下降，主要发生种类为萧氏松茎象、云南木蠹象、核桃长足象和剪枝栎实象等种类。象鼻虫类总发生 35.8931 万亩，其中轻度发生 34.4543 万亩，中度发生 1.3198 万亩，重度发生面积 0.1190 万亩。在全省发生的象鼻虫类虫害中，萧氏松茎象发生面积最大，为 16.6382 万亩，与去年同期相当，其中轻度发生 16.4904 万亩，中度发生 0.1378 万亩，重度发生 0.01 万亩，主要发生在铜仁市和黔东南州各区县，贵阳市、黔南州部分区县有少量发生；云南木蠹象发生面积次之，为 12.9400 万亩，与去年同期基本持平，其中轻度发生面积 12.91 万亩，中度发生 1.3100 万亩，重度发生 0.03 万亩，主要发生在毕节市威宁县和六盘水盘州市；核桃长足象发生面积第三，为 5.6255 万亩，比去年同期有所下降，其中轻度发生 4.3895 万亩，中度发生 1.127 万亩，重度发生 0.109 万亩，主要发生在毕节市、铜仁市和六盘水市的部分区县，遵义市、黔西南州的个别区县有零星发生；剪枝栎实象发生面积第四，为 0.4034 万亩，与去年同期稍有下降，均为轻度发生，主要发生在黔西南州兴义市，黔南州罗甸县有小面积发生。

松毛虫类（云南松毛虫、思茅松毛虫、马尾松毛虫和文山松毛虫） 发生面积较去年同期有小幅下降，发生 13.9016 万亩，其中轻度发生 13.1689 万亩，中度发生 0.6334 万亩，重度发生 0.0993 万亩。全省各市州均有不同程度分发生，但主要发生在黔东南州、铜仁市、毕节市各区县。

叶甲类 发生面积较去年同期稍有下降，主要发生种类为核桃扁叶甲，主要发生在毕节市威宁县、赫章县、纳雍县、大方县、织金县，六盘水市六枝特区等地。发生 8.247 万亩，其中轻度发生 7.669 万亩，中度发生 0.426 万亩，重度发生 0.152 万亩。

小蠹虫 发生面积较去年同期有所增加。总发生面积为 8.9002 万亩，其中轻度发生 8.2402 万亩，中度发生 0.66 万亩。在全省发生的小蠹虫中，松纵坑切梢小蠹发生面积占比最大，达 8.5767 万亩，其中轻度发生 7.9167 万亩，中度发生 0.66 万亩。主要发生在毕节市威宁县、六盘水市和毕节市。

毒蛾类 主要发生种类有松茸毒蛾、侧柏毒蛾、茶黄毒蛾等，发生面积较去年同期大幅增加。发生总面积 8.1123 万亩，其中轻度发生 7.3214 万亩，中度发生 0.7409 万亩，重度发生 0.05 万亩。在全省毒蛾类虫害发生面积中，松茸毒蛾发生面积最大，为 5.3451 万亩，其中轻度发生 4.5742 万亩，中度发生 0.7209 万亩，重度发生 0.05 万亩，主要发生在黔东南州、黔南州和铜仁市的部分地区；侧柏毒蛾发生面积次之，为 1.5754 万亩，其中轻度发生 1.5554 万亩，中度发生 0.02 万亩，主要发生在遵义市、铜仁市、黔东南州部分区县。

介壳虫类 发生面积与去年同期相比大幅下降，危害程度也有所减轻，尤其是日本松干蚧对松林的危害程度较重。介壳虫类主要发生在贵阳市乌当区，遵义市绥阳县、新蒲新区、汇川区，黔南州惠水县等地。截至目前，全省介壳虫类发生面积 2.6604 万亩，其中轻度发生 1.3286 万亩，中度发生 1.0158 万亩，重度发生 0.3160 万亩。在全省发生的介壳虫种类中，日本松干蚧的发生面积达 2.5044 万亩，其中轻度发生 1.1826 万亩，中度发生 1.0058 万亩，重度发生 0.3160 万亩。

松树病害 发生面积与去年同期相比大幅下降，主要包括马尾松赤枯病、松树赤落叶病、松落针病、马尾松赤落叶病、华山松煤污病等种类。据统计，松树病害发生 5.3865 万亩，其中轻度发生 4.9561 万亩，中度发生 0.4264 万亩，重度发生 0.004 万亩。全省各地均有不同程度发生。在松树病害中，马尾松赤枯病发生面积最大，为 2.8331 万亩，其中轻度发生 2.6474 万亩，中度发生 0.1817 万亩，重度发生 0.004 万亩，主要发生在贵阳市、铜仁市、黔南州和黔东南州的部分区县。

叶蜂类 主要包括楚雄腮扁叶蜂、南华松叶蜂和会泽新松叶蜂等种类。总发生面积较去年有所增加，发生面积为1.8889万亩，其中轻度发生1.8859万亩，中度发生0.004万亩。在全省发生的松叶蜂种类中，南华松叶蜂发生面积最大，为1.7万亩，均为轻度发生，发生在毕节市赫章县。

鼠兔害 发生面积较去年同期稍有下降，危害程度有所减轻，发生3.6295万亩，其中轻度发生3.626万亩，中度发生0.0035万亩，主要在黔东南州、铜仁市和遵义市等地危害。在我省发生的鼠兔害种类中，赤腹松鼠发生面积占比最大，为3.292万亩，其中轻度发生3.2885万亩，中度发生0.0035万亩，在黔东南州台江县造成较大危害，黔东南州镇远县、黎平县、榕江县，遵义市正安县有零星发生。

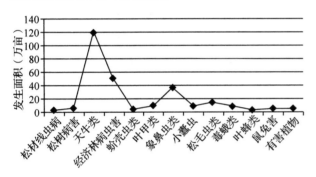

图25-4 全省主要林业有害生物种类发生面积图

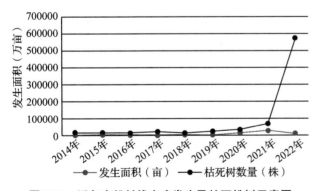

图25-5 近年来松材线虫病发生及枯死松树示意图

有害植物 根据林业有害生物防治信息管理系统数据统计，全省有害植物发生3.5587万亩，其中轻度发生3.2282万亩，中度发生0.2615万亩，重度发生0.069万亩，发生面积较去年同期相较有所下降。在全省林业有害植物发生的种类中，紫茎泽兰发生面积最大，达2.2115万亩，其中轻度发生1.9915万亩，中度发生0.163万亩，重度发生0.057万亩。主要发生在黔南州、黔西南州、毕节市部分区县。

(三) 成因分析

2022年度我省林业有害生物发生和危害的成因主要有以下几个方面：

1. 气候因素

2021/2022年冬季（2021年12月至2022年2月），全省平均气温正常略高，主要呈现出前期偏冷后期偏暖的阶段性变化；全省大部分地区为常冬年，西部边缘和局地为冷冬年，东部、北部局部为暖冬年。冬季降水量正常略多，日照时数正常略少。偏高的气温给全省林业有害生物提供了较好的越冬条件，导致2021年林业有害生物越冬虫口密度偏高。春季以来（3~5月），全省平均气温正常略高，主要呈现出前期偏高、中期偏低、后期偏高的波段性变化；降水量正常略多，呈现出前期偏少、中期正常、后期偏多，东多西少的时空变化分布；日照时数正常略少，呈现出前期略多、中期偏少、后期略少，西多东少的时空特征。夏季以来（2022年6~8月），全省平均气温偏高，降水量较少，日照时数较长。偏高的气温导致一些偶发性林业有害生物及一些食叶害虫发生面积增大，如黄脊竹蝗、日本松干蚧等。入秋以来，全省气温和日照时数由特高到偏低，由干旱到降水量较少，异常的气候导致一些林业有害生物种类发生严重，如松材线虫病、松毛虫等。

2. 松材线虫病疫情发生危害原因

从松材线虫病发生面积及扩散形势来看，全省松材线虫发生原因主要在于：一是铜仁市碧江区、万山区、松桃县，黔东南州从江县、榕江县，毕节市金沙县，黔南州三都县等地的监测和防控力度仍不足，存在疫情监测不到位、除治措施欠缺等问题，导致新增疫点乡镇及面积较大，给全省松林资源尤其是梵净山世界自然遗产地生态安全造成巨大威胁；二是贵阳市乌当区，黔东南州剑河县等县级疫区因措施有力、除治力度较大，实现了松材线虫病秋普无疫情，为疫区的拔除提供坚实基础；三是《贵州省林业有害生物防治条例》自2022年1月1日起实施，各地在开展工作时更为扎实，防控措施更有针对性，检疫执法更为有效，部分疫区县疫情得以控制，也使部分疫情进一步得以暴露。

3. 森林资源结构及防治技术原因

贵州省森林资源分布基本稳定，全省森林资源保有量大，而林分质量差，树种组成单一，森林结构简单，多为针叶树纯林，导致一些常发性林业有害生物发生面积常年维持在较高水平，如天牛类、松毛虫类、松叶蜂类、松树病虫害等；部分地区受森林资源、地理位置的影响，一些林业有害生物种类危害居高不下，如赤水市的黄脊竹蝗，汇川区、绥阳县交界的日本松干蚧等，发生面积和危害程度仍有加剧的趋势；随着地球空间信息科学和传感器技术的迅猛发展，宏观尺度下实时、动态的对地观测能力显著增强，利用卫星遥感、无人机遥感和地面巡查的"天空地"一体化监测更为便捷，松材线虫病监测更为有效，一些食叶害虫、鼠兔害、有害植物等部分林业有害生物的发生危害整体上得以控制，但一些蛀干类害虫如天牛类、小蠹虫类、象鼻虫类等病虫种的防治仍存在一定的技术难点和瓶颈，仍处于高发状态。

4. 经济林和林业产业有害生物防控存在薄弱环节

近几年来全省林业产业迅速发展，竹、油茶、花椒、皂角、核桃、板栗等经济树种种植面积大幅增加，而种植户、种植基地等一线人员对林业有害生物的防控措施有所欠缺，导致全省经济林和林业产业有害生物防控存在薄弱环节。2022 年 6 月，在册亨县和德江县举办了林业有害生物监测防治技术培训班，同步将林业产业有害生物监测防治技术纳入培训内容，培训对象扩展到基层护林员、种植户、合作社和种植基地等一线人员，逐步为全省林业产业有害生物防控提供技术保障。

二、2023 年林业有害生物发生趋势预测

（一）2023 年总体发生趋势预测

根据贵州省 10 年来发生面积情况，通过自回归方法：$X(N) = 0.6897 \times X(N-6) + 0.6161 \times X(N-2) - 0.2955 \times X(N-5)$，预测 2023 年总发生面积为 282 万亩。但综合考虑到 2022 年发生防控情况、各市州上报的趋势预测报告情况以及气候等因子（根据气象部门预测，2022 年冬季气温多地偏低，降水量较常年略少）来看，由于 2022 年冬季全省气温整体偏低，不利于林业有害生物越冬存活，因此全省林业有害生物越冬基数将进一步下降。但随着次年春季气候回暖，气温正常偏高，可能导致一些突发性的林业有害生物面积加大，预测 2023 年总发生面积在 285 万亩左右，较 2022 年大幅度增加，危害程度将有所加重。

（二）分种类发生趋势预测

根据 2022 年全省林业有害生物发生特点，预测 2023 年主要发生的林业有害生物种类是松材线虫病、天牛类、经济林病虫害、象鼻虫类、松毛虫类、叶甲类、小蠹虫类、毒蛾类、介壳虫类、松树病害、叶蜂类、鼠兔害、有害植物等。

2023 年主要病虫害发生面积和分布区域预测如下：

松材线虫病 预测发生 2 万亩左右，发生区域为铜仁市碧江区、万山区、松桃县，黔东南州从江县、榕江县，遵义市凤冈县、仁怀市、习水县、播州区，毕节市金沙县等地。2021 年秋普以来，全省松材线虫病疫区增加，部分县级疫区（如黔东南州从江县、榕江县，铜仁市碧江区、万山区、松桃县，遵义市播州区等地）疫情除治不力，导致疫情扩散，全省松材线虫病疫情防控压力日益加大。2023 年，贵州省将以国家林业和草原局松材线虫病 5 年防控攻坚行动和蹲点包片指导疫情防控为契机，加大检疫执法力度，切实做好松材线虫病防控工作，实现发生面积和枯死松树"双下降"的目标，为"十四五"防控工作打下坚实基础。

天牛类 预测发生面积与 2022 年基本持平，发生约 122 万亩，其中松褐天牛预测发生 118 万亩。全省各地均有发生和危害。

经济林病虫害 预测发生 52 万亩，发生面积和危害程度较 2022 年有所增加，主要危害竹、核桃、桃、李、樱桃、梨、苹果、刺梨、板栗、油茶、花椒等种类。预测全省各地均有发生，毕节市发生面积相对较大。

象鼻虫类 预测发生 37 万亩，主要种类有

萧氏松茎象、云南木蠹象、核桃长足象和剪枝栎实象等种类。预测萧氏松茎象发生18万亩，主要发生在铜仁市和黔东南州各区县；预测云南木蠹象发生13.5万亩，主要发生在毕节市威宁县和六盘水盘州市；预测核桃长足象发生6.5万亩，主要发生在毕节市、铜仁市和六盘水市的部分区县；预测剪枝栎实象发生1万亩，主要发生在黔西南州兴义市。

松毛虫 预测发生15万亩，处于周期性上升阶段。预测主要发生在黔东南州、铜仁市和遵义市等地。

叶甲类 预测发生9.5万亩，较2022年小幅降低，其中核桃扁叶甲预测发生8.5万亩。主要发生在毕节市威宁县、赫章县、纳雍县、大方县、织金县，六盘水市六枝特区等地。

小蠹虫类 预测发生9.2万亩，与2022年基本持平，其中松纵坑切梢小蠹预测发生8.7万亩。主要发生在毕节市威宁县和六盘水市水城县、盘州市等地。

毒蛾类 预测发生8.5万亩，较2022年有所增加，其中松茸毒蛾预测发生5.5万亩，侧柏毒蛾预测发生1.6万亩。主要发生在遵义市、铜仁市、黔东南州的部分县区。

介壳虫类 预测发生3万亩，较2022年稍有增加。主要发生在遵义市绥阳县、汇川区，黔南州惠水县，黔东南州黎平县，毕节市威宁县等地。

松树病害 预测发生5.5万亩，较2022年稍有上升，其中马尾松赤枯病预测发生3万亩。全省各地均有发生，主要危害贵阳市，遵义市，铜仁市，黔南州部分县区。

叶蜂类 预测发生2万亩左右，比2022年发生面积及危害程度稍有增加。其中南华松叶蜂预测发生1.2万亩左右，主要在毕节市局地造成危害。

鼠兔害 预测发生4万亩，发生面积及危害程度与2022年同期相比小幅降低，其中赤腹松鼠预测发生3.5万亩。主要发生在黔东南州、铜仁市和遵义市等地。

有害植物 预测发生5万亩左右，在2022年同期基础上小幅增加。其中，紫茎泽兰预测发生2.5万亩左右，主要发生地为黔南州、黔西南州、毕节市、安顺市等地。

三、对策建议

（一）切实抓好五年攻坚行动

根据省人民政府同意的松材线虫病疫情防控五年攻坚行动方案，督促各市（州）抓紧上报五年攻坚行动方案，按照分市（州）目标，根据分区施策原则，落实各区域监测、除治、预防具体措施，狠抓措施落实，压实防控责任，着力开展疫情除治，按期拔除疫区。确保完成"十四五"目标任务。

（二）进一步完善监测网络

实施天空地网络监测，充分发挥护林员的作用，抓好秋季普查和日常监测，切实落实网络化监测，落实乡镇护林员每月一次巡查制度，督促做好巡山记录和枯死树报告记录。各县配备无人机，部分地实施无人机监测，克服人工盲区，重大生态区域利用卫片对枯死松树开展排查定位，完善天空地网络，提高全省预防监测预警水平，切实做到早发现疫情。同时，扎实开展林业植物及其产品检疫执法行动，督促各县每月开展一次检疫执法，形成检疫执法常态化，重点做好对电力、铁塔、寄递、通信等重点部门的松木质包装材料检疫监管，加大复检力度，有效实施"外防输入"，阻截人为传播疫情。

（三）抓好今疫情除治和防控巩固工作

强化以疫木除治为核心，疫木源头管理为根本的防治思路，根据今年秋季普查结果，抓好13375亩疫木除治工作，督导各地制定防治方案，在除治期间，到各疫区县指导疫木除治，调度疫木除治进度，确保媒介昆虫羽化前保质保量完成除治任务。巩固黔南州荔波县，黔东南州雷山县疫区拔除成果，切实加大疫情防控成果巩固，加强疫情监测和除治力度，力争今年拔除剑河县、乌当区疫区，明年拔除福泉市疫区。

（四）做好梵净山等重点区域疫情防控

着力做好梵净山世界自然地等重点区域疫情防控工作，督促铜仁市碧江区、万山区、松桃县疫木除治，疫木监管，大幅降低疫情发生面积，推进编制《梵净山自然遗产地松材线虫病疫情阻截防控示范区建设方案》，确保疫情不进入梵净山等重点区域。推进重大生态区域、省级林长责任区域编制松材线虫病疫情防控方案并实施，有力防止疫情入侵重要生态区域。

(五) 加强林业有害生物宣传培训力度

进一步加大《森林法》《贵州省林业有害生物防治条例》等法律法规和松材线虫病等重大林业有害生物的宣传力度，形成群防群治氛围，并从监测、检疫、防治等方面加强业务工作的培训，举办植物检疫员培训班和林业有害生物防控技术培训，提高检疫人员，特别是基层从业人员、护林员的业务技能，提升基层防控能力，切实做到早发现，早除治，有效防控疫情。

（主要起草人：丁治国　杨柳；主审：徐震霆）

26 云南省林业有害生物2022年发生情况和2023年趋势预测

云南省林业和草原有害生物防治检疫局

【摘要】 2022年云南省主要林业有害生物总体呈高发态势，发生面积略有减少，发生总面积547.56万亩，较2021年下降1.99%。2022年全省防治总面积为543.80万亩，防治率99.31%，无公害防治面积537.67万亩，无公害防治率98.87%，成灾面积6.87万亩，成灾率0.20‰，测报准确率97.73%。预测2023年云南省林业有害生物发生面积较2022年略有增加，预测总发生面积580万亩。

一、2022年主要林业有害生物发生情况

2022年，云南省林业有害生物发生547.56万亩，其中：病害89.24万亩，虫害413.40万亩，鼠害20.47万亩，有害植物24.45万亩。防治面积为543.80万亩，防治率99.31%（图26-1）。

与2021年相比，虫害基本持平，病害下降11.14%，有害植物下降10.80%，鼠害增加21.77%，林业有害生物发生总面积减少1.99%（图26-2）。

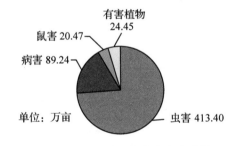

图26-1 2022年林业有害生物发生情况

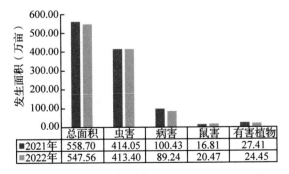

图26-2 2021年、2022年林业有害生物发生情况

（一）发生特点

总体来说，2022年林业有害生物发生面积稳中有降，鼠害较2021年略有增加，虫害基本持平，病害、有害植物较去年有所下降，但发生种类多，范围广。食叶害虫如松毛虫等发生面积较2021年略有增加。外来有害植物扩散蔓延趋势严峻，但由于控制良好，薇甘菊发生面积较2021年有所减少。

（二）主要林业有害生物发生情况分述

1. 薇甘菊

发生10.38万亩，同比下降22.48%，以轻度发生为主。薇甘菊主要发生在德宏傣族景颇族自治州（以下简称德宏州）瑞丽、盈江、陇川、芒市、梁河，临沧市沧源、耿马、镇康，普洱市西盟、孟连，保山市腾冲、施甸、龙陵，西双版纳傣族自治州（以下简称西双版纳州）勐腊等地（图26-3）。

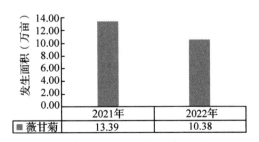

图26-3 近两年同期薇甘菊发生情况

2. 松毛虫

发生123.97万亩，同比增加9.74%，轻中

度发生为主。主要发生在普洱市景谷、思茅、墨江、景东、宁洱、镇沅、澜沧、卫国林业局,文山壮族苗族自治州(以下简称文山州)丘北、文山、砚山、广南,临沧市双江、临翔、云县、凤庆、永德,红河哈尼族彝族自治州(以下简称红河州)红河、弥勒、开远、建水,西双版纳州景洪、勐海,楚雄彝族自治州(以下简称楚雄州)禄丰,怒江傈僳族自治州(以下简称怒江州)福贡,昆明市石林、东川等地(图26-4)。

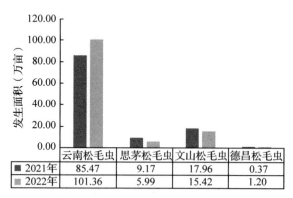

图26-4 近两年同期松毛虫发生情况

3. 毒蛾类

发生10.14万亩,同比下降22.77%。主要种类:褐顶毒蛾发生6.30万亩,以轻中度发生为主,主要发生在红河州河口、屏边,文山州西畴、马关、麻栗坡等地,红河州屏边、河口成灾面积超过1000亩。刚竹毒蛾发生2.47万亩,以轻度发生为主,主要发生在昭通市盐津、彝良、绥江,红河州绿春等地(图26-5)。

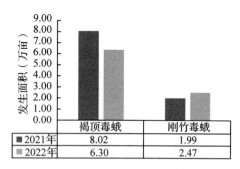

图26-5 近两年同期毒蛾类发生情况

4. 叶蜂类

发生22.05万亩,同比增加111.41%。主要种类:祥云新松叶蜂2.51万亩,主要发生在大理白族自治州(以下简称大理州)巍山、弥渡,保山市腾冲,丽江市古城区等地。楚雄腮扁叶蜂17.19万亩,主要发生在文山州砚山、丘北、广南,曲靖市师宗、马龙、沾益,红河州泸西、芷村林场,楚雄州楚雄、禄丰,昆明市寻甸、宜良、石林等地(图26-6)。

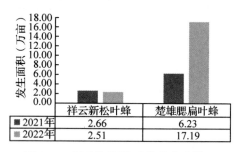

图26-6 近两年同期叶蜂类发生情况

5. 叶甲类

发生9.66万亩,同比增加31.79%。主要种类:核桃扁叶甲1.28万亩,主要发生在临沧市临翔,丽江市永胜,昭通市永善、威信,大理州云龙等地,桤木叶甲7.36万亩,主要发生在临沧市凤庆、云县,红河州金平、元阳、屏边,保山市昌宁、隆阳、龙陵,昆明市富民,玉溪市江川、红塔等地(图26-7)。

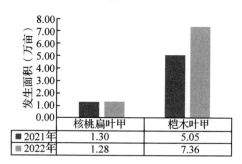

图26-7 近两年同期叶甲类发生情况

6. 蚧类

发生19.24万亩,同比下降6.05%。主要种类:中华松针蚧7.57万亩,主要发生在大理州弥渡、宾川、云龙,丽江市玉龙,曲靖市宣威,玉溪市江川、通海、华宁,怒江州兰坪,迪庆藏族自治州(以下简称迪庆州)维西、香格里拉等

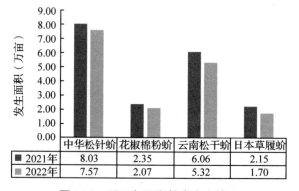

图26-8 近两年同期蚧类发生情况

地;花椒绵粉蚧 2.07 万亩,主要发生在昭通市巧家、彝良;云南松干蚧 5.32 万亩,主要发生在昭通市昭阳,怒江州兰坪等地;日本草履蚧 1.70 万亩,主要发生在大理州大理、漾濞等地(图 26-8)。

7. 蚜类

发生 11.67 万亩,同比下降 11.19%。其中:华山松球蚜 2.77 万亩,主要发生在玉溪市华宁、峨山,昆明市禄劝,临沧市双江,大理州弥渡,昭通市鲁甸,保山市隆阳、龙陵等地;棉蚜 5.25 万亩,主要发生在昭通市巧家、昭阳,丽江市宁蒗等地;核桃黑斑蚜 2.19 万亩,主要发生在大理州南涧、巍山,临沧市凤庆,丽江市永胜,玉溪市新平,保山市隆阳等地(图 26-9)。

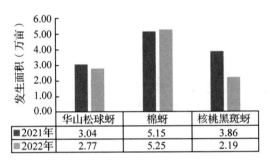

图 26-9 近两年同期蚜类发生情况

8. 白蛾蜡蝉

发生 10.32 万亩,同比下降 17.64%,轻度发生为主。主要发生在临沧市沧源、镇康、耿马等地(图 26-10)。

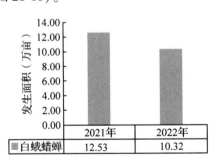

图 26-10 近两年同期白蛾蜡蝉发生情况

9. 小蠹虫

发生 87.57 万亩,同比下降 7.57%,以轻中度发生为主,局部地区成灾。其中:云南切梢小蠹 60.53 万亩,主要发生在玉溪市红塔、峨山、通海、澄江、元江、红塔区自然保护区,大理州祥云、弥渡、大理,曲靖市师宗、陆良、马龙、会泽、麒麟,文山州丘北、文山,昆明市宜良、石林、晋宁、寻甸,红河州弥勒、石屏,楚雄州双柏、楚雄,丽江市玉龙、宁蒗等地,大理州祥云,玉溪市峨山等地成灾面积 2000 亩以上;短毛切梢小蠹 15.16 万亩,主要发生在普洱市宁洱;横坑切梢小蠹 6.61 万亩,主要发生在玉溪市新平、江川等地(图 26-11)。

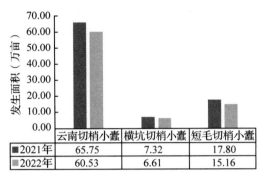

图 26-11 近两年同期小蠹虫发生情况

10. 天牛

发生 14.91 万亩,同比下降 3.68%。主要种类:松墨天牛 11.28 万亩,以轻度发生为主,主要发生在玉溪市澄江、通海、华宁,楚雄州永仁,昆明市石林、宜良,丽江市华坪,文山州砚山等地。

11. 木蠹象

发生 7.84 万亩,同比下降 1.63%。主要种类:华山松木蠹象 6.30 万亩,以轻度发生为主,局部地区出现成灾现象。主要发生在红河州个旧、石岩寨林场,临沧市临翔、双江,玉溪市澄江、通海,昆明市东川、禄劝等地。云南木蠹象 1.54 万亩,轻度发生,主要发生在保山市施甸、隆阳,迪庆州香格里拉等地。

12. 金龟子

发生 27.21 万亩,同比下降 11.80%,以轻中度发生为主。主要种类:铜绿异丽金龟 9.94 万亩,主要在大理州永平、漾濞、洱源,楚雄州武定、姚安、楚雄,文山州麻栗坡、文山,临沧市沧源、镇康等地发生;棕色齿爪鳃金龟 10.84 万亩,主要在玉溪市元江、澄江、江川,大理州巍山、云龙,曲靖市马龙区等地发生。

13. 经济林病害

发生 68.39 万亩,同比下降 7.94%,以轻度发生为主。主要种类:核桃病害 39.84 万亩,主要在大理州、临沧市、楚雄州、玉溪市、昭通市等核桃主产地发生,曲靖市、红河州、保山市、丽江市、怒江州等地少量发生;板栗病害 2.64

万亩，主要在楚雄州永仁，昆明市富民、禄劝、玉溪市易门等地发生；橡胶病害 4.77 万亩主要在红河州绿春、金平、河口和元阳发生。核桃白粉病 4.49 万亩，主要发生在楚雄州大姚、元谋、武定、双柏、姚安、红河州弥勒、玉溪市易门、临沧市镇康、保山市龙陵等地；核桃细菌性黑斑病 16.13 万亩，主要发生在大理州漾濞、永平、巍山、大理、南涧、玉溪市元江、江川、昭通市鲁甸、镇雄、临沧市凤庆、曲靖市马龙、文山州马关等地。板栗溃疡病 1.96 万亩，主要发生在楚雄州永仁，昆明市富民，玉溪市易门。橡胶树白粉病 4.77 万亩，主要发生在红河州绿春、金平、河口、元阳等地(图 26-12)。

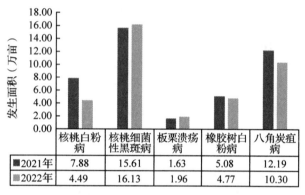

图 26-12 近两年同期经济林病害发生情况

14. 杉木病害

发生 9.11 万亩，同比下降 19.45%。主要种类：杉木叶枯病 4.55 万亩，主要发生在红河州屏边、绿春等地；杉木炭疽病 3.25 万亩，主要发生在曲靖市师宗，昭通市镇雄，红河州元阳等地。

15. 松树病害

发生 6.26 万亩，同比下降 10.83%，以轻度发生为主。主要种类有云杉叶疫病、松落针病等，主要发生在迪庆州香格里拉，丽江市玉龙，玉溪市华宁，大理州云龙等地。

16. 鼠害

发生 20.47 万亩，同比增加 21.77%。主要种类：松鼠 8.95 万亩，主要在临沧市云县、临翔、耿马、沧源，文山州富宁，怒江州福贡等地发生；其他鼠害发生 5.98 万亩。

(三) 发生原因分析

(1) 复杂的气候条件、特殊的地理区位，使云南成为外来物种入侵的重灾区和重要入侵通道。云南边境线长达 4060km，分别与缅甸、老挝、越南接壤，无天然屏障和阻隔条件，外来入侵物种容易自然扩散进入国境，同时云南多样的生态环境为外来入侵物种成功繁衍提供了有利的自然条件，薇甘菊、红火蚁等入侵物种传入定殖以后，难以根除，防控难度极大。

(2) 松材线虫病的威胁不断加剧。疫木流失是松材线虫病扩散蔓延的主要人为因素，云南省位于祖国的西南地区，属经济欠发达地区，但近年来经济的快速发展伴随着各种包装材料数量的增加，也为松材线虫病传播带来了有利条件。特别是来自疫区的松木包装材料大量流入，为松材线虫病扩散蔓延提供了可乘之机。云南省周边已被松材线虫病疫区包围，周边省(区)松材线虫病疫区数量较多，极易通过自然或人为传带方式入侵云南省，稍有松懈就会造成疫情扩散蔓延。

二、2023 年趋势预测

(一) 2023 年总体发生趋势预测

根据 2022 年全省林业有害生物总体发生与防治情况，结合气象资料及云南省各州市林业有害生物发生趋势预测的情况，初步预测 2023 年林业有害生物发生面积为 580 万亩，总体趋势较 2022 年略有增加。其中病害 90 万亩，虫害 450 万亩，鼠害 15 万亩，有害植物 25 万亩。

(二) 分种类发生趋势预测

1. 主要种类

经济林病害预测发生 65 万亩、杉木病害预测发生 10 万亩，松树病害预测发生 5 万亩，其他病害 10 万亩。小蠹虫预测发生 90 万亩，松毛虫预测发生 135 万亩，金龟子预测发生 30 万亩，天牛预测发生 15 万亩，毒蛾预测发生 20 万亩，叶蜂预测发生 10 万亩，木蠹象预测发生 8 万亩，叶甲预测发生 8 万亩，介壳虫预测发生 22 万亩，木蠹蛾预测发生 6 万亩，蚜虫预测发生 12 万亩，其他种类害虫预测发生 94 万亩。鼠害 15 万亩，有害植物 25 万亩。

2. 主要危害地区

发生面积较大、危害较为严重的州(市)有普洱市、大理州、文山州、临沧市、昭通市、红河州、玉溪市、曲靖市、楚雄州等。其中核桃病虫害危害主要发生在大理州、临沧市、楚雄州、玉溪市等核桃主产业区；松毛虫危害主要发生在普洱市、文山州、临沧市、红河州、昆明市、西双版纳州、怒江州等地；小蠹虫危害主要发生在玉溪市、曲靖市、普洱市、大理州、文山州、红河州、昆明市等地；金龟子主要发生在大理州、楚雄州、玉溪市、文山州、临沧市、曲靖市、红河州等地；毒蛾类主要发生在昭通市、文山州、红河州、大理州、怒江州等地；天牛主要发生在玉溪市、曲靖市、楚雄州、文山州、丽江市等地；叶蜂类主要发生在文山州、保山市、大理州、曲靖市等地；木蠹象危害发生在红河州、大理州、临沧市、曲靖市、玉溪市等地；叶甲主要发生在临沧市、红河州、德宏州等地；木蠹蛾主要发生在临沧市、大理州、楚雄州等地。

3. 外来有害生物趋势预测

预测2023年薇甘菊发生10万亩，主要危害区在德宏州、临沧市、普洱市、西双版纳州、保山市等地。检疫性有害生物松材线虫病入侵极高风险地区是昭通市、丽江市、文山州、曲靖市、楚雄州等地，高风险地区是昆明市、玉溪市、普洱市，不排除滇西地区再次入侵的风险。

三、对策措施

（一）强化责任，切实抓好松材线虫病防控

以"林长制"为抓手，全面落实松材线虫病等重大林业有害生物疫情防控责任制度。深入推进松材线虫病防控五年攻坚行动，加强松材线虫病预防和治理，加快昆明市西山区、文山州麻栗坡松材线虫病疫情除治，严格执行疫情除治各项技术规定，严格疫源管控，严格执行"零报告"制度，确保松材线虫病早发现、早报告、早处置。

（二）强化源头管理，加强检疫监管

规范林业植物检疫证书审批，抓好林业植物及其产品的产地检疫，加强调运检疫和落地复检，严防外来有害生物入侵。

（三）加强监测预警，提高测报水平

严格按照有关管理要求做好全省测报工作，认真落实监测预报制度，进一步加强国家级中心测报点的管理，发挥国家级中心测报点和示范站的骨干作用，严格测报信息的监督管理，规范林业有害生物信息统计与报告制度。

（四）完善联防联治，切实推进绿色防治工作

积极推进不同地区、不同部门间的联防联治机制，除治工作要信息共享，宣传同步，除治同期，行动合拍，效果共赢。全面推广运用无公害绿色防治技术，加强农药安全管理，规范农药安全使用。加快推进社会化防治进程，不断提升林业有害生物防治能力。

（主要起草人：刘玲　封晓玉　尹彩云；
主审：董振辉）

27 西藏自治区林业有害生物 2022 年发生情况和 2023 年趋势预测

西藏自治区森林病虫害防治站

【摘要】2022 年西藏累计发生林业有害生物 342.7 万亩，同比下降 6.65%，大部分地区以轻度发生为主，局部地区危害较重。主要是因为西藏森林资源分布由东向西逐渐减少，东部以天然混交林为主，中部人工纯林较多，西部灌木较多。根据西藏当前森林资源状况、林业有害生物发生规律、防治情况等因素综合分析，预计 2023 年西藏林业有害生物发生 351 万亩左右，将进一步加强监测预警、强化检疫执法、加大防治力度，防止林业有害生物扩散蔓延。

一、2022 年林业有害生物发生情况

2022 年西藏自治区林业有害生物发生总面积 342.7 万亩，同比下降 6.65%，其中虫害 181.91 万亩，同比下降 12.19%；病害 98.9 万亩，同比上升 9.3%；林业鼠（兔）害 60.79 万亩，同比下降 3.39%；有害植物紫茎泽兰 1.1 万亩，同比上升 8.91%。防治面积 113.55 万亩次，主要采取生物防治、化学防治等措施开展防治工作。

（一）发生特点

2022 年西藏林业有害生物发生面积较去年同期有所下降，危害程度较轻，人工林、退耕还林地、灌木林地及近村镇、道路天然林呈局部发生较为严重，同时由于西藏处于山高坡陡、谷深地区，防治难度大，一定程度上为林业有害生物提供了庇护；多种常发性林业有害生物春尺蠖等发生面积仍然较大、危害程度严重，未成灾，尤其拉贡高速公路沿线的山南雅江流域的人工林杨、柳树春尺蠖食叶影响景观效果，但未造成树木死亡；本地新发生病害、有害植物时有发生，并且随着气候异常变化、交通物流等快速发展，对西藏生态安全构成威胁。

（二）主要林业有害生物发生情况分述

1. 病害

杨柳树枝干病害　发生面积较大，局部发生严重，主要集中在人工造林地。主要有杨柳树腐烂病和杨树溃疡病，共计发生 56.72 亩，与去年基本持平。

柏树病害　寄主较为单一，主要分布于天然林。主要有大果圆柏、刺柏、匍地柏等，整株发黄或者局部发黄，累计发生 3.54 万亩，与 2021 年基本持平，以轻度发生为主，未造成灾害。主要发生在山南市隆子县、错那县，日喀则市亚东县等地，山南市所辖范围较为严重，主要采取了修剪病枝集中烧毁并喷洒多菌灵、石硫合剂等杀菌处理。

苹果（核桃）树腐烂病　发生范围分布大，累计发生 8.52 万亩，较 2021 年略有下降，主要以轻度发生为主、呈零星分布、未成灾。主要发生于海拔相对较低、雨水较为充沛的通风性不良地方，分布在林芝、昌都、山南等地。

高山栎煤污病　煤污病防治难度大、恢复较为缓慢，林芝等地高山栎煤污病局地仍有零星发生。全年高山栎煤污病发生 4.14 万亩，同比下降 25.67%。该病害自发现以来，采取修枝增强树木通风透气、喷洒杀菌药等措施持续不断地防治，加之 2022 年干旱少雨，发生面积有所下降。

寄生性病害　危害严重，呈零星分布。累计发生 5.42 万亩，同比下降 6.39%。主要以川西云杉、大果圆柏、杨树、核桃等为寄主，局部成灾，治理难度大。主要发生在昌都的卡若区、边坝县、类乌齐县、洛隆县、江达县、左贡县、芒康县，那曲嘉黎县等地。

2. 虫害

春尺蠖、杨二尾舟蛾、河曲丝叶蜂等食叶害

虫　面积大、分布广、局部成灾。累计发生99.46万亩。主要在山南市乃东区、扎囊县、贡嘎县，拉萨市城区及周边县区城关区、柳悟新区、空港新区、曲水县、林周县，日喀则南木林县等地发生较为严重，拉贡高速沿线局部成灾，春尺蠖主要危害柳树，存在转移到杨树危害情况，未造成杨柳树木死亡。

青杨天牛等天牛类　存在扩散蔓延，危害程度较重，局地成灾，未造成大面积树木死亡。累计发生2.41万亩，与2021年基本持平，主要分布于拉萨市曲水县、达孜区、堆龙德庆区，日喀则市桑珠孜区等地，主要危害藏川杨，大部分时间以幼虫和蛹的形态钻蛀于侧枝内，严重影响树木的生长和健康，特别是对新植藏川杨的造林地影响较大，局部区域采取了打孔注药、修剪病枝集中烧毁等除治措施。

小蠹虫类　种类多，危害面广。累计发生29.87万亩。主要有云杉八齿小蠹、光臂八齿小蠹、星坑小蠹、十二齿小蠹、德昌根小蠹等，危害天然林。小蠹种类多样，又主要分布于天然林，不便于开展人工作业，为防治带来了巨大的阻力和困难。主要分布在昌都类乌齐县、芒康县、边坝县、洛隆县、左贡县，山南隆子县、加查县，日喀则亚东县、定日县、吉隆县，林芝工布江达县、米林县，那曲索县、嘉黎县等。

金龟子类　点多，面积小。累计发生1.93万亩，主要危害杨、柳树、苹果树等经济林，主要分布在拉萨、山南等地人工防护林、苗圃、经济林，大多以成虫形式发现，也存在危害榆树的现象，危害程度较低。

3. 鼠(兔)害

林业鼠(兔)害发生面积有所减轻，局部小面积成灾。累计发生60.79万亩，同比下降3.39%；在新造林地、退耕还林地、近河岸造林地危害尤为严重。主要发生在阿里地区、那曲市及山南及日喀则市部分县区。

4. 有害植物

紫茎泽兰　危害集中，面积较小。紫茎泽兰主要发生于日喀则吉隆县、聂拉木县及亚东县等靠近口岸处，全区发生1.1万亩，同比上升8.91%，主要生长于道路两旁及山坡之上，由于其根茎粗壮发达，防治难度较大。

(三)成因分析

1. 认识不足，地方政府重视不够

松材线虫病已突破树种、海拔、温度等约束条件，面临的形势严峻。但是市、县政府对严峻形势把握不准、认识不足，在工作部署、检查督导和保障措施等方面偏弱，未将防控资金纳入年度本级财政预算。

2. 林业有害生物防控工作亟待提高

一直以来，由于机构改革、基层森防机构不健全等原因，各方面业务工作较兄弟省份仍相对滞后。尤其是监测预报能力低下，缺乏专业技术人员。防治工作缺乏主动性，仍然存在头痛医头脚痛医脚，缺乏科学指导。基层林草部门工作人员少、检疫执法水平不高，存在使用法律条款不精准、案件定性错误、不敢执法等问题，检疫技术手段落后，检疫率低，部门间的沟通协调不够。

3. 林业有害生物专技人员极度缺乏

目前，全区地市级森防机构已全覆盖，但那曲市、阿里地区仍为一套人马两套牌子，全区74个县(市、区)均未依法设立县级森防检疫机构。一些已建设机构的地方监测、检疫、防治队伍不健全，人员变动大，专业人员极度匮乏，队伍不稳定或业务素水平较低，无法有效履行工作职能，影响林业有害生物防治、检疫、监测等工作正常开展。

4. 林业有害生物资金投入不足

随着西藏林业有害生物灾害的逐渐加重，国家和自治区加大了林业有害生物防治经费的投入力度。但当前投入的防治资金无法满足实际需求，防治成效不明显，制约了林业有害生物防控工作的正常开展，不利于林业经济的健康发展。

二、2023年林业有害生物发生趋势预测

(一)2023年总体发生趋势预测

根据2022年西藏林业有害生物发生危害情况和历年有害生物自然种群消长规律、林业有害生物普查、气候特点等，经综合分析，预计2023年西藏林业有害生物发生351万亩，与2022年基本持平，其中虫害190万亩，病害100万亩，鼠(兔)害60万亩，有害植物1万亩。整体危害以轻度发生为主，但仍存在局部暴发的可能。

(二)分种类发生趋势预测

1. 病害

杨柳树枝干病害　主要有杨柳树腐烂病和杨

树溃疡病，预测发生60万亩，大部分县区以人工林杨、柳树为主，重点发生在日喀则拉孜县、桑珠孜区、白朗县、拉萨曲水县、达孜区、山南乃东区、阿里普兰县、札达县等地。

苹果（核桃）树腐烂病　预计全年发生8万亩，主要以轻度发生为主，呈零星分布。主要发生于海拔相对较低、雨水较为充沛的通风性不良地方，如林芝、昌都、山南等地。

云杉锈病　受极端干旱少雨影响，预测发生2.5万亩，以轻度发生为主，主要分布于昌都市洛隆县、类乌齐县、边坝县等地。

高山栎煤污病　预计发生4万亩，主要以轻度发生为主，主要发生在林芝市巴宜区等地。

寄生性病害　预测发生6万亩，主要发生在昌都类乌齐、洛隆县、芒康县等区域。

2. 虫害

春尺蠖、杨二尾舟蛾、河曲丝叶蜂等食叶害虫　点多面广、轻度发生为主，预测发生100万亩左右，其中春尺蠖预计发生90万亩左右。

青杨天牛　持续造成危害，预测发生2.5万亩，发生期主要集中在7、8月，主要发生在拉萨市曲水县和达孜区、堆龙德庆区等地，以轻度危害为主。

小蠹虫类　预测发生30万亩，危害形式复杂多样，以轻度发生为主，主要发生在昌都市的类乌齐县、左贡县等县区。

种实害虫　预测发生10万亩，主要以轻度危害为主，对原生植被整体危害不大，主要危害西藏原生植物砂生槐及锦鸡儿等种实。

3. 鼠（兔）害

林业鼠兔害大多以轻度为主，在局部成灾发生，预测发生60万亩，山南白朗县、隆子县、拉萨达孜区、林周县、那曲索县、阿里地区普兰县、札达县等地仍将是重点发生区。

4. 有害植物

紫茎泽兰　预测发生1万亩，受海拔等条件限制，主要在日喀则吉隆县、聂拉木县及亚东县等边境交界处。

三、对策建议

（一）增强宣传培训力度

以林长制为抓手，督促各级林草部门及时向政府和有关部门报告林业有害生物发生、防治信息，提高各级政府和有关部门对林业有害生物防控工作的重视程度。充分利用网络、电视、微信公众号等媒体和宣传渠道，以"5·12"防灾减灾日和"12·4"法制宣传日等为契机，宣传、普及有关法律法规、林业有害生物防治知识，提高全社会对林业有害生物防治的关注度，增强公众参与林业有害生物防治的意识，宣传报道对违法违规案件要公开曝光，起到警示和震慑作用和效果。以综合培训为重点，科学制定培训计划，加大培训力度，切实提高从业人员的监测、检疫、防治技能。

（二）提升监测预报水平

进一步掌握全区林业有害生物种类、分布、发生等基本情况，为科学预测和防治提供依据。建立健全天（卫星遥感）、空（无人机监测）、地（护林员）结合的林业有害生物监测预警平台体系，实时监测各类林业有害生物的发生、分布等情况，做到早发现、早报告、早除治。

（三）加强人才队伍建设

森防工作专业性强，尤其预测预报、植物检疫工作，而全区大部分森防工作人员非林学专业，更不是森防、森保专业，各级林草部门应根据本地森防工作实际，加强监测、检疫、防治队伍建设，合理配备人员力量，特别是要加强专业技术人员的配备，积极引进和培养森林保护、植物保护等专业人才，壮大防治检疫队伍。

（四）强化资金保障措施

稳定的资金投入是林业有害生物防控的可靠保障，各级政府要将林业有害生物灾害防控纳入国民经济防灾减灾体系，将林业有害生物普查、监测预报、植物检疫和防治基础设施建设等资金纳入财政预算，尤其要高度重视监测预报工作，建立西藏自治区林业有害生物监测预警体系，做到早发现、早报告、早除治，防止有害生物扩散蔓延。

（主要起草人：张海武　桑旦次仁　次旦普尺；主审：董振辉）

28 陕西省林业有害生物2022年发生情况和2023年趋势预测

陕西省森林病虫害防治检疫总站

【摘要】 2022年陕西省林业有害生物发生情况与2021年同比持平，全年发生566.7万亩，整体危害以轻中度为主，局地成灾。呈现的发生特点：松材线虫病疫情扩散蔓延势头得到有效遏制，美国白蛾疫情涉及地区，整体实现无疫情。鼠（兔）害总体发生面积基本持平，局地危害严重。华山松大小蠹、侧柏叶枯病等本土主要林业有害生物总体发生面积基本持平。经济林病虫害总体发生面积基本持平，局部危害重。松树食叶害虫总体发生面积略有下降，危害得到有效控制。

经综合分析，预计2023年陕西省主要林业有害生物总体发生趋势：2023年林业有害生物预测发生553万亩左右，发生面积与2021年基本持平，其中病害发生130万亩左右，虫害发生323万亩左右，鼠（兔）害发生100万亩左右。发生趋势特点：一是松材线虫病疫情发生面积将继续下降，危害程度逐年下降；二是美国白蛾疫情范围将进一步压缩，仍有疫情传入和扩散蔓延的风险；三是林业鼠（兔）害发生面积将略有下降，局地将严重发生；四是经济林病虫将呈大面积发生，局地危害严重；五是干部病虫害发生面积将略有减少，局地危害加重；六是叶部病虫害整体趋轻，局地危害严重。

针对当前陕西省林业有害生物发生态势，建议深入开展攻坚行动，控制疫情态势；完善监测网络体系，及时发现灾害；扎实做好灾害防治，降低灾害损失；严格检疫监管执法，切断传播途径；切实加强宣传培训，提高监测水平。

一、2022年林业有害生物发生情况

2022年全省共发生566.7万亩（轻度487.32万亩、中度62.51万亩、重度16.86万亩，成灾面积50.89万亩）（图28-1），同比基本持平，个别种类危害程度加重，局地成灾。其中，虫害发生315.08万亩，同比下降2.5%；病害发生132.18万亩，同比上升10.2%；鼠（兔）害发生119.34万亩，同比下降4.39%。采取各类措施共防治450.4万亩，防治作业面积518.44万亩。

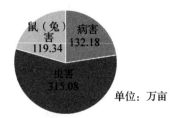

图28-1 2022年陕西省主要林业有害生物发生情况

（一）发生特点

2022年林业有害生物发生和去年同期相比发生面积总体基本持平，局地中重度以上危害。主要呈现以下特点：

一是松材线虫病疫情扩散蔓延势头得到有效遏制。无疫情疫点（镇办）同比明显增加，疫情面积下降至44.56万亩，疫情范围有所减少，危害程度同比明显下降，病死松树数量呈连续下降趋势。

二是美国白蛾疫情得到有效遏制。美国白蛾疫情涉及地区，整体实现无疫情。疫区数量将有所下降，疫情范围将有所减少。

三是鼠（兔）害总体发生面积基本持平，个别地区局地危害严重。在关中地区个别县（区）局地鼠害危害严重。陕北地区兔害发生面积较去年有所上升，危害程度以轻度为主。

四是华山松大小蠹、侧柏叶枯病等本土主要林业有害生物总体发生面积基本持平。其中，华

山松大小蠹发生面积同比略有减少，局地呈重度危害。侧柏叶枯病发生面积同比有所增加，局地危害加重，对造林植被造成一定威胁。

五是经济林病虫害总体发生水平较高，局部危害重。由于五大干杂果经济林发展迅速，经济林病虫害处于高发态势，危害分布广，局地危害加重，但有效防治面积不够造成果品产量和质量都不高，成为影响产业发展的重要因素之一。

六是松树食叶害虫总体发生面积略有下降，危害得到有效控制。松阿扁叶蜂发生面积较2021年同比减少6.22万亩、下降18.27%，整体呈轻度危害，有虫不成灾。油松毛虫发生面积同比基本持平，轻度危害为主，未造成严重危害。

（二）主要林业有害生物发生情况分述

1. 松材线虫病

根据秋季监测普查结果，全省松材线虫病病死松树174085株，疫情发生面积44.56万亩（较2021年减少2.62万亩），范围涉及汉中、安康、商洛等3市的18个县（区）119个镇办（林场）。全省实现无疫情面积2.62万亩，范围涉及勉县、留坝县、旬阳市、商州区、洛南县、丹凤县等6个县（市、区）52个镇办（林场）。疫情具体发生情况见表28-1：

表28-1 松材线虫病发生情况

地区	病死松树（株）	松材线虫病疫情面积（万亩）	疫情范围	无疫情面积（万亩）	无疫情范围
汉中市	47188	11.8385	宁强县、西乡县、镇巴县、佛坪县、洋县、略阳县等6个县的37个镇办（林场）	1.5498	留坝县、勉县等2个县，15个镇办（林场）
安康市	99054	26.8183	汉滨区、紫阳县、平利县、白河县、岚皋县、宁陕县、石泉县、汉阴县等8个县（区）的63个镇办（林场）	0.6602	旬阳市，17个镇办（林场）
商洛市	27843	5.9009	柞水县、镇安县、山阳县、商南县等4个县的19个镇办（林场）	0.4087	商州区、洛南县、丹凤县等3个县（区），20个镇办（林场）

2022年全省无新增疫区，6个疫区（县区）52个疫点（镇办）实现无疫情，其中：4个疫区（县区）23个疫点（镇办）连续两年实现无疫情，达到国家规定的疫区（县区）疫点（镇办）的拔除条件，待国家林业和草原局核准撤销疫区（县区）、省政府核准撤销疫点（镇办）后，全省疫区（县区）数量下降至20个（减少4个）、疫点（镇办）数量下降至148个（减少23个），疫点数量实现连续3年下降（2020年减少2个、2021年减少12个、2022年减少23个）。全省病死松树数量17.41万株，连续4年下降（2018年69.31万株、2019年下降到46.1万株、2020年下降到38.46万株、2021年下降到28.35万株、2022年下降到17.41万株），其中：2022年比2021年下降38.6%。全省松材线虫病扩散蔓延势头得到有效遏制，疫情发生范围有所减小，危害程度明显下降。

2. 美国白蛾

美国白蛾疫情范围涉及西安市的沣西新城、沣东新城、高新区、鄠邑区4个区。全省各级政府和林业主管部门按照"歼灭疫情、防止反弹、杜绝输入"的总体思路，采取监测排查、喷药防治、检疫封锁等措施，全力开展美国白蛾疫情防控工作。截至目前，经过各级林业部门的反复监测排查，全省未发现美国白蛾任何虫态，整体实现无疫情，沣西新城已连续两年实现无疫情，达到拔除条件，已上报撤销疫区请示。

3. 林业鼠（兔）害

2022年全省林业鼠（兔）害总体发生面积基本持平，主要是兔害在陕北发生面积有所下降，鼠害在关中个别县（区）局地危害严重。林业鼠（兔）害主要在冬（春）季发生危害，全省范围内均有分布。根据各地上报统计，2022年林业鼠（兔）发生119.34万亩，发生面积较去年减少5.48万亩、下降4.39%，轻度危害为主，个别县区的局地成灾0.24万亩。具体发生情况如下：

鼠害发生67.08万亩（轻度58.78万亩，中度6.62万亩，重度1.69万亩，成灾0.11万亩），发生面积较去年增加4.14万亩、上升6.58%，主要发生种类为中华鼢鼠、甘肃鼢鼠，主要对延河流域、渭北高原以及秦岭北麓浅土层林地的新造林地、中幼林地造成危害，仍然是影响造林和生态建设成果的重要因素之一。其中，中华鼢鼠在大部分地区均有分布，发生面积 50.01 万亩，较去年增加 11.35 万亩、上升 29.36%。在延安、咸阳、宝鸡、安康等地发生面积较大，均在 5 万亩以上。其中：延安市发生 15.53 万亩，主要分布在安塞、黄龙、子长、宜川等地，在安塞局地有中度危害，未成灾；咸阳市发生 9.04 万亩，主要分布在彬州、旬邑、长武等地，在长武和旬邑局地成灾（成灾面积 0.016 万亩）；宝鸡市发生 7.39 万亩，主要分布在陇县、麟游、千阳、凤翔等地，在麟游、千阳、凤翔局地成灾（成灾面积 0.094 万亩）；安康市发生 5.93 万亩，主要分布在镇坪、平利、白河、汉滨等地，在平利局地有中度危害，未成灾。甘肃鼢鼠发生面积 16.26 万亩，较 2021 年减少 7.64 万亩、上升 31.97%，主要分布在延安地区，发生范围主要涉及宝塔、吴起、洛川、富县、黄陵等 5 个县（区），在吴起县局地有中度发生，未成灾。罗氏鼢鼠主要分布在巴山地区，发生 0.82 万亩，分布在安康市汉阴县、汉中市镇巴县等地，在镇巴局地有中度危害，未成灾。

兔害发生 49.81 万亩（轻度 45.26 万亩，中度 4.04 万亩，重度 0.51 万亩，成灾 0.11 万亩），较去年减少 9.71 万亩、下降 15.86%，轻度危害为主，发生种类以草兔为主，主要分布在我省的延安、宝鸡、榆林、咸阳、渭南、铜川、汉中等地，危害以轻度为主，其中在宜君县、麟游县、凤翔县、旬邑县、长武县、勉县等地有重度危害，在宜君县县、凤翔县、长武县、旬邑县等县的局地成灾（成灾面积 0.12 万亩）。

4. 红脂大小蠹

全年共发生 8.74 万亩，同比减少 2.04 万亩、下降 18.93%，以轻度发生为主，分布在延安市黄龙山和桥山、咸阳旬邑、铜川印台和宜君，在咸阳旬邑局地形成灾害，成灾面积 0.025 万亩。全省共实施防治作业面积 9.3 万亩。

5. 松树钻蛀害虫

主要包括松褐天牛、华山松大小蠹以及梢斑螟类，全年共发生 54.62 万亩，同比减少 15.06 万亩、下降 21.62%，局地重度危害，共实施防治作业面积 86.53 万亩。其中，松褐天牛发生 20.61 万亩，同比增加 0.56 万亩，轻中度危害为主，发生区主要分布在陕南 3 市各县（区），在商洛镇安县和安康紫阳县局地有重度危害，镇安县局地造成成灾，成灾面积 0.18 万亩；华山松大小蠹发生 15.59 万亩，同比减少 2.39 万亩、下降 14.08%，轻中度危害为主，主要分布在省资源局、宝鸡、汉中、安康、西安等地的部分县（区），其中在省资源局宁东局和汉西局、宝鸡马头滩、陇县和眉县等县（区）局地造成成灾，成灾面积 0.91 万亩，共实施防治作业面积 11.62 万亩；梢斑螟类（松梢螟和微红松梢螟）共发生 19.12 万亩，同比减少 2.64 万亩、下降 12.14%，轻度危害为主，分布在延安、咸阳、铜川等地的部分县（区）和林业局，在延安黄龙山林业局发生面积较大，发生面积达 15 万亩以上，铜川宜君和咸阳旬邑局地有中度危害，在铜川耀州区和宜君县局地成灾，成灾面积 0.043 万亩。全省共实施防治作业面积 18.99 万亩。

6. 松树食叶害虫

主要发生种类为松阿扁叶蜂、中华松针蚧、油松毛虫，全年共发生 43.93 万亩，同比减少 3.75 万亩、下降 7.87%，局地成灾，共实施防治作业面积 30.46 万亩。其中：松阿扁叶蜂发生 27.83 万亩，同比减少 6.22 万亩、下降 18.27%，以轻中度危害为主，主要分布在商洛、宝鸡、西安、咸阳等地的部分县（区），商洛地区发生面积较大，达 20 万亩以上（占全省 71.98%），洛南发生 12.17 万亩、丹凤县发生 5.11 万亩，在凤翔、岐山等县（区）的局地有小面积重度危害，在洛南、岐山等县的局地造成成灾，成灾面积 0.4 万亩，共实施防治作业 15.52 万亩。中华松针蚧发生 8.86 万亩，同比增加 2.76 万亩，轻中度危害为主，主要分布在商洛、渭南、西安、宝鸡、汉中等地的部分县（区），商州区、镇巴、华阴、太白等县（区）有中度危害，在丹凤和凤县局地有重度危害，凤县和勉县局地造成成灾，成灾 0.055 万亩，共实施防治作业 8.56 万亩；松针小卷蛾发生 2.5 万亩，同比减少 0.33 万亩，轻中度危害，主要分布在延安吴起、榆林的佳县、横山、靖边，在吴起局地有中度危害，共实施防治作业 2.5 万亩；油松毛虫发生 3.91 万亩，同比减少 0.79 万亩，轻度危害为主，主要分布在韩城市、延安的黄龙山、省资源局的部分林业局，在龙草坪林业局的局地造成中度危害，全省共实施防治作业 3.5 万亩。

7. 杨树蛀干害虫

总体危害有所减弱，发生面积同比略有增加，局地受害严重。全年共发生24.92万亩，同比减少0.66万亩、下降2.58%，共实施防治作业25.02万亩。其中：光肩星天牛发生12.52万亩，同比减少1.68万亩，中重度发生面积同比增加0.2万亩，危害程度略有加重，主要分布在关中大部，宝鸡、咸阳、西安发生面积较大，达2万亩以上，在杨陵、城固等县（区）的局地重度危害，在周至、眉县、岐山、陈仓等县（区）的局地造成小面积成灾，成灾面积0.28万亩；青杨天牛发生1.23万亩，同比减少0.19万亩，发生区分布在榆林定边，轻度危害为主，局地中度危害，未成灾；以白杨透翅蛾为主的透翅蛾类发生1.25万亩，同比减少0.78万亩，主要分布在渭南、宝鸡的部分县（区），轻度发生为主，渭南华阴局地有中度危害，未成灾。

8. 杨树食叶害虫

全省发生面积较去年略有减少，局地危害加重。全年共发生1.75万亩，同比基本持平，共实施防治作业1.6万亩。其中：杨小舟蛾发生1.18万亩，同比减少0.09万亩，以轻度发生为主，主要分布在西安市、渭南市的部分县（区），华阴市和鄠邑区局地有中度危害，未成灾。杨扇舟蛾发生0.58万亩，同比增加0.16万亩，主要分布在咸阳兴平和汉中城固、洋县，在城固局地有重度发生，未成灾。

9. 经济林病虫害

经济林病虫害发生面积和危害种类持续增加，经济损失严重。随着核桃、板栗、花椒、柿子、枣等经济林种植面积增大，病虫害危害也加重。经济林病虫害全年共发生163.49万亩，同比基本持平。其中，病害发生40.25万亩，同比略有减少、局地危害加重，虫害发生123.24万亩，同比略有增加、局地危害加重，发生种类主要有核桃黑斑病、核桃举肢蛾、枣飞象、栗实象、银杏大蚕蛾、桃小食心虫、核桃小吉丁、花椒窄吉丁、枣黏虫，全省共实施防治作业146.061万亩。

其中：核桃黑斑病11.85万亩，轻中度发生为主，主要分布在榆林、商洛、宝鸡、安康等地的部分县（区），榆林子洲县大面积中度发生、中度面积达3万亩以上，在洛南和山阳局地造成成灾，成灾面积0.28万亩；核桃举肢蛾发生30.95万亩，以轻中度发生为主，主要分布在商洛、宝鸡、安康等地的部分县（区），在商洛发生面积较大，达17万亩以上，在洛南、山阳、千阳、太白等县的局地成灾，成灾面积0.93万亩；枣飞象发生10.22万亩，以轻度发生为主，主要分布在榆林市的佳县、清涧县、神木市，未造成灾；栗实象发生14.06万亩，以轻中度发生为主，主要分布在商洛地区的大部分县（区），商南、丹凤、山阳的发生面积均达2万亩以上，局地危害加重、重度发生同比增加0.27万亩，在镇安、洛南等局地造成成灾，成灾面积0.32万亩；银杏大蚕蛾发生7.07万亩，以轻度发生为主，主要分布在汉中地区和安康的大部分县（区），在汉中的宁强和城固等地局地有重度危害，佛坪县和勉县局地造成成灾，成灾面积0.017万亩。

桃小食心虫发生10.7万亩，主要危害红枣，以轻度发生为主，主要分布在榆林、咸阳、安康的部分县（区），榆林发生面积占95.33%，横山区、清涧县、佳县发生面积均在2万亩以上，在府谷县局地有中度危害，未造成成灾；核桃小吉丁发生8.13万亩，以轻度发生为主，主要分布在宝鸡、商洛的部分县（区），在陇县、山阳等县的局地成灾，成灾面积0.36万亩；花椒窄吉丁发生7.92万亩，以轻度发生为主，主要分布在宝鸡和渭南的部分县（区）、韩城市，在凤县和韩城的发生面积较大，均在3万亩左右，在凤县、高新区的局地成灾，成灾面积0.14万亩。枣黏虫发生5.86万亩，轻度发生，分布在榆林清涧县，未成灾。

10. 其他主要病害

总体较去年发生面积有所增加，局地重度危害，形成灾害。其他主要病害发生种类有侧柏叶枯病、松落针病、梨桧锈病、杨树溃疡病等，全省共发生41.59万亩，实施防治作业29.53万亩。其中：侧柏叶枯病发生17万亩，发生面积有所增加，同比上升29.58%，以轻中度发生为主，局地危害减轻，成灾面积有所下降，主要分布在宝鸡、延安部分县（区），在陇县、扶风、麟游、耀州等县（区）局地造成成灾，成灾面积0.46万亩；松落针病发生8.23万亩，发生面积有所增加，同比上升37.4%，以轻度危害为主，分布在延安、铜川的部分县(区)，富县、吴起、安塞区的局地呈中度危害，在耀州区局地造成成灾，成灾面积0.05万亩；梨桧锈病发生14.2万亩，轻度发生为主，主要分布在延安、榆林的部分县(区)，子洲县局地有中度危害，在志丹县局地形成灾害、成灾面积0.8万亩；杨树溃疡病发生2.85万亩，同比基本持平，以轻度发生为主，主要分布在渭南、宝鸡的部分县(区)，千阳和华阴的局地呈中度危害，千阳县局地小面积成灾。

11. 区域性林业有害生物

其他区域性林业有害生物主要有柳毒蛾、刺槐尺蠖、沙棘木蠹蛾，全年共发生25.28万亩，同比基本持平，以轻度危害为主，局地有小面积成灾，共实施防治作业25.55万亩。其中：柳毒蛾共发生12.97万亩，以轻度危害为主，主要分布在榆林市榆阳区、神木等地，未成灾；刺槐尺蠖共发生7.73万亩，同比略有减少，主要分布在咸阳、宝鸡、渭南、西安等关中地区，以轻度发生为主，中重度发生面积同比略有减少，在咸阳市乾县局地成灾，成灾面积0.021万亩；沙棘木蠹蛾共发生3.96万亩，同比基本持平，主要分布在延安市吴起、志丹、安塞，轻中度发生为主，在吴起局地有中度危害，危害面积1.96万亩，未成灾。

（三）成因分析

1. 松材线虫病疫情扩散蔓延势头得到有效遏制，危害程度逐年下降

一是省委省政府高度重视。省政府召开全省总林长会议、全省重大林业有害生物防控工作推进会，研究部署松材线虫病防控工作。省总林长签发陕西省第1号总林长令，省林长制办公室制定印发《陕西省林长制考核方案(试行)》，将重大林业有害生物灾害纳入对各级林长的考核内容。省委书记、省长、省总林长、省政府分管副省长先后多次调研检查西安市、安康市、商洛市及3个相关单位的松材线虫病等重大林业有害生物防控工作；二是精心部署。省林业局先后多次召开会议，安排部署2022年松材线虫病防控工作。制定实施《彻底除治松材线虫病死及密接松树工作方案》《陕西省重点区域松材线虫病防控方案》《陕西省2022年松材线虫病防治方案》等政策文件；三是严格执行国家技术标准要求，扎实做好疫情监测、疫情除治、检疫监管等各项防控工作。坚持以清理疫木为核心，严格执行"两彻底一到位"疫木除治标准，2021年冬至2022年春全面完成疫木清理任务，实现疫木清零。各疫区实行跟班作业制度和绩效承包制度，确保彻底除治疫木；四是聚焦易感松树保护，全省采取挂设诱捕器、打孔注药、飞机防治和人工喷药等方式防治松褐天牛，有效降低松褐天牛虫口密度，减少自然传播概率。

2. 美国白蛾疫情得到有效遏制，整体实现无疫情

一是精心部署。省委省政府府高度重视，将美国白蛾等重大林业有害生物防治工作纳入林长制考核。陕西省林业局多次召开会议，安排部署美国白蛾防控工作；年初，及时分解下达美国白蛾防治任务，印发了《陕西省2022年美国白蛾防治方案》。西安市召开全市美国白蛾防控形势分析研判会，印发《关于划定风险区找准风险点实施精准防控决胜美国白蛾歼灭战的通知》，明确四类风险点，实施精准防控；二是落实技术措施。坚持以扑灭疫情为目标，严格按照"全面检疫封锁，监测诱杀成虫，排查烧毁网幕，喷施生物药剂，人工挖除虫蛹"总体防控思路，全力开展疫情防治工作，全面完成国家下达防治任务，防治成效显著；三是严格执行"禁苗"政策，加大执法力度，提高执法威慑力。加强对主要道路口检疫封锁、苗圃地苗木就地封锁，绿化建设工地苗木的检疫核查，严防疫情传播；三是加强宣传，通过网络、报纸、微信、公众号、张贴宣传标语、印发宣传资料等多种形式开展宣传，形成了全社会共同支持和参与防控工作的良好氛围。

3. 经济林病虫害总体发生水平较高，局地危害严重

一是随着陕西省林业产业经济的大力发展，全省经济林面积逐年增加，主要是核桃、板栗、红枣、花椒等经济林人工纯林面积增长迅速，纯林抗逆性脆弱，抵御病虫害能力差；二是我省建立经济林无公害防治示范区，以点带面，进一步提高了林农的防治意识和防治技术水平，有效控制经济林虫害总体发生面积；三是受气候影响，经济林病害发生面积略有增加，局地危害严重。

4. 林业鼠(兔)害发生面积基本持平，局地危害严重

一是多年对林业鼠(兔)害开展综合治理，大力推广环境控制、物理空间隔断、不育剂等无公害综合防治技术，防控成效显著，导致总体发生面积呈平稳趋势；二是由于天保工程、封山禁牧等政策的实施，林区的生态环境环境不断改善，植被增加，林业鼠(兔)害食物构成多样。加之，中幼龄林日渐成熟，导致近年陕西省林业鼠(兔)的危害以轻度为主；三是关中、陕北的个别地区新造林地和未成林地面积的大量增加，林分结构单一，致使个别地区的林业鼠害发生面积有所增加，局地危害加重。

5. 松树钻蛀性害虫发生面积有所下降，局地危害仍然严重

一是华山松大小蠹发生区经过清理虫害木，采取有效防治措施，防治效果良好；二是加大松褐天牛防治力度，今年累计防治面积105.5万亩(其中，飞机防治面积71.46万亩)，有效降低了松褐天牛的虫口密度，减少了松材线虫病疫情的自然传播概率。

6. 松树食叶害虫总体发生面积略有下降，危害得到有效控制

一是大力推行无公害防治、飞机防治，推广人工物理防治，限制化学农药使用范围，有效控制了种群密度，降低了危害程度；二是松叶蜂近年通过采取人工喷药、飞机防治等多种措施进行综合防治，整体呈轻度危害、有虫不成灾，防治成效显著，有效控制了连续多年的危害。

二、2023年林业有害生物发生趋势预测

(一)2023年总体发生趋势预测

1. 预测依据

根据陕西省各地林业有害生物2022年发生情况和2023年趋势预测报告、陕西省2022年冬季气象数据和2023年春季全国气候趋势预测、主要林业有害生物历年发生规律和各测报点越冬前有害生物基数调查结果。

2. 预测结果

预计2023年陕西省主要林业有害生物总体发生趋势为：2023年林业有害生物预测发生553万亩左右(图28-2)，发生面积与2022年基本持平，其中病害发生130万亩左右，虫害发生323万亩左右，鼠(兔)害发生100万亩左右。

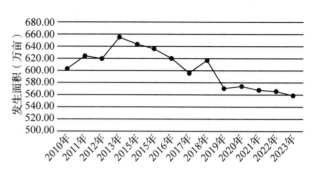

图28-2 陕西省林业有害生物2023年发生趋势预测示意图

具体发生趋势特点：一是松材线虫病疫情发生面积将继续下降，危害程度逐年下降；二是美国白蛾疫情范围将进一步压缩，仍有疫情传入和扩散蔓延的风险；三是林业鼠(兔)害发生面积将略有下降，局地将严重发生；四是经济林病虫仍将呈大面积发生，局地危害严重；五是干部病虫害发生面积将略有减少，局地危害加重；六是叶部病虫害整体趋轻，局地危害严重。

(二)分种类发生趋势预测

1. 松材线虫病

预计2023年全省疫点数量、发生面积和病死松树数量均会有所下降。综合分析陕西省松材线虫病发生数据、平均气温、松林分布、松褐天牛发生情况和交通状况等因素，预测发生44万亩左右，主要分布在陕南3地市的部分县(区)。综合分析松材线虫病疫情发生原因，多为人为传播。所以，全省其他非疫区都有疫情传入风险。

2. 美国白蛾

预计2023年全省美国白蛾疫情范围将进一步减小，但随着经贸高速发展和城市建设需要，省内近年调运苗木活动频繁，从疫区调入绿化苗木的情况时有发生。根据美国白蛾发生特点及规律，毗邻美国白蛾疫情发生区的各(县)区发生疫情的风险很高，咸阳市秦都区、渭城区、兴平市、武功县、西安市长安区的传入风险极高。

3. 林业鼠(兔)害

林业鼠(兔)害预测发生面积将有所下降，局部将偏重发生，预测发生100万亩左右(图28-3)。中华鼢鼠在秦巴山区及渭北高原的新植林和

中幼林地可能偏重发生,局地成灾。甘肃鼢鼠在延河流域继续轻度发生,局地重度危害。草兔种群数量有略微增加,在关中北部、陕北中南部、秦岭东部广泛分布,对乔灌木林地危害以轻度为主,对关陇山区的草场局地产生轻中度危害。

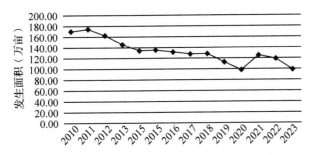

图 28-3　陕西省林业鼠(兔)害 2023 年发生趋势预测示意图

4. 红脂大小蠹

红脂大小蠹发生将与 2022 年基本持平,预测发生 8 万亩左右,主要在延安、铜川、咸阳局地轻度发生,局地中度以上危害,不会成灾。

5. 松树钻蛀害虫

松树钻蛀性害虫危害依然严重,预测发生 60 万亩(图 28-4),主要发生种类:松褐天牛、华山松大小蠹、松梢螟。其中,松褐天牛预测在汉中、安康、商洛的大部分县(区)发生,发生面积 20 万亩,局部有中度以上危害;华山松大小蠹预测发生 15 万亩,主要在安康、宝鸡、省资源局的部分地区发生,在辛家山、马头滩、宁东局、宁西局等地局地会有中重度危害;松梢螟预测发生 25 万亩,主要分布在延安市的黄龙山和桥山林业局,铜川和咸阳的部分地区也有少量分布,极个别地区的局地会有重度危害。

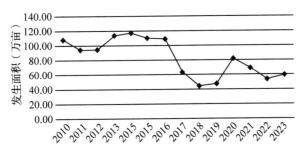

图 28-4　陕西省松树钻蛀性害虫 2023 年发生趋势预测示意图

6. 松树食叶害虫

松树食叶害虫发生将略有下降,预测发生 45 万亩(图 28-5),主要发生种类为:松阿扁叶蜂、油松毛虫、松针小卷蛾。其中,松阿扁叶蜂预测发生 28 万亩,发生区仍以商洛市的大部分县(区)为主,在西安和宝鸡的部分地区也有少量分布,均以轻度发生为主。油松毛虫预测发生 5 万亩,主要分布在韩城、延安、安康、汉中的部分区县。松针小卷蛾预测发生 5 万亩,主要分布在榆林的部分区县,在榆阳区局地有中度以上危害。

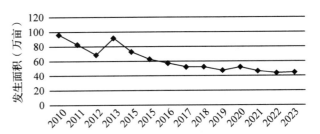

图 28-5　陕西省松树食叶害虫 2023 年发生趋势预测示意图

7. 杨树蛀干害虫

杨树蛀干害虫以轻度发生为主,但局地可能受害严重,预测发生 25 万亩左右(图 28-6)。主要以黄斑星天牛、光肩星天牛、杨干透翅蛾、白杨透翅蛾为主,省内大部分地区均有分布,不排除在西安、宝鸡、咸阳、渭南、榆林局地重度危害的可能。

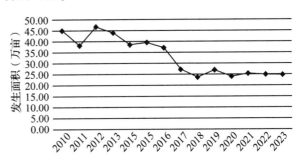

图 28-6　陕西省杨树蛀干害虫 2023 年发生趋势预测示意图

8. 杨树食叶害虫

预计与 2022 年发生基本持平,预测发生 2 万亩(图 28-7),总体危害有所减轻。主要以杨小舟蛾为主,预测发生 2 万亩,主要分布在关中地区,局地可能出现重度危害。

9. 经济林病虫害

板栗、核桃、花椒、柿子、红枣等经济林病虫害发生面积预计与 2022 年基本持平,预测发生 160 万亩左右(图 28-8),其中核桃黑斑病在西安、宝鸡、咸阳、安康、商洛等地较大面积发生,轻中度为主,预计在蓝田、麟游、山阳等地有重度危害;板栗疫病主要在陕南 3 市轻中度发生,预计在镇安、商南局地有重度危害。核桃举

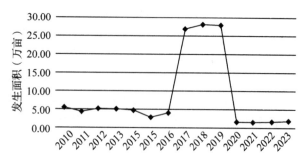

图28-7　陕西省杨树食叶害虫2023年发生趋势预测示意图

肢蛾在西安、铜川、宝鸡、汉中、安康、商洛将有较大面积发生，轻中度为主，预计蓝田、陇县、镇安等地将会有重度危害，局地成灾。花椒窄吉丁在宝鸡、渭南、韩城将有轻中度发生，凤县、韩城局地将有重度危害。枣飞象在榆林南部红枣种植区将有较大面积发生，轻中度为主，绥德、吴堡局地将会有重度危害。

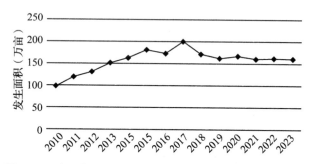

图28-8　陕西省经济林病虫害2023年发生趋势预测示意图

10. 其他主要病害

发生面积预计与2022年基本持平，预测发生30万亩左右，局部地区有重度以上危害。预计松落针病发生10万亩，轻度发生为主，在延安的富县局地有中度以上危害。预计侧柏叶枯病发生15万亩，以轻中度发生为主，在延安、宝鸡、汉中、安康以轻中度发生为主，预计在麟游、扶风局地有重度危害。预计杨树溃疡病发生1万亩，以轻度发生为主，主要分布在宝鸡、渭南、韩城，轻度发生为主。

11. 区域性林业有害生物

总体发生面积预计与2022年持平，预测发生25万亩左右。其中，预计柳毒蛾发生10万亩，主要分布在榆林市榆阳、横山、靖边、神木等地，轻度危害为主，榆阳局地有中度以上危害。预计刺槐尺蠖共发生10万亩，主要分布在宝鸡、咸阳、渭南，以轻度发生为主，在宝鸡市陇县、咸阳市礼泉、永寿的局地呈重度危害。预计沙棘木蠹蛾共发生5万亩，主要分布在延安市吴起，中度发生为主。

三、对策建议

（一）加强监测预报预警，提高灾害预防能力

完善省、市、县、镇、村五级林业有害生物监测网络体系，科学调整布设监测站点，加密监测站点。与气象等有关部门共同建立配合、信息互通的监测预警机制，提高监测预报的科学性和准确性。建立健全以测报点为主体、社会化购买服务为补充的监测组织模式，鼓励地方向社会化组织购买监测调查、数据分析、技术服务工作，切实提高监测能力和水平。规范监测数据管理，严格林业有害生物联系报告制度，推动县级防治检疫机构及时发布灾害预警信息，为防治决策和生产防治提供科学有效依据。

（二）深入开展攻坚行动，控制疫情危害态势

认清形势提高站位，全面贯彻《陕西省林业局关于科学防控松材线虫病疫情的实施意见》和《陕西省松材线虫病疫情防控五年攻坚行动方案（2021—2025）》，以实现"十四五"防控目标为导向，科学系统开展松材线虫病防控。按照分区分级管理、科学精准施策要求，全面开展疫情精准监测、疫源封锁管控、疫情除治质量提升和健康森林保护等攻坚行动。实施人工地面监测与遥感无人机监测相结合的"天空地"一体化监测，推广应用松材线虫病疫情精细化监管平台，加强疫情精细化监测，强化疫情数据管理和疫情信息核实核查。

（三）加强重点区域防控，确保松林资源安全

加强松材线虫病、美国白蛾的日常监测，实行监测工作常态化，切实做到疫情"早发现、早处置"；加大秦巴山区、黄桥林区、南水北调水源地、嘉陵江源头等重要生态涵养带和太白山、华山等重点风景名胜区重大林业有害生物防控力度，确保重要生态资源的安全。坚持"六个严格"，即"严格疫区管理、严格疫木管理、严格疫

情除治、严格疫情监测、严格检疫执法、严格责任落实",切实提高松材线虫病、美国白蛾等重大林业有害生物防控成效。

(四)严格检疫监管执法,切断疫情传播途径

进一步完善全省检疫封锁方案,合理设置重大林业有害生物检疫检查站;制定完善检疫检查站各项制度,采取明察暗访的方式,检查制度执行情况,确保检查站真正发挥疫情阻截作用;组织开展检疫检查、检疫复检和执法行动,打击违法违规行为,严防境外疫情传入和陕西省疫情的扩散蔓延。

(五)完善区域联防联治,提高防控工作成效

加大对秦岭地区等重点生态区位林业有害生物预防和治理力度,完善和加强省内毗邻市、县(区)之间,毗邻省份之间的联防联治机制,协同合作;美国白蛾要严防外输内扩,继续加大防治力度,进一步提高防控成效。同时,兼顾其他食叶害虫防治,推行精准预防和治理。钻蛀性害虫高发区要整合应用现有成熟监测技术,加强监测,确保灾害早期发现和防治。特别关注突发性、暴发性灾情,采取切实防治措施,最大限度降低灾害损失。

(六)加大宣传培训力度,提高监测预报水平

通过开展多层次、多渠道、多形式的宣传活动,全方位向社会宣传《陕西省林业有害生物防治检疫条例》及重大林业有害生物防控知识,切实提高社会公众对重大林业有害生物危险性和危害性的防范意识,激发群众参与的主动性和积极性,提高公众参与度,努力营造良好的群防群治氛围;加强对各级测报人员的培训,结合生产工作实际,适时以现场会、培训班等形式举办各类林业有害生物防控政策法规和义务技术培训活动,进一步提高基层人员业务水平和能力。

(主要起草人:李建康 郭丽洁;主审:董振辉)

29 甘肃省林业有害生物 2022 年发生情况和 2023 年趋势预测

甘肃省林业有害生物防治检疫局

【摘要】根据 1~11 月林业有害生物发生数据统计结果，结合各地林业有害生物发生情况报告，对甘肃省 2022 年林业有害生物发生情况进行了综合分析。据统计，2022 年全省林业有害生物发生 570.40 万亩，较 2021 年下降 16.83 万亩，同比下降 2.87%；成灾面积为 13.89 万亩，成灾率 1.24‰。

一、2022 年林业有害生物发生情况

2022 年全省病害发生 109.17 万亩，较 2021 年减少 2.97 万亩，同比下降 2.65%，其中轻度发生 84.83 万亩，中度发生 21.74 万亩，重度发生 2.60 万亩；虫害发生 257.21 万亩，较 2021 年减少 20.96 万亩，同比下降 7.53%，其中轻度发生 209.66 万亩，中度发生 37.71 万亩，重度发生 9.85 万亩；鼠兔害发生 204.02 万亩，较 2021 年增加 4.16 万亩，同比上升 2.11%，其中轻度发生 178.93 万亩，中度发生 23.64 万亩，重度发生 1.45 万亩。

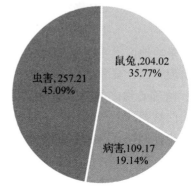

图 29-2　2022 年甘肃省林业有害生物发生情况

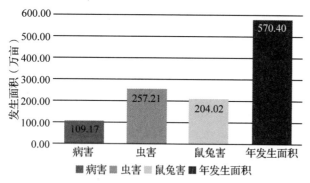

图 29-1　2022 年甘肃省林业有害生物发生对比图

（一）发生特点

2022 年全省的林业有害生物发生面积较往年略有下降，总体发生以轻度为主，轻度发生面积占总发生面积的 82.92%。

（1）松材线虫病面临十分严峻的防控形势。

（2）阔叶林病虫害在各地普遍发生。杨树食叶害虫、杨树病害、杨树蛀干类害虫的发生面积较去年均有下降，以轻度发生为主，局部有成灾。

（3）针叶林区病虫害发生面积减少，形势依然严峻。部分常发性林业有害生物如中华松针蚧、华山松大小蠹等在陇南、小陇山林区扩散蔓延明显，近年来小檗绢粉蝶、云杉四眼小蠹等在祁连山局部已上升为主要有害生物，落叶松鞘蛾和青海云杉叶锈病在兴隆山保护区呈扩散趋势，对林木健康构成威胁。

（4）森林鼠兔害发生面积大，范围广，危害重。其中中华鼢鼠与 2021 年相比发生面积基本持平，大沙鼠、野兔害危害比去年有所增加，达乌尔鼠兔的发生面积有所减少，主要在甘肃省自然保护区、退耕还林区和未成林地造成危害，局部地区危害猖獗。

（5）经济林有害生物种类多样，分布广泛，发生比 2021 年有小幅下降。花椒、枸杞、核桃的发生面积、危害较往年得到一定控制，整体上

依然面临比较严重的危害。

(6) 生态荒漠林病虫害发生较2021年有所减少。白刺毛虫、柽柳条叶甲、柠条豆象等荒漠林病虫害种类的发生面积较2021年普遍减少，但仍对生态安全构成威胁。

(二) 主要林业有害生物发生情况分述

1. 松材线虫病

2022年松材线虫病疫区康县大南峪镇、王坝镇所属3个疫点小班共计死亡松树12株，经取样鉴定12株松树，均未检测出松材线虫。除陇南市康县外，其他市(州)及局直单位均未发现松材线虫病，松树死亡的主要原因是鼠(兔)害、华山松大小蠹、叶蜂等病虫害危害及火烧等。

2. 生态阔叶林病虫害

食叶害虫　2022年全省杨树食叶害虫发生20.03万亩，较2021年减少1.83万亩，同比下降10.59%。其中：春尺蠖发生6.45万亩，较去年减少0.80万亩，主要发生在白银、酒泉、临夏、金昌、武威、张掖、祁连山保护区、敦煌西湖保护区等地；柳沫蝉发生2.27万亩，主要发生在平凉、庆阳、临夏；大青叶蝉发生1.91万亩，主要发生在武威、酒泉、平凉；黄褐天幕毛虫发生1.85万亩，主要发生在酒泉；杨毛蚜发生1.54万亩，主要发生在金昌、酒泉；杨蓝叶甲发生1.26万亩，较去年减少2.04万亩，主要发生在酒泉、武威、张掖；草履蚧发生1.11万亩，主要发生在酒泉；杨潜叶跳象发生0.42万亩，主要发生在武威；大栗腮金龟发生0.39万亩，主要发生在定西、临夏、莲花山保护区等地；舞毒蛾发生0.06万亩，主要发生在白水江林区、武威；刺槐尺蠖发生6.77万亩，主要发生在庆阳、天水两市；刺槐蚜发生6.76万亩，主要发生在平凉、白银、临夏等市。

蛀干虫害　2022年全省杨树蛀干害虫发生27.70万亩，较2021年减少1.58万亩，同比下降5.40%。其中：光肩星天牛发生25.39万亩，较去年减少1.29万亩，主要发生在河西、白银、临夏等地；青杨天牛发生1.20万亩，较2021年减少0.62万亩，主要发生在酒泉、白银等地；白杨透翅蛾发生0.57万亩，主要发生在平凉、白银；杨十斑吉丁发生0.38万亩，主要发生在酒泉；杨干象发生0.12万亩，主要发生在酒泉。

病害　2022年全省杨树病害发生17.44万亩，较2021年减少0.95万亩，同比下降6.68%。其中：杨树腐烂病发生5.95万亩，较2021年减少0.15万亩，主要发生在临夏、白银、平凉等地；柳树烂皮病发生3.35万亩，较2021年减少0.34万亩，主要发生在临夏、定西；杨树叶斑病发生2.22万亩，较2021年减少0.11万亩，主要发生在平凉；杨树灰斑病发生2.10万亩，较2021年减少0.15万亩，主要发生在临夏、白银；胡杨锈病发生1.59万亩，主要发生在酒泉、敦煌西湖保护区；白杨叶锈病发生0.84万亩，较2021年减少0.18万亩，主要发生在白银；青杨叶锈病发生0.52万亩，较2021年减少0.21万亩，主要发生在临夏；杨树锈病发生0.49万亩，主要发生定西、兴隆山管理局；刺槐白粉病发生3.22万亩，主要发生在平凉、陇南等地。

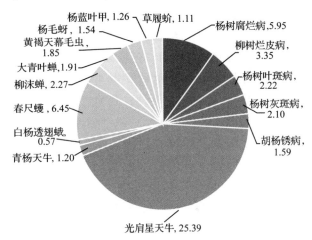

图 29-3　2022年甘肃省生态阔叶林病虫害发生情况（万亩）

3. 生态荒漠林病虫害

2022年柽柳条叶甲发生8.51万亩，较2021年减少1.29万亩，主要发生在张掖高台县、酒泉市瓜州县、敦煌西湖保护区；柠条豆象发生8.15万亩，较2021年减少0.68万亩，主要发生在定西、兰州、连古城保护区；白刺毛虫发生0.28万亩，较2021年减少3.48万亩，主要发生在连古城保护区。

4. 生态针叶林病虫害

2022年全省针叶林病虫害发生140.47万亩，较2021年减少9.35万亩，同比下降6.28%。具体种类及发生情况如下：

除松材线虫病以外的针叶林病害　发生范围广、危害程度重，云杉落针病发生19.76万亩，较2021年减少3.85万亩，主要发生在白龙江林区插岗梁生态建设局、迭部、阿夏、博峪河自然保护区，主要危害人工云杉纯林，发生地块多和上年度发生的地块重复；松落针病发生14.61万亩，较2021年增加3.98万亩，主要发生在庆阳、陇南、小陇山林区等地；青海云杉叶锈病发生10.12万亩，主要发生在祁连山、洮河林区；侧柏叶枯病发生3.37万亩，主要分布于陇南、天水等地；落叶松落叶病发生2.58万亩，主要发生在小陇山林区；油松松针锈病发生1.34万亩，主要发生在庆阳、陇南等地。

针叶林虫害 落叶松球蚜发生15.58万亩，较2021年减少2.14万亩，主要分布在陇南、小陇山林区等地；华山松大小蠹发生11.78万亩，较2021年减少1.05万亩，主要发生在陇南武都区，小陇山保护区江洛林场、严坪林场；中华松针蚧发生11.62万亩，主要分布在陇南、小陇山林区；云杉梢斑螟发生7.87万亩，主要发生在祁连山林区；落叶松红腹叶蜂发生7.80万亩，较2021年减少6.67万亩，主要发生在陇南、小陇山林区等地；落叶松鞘蛾发生4.83万亩，主要发生在定西、小陇山等地；松针小卷蛾发生3.77万亩，主要发生在庆阳；微红梢斑螟、松梢螟、果梢斑螟发生面积分别为3.35万亩、2.92万亩、2.43万亩，主要发生在庆阳；云杉阿扁叶蜂发生1.71万亩，主要发生在祁连山林区；钝鞘中脉叶蜂发生1.55万亩，主要发生在小陇山林区；丹巴腮扁叶蜂发生1.18万亩，较去年减少1.13万亩，主要发生在祁连山林区；油松毛虫发生0.05万亩，主要发生在庆阳。

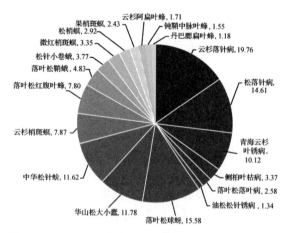

图29-4 2022年甘肃省针叶林病虫害发生情况（万亩）

5. 经济林病虫害

2022年全省经济林病虫害发生107.71万亩，较2021年减少6.36万亩，同比下降5.53%。具体种类及发生情况如下：

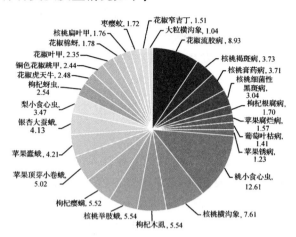

图29-5 2022年甘肃省经济林有害生物发生情况（万亩）

经济林病害 主要有花椒流胶病、核桃膏药病、核桃细菌性黑斑病、枸杞根腐病、苹果腐烂病、葡萄叶枯病等。其中花椒流胶病发生8.93万亩，较2021年减少1.11万亩，主要发生在陇南、临夏；核桃褐斑病发生3.73万亩、核桃膏药病发生3.71万亩、核桃细菌性黑斑病发生3.04万亩，主要发生在陇南；枸杞根腐病发生1.70万亩，主要发生在白银；苹果腐烂病发生1.57万亩，主要发生在庆阳、天水、定西等地；苹果锈病发生1.23万亩，主要发生在庆阳、平凉等地；葡萄叶枯病发生1.41万亩，主要发生在酒泉。

经济林虫害 主要有桃小食心虫、核桃横沟象、核桃举肢蛾、银杏大蚕蛾、枸杞木虱、枸杞瘿螨、苹果蠹蛾、梨小食心虫、花椒虎天牛、花椒棉蚜、铜色花椒跳甲、枣瘿蚊等。其中桃小食心虫发生12.61万亩，较2021年减少2.92万亩，主要发生在白银、张掖、临夏；核桃横沟象发生7.61万亩、核桃举肢蛾发生5.54万亩、银杏大蚕蛾发生4.13万亩、核桃扁叶甲发生1.77万亩，主要发生在陇南；枸杞木虱发生5.54万亩、枸杞瘿螨发生5.52万亩、枸杞蚜虫发生2.54万亩，主要分布在白银、酒泉、张掖、武威等地；花椒虎天牛发生2.48万亩、铜色花椒跳甲发生2.44万亩、花椒叶甲发生2.35万亩、花椒棉蚜发生1.78万亩、花椒窄吉丁发生1.51万亩，主要分布在陇南、临夏、甘南；苹果顶芽小卷蛾发生5.02万亩、苹果蠹蛾发生4.21万亩，主要发生在河西、庆阳等地；梨小食心虫发生3.47万亩，较2021年增加0.15万亩，主要发生在白银、酒泉、庆阳、兰州等地；枣叶瘿蚊发生1.72万亩，主要发生在张掖等地；大粒横沟象发生1.04万亩，主要发生在陇南。

6. 鼠（兔）害

2022年甘肃省鼠兔害一次性发生面积为204.12万亩，较2021年增加4.16万亩，同比上升2.11%，发生面积占全省林业有害生物发生面积的35.77%，轻度发生面积占鼠兔害总发生面积的87.70%。其中中华鼢鼠发生91.02万亩，与2021年同期基本持平，轻度发生为主，发生分布范围广，白银、平凉等地有成灾。莲花山管理局中华鼢鼠造成的植株被害率为3%，平均鼠口密度2头/hm^2，兴隆山管理局平均鼠口密度3头/hm^2，安定区较重发生区平均鼠口密度8头/hm^2，严重影响到造林绿化成果和生态安全。大沙鼠发生75.86万亩，比去年同期增加2.68万亩，主要在河西五市（嘉峪关、金昌、武威、张掖、酒泉）、敦煌西湖保护区、白银市发生，永昌县大沙鼠危害灌木受害株率为31%左右，属中度发生；在白银市公益林区造成黑柴植株死亡率高达25%。达乌尔黄鼠发生0.07万亩，与2021年同期基本持平。近年来主要在白银市与大沙鼠呈混合发生状，轻度发生为主，在局部地区对退耕还林、荒山造林等重点林业生态建设工程造成危害。野兔发生32.50万亩，比2021年同期增加2.55万亩，普遍发生，主要啃食树皮，啃食轻则造成树势衰弱处于半死亡状态，严重的造成整株树木死亡，降雪后和早春树皮开始返绿时危害最重。达乌尔鼠兔发生1.84万亩，比2021年同期减少1.37万亩，主要发生在中东部地区的庆阳、临夏等地，啃食油松、红砂、锦鸡儿、白刺、山杨、侧柏等多种林木的树皮和枝梢，轻度发生面积占达乌尔鼠兔全省发生面积的80.45%。

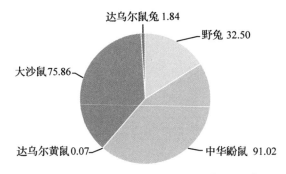

图29-6 2022年甘肃省鼠兔害发生情况（万亩）

（三）成因分析

(1) 森林鼠兔害的发生面积居高不下。随着新造幼林面积不断增大，管护跟不上，监测及防控经费投入严重不足等原因，加上人为活动频繁，导致鼠兔类天敌动物栖息环境受到破坏，造成鼠兔害密度维持在较高水平。

(2) 针叶林病虫害发生面积较2021年有所减少。由于今年甘肃省大部春雨早，气温低，影响病虫发育，致使落叶松球蚜、落叶松叶蜂等林业有害生物在初发、发生高峰期都比历年滞后；夏雨迟，持续高温使针叶林病虫害的发生受到抑制。

(3) 经济林病虫害发生面积相比2021年有所减少。随着经济林种植户经营能力的提高，对果园投入不断加大，经济林虫害预防和防治能力均有提高。

(4) 甘肃省多地持续深入推进杨树蛀干天牛的生物防控，多方面开展生物防治技术的推广和应用工作，如危害树木截干复壮、引进释放天敌昆虫、利用啄木鸟控制天牛等举措成效日渐显著。

(5) 生态荒漠林病虫害发生面积减少。白刺夜蛾、柠条豆象的发生与降水温度等气候因素有关，加上近几年来发生区进行了大面积防治，防治效果比较明显，对白刺夜蛾等荒漠林病虫害的发生起到了很好的遏制作用。

二、2023年林业有害生物发生趋势预测

（一）2023年总体发生趋势预测

根据全省主要林业有害生物发生规律、越冬基数调查结果、结合未来气象预报等环境因素分析，2023年林业有害生物的发生将呈现稳中有升的态势，预测2023年林业有害生物发生600万亩，其中：病害120万亩，虫害260万亩，鼠（兔）害220万亩。

（二）分种类发生趋势预测

1. 阔叶林病虫害

病害 主要有杨树腐烂病、杨树叶斑病、杨

树锈病、刺槐白粉病等，预测发生25万亩左右。

食叶害虫 主要有春尺蠖、杨蓝叶甲、舞毒蛾、黄褐天幕毛虫、杨二尾舟蛾、刺槐尺蠖等，主要分布在河西地区、白银、临夏、平凉、庆阳等地，预测发生35万亩左右。

蛀干害虫 主要有光肩星天牛、青杨天牛、杨干透翅蛾、白杨透翅蛾、杨十斑吉丁虫等，主要分布在河西地区、兰州、白银、平凉、天水、临夏等地，预测发生30万亩。张掖、酒泉等地可能成灾。

2. 针叶林病虫害

主要分布在兰州、白银、庆阳、天水、陇南、甘南、白龙江林区、小陇山林区、祁连山林区等地，预测发生150万亩左右。

3. 生态荒漠林病虫害

主要有柠条豆象、柽柳条叶甲、白刺毛虫等，主要分布在兰州、白银、定西、酒泉、临夏、敦煌西湖保护区、连古城保护区等地，预测发生20万亩左右。

4. 鼠（兔）害

主要有中华鼢鼠、大沙鼠、达乌尔鼠兔、野兔等，全省各地均有分布，预测发生220万亩，其中中华鼢鼠发生95万亩；大沙鼠发生80万亩；野兔发生30万亩；其他鼠（兔）害发生5万亩。中华鼢鼠、大沙鼠、野兔等在河西局部地区会偏重发生，可能成灾。

5. 经济林病虫害

全省各地均有分布，预测发生110万亩，局部地区可能成灾。

三、防治对策与建议

（一）加强监测预报，提升监测预报工作整体水平

加强监测预报工作，加大监测力度，落实监测责任。充分发挥以国家级中心测报点为骨干的监测预报体系的作用，及时发布预报信息，准确掌握林业有害生物的发生情况，为生产防治提供科学依据。

（二）强化政府主导作用，加大政策扶持力度

政府部门加大对林业有害生物防控工作的资金投入力度，同时加大各部门的协调配合，推动联防联治工作的推进，各林业部门加大项目申请力度，促进林业有害生物防治水平的提高。

（三）加强技术培训，抓好森防技术培训

提高森防队伍技术服务水平，做好技术指导，引导科学、安全使用农药，预防农药中毒事件发生。立足生产实际认真组织开展防治技术的研究，建设高素质的林业有害生物防治队伍。通过举办培训班、研讨班、现场会等多种形式，开展多层面的技术培训，普及防治技术和提高管理水平。同时，各级林草技术干部要深入到防治现场、农户，加强技术指导和服务，普及防治常识，培养出一批拥有高端技术的防治队伍。

（四）优化资源配置，开展精准防控

做好重点地区、重要林业有害生物及突发性林业有害生物的防控是防治工作的重中之重。进行系统性的调查分析，制定优先防治策略，优化资源配置，早期实施精准防控，做好除治工作，防止扩散蔓延。加强检疫和无公害防治措施，坚决遏制重要林业有害生物高发态势。

（主要起草人：李广 张娟；主审：王玉玲 刘冰）

30 青海省林业有害生物2022年发生情况和2023年趋势预测

青海省森林病虫害防治检疫总站

【摘要】 2022年青海省林业有害生物发生386.84万亩，实施防治303.37万亩，发生面积同比减少1.52万亩，中度以上发生138.63万亩，危害程度中等偏重，同比略减轻。局部地区成灾，成灾面积0.04万亩，成灾率0.004‰。预测2023年青海省主要林有害生物发生较2022年发生面积呈下降趋势，发生面积为327.02万亩，危害程度呈中等，局地偏重。

一、2022年林业有害生物发生情况

2022年全省林业有害生物发生386.84万亩，同比下降0.39%，轻度发生248.22万亩，中度发生131.06万亩，重度发生7.57万亩，成灾面积0.04万亩，成灾率为0.004‰。其中，林地鼠（兔）害发生175.75万亩，同比上升9.29%；虫害发生161.49万亩，同比下降7.61%；病害发生面积43.95万亩，同比基本持平；有害植物发生5.66万亩，同比上升35.39%。年初预测2022年主要林业有害生物发生面积365.10万亩，测报准确率为94.38%。

（一）发生特点

2022年青海省林业有害生物发生总面积为386.84万亩，危害程度呈中等，局部地区重度发生。

一是全年林业有害生物发生整体呈平稳态势，未发生突发林业有害生物；二是林业鼠（兔）害仍是青海省主要林业有害生物，发生175.75万亩，占总发生面积的45.43%，常发区内发生面积和危害程度逐年下降，在海东市新造林地、果洛藏族自治州（以下简称果洛州）灌木林和牧草地交错带危害较重；三是受气候因素影响，2022年刺吸类枝梢害虫、天然林小蠹虫发生危害较往年严重，云杉锈病、青杨叶锈病等病害较历年同期危害程度减轻；四是高山毛顶蛾在门源仙米林区危害严重，呈现夏树秋景之像；五是虫害发生种类增加，危害范围扩散，黄南藏族自治州（以下简称黄南州）、海北藏族自治州（以下简称海北州）山生柳新发柳树锉叶蜂（未定名），海东市互助县、乐都区新发圆柏枝梢虫害（未定名），海南藏族自治州（以下简称海南州）共和县、兴海县新发铜绿异丽金龟危害，此外玉树藏族自治州（以下简称玉树州）、果洛州人工云杉林内监测到云杉小卷蛾、山楂黄卷蛾、云杉大灰象等害虫危害；六是灌木林有害生物发生日益严重，高山天幕毛虫、柳树锉叶蜂（未定名）、丽腹弓角鳃金龟等在生态脆弱的三江源地区、祁连山地区发生危害；七是部分林业有害生物（云杉矮槲寄生害、

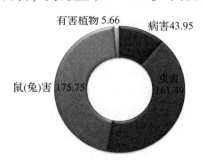

图30-1　2022年林业有害生物发生情况（万亩）

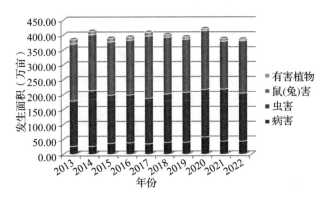

图30-2　2013—2022年林业有害生物发生情况

松萝、柳树丛枝病、圆柏大痣小蜂等）因缺乏简便可行的防治措施，发生面积居高不下，危害呈扩散趋势；八是常发性有害生物整体呈下降态势，防控效果明显；九是经济林有害生物发生面积逐年减少，危害程度呈轻度；十是松材线虫病已逼近青海省，入侵高风险点——海北州祁连县天然青海云杉林内监测到云杉小墨天牛分布，对我省松林资源安全造成重大威胁。

（二）主要林业有害生物发生情况分述

1. 林地鼠（兔）害

全省林地鼠（兔）害发生种类主要有高原鼢鼠、高原鼠兔、根田鼠等，发生175.75万亩，同比上升9.3%。其中高原鼢鼠发生134.54万亩，同比基本持平，主要发生在西宁市辖区及各区县、海东市各区县、海北州各县、海南州各县、黄南州泽库县、河南蒙古族自治县（以下简称河南县）和果洛州玛可河林区；高原鼠兔发生39.44万亩，同比上升67.1%，主要发生在湟源县、门源回族自治县（以下简称门源县）、尖扎县、坎布拉林场、共和县、兴海县、班玛县、甘德县、达日县、久治县、玛可河；根田鼠发生面积1.77万亩，同比下降54.7%，主要发生在西宁市大通县，海北州海晏县、刚察县。

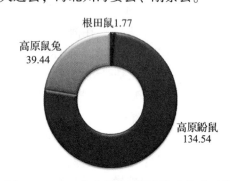

图30-3　2022年全省林地鼠害发生情况对比

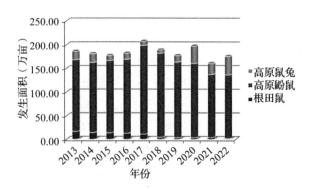

图30-4　2013—2022年林地鼠害发生情况

2. 经济林有害生物

经济林有害生物主要种类有枸杞有害生物（枸杞瘿螨）和杂果有害生物（核桃褐斑病、核桃腐烂病、杏流胶病），发生6.42万亩，发生面积基本持平，轻度危害。其中，枸杞瘿螨发生5.61万亩，主要发生在海西蒙古族藏族自治州（以下简称海西州）都兰县；核桃褐斑病、核桃腐烂病、杏流胶病发生0.81万亩，主要发生在海东市民和县、循化县。

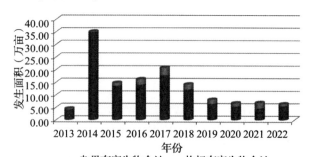

图30-5　2013—2022年经济林有害生物发生情况

3. 阔叶树有害生物

杨柳榆病害　发生种类有杨树烂皮病、青杨叶锈病、杨树煤污病、生理性病害等，发生28.07万亩，同比上升16.33%。其中青杨叶锈病发生16.98万亩，同比上升12.45%，成灾面积0.04万亩，主要发生在西宁市辖区、大通回族土族自治县（以下简称大通县）、湟中区、湟源县，海东市乐都区、平安区、互助土族自治县（以下简称互助）、化隆县，海北州门源县，黄南州同仁市，海南州共和县、同德县、兴海县；杨树烂皮病发生面积7.69万亩，同比上升38.56%，主要发生在西宁市、海东市、海北州、黄南州、海南州、海西州和玉树州大部分县市城镇防护林。

杨柳榆食叶害虫　发生种类有杨柳小卷蛾、春尺蠖、柳蓝叶甲等，发生4.36万亩，同比下降46.57%。其中柳蓝叶甲发生1.27万亩，同比上升353.57%，主要发生在海东市循化县，黄南州同仁市、尖扎县；杨柳小卷蛾发生0.72万亩，同比下降48.94%，发生在海南州共和县、兴海县；春尺蠖发生0.42万亩，同比下降43.24%，主要发生在海东市民和县、乐都区和循化县。

杨柳榆蛀干害虫　发生种类有光肩星天牛、杨干透翅蛾、芳香木蠹蛾、锈斑楔天牛，发生4.36万亩，同比下降31.23%。其中杨干透翅蛾发生3.73万亩，同比下降18.91%，主要发生在西宁市辖区，海东市民和县、互助县，海南州共和县、同德县、贵德县、兴海县，海西州格尔木市、德令哈市和都兰县；芳香木蠹蛾发生0.56万亩，同比下降60.84%，发生在海东市互助县；光肩星天牛发生0.07万亩，同比下降66.67%，主要发生在西宁市城东区。

杨柳榆枝梢害虫　发生种类有叶蝉、蚜类、蚧类等，发生12.75万亩，同比下降14.08%，全省各地皆有发生。

桦树有害生物　发生种类有高山毛顶蛾、桦尺蠖和肿角任脉叶蜂，发生7.76万亩，同比上升11.82%。其中高山毛顶蛾发生5.93万亩，同比上升4.77%，主要发生在西宁市湟源县、海东市北山林场和海北州仙米林场，因错过最佳防治期，在仙米林场危害严重；灰拟桦尺蛾发生0.99万亩，同比上升160.53%，主要发生在西宁市湟中县、海东市互助县。

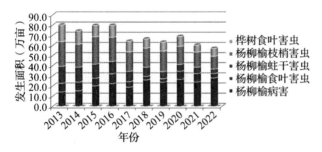

图30-6　2013—2022年阔叶树有害生物发生情况

4. 针叶树有害生物

病害　包括落针病、锈病、云杉球果锈病、圆柏枝枯病（暂定名）等，发生15.23万亩，同比下降13.81%。其中云杉锈病发生14.48万亩，同比上升60.35%，主要发生在西宁市大通县、湟源县，海东市乐都区、民和县、互助县、循化县，海北州祁连县、门源县，黄南州同仁市、尖扎县、麦秀林场，海南州贵德县和玛可河林区；落针病发生0.39万亩，同比下降93.70%，主要发生在黄南州麦秀林场。

蛀干害虫　主要包括光臂八齿小蠹、云杉八齿小蠹、横坑切梢小蠹、云杉大小蠹、黑条木小蠹、华山松梢小蠹和松皮小卷蛾，发生31.53万亩，同比上升41.45%。其中光臂八齿小蠹发生9.65万亩，同比下降11.39%，主要发生在海东市互助县，海北州祁连县和黄南州同仁市、尖扎县、麦秀林区，果洛州班玛县，玉树州江西林场；云杉大小蠹发生15.58万亩，同比上升181.74%，主要发生在海北州门源县、玉树州江西林场和玛可河林区；云杉八齿小蠹发生2.85万亩，同比上升519.57%，主要发生在果洛州玛沁县和玛可河林业局；横坑切梢小蠹发生1.05万亩，同比上升9.38%，主要发生在黄南州同仁市、尖扎县。松皮小卷蛾，发生1.15万亩，同比上升15%，主要发生在西宁市大通县、湟源县，海东市平安区、互助县，海北州门源县，黄南州同仁市。

食叶害虫　发生种类有云杉黄卷蛾、云杉小卷蛾、云杉梢斑螟、侧柏毒蛾、丹巴腮扁叶蜂、云杉阿扁叶蜂等，发生27.88万亩，同比下降18.55%。其中侧柏毒蛾发生4.38万亩，同比下降36.71%，主要发生在海东市互助县，黄南州同仁市；云杉梢斑螟发生3.4万亩，同比上升7.59%，主要发生在西宁市大通县，海北州门源县；云杉小卷蛾发生3.31万亩，同比下降13.12%，主要发生在西宁市辖区、大通县，海东市民和县，玉树州玉树市；云杉大灰象发生3万亩，同比下降23.66%，主要发生在西宁市辖区、湟源县，海东市乐都区、互助县，海北州门源县；红蜘蛛发生2.44万亩，同比上升98.37%，主要发生在西宁市辖区、湟源县。

种实害虫　发生种类有圆柏大痣小蜂和云杉球果小卷蛾，发生10.20万亩，同比下降22.84%。其中圆柏大痣小蜂发生9.40万亩，同比下降24.32%，主要发生在海北州祁连县，黄南州泽库县、麦秀林区，海西州都兰县及果洛州玛可河林区。

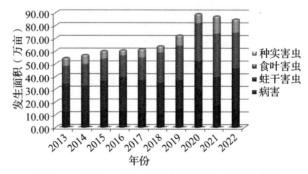

图30-7　2013—2022年针叶树有害生物发生情况

5. 灌木林害虫

主要指危害高山柳、沙棘、柽柳、小檗、白刺等的害虫，发生总面积57.06万亩，同比下降10.7%。其中丽腹弓角鳃金龟发生15.39万亩，同比下降33.09%，主要发生在玉树州玉树市、称多县、囊谦县；灰斑古毒蛾发生10.78万亩，同比下降51.92%，主要发生在海西州格尔木市、德令哈市、乌兰县、天峻县；明亮长脚金龟子发生4.3万亩，同比基本持平，发生在海北州祁连县、刚察县，黄南州河南县，海南州共和县，海西州天峻县；高山天幕毛虫发生4.66万亩，同比上升298.29%，主要发生在黄南州泽库县、玉树州玉树市。

6. 有害植物

发生种类包括云杉矮槲寄生害、松萝。发生5.66万亩，同比下降35.39%。其中云杉矮槲寄生害发生5.45万亩，同比下降36.85%，主要发生在互助县、门源县、同仁市、尖扎县、同德县、麦秀林场和玛可河林区。

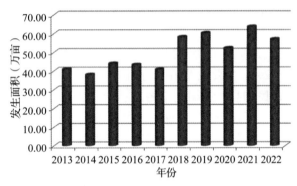

图30-8　2013—2022年灌木林有害生物发生情况

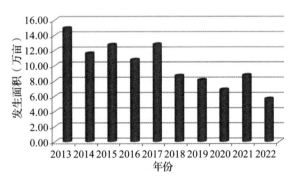

图30-9　2013—2022年有害植物发生情况

（三）成因分析

（1）科学防控使传统主要有害生物发生面积和成灾面积逐年减少。近几年，在国家林业和草原局、省政府的大力支持下，全省各地不断强化领导，落实"双线目标"责任，多措并举，有效遏制林业有害生物发生危害。同时生态环境好转，生物多样性得到保障，天然林自然调控能力增强，林业鼠（兔）害危害程度和发生面积双下降，舞毒蛾、灰斑古毒蛾等有害生物在部分地区达到有虫不成灾的目的。全年林业有害生物发生整体呈平稳态势，未发生突发林业有害生物。

（2）气候异常致使鼠害、虫害发生期提前。春季（3~5月）全省降水量偏少22.4%，平均气温偏高1.5℃，3月偏高3.3℃，列1961年以来同期最高。夏季（6~8月）全省降水量整体略偏多，前中期降水偏少，后期降水偏多，全省平均气温偏高1.8℃，列1961年以来同期最高，高温日数创历史最多，多地日最高气温突破历史极值；重度以上气象干旱日数多、影响范围广。气象条件有利于鼠害、林木虫害繁衍生存；林业有害生物发生期提前；气温变暖导致蚜虫、叶蝉、红蜘蛛等刺吸类害虫世代增加，虫口密度增加，局部区域危害严重；春夏季高温干旱导致青海云杉、川西云杉等树势衰弱，小蠹虫危害较往年严重。

（3）4~5月、8~10月，青海省多地处于新冠疫情封控状态，不能如期调集防治药剂、防治人员，错过最佳防治期，导致部分有害生物如高山毛顶蛾、林地鼠（兔）害发生危害严重。

（4）青海省造林绿化重点工程用苗以青海云杉为主，云杉有害生物寄主面积大，针叶树有害生物发生种类逐年增多。同时随着林木种苗调运，针叶树有害生物分布范围逐年扩散，云杉小卷蛾、山楂黄卷蛾、云杉大灰象等害虫分布范围已扩散至玉树州、果洛州。

（5）监测预报能力薄弱，灾情不能及时发现，难以及时鉴定。目前全省仍旧依靠地面人工监测林业有害生物，而青海地形地貌复杂，很多天然林区山大沟深人力难以到达，且基层森防机构薄弱、人员技术水平有限，有些有害生物发现时便已是大面积发生，难鉴定。高山天幕毛虫在玉树州、果洛州天然灌木林内广泛发生，局地危害严重；柳树锉叶蜂（未定名）在祁连县、同仁市、循化县等地发生，至今未鉴定到种；圆柏枝梢虫害（未定名）在互助县、乐都区等地发生，至今未鉴定到种。

（6）松材线虫病传入风险加大。物流贸易频繁，松材线虫病随松木及其制品调入，造成人为传播的风险大。青海天然林主要树种为青海云杉、川西云杉、华山松和油松，加之近年引进的绿化树种油松数量大且相对集中，为松材线虫病传入扩散提供了寄主条件。目前松材线虫病在临近省份四川和甘肃均有发生，且青海省入侵高风险点——海北州祁连县天然青海云杉林内监测到云杉小墨天牛分布，对青海省松林资源安全造成重大威胁。

二、2023年全省林业有害生物发生趋势预测

（一）2023年总体发生趋势预测

据青海省气象局预测：预计前冬（2022年11~12月）气温北低南高，降水东多西少。预计气温与常年同期相比，海南大部、玉树大部、果洛、唐古拉地区偏高0.5~0.9℃，省内其余地区正常略低至偏低。降水与常年同期相比，海西大部、玉树西部、唐古拉地区及共和、兴海、海晏偏少25%~55%，省内其余地区偏多15%~35%。后冬（2023年1~2月）气温大部偏高，降水东北部偏多。预计气温与常年同期相比，西宁、互助及海西东部偏低0.3~1.2℃，省内其余地区偏高0.5~1.2℃。降水与常年同期相比，海西西部、杂多、囊谦、果洛大部、黄南南部及唐古拉地区偏少25%~55%，省内其余地区偏多15%~38%。春季（2023年3~5月）气温整体偏高，降水大部偏多。预计气温与常年同期相比，全省大部偏高0.5~1.5℃，其中海南南部、玉树、果洛、黄南、唐古拉地区偏高1.0~1.5℃。降水与常年同期相比，西宁、海东、茫崖、冷湖、海南北部、黄南北部及祁连、门源、海晏偏少25%~50%，省内其余地区偏多15%~30%。

综合2022年全省林业有害生物发生情况、森林状况、主要林业有害生物发生规律，根据全省各市、州林业有害生物发测报告和各中心测报点2022年有害生物越冬前基数调查结果，预测2023年青海省主要林有害生物发生较2022年发生面积呈下降趋势，为中度发生，发生面积为327.02万亩。其中鼠害预计发生141.59万亩，中度发生，局部地区重度发生；虫害预计发生140.57万亩；病害预计发生38.59万亩；有害植物预计发生6.27万亩。

表30-1 各市（州）、省级2023年林业有害生物预测发生面积

	2022年预测面积（万亩）	2022年发生面积（万亩）	测报准确率（%）	2023年预测面积（万亩）	2023年发生趋势	备注
西宁市	85.71	84.31	98.34	80.89	下降	
海东	81.02	83.57	96.95	78.6	下降	
海北	44.19	43.70	98.88	44.28	上升	
黄南	23.25	29.62	78.49	27.58	下降	
海南	20.03	32.45	61.73	22.49	下降	
海西	46.08	48.47	95.07	44.64	下降	
玉树	20.07	28	71.68	9	下降	
果洛	28.25	29.8	94.80	11	下降	
玛可河	7.5	6.92	91.62	8.54	上升	
总计	356.10	386.84	92.05	327.02	下降	

（二）分种类发生趋势预测

1. 林地鼠（兔）害

预计发生141.59万亩，仍为青海省主要林业有害生物，发生面积呈下降趋势，危害程度略减轻。其中高原鼢鼠预计发生123.36万亩，发生面积同比下降，呈中度发生，脑山地区、新造林地为主的局部地区偏重发生，甚至成灾。主要发生在西宁市、海东市、海北州、海南州及果洛州玛可河林区；高原鼠兔预计发生13.04万亩，呈中度发生，局部地区重度发生，主要在西宁市、海北州、海南州、海西州和果洛州；根田鼠预计发生5.19万亩，呈中度发生，主要发生在环青海湖地区的海晏县、刚察县。

2. 经济林有害生物

经济林有害生物主要包括枸杞有害生物和杂

果有害生物，因防治工作到位，均呈轻度发生。预计枸杞有害生物发生 4 万亩，主要发生在海西州；核桃有害生物为核桃腐烂病、核桃细菌性黑斑病、杏流胶病，预计发生 0.35 万亩，主要发生在海东市民和县和循化县。

3. 阔叶树有害生物

杨柳榆病害　预计发生 125.81 万亩，主要发生在人工城镇防护林。其中青杨叶锈病预计发生 18.21 万亩，主要发生在西宁市、海东市、黄南州、海南州；杨树烂皮病预计发生 7.07 万亩，发生面积和危害程度呈上升趋势，在全省大部分县市城镇防护林均有发生。

杨柳榆食叶害虫　预计发生 5.77 万亩，同比略上升，中等偏轻发生。其中春尺蠖预计发生 0.93 万亩，发生面积和危害程度同比基本持平，主要发生在循化县、民和县和乐都区。

杨柳榆蛀干害虫　预计发生 5.40 万亩，同比略上升。其中杨干透翅蛾预计发生 4.57 万亩，主要发生在海东市、黄南州、海南州及海西州；光肩星天牛预计发生 0.07 万亩，发生面积和危害程度呈下降趋势，主要发生于西宁市。

杨柳榆枝梢害虫　发生种类有叶蝉、大青蝉、蚜科、蚧科等，枝梢害虫繁殖快、繁殖量大，预计发生 12 万亩，全省各市州城镇防护林均有发生。

桦树食叶害虫　预计发生 5.87 万亩，同比基本持平，主要发生在西宁市、海东市、黄南州、海北州及海南州天然桦树林。其中高山毛顶蛾预计发生 4.59 万亩，主要发生在海东市互助县和海北州门源县，因 2022 年度错过最佳防治期，防治效果不佳，预计 2023 年危害程度呈重度，局地成灾。

4. 针叶树有害生物

病害　预计发生 12.43 万亩，果洛州玛可河林区和黄南州天然林区为主要发生区。其中云杉锈病（云杉叶锈病和云杉芽锈病）预计发生 11.06 万亩，呈下降趋势，主要发生在西宁市、海东市、海北州、海南州、黄南州和果洛州玛可河林区；落针病经预计发生 1.37 万亩，主要在黄南州、海南州和果洛州玛可河林区。

蛀干害虫　近几年降水增加等气候条件影响，针叶树林分树势增强，结合近几年采取小蠹虫诱捕器防控措施，全省针叶树蛀干害虫发生面积、危害程度均明显降低，预计 2023 年发生 24.84 万亩。其中小蠹虫类预计发生 22.90 万亩，主要发生在西宁市、海东市、海北州、黄南州、果洛州玛可河林区；松皮小卷蛾预计发生 1.64 万亩，主要发生在西宁市、海东市、黄南州。

食叶害虫　随着近几年气候变化和物流加快，针叶树食叶害虫发生种类与日俱增，发生面积呈上升趋势，预计 2023 年发生面积将达 33.69 万亩。其中云杉小卷蛾预计发生 5.75 万亩，主要发生在西宁市辖区、湟中区、玉树州玉树市；侧柏毒蛾预计发生 4.27 万亩，主要发生在海东市、海北州和黄南州，危害程度呈中度，在互助北山局部地区重度发生；云杉大灰象经近几年防治、检疫等措施得力，扩散趋势得到控制，预计发生 3.44 万亩，主要发生在西宁市、海东市；云杉梢斑螟预计发生 3 万亩，主要发生在西宁市。

种实害虫　预计发生 12.46 万亩。其中圆柏大痣小蜂一直没有采取有效防治措施，害虫种群数量增逐年增加，预计 2023 年发生面积将达 9.46 万亩，主要发生在海南州、黄南州、海西州、玉树州、果洛州及玛可河林区天然圆柏林。

松材线虫病　目前毁灭性有害生物松材线虫病与青海省紧邻的四川省和甘肃省均有发生，特别是祁连县监测到云杉小墨天牛分布，传入青海省的概率增大，入侵形势严峻。2023 年无预测发生面积，但松材线虫病普查、日常监测、检疫监管仍是林业有害生物防控工作重点内容。

5. 灌木林害虫

预计发生 36.56 万亩，主要分布在西宁市、海东市、海北州、黄南州、海南州、果洛州、海西州及玉树州。其中都兰顿额班螟预计发生 9.69 万亩，主要发生在海西州；灰斑古毒蛾预计发生 9.21 万亩，主要发生在海西州、果洛州；丽腹弓角鳃金龟预计发生 5 万亩，主要发生在玉树州和果洛州；明亮长脚金龟子预计发生 3.66 万亩，主要发生在海北州、海南州及海西州；高山天幕毛虫预计发生 3.5 万亩，主要发生在黄南州、玉树州、果洛州。

6. 有害植物

预计 2023 年全省有害植物（云杉矮槲寄生害）发生 6.27 万亩，主要发生在海东市、海南州、海南州、玉树州和果洛州，危害程度呈中度，局部地区重度发生。

三、对策建议

（一）加强组织领导，强化责任落实

全面贯彻《国务院办公厅关于进一步加强林业有害生物防治工作的意见》，全面落实"双线目标责任制"，强化目标管理工作，做好2023年林业有害生物防控目标任务。继续将林业有害生物防控工作纳入青海省林长制工作内容，列入个性考核指标和重点扣分项。持续推进与相关涉林、涉木部门、接壤毗邻省域、县域行业部门建立联防联动机制，通过会议、联合执法等形式，共享重大林业有害生物疫情信息，共同研判疫情防控形势，形成防控合力。

（二）加强基础工作，严把数据质量

一是继续严格执行病虫情联系报告制度，严格实行周报、月报制度，实行每周零报告制度，确保信息数据的准确性和及时性，实行上报审签制；二是落实国家关于松材线虫病疫情精准监测攻坚行动要求，以小班为监测普查单位，严格执行国家最新普查技术规范，做到普查范围全覆盖，完成全年秋季普查和日常监测任务；三是组织开展第二次全省松材线虫病等重大林业有害生物入侵风险排查，重新划定入侵风险点，针对性制定监测计划；四是继续培训和推广野外数据采集器，进一步完善数据采集器程序设定，充分应用采集器实现有害生物发生数据精准化、可视化管理。

（三）强化能力建设，提升服务能力

提高国家级中心测报点的监测能力和灾害处置能力，实现全省范围内主要林业有害生物监测的规范化、数字化、智能化和防治的机动化。做好林业有害生物预警信息和短中长期趋势预测发布工作，强化生产性预报，拓宽预报信息发布平台，主动为广大林农群众提供及时的林业有害生物灾害信息和防治指导服务，减少灾害损失。

（四）加强科研工作，提升防控能力

有针对性地组织开展林业有害生物防控技术研究，结合现有科研项目，有选择地引进先进技术，提高全省林业有害生物防控工作科技含量。

（主要起草人：王晓婷；主审：王玉玲　刘冰）

31 宁夏回族自治区林业有害生物 2022 年发生情况和 2023 年趋势预测

宁夏回族自治区森林病虫防治检疫总站

【摘要】 2022 年宁夏林业有害生物发生面积较 2021 年有所下降。2022 年林业有害生物在宁夏发生平稳，没有重大林业有害生物发生蔓延，危害程度总体下降，2022 年发生 376.87 万亩。预测 2023 年宁夏林业有害生物发生面积较 2022 年略有上升，预测发生 420 万亩。

一、2022 年林业有害生物发生情况

2022 年宁夏林业有害生物发生为 376.87 万亩，其中轻度发生 289.95 万亩，中度发生 79.97 万亩，重度发生 6.95 万亩，防治 184.96 万亩。其中病害发生 1.16 万亩，虫害发生 117.07 万亩，其中轻度发生 94.85 万亩，中度发生 19.44 万亩，重度发生 2.78 万亩，防治 72.23 万亩。鼠（兔）害发生 258.50 万亩，轻度发生 193.93 万亩，中度发生 60.49 万亩，重度发生 4.08 万亩，防治 111.87 万亩。2022 年林业有害生物寄主面积为 1856.51 万亩，成灾面积 4.25 万亩，成灾率 2.29‰。2021 年预测 2022 年发生面积为 430 万亩，2022 年实际发生面积为 376.87 万亩，测报准确率为 85.9%。防治 184.96 万亩，无公害防治 179.49 万亩，无公害防治率 97.04%。

表 31-1 2022 年宁夏主要林业有害生物发生防治情况表

	发生面积（万亩）	防治面积（万亩）
林业有害生物发生总计	376.87	184.96
鼠（兔）害	258.50	111.87
蛀干害虫	10.8	5.29
沙棘木蠹蛾	7.59	0.58
杨树食叶害虫	27.65	16.05
落叶松红腹叶蜂	12.48	2.5
臭椿沟眶象	7.28	6.75
斑衣蜡蝉	5.35	4.56
苹果蠹蛾	9.12	8.91
经济林及其他病虫害虫	37.96	28.4
有害植物	0.14	0.05

（一）发生特点

2022 年宁夏林业有害生物发生平稳，全年没有重大林业有害生物灾害和突发事件，蛀干害虫、沙棘木蠹蛾、杨树食叶害虫、春尺蠖、臭椿沟眶象、斑衣蜡蝉、苹果蠹蛾发生面积同比减少。森林鼠（兔）害、落叶松红腹叶蜂、经济林及其他病虫害发生面积同比增加。

（二）主要林业有害生物发生情况分述

（1）森林鼠（兔）害在南部山区及吴忠市、盐池县、中卫市沙区、海原县持续危害，发生面积略有增加，同比增长 2.62%。2022 年全区发生 258.50 万亩，防治 111.87 万亩。中华鼢鼠和甘肃鼢鼠在南部山区原州区、彭阳县、泾源县、隆德县、西吉县、海原县、六盘山林业局及吴忠市同心县等人工林区和新造林地发生并造成严重危害，发生 185.86 万亩。近年各地造林采用物理阻隔网防治，防治效果显著，鼢鼠危害程度减轻，但个别地段危害仍然严重。防治 78.07 万亩。东方田鼠、野兔、子午沙鼠、大沙鼠、蒙古黄鼠在银川市、石嘴山市、吴忠市、中卫市黄河滩地护岸林、农田林网宽幅林带、苗圃、果园及防风固沙林地危害。发生 72.65 万亩，防治 33.80 万亩。

（2）蛀干害虫发生面积减少，同比下降 22.8%。主要有光肩星天牛、红缘天牛、柠条绿虎天牛、北京沟天牛、芳香木蠹蛾、榆木蠹蛾等。发生 10.8 万亩，防治 5.29 万亩。光肩星天牛在引黄灌区各市县和南部山区危害得到有效控制，通过多年打孔注药防治，全区虫口密度已经

下降到1头/株以下，2022年发生6.84万亩，发生面积呈逐年减少趋势。红缘天牛主要发生在中宁县，主要危害枣树，发生0.0956万亩。柠条绿虎天牛主要发生在中卫市辖区，发生0.5万亩，北京沟天牛主要发生固原市彭阳县，危害刺槐，发生2.82万亩。榆木蠹蛾发生0.45万亩，防治0.2万亩。主要发生于盐池县、同心县。

（3）沙棘木蠹蛾持续危害，发生面积同比减少17.14%。沙棘木蠹蛾在固原市的彭阳县、西吉县、六盘山林业局、中卫市的海原县等地发生，发生7.59万亩。沙棘木蠹蛾主要危害8年生以上沙棘，严重地区被害株率在40%以上，株平均虫口密度10头。防治面积0.58万亩。

（4）杨树食叶害虫主要为春尺蠖，在宁夏属于暴发性食叶害虫，由于各地及时准确的预测，并采取有效防治措施，2022年大面积减少，没有暴发成灾。发生面积同比下降54.12%。主要发生在银川市的金凤区、永宁县、贺兰县、灵武市，吴忠市盐池县、同心县、红寺堡区、青铜峡市、罗山自然保护区及中卫市辖区、沙坡头区等地发生27.65万亩，防治16.05万亩。

（5）落叶松红腹叶蜂。由于人工纯林比重大，寄主树种单一，林分结构简单，寄主树木抗病虫能力差，林木长势衰弱，抗病虫能力下降。加之落叶松叶蜂自身繁殖力强，在六盘山地区有扩散蔓延趋势。此食叶害虫已多年在中卫市海原县、固原市、六盘山等林区发生危害。2022年发生同比增加0.72%。发生12.48万亩，防治2.5万亩。

（6）臭椿沟眶象及沟眶象成虫随着沟渠传播呈扩散蔓延趋势。发生面积同比减少24.2%。臭椿沟眶象及沟眶象在银川市郊、永宁县、贺兰县、灵武市，石嘴山市大武口区、惠农区、平罗县、吴忠市辖区、青铜峡市、利通区、同心县、中卫市辖区、沙坡头区、中宁县、海原县及固原市彭阳县等地发生。因该虫种危害隐蔽性强，极易扩散蔓延，今年全区引黄灌区普遍发生，发生7.28万亩，防治6.75万亩。

（7）斑衣蜡蝉发生面积减少，同比下降14.8%。此害虫银川市，石嘴山市大武口区、惠农区、平罗县、吴忠市辖区、利通区、青铜峡市、中卫市辖区、沙坡头区、中宁县等地发生，主要在居民小区、公园、主干道路两侧的臭椿树上危害，发生5.35万亩，防治4.56万亩。

（8）检疫性害虫苹果蠹蛾在西夏区、永宁县、贺兰县、灵武市、中卫市辖区、沙波头区、中宁县、海原县、青铜峡市、同心县、利通区、大武口区、惠农区、平罗县、海原县等地发生危害，由于今年各地及时采取有效防治措施，发生面积减少，同比减少19.29%。发生9.12万亩，防治8.91万亩。苹果蠹蛾在海原县首次发现传入。

（9）经济林及其他病虫害发生面积同比增加4.03%。发生37.96万亩，防治28.4万亩。主要有葡萄霜霉病、枸杞炭疽病、枸杞黑果病、柳树丛枝病、文冠果隆脉木虱、桃小食心虫、柠条豆象、枸杞瘿螨、枸杞蚜虫、枸杞蓟马、枸杞负泥虫、枸杞木虱、沙枣木虱、枸杞实蝇、红蜘蛛、枣大球蚧等。

（10）有害植物刺萼龙葵、刺苍耳总发生面积0.14万亩，刺萼龙葵主要发生于大武口区，5月19日首次监测到开始萌芽，整体发生呈零星，没有进一步扩散蔓延。刺苍耳主要发生于红寺堡区。

(三) 成因分析

（1）气候干燥，降水量少，蒸发量大容易造成食叶害虫暴发。宁夏杨树食叶害虫主要为春尺蠖，主要在沙区盐池、灵武、同心等地发生，成因主要是沙区干旱少雨，春尺蠖连续多年发生，容易扩散蔓延。但经过连年化学防治，虫口密度下降，危害减轻。

（2）鼢鼠鼠群密度总体呈上升趋势。近年来由于气候变暖，年平均气温持续上升，降水量增加，有效积温上升，为鼢鼠的生长提供了适宜的条件。鼢鼠常年在地下生活，受天敌影响少，食物量增加导致鼢鼠大量繁殖，鼢鼠的种群基数总体呈上升趋势。加之近年来退耕还林都是新造林，鼢鼠喜食未成林树。造成树木死亡。加之防治困难，防治资金严重不足，造成连年危害。

（3）宁夏外来林业有害生物如臭椿沟眶象、斑衣蜡蝉、苹果蠹蛾、北京沟天牛等害虫，随着近年来造林力度加大，外来苗木的大量流入，在各地已造成严重危害。臭椿同时受臭椿沟眶象和斑衣蜡蝉危害，树势衰弱，由于2022年防治措施加大，危害面积虽呈下降趋势，但依然危害严重。

（4）杨树蛀干害虫光肩星天牛引黄灌区和南部山区发生。主要是一代农田林网砍伐后，二代林网虽大部分栽植抗天牛树种，如臭椿、白蜡等，但一代林网残留下来的天牛又在新疆杨等树种上危害。个别零星地段管护和防治不到位，造成在二代林网持续危害。落叶松红腹叶蜂发生主要原因是当地由于落叶松人工纯林面积所占比例较大，一旦暴发容易成灾。

二、2023年林业有害生物发生趋势预测

（一）2023年总体发生趋势预测

根据2023年气象预报和2022年林业有害生物越冬基数调查，认为2023年林业有害生物发生面积较2022年发生面积略有增加。综合各市县的趋势预报做出了2023年全区林业有害生物发生趋势预报，预测2023年宁夏林业有害生物发生面积为420万亩。

（二）分种类发生趋势预测

（1）森林鼠（兔）害预测2023年发生260万亩。鼢鼠分布于固原市的原州区、隆德县、西吉县、彭阳县、泾源县、西吉县、六盘山林业局及中卫市的海原县。中华鼢鼠和甘肃鼢鼠危害主要在地下，啃食树木根部，气候影响不明显。根据2022年冬季鼠害密度调查，每公顷鼠密度平均为4.8头，危害株率平均为5.35%。中华鼢鼠和甘肃鼢鼠2023年将在宁夏南部山区局部地区偏重发生，预测2023年中华鼢鼠和甘肃鼢鼠发生210万亩。其他鼠（兔）害野兔、东方田鼠、子午沙鼠、蒙古黄鼠等主要发生于固原市山区、银川市、石嘴山市、吴忠市、中卫市黄河护岸林及灵武市沙区。预测发生50万亩。

（2）预测蛀干害虫2023年发生14万亩。主要为光肩星天牛、红缘天牛、北京沟天牛、榆木蠹蛾。光肩星天牛在引黄灌区各市县及固原市等地发生。虫口密度连年下降。实现了有虫不成灾的目标。红缘天牛在中卫市中宁县主要危害枣树。北京沟天牛在固原市彭阳县、原州区发生，主要危害刺槐。榆木蠹蛾在盐池县、红寺堡区、同心县、青铜峡市等地发生。

（3）沙棘木蠹蛾主要发生于固原市的彭阳县、西吉县及六盘山林业局、中卫市的海原县。危害蔓延呈平稳趋势，由于沙棘木蠹蛾没有有效方法防治，主要是性诱剂防治，预测2023年发生10万亩。

（4）杨树食叶害虫主要为春尺蠖，发生在吴忠市的盐池县、同心县，中卫市沙坡头区和银川市的灵武市等地。主要危害多年生的杨树、榆树、柠条、花棒。因为上述地区干旱少雨，天敌寄生率低，如不及时防治容易造成春尺蠖的蔓延成灾。经过近这几年药物防治，虫口密度和越冬蛹数下降，已不会大面积扩散蔓延危害。2023年危害以轻中度为主。预测2023年发生50万亩。

（5）落叶松红腹叶蜂于1998年在六盘山林区大面积暴发以来，经过连续多年防治危害已基本得到控制。发生范围主要在六盘山林业局、原州区、彭阳县、西吉县、隆德县、泾源县和中卫市的海原县。主要危害落叶松人工林。为保护水源涵养林，近几年在主要风景区外围采用化学防治外，核心区基本不采用化学防治，利用天敌自然控制，连续多年天敌种群数量增加，基本控制了该虫的扩散蔓延。预测2023年发生12万亩。

（6）臭椿沟眶象和沟眶象因危害隐蔽性强，成虫随着沟渠传播，有扩散蔓延趋势。预测2023年在银川市辖区、永宁县、贺兰县、灵武市、平罗县、青铜峡市、利通区、中宁县、彭阳县等地发生面积10万亩。

（7）斑衣蜡蝉2023年也呈扩散蔓延趋势。因该虫繁殖力强、易扩散等特点，在银川市金凤区、兴庆区、西夏区、贺兰县，石嘴山市大武口区、平罗县，吴忠市辖区、利通区等地发生，预测2023年发生面积7万亩。

（8）苹果蠹蛾2023年在西夏区、永宁县、贺兰县、灵武市、沙坡头区、中宁县、青铜峡市、利通区、大武口区、惠农区、平罗县、海原县等地发生。由于部分果园林农防治不彻底，留有死角。易造成苹果蠹蛾的扩散蔓延。预测2023年发生11万亩。

（9）经济林及其他病虫害2023年发生面积有增加趋势，在全区普遍发生。主要是部分地区新造林面积的增加，带来林业有害生物扩散蔓延的潜在危险。预测2023年发生面积46万亩。

表31-2　2023年宁夏林业有害生物预测发生面积表

	预测发生面积（万亩）
林业有害生物发生总计	420
鼠（兔）害	260
蛀干害虫	14
沙棘木蠹蛾	10
杨树食叶害虫	50

（续）

	预测发生面积（万亩）
落叶松红腹叶蜂	12
臭椿沟眶象	10
斑衣蜡蝉	7
苹果蠹蛾	11
经济林及其他病虫害	46

三、对策建议

根据当前林业有害生物发生及2023年发生趋势，在明年防治工作思路中要采取以下措施：

（1）加强组织领导，实行"双线"责任制度，强化林业有害生物防治目标管理，为林业有害生物防治工作提供坚强有力的组织保证。

（2）加强林业有害生物的监测预报预警工作，强化预防措施，为防治工作提供科学依据。

（3）强化检疫执法，建立检疫追溯制度，规范检疫工作程序和执法行为，提高检疫工作成效和质量。

（4）加大检疫性害虫苹果蠹蛾防控力度，防止苹果蠹蛾在宁夏扩散蔓延。

（5）加大宣传力度，增强全民林业有害生物防治意识。

1. 森林鼠（兔）害

（1）实行以营林为主进行综合防治。造林前先行防治，降低鼠、兔密度，加强幼林抚育，促进林木生长，加快郁闭速度，缩短成林年限。

（2）在防治工作中要坚持"综合治理"的原则，将捕、灭、隔、引措施相结合，在主要防治季节，以小流域、山头等为单位，采取集中连片，统一防治，以巩固防治效果。

（3）采取以防治专业队为主的组织形式，由护林员或专业队承包防治。根据林业部门制定的防治方案和作业设计进行防治，在工程造林中大力推广物理空间阻隔法预防鼢鼠危害。

（4）加强培训和宣传，推广先进技术。为提高各地的森林鼠兔害防治水平，开展现场培训，使更多的农民掌握地弓箭的使用方法和鼠洞判断要领，提高和普及鼠（兔）害防治的新技术、新知识和新经验。

2. 蛀干害虫

（1）清理严重虫害木与更新改造相结合。营造由多树种、多品系、多种配置模式组成的抗虫混交林，引黄灌区栽植饵木树。在未成林的农田防护林带，运用打孔注药、清理虫害木、捕捉成虫、人工砸卵、伐根嫁接等生物、物理、化学各种有效措施除治。

（2）组建专业防治队伍，以乡林业站为依托，以护林员为主体，从每年5月开始打孔注药灭杀天牛幼虫，在每年天牛成虫、透翅蛾、木蠹蛾羽化期进行无公害化学防治。

（3）逐步形成多树种、多林种、多功能、多效益的抗虫防护林网结构，臭椿、白蜡、刺槐、国槐、沙枣等多树种混交的骨干林网抗虫树种达60%以上，保证骨干林网的相对稳定性，进一步降低虫口密度。

3. 沙棘木蠹蛾

（1）重度危害区沙棘林更新改造措施。要坚持生态效益与经济效益相结合，封（育）、改（调整树种结构）、造（林）相结合的原则，利用沙棘木蠹蛾很少危害5年生以下幼林的特点，进行更新改造。

（2）中度危害区沙棘林平茬更新措施。春季（或秋季）全面清除沙棘地上部分，通过水平根系萌蘖出新的植株，迅速恢复林分，及时定干、除蘖，加强抚育管理，确保成林，以此达到治理沙棘木蠹蛾灾害的目的。

（3）轻度危害区沙棘林采用灯光及性诱剂诱杀成虫。

4. 杨树食叶害虫、落叶松红腹叶蜂

（1）加强对暴发性食叶害虫的监测工作，保证测报网络的正常运行。加强重点林区和整个分布区的监控，准确预测，及早发现，确保及时有效控制，严防新的暴发和扩散蔓延。

（2）对暴发性食叶害虫的防治，应采取因地制宜分类施策的方针。在重灾区，以高效低毒无公害农药为主开展化学防治，在叶蜂成虫期利用山谷风施放无公害烟剂熏杀。在中度和轻灾区采用保护天敌和物理防治法，使用仿生制剂防治暴发性食叶害虫，降低对天敌的伤害，维持整个森林生态系统的稳定。

（3）筹措专项防治经费。对食叶害虫防治实行防治作业设计，落实、制定防前和防后指标，根据作业设计的指标进行检查验收，下拨防治资金。在有条件的情况下实行有偿防治服务。

（主要起草人：唐杰　石建宁　曹川健；
主审：王玉玲　刘冰）

32 新疆维吾尔自治区林业有害生物2022年发生情况和2023年趋势预测

新疆维吾尔自治区林业有害生物防治检疫局

【摘要】 2022年(3~10月)，据各级测报点填报的发生防治数据显示，新疆林业有害生物寄主总面积为15515.55万亩，应施监测面积为38715.78万亩次，全年实际监测总面积为37646.39万亩次，监测覆盖率为97.24%；全年发生总面积为2234.95万亩，发生率为14.40%，发生面积同比减少1.9万亩；2022年预测发生总面积为2180.4万亩，实际发生总面积为2234.95万亩，测报准确率为97.56%；2022年全年成灾发生总面积为100亩，成灾率为0.00064‰。

全年防治面积为2111.69万亩，防治率为94.48%。其中：生物防治786.46万亩，生物化学防治1078.49万亩，化学防治86.47万亩，营林防治34.73万亩，人工物理防治125.53万亩；无公害防治面积为2048.8万亩，无公害防治率为97.02%。全年累计防治作业面积为2255.34万亩次。完成飞机施药防治任务193.04万亩，通过飞机防治、地面防治、生物防治等多种防治措施并重，林业有害生物发生蔓延得到了有效控制。

依据2022年秋冬调查和综合分析，2023年全年预测发生2140.02万亩，比2022年减少90.93万亩。其中：病害预计发生146.42万亩，比2022年减少48.46万亩；虫害预计发生1103.88万亩，比2022年减少47.97万亩；森林鼠(兔)害预计发生889.72万亩，比2022年增加1.49万亩。

2023年将继续坚持政府主导，强化检疫监管，防范外来有害生物入侵；坚持预防为主，强化基层监测和预防能力建设，运用高新监测技术，提高监测预报信息公共服务能力，推动社会化监测和社会化防治服务水平。

一、新疆2022年度林业有害生物监测与发生情况

(一) 2022年新疆林业有害生物寄主与应施调查、监测情况

2022年新疆林业有害生物寄主树种总面积为15515.55万亩，与2021年(15582.99万亩)相比减少67.44万亩，增减的主要原因：一是系统基础数据维护中，对未录入树种进行补录和删除未成熟林面积；二是受市场价格变动，经济林种植面积发生调整。2022年应施调查监测面积为38715.78万亩次，与2021年(34677.44万亩次)相比增加4038.34万亩次。全年实际监测总面积为37646.39万亩次，监测覆盖率为97.24%。

(二) 2022年新疆林业有害生物发生防治情况总述

根据全疆各级测报点上报的2022年林业有害生物发生情况显示，2022年新疆林业有害生物发生总面积为2234.95万亩(轻度发生2013.98万亩，中度发生163.90万亩，重度发生57.07万亩)，较去年同期减少了1.9万亩，同比减少0.08%，中度、重度危害较去年明显降低。其中，病害发生面积总计194.88万亩，同比减少0.092%；虫害发生面积总计1151.85万亩，同比减少7.59%；鼠(兔)害发生面积总计888.23万亩，同比增加11.69%(图32-1、图32-2、表32-1)。

2022年全区林业有害生物成灾面积为100亩，成灾率为0.00064‰。

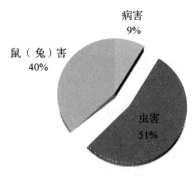

图 32-1 新疆 2022 年林业有害生物发生面积分类占比图

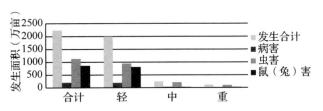

图 32-2 新疆 2022 年林业有害生物发生种类及发生程度对比图

表 32-1 新疆 2022 年林业有害生物发生情况与 2021 年同期对比一览表

名称	2022 年发生面积(万亩)				2021 年发生面积(万亩)				比 2021 年同期增(减)(万亩)
	轻	中	重	合计	轻	中	重	合计	
病害	186.49	6.97	1.42	194.88	186.13	7.77	1.17	195.06	-0.18
虫害	970.36	131.90	49.59	1151.85	941.08	205.49	99.94	1246.51	-94.66
鼠(兔)害	857.14	25.03	6.06	888.23	757.72	27.83	9.73	795.28	92.95
林业有害生物	2013.98	163.90	57.07	2234.95	1884.92	241.09	110.84	2236.85	-1.90
危害程度占比	90.11%	7.33%	2.55%		84.30%	10.80%	5.00%		

2022 年全年防治面积为 2111.69 万亩，防治率为 94.48%。其中：生物防治 786.46 万亩，生物化学防治 1078.49 万亩，化学防治 86.47 万亩，营林防治 34.73 万亩，人工物理防治 125.53 万亩；无公害防治面积为 2048.8 万亩，无公害防治率 97.02%。全年累计防治作业面积为 2255.34 万亩次。

2022 年全疆胡杨林飞防任务为 210 万亩，防治对象主要为春尺蠖和胡杨锈病，防治区域集中在和田地区、喀什地区、阿克苏地区和巴州塔河流域，实际完成飞防面积 193.04 万亩，完成率为 91.99%。

（三）2022 年新疆林业有害生物发生特点

新疆地域辽阔，区域性气候差异大，寄主树种分布相当集中而单一，气候变暖、降水量偏多趋势非常明显，而且随着物流发展迅速而频繁，这对林业有害生物远距离扩散和大面积发生提供了良好的基础。

1. 总体发生趋势严峻，常发性有害生物扩散危害较为明显

2022 年新疆林业有害生物发生种类为 140 种（年度监测种类达 155 种），其中：病害 33 种、虫害 96 种、鼠(兔)害 11 种。山区天然林有害生物发生 12 种（病害 3 种、虫害 9 种），绿洲人工防护林有害生物 46 种[病害 7 种、虫害 37 种、鼠(兔)害 2 种]，经济林有害生物 71 种[病害 21 种、虫害 48 种、鼠(兔)害 2 种]，天然荒漠河谷林有害生物 17 种[病害 2 种、虫害 6 种、鼠(兔)害 9 种]。其中，大沙鼠、杨树叶斑病的发生面积明显增加，春尺蠖、胡杨锈病、杨蓝叶甲、核桃腐烂病、核桃黑斑蚜、枣瘿蚊、梨小食心虫、朱砂叶螨等种类的发生面积明显减少。

2. 发生面积呈逐年增加趋势，但中度、重度发生呈逐年下降趋势

新疆林业有害生物总发生量自 2013 年以来，一直稳定在 2000 万亩左右，特别是近几年发生趋势趋于平缓，从发生程度来看，在各种防控措施的作用下，中度、重度发生比例呈逐年下降趋势，呈现出"有虫不成灾"的趋势（图 32-3、图 32-4）。

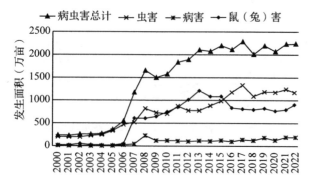

图 32-3 新疆 2000—2022 年新疆林业有害生物发生趋势图

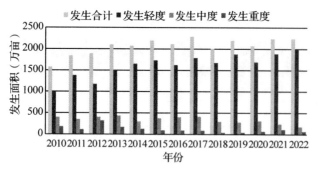

图 32-4 新疆 2000—2022 年新疆林业有害生物发生程度对比图

3. 受极端气象原因，林业有害生物发生量较去年同期偏少

2022 年全区平均气温较常年偏高，降雨偏少，且春季的局部暴雨，夏季的极端高温、冰雹、强风，秋季的极端低温、寒潮，极大抑制了林业有害生物的发生危害，除鼠（兔）害外，全区林业有害生物发生面积较去年同期偏低。

4. 全林业有害生物发生量，按照森林资源分布区域，发生种类和发生量极不均衡

林业有害生物发生量，按照山区天然林、绿洲人工防护林、经济林和天然荒漠河谷林四大分布区域分，山区天然林区有 12 种，发生总量为 21.82 万亩，占全区发生总量的 0.98%；绿洲人工防护林区有 46 种，发生总量为 272.14 万亩，占全区发生总量的 12.18%；经济林区有 71 种，发生总量为 777.16 万亩，占全区发生总量的 34.77%；天然荒漠河谷林区有 17 种，发生总量为 1161.19 万亩，占全区发生总量的 51.96%。

5. 沙棘绕实蝇发生蔓延趋势得到控制

沙棘绕实蝇历年来仅在北疆的阿勒泰地区布尔津县、哈巴河县、青河县境内发生危害，2021 年扩散到克孜勒苏柯尔克孜自治州（以下简称克州）阿合奇县沙棘林区，扩散蔓延趋势较为迅猛，对新疆的沙棘产业造成威胁。2022 年通过有效防治，沙棘绕实蝇的发生蔓延得到了有效控制。

（四）2022 年全疆主要林业有害生物发生情况分述

根据《新版林业有害生物防治信息管理系统》中的林业有害生物大类分类方法，将全疆 2022 年主要林业有害生物发生情况汇报如下：

1. 重大危险性、检疫性林业有害生物发生情况

（1）全国检疫性有害生物

林业有害生物防治信息管理系统显示，新疆全国检疫性林业有害生物主要种类有苹果蠹蛾、杨干象，发生总面积为 10.88 万亩（轻度 9.41 万亩、中度 0.96 万亩、重度 0.5 万亩）。

苹果小卷蛾（苹果蠹蛾） 苹果蠹蛾在新疆苹果栽培区普遍发生，发生总面积为 10.45 万亩，比去年同期减少 1.28 万亩，主要在伊犁河谷地区、阿克苏地区、巴州、和田地区等地发生，以轻度发生为主，多年处于"有虫不成灾"的情况（图 32-5）。

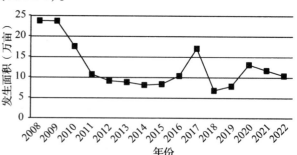

图 32-5 新疆 2008—2022 年（苹果小卷蛾）苹果蠹蛾发生趋势图

杨干象（杨干隐喙象、杨干白尾象虫、杨干象甲、白尾象鼻虫） 发生 0.43 万亩（轻度 0.38 万亩、中度 0.044 万亩），比去年同期相比减少 0.01 万亩。主要分布在阿勒泰地区阿勒泰市、布尔津县、富蕴县、青河县境内（图 32-6）。

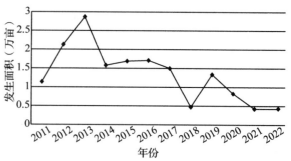

图 32-6 新疆 2011—2022 年杨干象（杨干隐喙象、杨干白尾象虫、杨干象甲、白尾象鼻虫）发生趋势图

枣实蝇　发生555亩，比去年减少60亩，轻度发生。发生在吐鲁番市托克逊县郭勒布依乡、夏乡、伊拉湖镇、博斯坦乡，高昌区亚尔镇、艾丁湖乡、二堡乡、鄯善县鲁克沁镇(图32-7)。

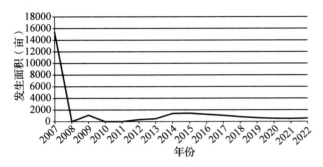

图32-7　新疆2007—2022年枣实蝇发生趋势图

(2) 新疆补充检疫性有害生物

光肩星天牛　发生5.91万亩(轻度3.45万亩、中度1.11万亩、重度1.35万亩)，比去年同期相比增加0.54万亩。主要分布在伊犁哈萨克自治州(以下简称伊犁州)、巴州范围的各县市、乌鲁木齐市米东区、阿克苏地区温宿县，发生面积、危害程度略有加重(图32-8)。

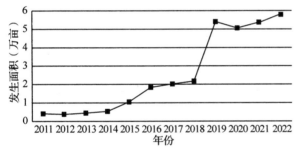

图32-8　新疆2011—2022年光肩星天牛(黄斑星天牛)发生趋势图

苹果小吉丁　发生4.27万亩(轻度4.26万亩、中度0.09万亩、重度0.02万亩)，与2021年基本持平。主要分布在伊犁州的巩留县、新源县、特克斯县、尼勒克县境内的野苹果林中，天山西部国有林管理局巩留分局、西天山自然保护区、伊宁分局辖区内少有发生，均为轻度发生，局部中度发生(图32-9)。

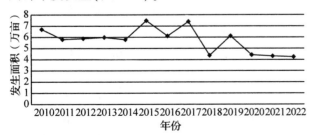

图32-9　新疆2011—2022年苹果小吉丁(苹小吉丁虫、苹果吉丁虫)发生趋势图

白蜡窄吉丁(花曲柳窄吉丁)　发生0.22万亩(轻度0.20万亩、中度0.015万亩、重度0.005万亩)，比去年同期减少0.6万亩。主要分布在博尔塔拉蒙古自治州(以下简称博州)博乐市境内，乌鲁木齐市、伊犁州、昌吉回族自治州(以下简称昌吉州)范围也有分布。2019年发现白蜡窄吉丁疫情以来，各地紧密关注，积极采取各类防控措施。

(3) 检疫性、危险性林业有害生物专项调查情况

2022年各地开展检疫性、危险性病虫害专项调查，未发现扶桑绵粉蚧、松材线虫病、美国白蛾等检疫性、危险性病虫害。

2. 松树病害发生情况

主要发生在天山西部、天山东部、阿尔泰山国有林管理局辖区的山区天然林区内，主要种类有五针松疱锈病(松疱锈病)、松树锈病等，2022年进行了监测，但未发现这些病害发生。

3. 松树食叶害虫发生情况

松毛虫类　主要有落叶松毛虫(西伯利亚松毛虫)，发生面积为0.27万亩(轻度0.27万亩)，比去年同期减少0.13万亩。主要在阿尔泰山国有林管理局两河源自然保护区、天山东部国有林管理局哈密分局境内发生，发生趋势较为平稳。

松鞘蛾类　主要有兴安落叶松鞘蛾(落叶松鞘蛾)，发生面积为0.66万亩，均为轻度发生，比去年同期增加0.29万亩。主要在阿尔泰山国有林管理局哈巴河分局、布尔津分局境内发生。

其他松树食叶害虫类　主要有落叶松卷蛾(落叶松卷叶蛾)，发生面积为7.86万亩，均为轻度发生，比去年同期减少1.44万亩。主要在天山东部国有林管理局哈密分局境内山区天然林区内发生。

4. 松树蛀干害虫发生情况

松天牛类　主要有云杉小墨天牛、云杉大墨天牛。发生总面积0.015万亩，均为轻度发生，比去年同期增加0.005万亩。主要在阿尔泰山国有林管理局布尔津分局境内发生。

松蠹虫类　主要有脐腹小蠹、泰加大树蜂等，发生面积为0.48万亩，均为轻度发生。其中，泰加大树蜂发生面积为0.38万亩，比去年同期减少0.12万亩，在天山西部、天山东部国有林管理局各分局零星发生；脐腹小蠹发生0.04

万亩,比 2021 年减少 0.02 万亩。主要在克拉玛依市和乌鲁木齐市内的榆树上发生。

5. 云杉病虫害发生情况

病害主要种类有云杉落针病(云杉叶枯病)、云杉锈病、云杉雪枯病、云杉雪霉病等。发生总面积为 3.75 万亩,比 2021 年同期增加 0.53 万亩。虫害主要种类有云杉八齿小蠹,发生 1.05 万亩,比 2021 年同期相比减少 0.54 万亩。主要发生在天山西部、天山东部、阿尔泰山国有林管理局辖区内发生(图 32-10)。

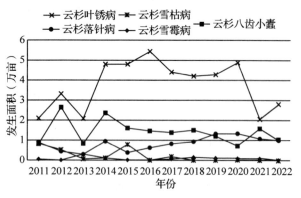

图 32-10　新疆 2011—2022 年云杉病虫害发生趋势图

6. 杨树病害发生情况

主要种类有杨树烂皮病、杨树锈病、胡杨锈病、杨树叶斑病等,发生总面积为 111.39 万亩,比 2021 年同期相比增加 12.48 万亩。其中,杨树烂皮病、杨树叶锈病、杨树叶斑病等发生总面积为 61.5 万亩,杨树叶斑病比去年同期增加 50.17 万亩,主要发生在喀什地区巴楚县人工防护林内,均为轻度发生;杨树烂皮病、杨树叶斑病与去年基本持平,主要在伊犁州、塔城地区、阿勒泰地区、博州、乌鲁木齐市、克拉玛依市等北疆地区和巴州的靠近北疆的和静县发生;胡杨锈病发生面积为 49.89 万亩(轻度 49.56 万亩、中度 0.30 万亩、重度 0.03 万亩),比 2021 年同期减少 38.15 万亩,同期减少 43.33%。胡杨锈病在大面积飞机防治作业的影响下,发生程度明显下降(图 32-11)。

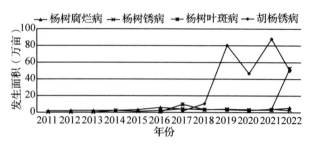

图 32-11　新疆 2011—2022 年杨树主要病害发生趋势图

7. 杨树食叶害虫发生情况

2022 年杨树食叶害虫发生总面积为 447.15 万亩(轻度 327.66 万亩、中度 80.31 万亩、重度 39.19 万亩),比 2021 年同期减少 38.76 万亩。今年整个杨树食叶害虫发生总面积中春尺蠖的发生面积占 80.71%,大青叶蝉占 1.54%,突笠圆盾蚧(杨齿盾蚧、杨盾蚧)占 3.44%,杨蓝叶甲占 11.04%,杨毒蛾(杨雪毒蛾)占 0.86%,躬妃夜蛾占 1.01%(仅在巴州且末县梭梭林中发生),其他杨树食叶害虫发生面积均占总面积的 1% 以下。

春尺蠖　发生 360.91 万亩(轻度 248.28 万亩,中度 74.12 万亩,重度 38.51 万亩),新疆均有分布,发生面积及危害程度均比 2021 年同期有大幅度降低。2022 年胡杨林上发生面积为 271.25 万亩,比 2021 年同期减少 33.14 万亩;人工防护林上发生面积为 33.98 万亩,比 2021 年同期增加 8.45 万亩;经济林上发生面积为 55.68 万亩,比 2021 年同期减少 3.39 万亩(图 32-12)。

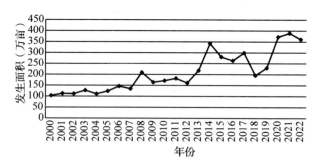

图 32-12　新疆 2000—2022 年春尺蠖发生趋势图

大青叶蝉　发生 6.88 万亩(核桃等经济林上发生 4.2 万亩,新疆杨等人工林上发生 2.68 万亩),大部分为轻度发生,比 2021 年同期减少 4.33 万亩,主要在和田地区、阿克苏地区、吐鲁番市各县市发生(图 32-13)。

突笠圆盾蚧(杨齿盾蚧、杨盾蚧)　发生 15.38 万亩(轻度 14.57 万亩,中度 0.75 万亩,重度 0.064 万亩),比 2021 年同期增加 7.48 万亩,主要在和田地区、喀什地区、阿克苏地区、巴州,伊犁州察布查尔县、巩留县,巴州库尔勒市境内发生。

杨蓝叶甲　新疆均有发生,发生面积为 49.37 万亩(轻度 48.91 万亩,中度 0.46 万亩),比 2021 年同期减少 13.54 万亩。集中在喀什地区巴楚县(图32-13)。

杨毒蛾(杨雪毒蛾) 发生3.86万亩(轻度3.3万亩,中度0.54万亩,重度0.017万亩),比2021年同期增加2.04万亩,主要在伊犁州、塔城地区、阿勒泰地区各县市发生(图32-13)。

其他杨二尾舟蛾、杨扇舟蛾、杨叶甲、舞毒蛾、分月扇舟蛾(银波天色蛾)等种类均在伊犁州、博州、塔城地区、阿勒泰地区等北疆的高海拔地区发生。发生量和发生程度较为平稳,发生量均有所下降。

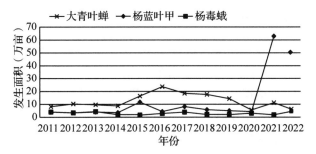

图32-13 新疆2011—2022年大青叶蝉、杨蓝叶甲和杨毒蛾发生趋势图

8. 杨树蛀干害虫发生情况

杨树蛀干害虫有白蜡窄吉丁、杨十斑吉丁、光肩星天牛、山杨楔天牛、青杨天牛、青杨脊虎天牛、白杨准透翅蛾等,发生总面积为10.67万亩(轻度7.83万亩,中度1.45万亩,重度1.39万亩),比去年同期减少0.26万亩(图32-14)。青杨天牛发生面积为1.14万亩,比去年同期增加0.05万亩,南北疆均有分布。白杨透翅蛾发生面积为1.23万亩,比去年同期减少0.15万亩,南北疆均有分布。其他种类中杨十斑吉丁发生面积为1.81万亩,比去年同期增加0.03万亩,主要在喀什地区、哈密市、巴州境内发生,山杨楔天牛、杨干象仅在塔城地区、阿勒泰地区范围内发生,比去年同期基本持平。

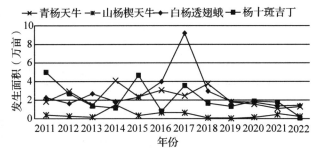

图32-14 新疆2011—2022年杨树蛀干害虫发生趋势图

9. 桦木病虫害

根据防治信息管理系统分类的桦木病虫主要有桦尺蛾和梦尼夜蛾,桦尺蛾主要在博州夏尔希里自然保护区内分布,2022年发生总面积为0.03万亩,均为轻度发生,比2021年同期增加0.03万亩。梦尼夜蛾南北疆均有发生,寄主树种有杨树、杏树、桃树等。2022年发生总面积为6.45万亩(轻度5.79万亩、中度058万亩、重度0.077万亩),比2021年同期增加1.96万亩(图32-15)。

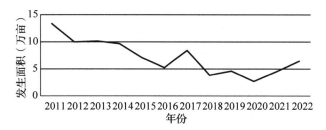

图32-15 新疆2011—2022年梦尼夜蛾发生趋势图

10. 经济林病虫害发生情况

2022年林业有害生物防治信息管理系统显示的2022年新疆经济林病虫害发生总面积为713.37万亩,实际发生总量为777.16万亩(包括春尺蠖、梦尼夜蛾、杨盾蚧、大青叶蝉、黄褐天幕毛虫等)(轻度709.70万亩,中度56.84万亩,重度10.22万亩),比2021年同期减少77.98万亩。

(1)核桃病虫害

主要种类有核桃腐烂病、核桃黑斑蚜、核桃褐斑病、核桃黑斑病、春尺蠖、大青叶蝉、苹果蠹蛾等。

核桃腐烂病 发生32.5万亩(轻度30.22万亩、中度2.07万亩、重度0.21万亩),比2021年同期减少15.34万亩,发生面积和危害程度呈逐年下降趋势。集中在南疆的喀什地区、和田地区、阿克苏地区发生(图32-16)。

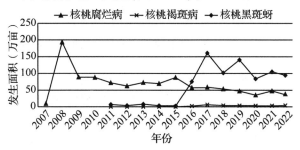

图32-16 新疆2007—2022年核桃病虫害发生趋势图

核桃黑斑蚜　发生94.54万亩（轻度86.89万亩、中度7.24万亩、重度0.41万亩），比2021年同期减少10.41万亩，主要发生在核桃集中种植区阿克苏地区、喀什地区、和田地区。发生面积和危害程度较去年同期均有降低（图32-16）。

核桃褐斑病　发生2.78万亩（轻度2.27万亩、中度0.41万亩、重度0.11万亩），比2021年同期减少0.51万亩，主要分布在喀什地区各县市（图32-16）。

(2) 枣树病虫害

主要种类有枣实蝇、枣粉蚧、枣大球蚧、枣叶瘿蚊、枣缩果病、枣炭疽病、枣叶斑病等。

枣瘿蚊　发生43.8万亩（轻度39.55万亩，中度3.85万亩，重度0.40万亩），比去年同期减少26.54万亩，发生程度也比去年明显下降。主要在红枣集中种植区的阿克苏地区、喀什地区、克州、巴州和和田地区、哈密市均有发生（图32-17）。

枣大球蚧　发生28.83万亩（轻度23.67万亩，中度4.24万亩，重度0.92万亩），比去年同期增加4万亩，主要在喀什地区、和田地区、克州、阿克苏地区、巴州、哈密市、伊犁州等地发生（图32-17）。

枣粉蚧　发生1.07万亩，以轻度发生为主，与2021年同期持平，主要在喀什地区、哈密市发生。枣缩果病、枣炭疽病、枣叶斑病、枣黑斑病（冬枣黑斑病）等发生总面积为9.38万亩，比2021年同期减少2.06万亩，主要在喀什地区各县（市）发生危害。

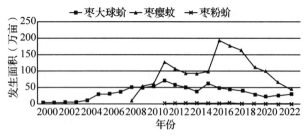

图32-17　新疆2000—2022年枣树主要病虫害发生趋势图

(3) 葡萄病虫害

主要种类有葡萄二星叶蝉、葡萄白粉病、葡萄霜霉病、葡萄毛毡病、葡萄蛀果蛾等。

葡萄二星叶蝉　发生5.63万亩（轻度5.58万亩，中度0.05万亩，重度0.01万亩），比2021年同期增加0.39万亩，主要在吐鲁番市各县（区）、哈密市伊州区、阿图什市等葡萄集中栽培区发生（图32-18）。

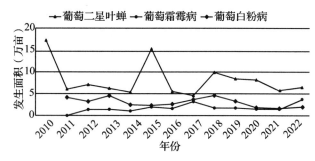

图32-18　新疆2010—2022年葡萄主要病虫害发生趋势图

葡萄霜霉病　发生4.27万亩（轻度4.27万亩），比2021年同期增加2.61万亩，主要在昌吉州玛纳斯县、呼图壁县，伊犁州霍城县、伊宁县等葡萄集中栽培区发生（图32-18）。

葡萄白粉病　发生2.22万亩（轻度2.20万亩，中度0.01万亩，重度0.01万亩），比去年同期增加0.4万亩，主要在吐鲁番市各县（区）、哈密市、昌吉州玛纳斯县、阜康市等葡萄集中栽培区发生（图32-18）。

葡萄毛毡病　发生面积较小，仅在巴州焉耆县轻度发生，发生面积仅112亩。

(4) 杏树病虫害

主要种类有桑白盾蚧、杏流胶病、杏仁蜂、杏球蚧等。

桑白盾蚧　发生38.41万亩（轻度31.59万亩，中度5.09万亩，重度1.73万亩），与2021年同期持平。主要在喀什地区的各县（市），阿克苏地区拜城县，巴州轮台县、和硕县，克州阿克陶县、乌恰县，伊犁州伊宁县等杏树集中栽培区发生（图32-19）。

杏流胶病　发生13.20万亩（轻度12.17万亩，中度0.74万亩，重度0.30万亩），比2021

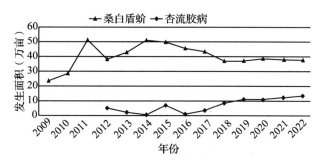

图32-19　新疆2009—2022年杏树主要病虫害发生趋势图

年同期增加0.99万亩,主要在喀什地区,克州,和田地区皮山县、策勒县,伊犁州察布查尔县发生(图32-19)。

杏球蚧 发生3.52万亩,均为轻度发生。主要在伊犁州野果林区发生。

(5)梨树病虫害

主要种类有梨茎蜂、梨木虱、梨圆蚧、梨树腐烂病、李小食心虫(图32-25)、梨小食心虫(图32-25)、香梨优斑螟等。

梨茎蜂 发生4.42万亩(轻度4.42万亩),比2021年同期减少1.46万亩。主要在巴州库尔勒市、阿克苏地区阿瓦提县发生。

梨木虱 发生3.41万亩,与2021年同期持平。主要在巴州库尔勒市发生。

梨圆蚧 发生0.43万亩,与2021年同期减少0.64万亩。主要发生在巴州若羌县,阿克苏地区沙雅县、乌什县,和田地区墨玉县发生。

梨树腐烂病发生0.11万亩,均与2021年同期持平。主要在巴州库尔勒市、尉犁县梨树集中栽培区发生(图32-20)。

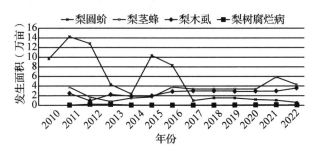

图32-20 新疆2010—2022年梨树病虫害发生趋势图

(6)枸杞病虫害

主要种类有枸杞瘿螨、枸杞负泥虫、枸杞刺皮瘿螨、伪枸杞瘿螨等(图32-21)。

枸杞刺皮瘿螨 发生1.34万亩,与去年同期持平,主要在博州的精河县发生。

枸杞蚜虫 发生2.65万亩,与去年同期增加2.65万亩,主要在克州的阿合奇县发生。

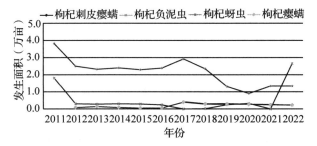

图32-21 新疆2011—2022年枸杞病虫害发生趋势图

枸杞瘿螨、枸杞负泥虫 发生0.45万亩,与2021年同期持平,主要在巴州尉犁县、塔城地区沙湾县发生。

(7)苹果病虫害

主要种类有苹果小吉丁(图32-9)、苹果黑星病、苹果蠹蛾(图32-5)、苹果绵蚜、苹果巢蛾、绣线菊蚜等。

苹果黑星病 发生1.09万亩,比2021年同期减少0.02万亩,在伊犁州各县发生。

苹果绵蚜 发生0.57万亩,与2021年同期持平,在和田地区和田市、伊犁州各县市发生。

苹果巢蛾 发生0.13万亩,在塔城地区额敏县、托里县境内发生(图32-22)。

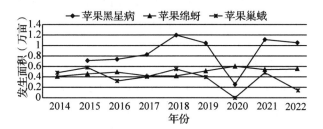

图32-22 新疆2014—2022年苹果病虫害发生趋势图

(8)桃树病虫害

主要种类有桃白粉病、桃树流胶病、桃小食心虫、桃蚜、桃瘤头蚜等(图32-23)。

桃白粉病 发生1.69万亩,比2021年同期减少0.14万亩,在喀什地区、克州阿克陶县发生。

桃树流胶病 发生0.08万亩,与2021年持平,在喀什地区泽普县发生。

桃小食心虫 发生0.23万亩,比2021同期减少0.6万亩,在阿克苏地区库车县、新和县发生,危害桃树、枣树、杏子等。

桃蚜 发生4.47万亩,比2021年同期增加1.44万亩,在克州各县市发生。

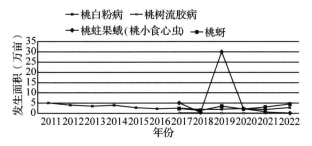

图32-23 新疆2011—2022年桃树病虫害发生趋势图

(9) 沙棘病虫害

主要种类有沙棘溃疡病、沙棘绕实蝇、黄褐天幕毛虫、缀黄毒蛾、绢粉蝶等（图32-24）。

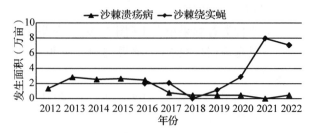

图 32-24 新疆2012—2022年沙棘病虫害发生趋势图

沙棘溃疡病 发生 0.46 万亩，均为轻度发生，主要在阿勒泰地区青河县发生。

沙棘绕实蝇 发生 7.09 万亩（轻度 5.65 万亩、中度 1.21 万亩、重度 0.22），比去年同期减少 0.87 万亩，在阿勒泰地区青河县、哈巴河县、布尔津县和克州阿合奇县发生。黄褐天幕毛虫发生 0.01 万亩（轻度 0.01 万亩），主要在克州阿合奇县沙棘林中发生。

(10) 果实病虫害

主要种类有梨小食心虫、李小食心虫、苹果蠹蛾、枣实蝇（图32-7）、白星花金龟、桃小食心虫等（图32-25）。

梨小食心虫 发生 58.28 万亩（轻度 53.12 万亩、中度 4.25 万亩、重度 0.91 万亩），比 2021 年同期减少 17.76 万亩。主要分布在经济林集中种植区的阿克苏地区、巴州、克州、喀什地区、和田地区、昌吉州。

李小食心虫 发生 31.85 万亩（轻度 31.38 万亩、中度 0.41 万亩、重度 0.05 万亩），比 2021 年同期增加 6.55 万亩，危害程度降低，集中在南疆的喀什地区发生。

白星花金龟 发生 1.71 万亩，比 2021 年同期增加 0.21 万亩，均为轻度发生。主要在吐鲁番市各县（区）、昌吉州昌吉市、呼图壁县、阜康市，塔城地区沙湾县发生。

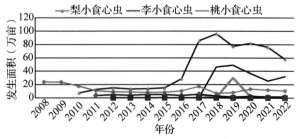

图 32-25 新疆2008—2022年果实病虫害发生趋势图

(11) 其他经济林病虫害

黄刺蛾 发生 32.97 万亩（轻度 30.60 万亩，中度 2.34 万亩，重度 0.02 万亩），比 2021 年同期增加 8.03 万亩。主要在阿克苏地区、克州、喀什地区各县（市）、伊犁州新源县发生（图 32-26）。

棉蚜（花椒棉蚜、榆树棉蚜） 发生 32.5 万亩，比 2021 年同期增加 1.06 万亩，主要在喀什地区各县市发生（图32-26）。

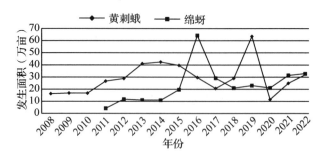

图 32-26 新疆2008—2022年黄刺蛾、棉蚜发生趋势图

螨类 发生种类有朱砂叶螨、山楂叶螨、截形叶螨、土耳其斯坦叶螨等，发生 210.15 万亩。比 2021 年同期减少 17.99 万亩。朱砂叶螨发生 137.22 万亩，比 2021 年同期减少 13.32 万亩；截形叶螨、山楂叶螨（山楂红蜘蛛）、土耳其斯坦叶螨发生面积与 2021 年同期持平，主要在和田地区、阿克苏地区、喀什地区、巴州、哈密市等经济林果主产区发生危害（图32-27）。

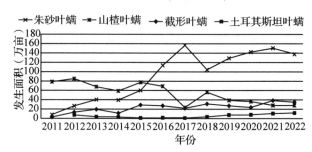

图 32-27 新疆2011—2022年螨类害虫发生趋势图

蚧类 发生种类有中亚朝球蜡蚧（吐伦球坚蚧）、扁平球坚蚧（糖槭蚧）、日本草履蚧、杏球蚧、桑白盾蚧（图32-19）、梨圆蚧（图32-20）、枣大球蚧（图32-17）等。发生总面积为 97.73 万亩，比 2021 年同期增加 15.45 万亩，主要在南疆和东疆林果主产区发生危害（图 32-28）。

小蠹类 发生种类有皱小蠹、多毛小蠹，皱小蠹发生 8.71 万亩，比 2021 年同期减少 0.27 万亩。主要在喀什地区、阿克苏地区柯坪县、巴州

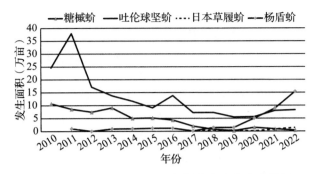

图 32-28 新疆 2010—2022 年蚧类害虫发生趋势图

轮台县发生。多毛小蠹发生 0.93 万亩，比 2021 年同期增加 0.11 万亩。主要在和田地区皮山县发生（图 32-29）。

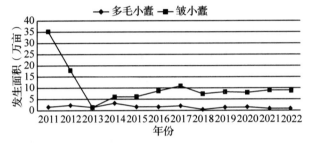

图 32-29 新疆 2011—2022 年小蠹类害虫发生趋势图

醋栗兴透翅蛾 发生 0.01 万亩，与去年同期基本持平，发生较为平稳。主要在阿勒泰地区富蕴县茶藨子（黑加仑）种植区发生。

11. 森林鼠（兔）害发生情况

2022 年，林业鼠（兔）害发生总面积为 888.23 万亩（轻度 857.14 万亩，中度 25.03 万亩，重度 6.06 万亩），比 2021 年同期增加 89.98 万亩。以梭梭、柽柳为主的荒漠林害鼠种类有大沙鼠、子午沙鼠、五趾跳鼠、红尾沙鼠、吐鲁番沙鼠，其中仅大沙鼠发生面积为 785.69 万亩，占鼠兔害总面积的 88.46%，比 2021 年同期增加 65.74 万亩，主要发生在博州精河县和博乐市荒漠林内，均为轻度发生；经济林和绿洲防护林害

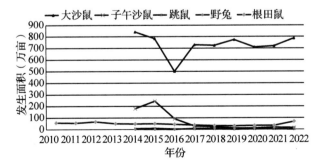

图 32-30 新疆 2010—2022 年森林鼠（兔）害发生趋势图

鼠优势种根田鼠发生面积为 67.72 万亩，比 2021 年同期增加近 1 倍；塔里木兔、草兔发生面积为 14.82 万亩，比 2021 年同期减少 1.91 万亩（图 32-30）。

12. 其他病虫害发生情况

主要发生种类有柽柳条叶甲、梭梭漠尺蛾、榆跳象、榆长斑蚜、桑褶翅尺蛾、榆蓝叶甲（榆绿毛萤叶甲、榆黄毛萤叶甲）、灰斑古毒蛾、朱蛱蝶（榆黄黑蛱蝶）等（图 32-31）。发生总面积为 32.69 万亩（轻度 30.5 万亩、中度 1.74 万亩、重度 0.45 万亩），比 2021 年同期减少 1.82 万亩。榆跳象、榆长斑蚜发生 5.04 万亩，比 2021 年同期减少 1.24 万亩。主要在乌鲁木齐市、昌吉州各县（市）、石河子市范围榆树上发生。柽柳条叶甲发生 10.51 万亩，比 2021 年同期减少 1.62 万亩。主要在和田地区、巴州且末县、哈密市伊吾县的荒漠灌木林区的红柳上发生。梭梭漠尺蛾发生 6.45 万亩，比 2021 年同期减少 2.92 万亩，在博州精河县荒漠灌木林区发生。桑褶翅尺蛾发生 1.46 万亩，比 2021 年同期减少 0.27 万亩，主要在乌鲁木齐市内榆树上发生。榆蓝叶甲发生 2.92 万亩，比 2021 年同期增加 0.12 万亩，在巴州和硕县、克州、喀什地区发生。榆黄叶甲发生 0.18 万亩，比 2021 年同期减少 0.09 万亩，主要在吐鲁番市发生。榆黄黑蛱蝶发生 0.60 万亩，与 2021 年持平，在博州阿拉山口市、温泉县发生。黄古毒蛾发生 0.18 万亩，与 2021 年持平，主要在博州甘家湖自然保护区内梭梭林上发生。其余种类均为零星发生。

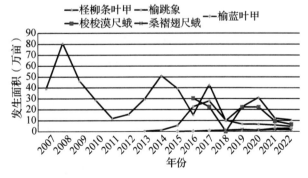

图 32-31 新疆 2007—2022 年柽柳条叶甲、榆跳象、榆长斑蚜发生趋势图

（五）主要林业有害生物发生成因分析

1. 气候因素

（1）今年全区大部气温偏高、降水偏少

根据自治区气象局的数据显示，2021/2022

年冬季（2021年12月至2022年2月），全疆大部气温偏高、降水偏少，积雪总体偏少偏薄，冬季冻害发生较少，2022年病害发生面积较去年偏低。全疆平均气温-7.2℃，较常年偏高1.0℃，居冬季历史第八位。冬季气温呈"前暖后冷"的波动变化，冬季前期高，2月偏低。全疆平均降水量10.7mm，较常年偏少5成，南疆降水偏少居历史第二位。2022年春季（3~5月）全疆平均气温创历史新高，多种林业有害生物出蛰期普遍偏早；全疆平均降水量略偏多，空间分布差异大。全疆平均气温13.4℃，较常年偏高2.4℃。全疆平均降水量54.5mm，较常年偏多近2成。今年春季区域性暴雨过程较多，降雨过程多集中在3月中下旬、4月下旬和5月。6月气温大部略偏高，降水呈西多东少的分布趋势。

7月，全疆大部较常年同期气温偏高、降水偏少。极端高温日数也较常年偏多，吐鲁番市、哈密市南部、巴州南部、阿克苏地区西部、喀什地区大部、和田地区等地区气温高达40.0~47.7℃。全疆降水量除阿勒泰接近常年，其余大部偏少1~10成。8月，阿勒泰地区大部、塔城地区大部、博州部分、石河子市部分、巴州部分、南部西部绝大部气温偏低，其余大部地区偏高。吐鲁番市绝大部、巴州北部大部、阿克苏绝大部、克州、喀什地区绝大部降水偏多，其余大部地区偏少。高温多雨的气候条件有利于林业有害生物发育活动，导致2022年巴州红枣、香梨、杏等林果产区梨小食心虫、枣瘿蚊、梨木虱等林果虫害发生面积增大，喀什地区巴楚县人工防护林杨树叶斑病大面积发生。9月，全疆大部气温偏高；北疆偏北偏西地区降水偏多，全疆大部偏少；阿勒泰地区大部、塔城地区部分、伊犁州大部、石河子市、昌吉州大部、巴州部分、克州山区、喀什地区部分、和田地区绝大部日照偏少，其余大部偏多。10月，全疆大部地区气温偏高、降水偏少。11月，全疆大部平均气温略偏高，仅北疆北部、北疆西部和南疆西部山区略偏低；北疆大部和南疆西部山区降水略偏多，其余地区略偏少。

（2）极端气候有效遏制了林业有害生物的大发生

春季的局部暴雨，夏季的极端高温、冰雹、强风，秋季的极端低温、寒潮等天气，极大抑制了林业病虫害的发生危害，全区林业病虫害发生面积较去年同期偏少。

（3）全区大部气温偏高，降雨偏少，造成大沙鼠等荒漠林鼠害的大发生

2021年秋季调查结果显示，大沙鼠秋季鼠口密度较高，且2021/2022年冬季全区大部气温偏高，积雪总体偏少偏薄，有利于害鼠安全过冬；且2022年全区大部气温偏高、降水偏少也加重了危害，导致2022年大沙鼠发生面积大幅度增加。

2. 人为因素

（1）加大预防为主，地面防治、飞机防治为辅的防控工作力度，有效降低了天然胡杨林区和特色林果主产区经济林病虫害的发生面积和发生程度，有效控制了扩散蔓延趋势。

（2）大力推进预防性统防统治、加强田间管理等增强树势措施，有效降低了特色林果有害生物的大发生。2021年冬季开始南疆地区在经济林管理方面，以果园提质增效活动为契机，加强果园清理、喷洒石硫合剂、整形修剪等综合性预防措施，有效控制了枝枯病、核桃腐烂病、核桃黑斑蚜、桑白盾蚧、枣大球蚧、黄刺蛾等病虫害的持续扩散蔓延。

（3）检疫执法力度不够、疫木处理不合理，造成光肩星天牛扩散蔓延。因巴州、伊犁州等光肩星天牛发生区未能认真落实检疫性害虫处置措施，疫木处理、管控不力，造成发生面积逐年增加。

（4）因新冠肺炎疫情封锁原因，基层森防人员在监测调查关键节点无法开展有效的监测调查工作，还有因基层森防人员极为匮乏、人员不稳定，致使林业有害生物监测调查工作落实不到位，造成部分林业有害生物发生未能如实反映实际发生量，人为降低了发生情况。

3. 营林因素

（1）营林措施不够合理，造林设计不科学，造林密度大，且树种单一，林木缺乏修剪，杂草丛生，通风透光条件差，为有害生物的蔓延提供了场所，造成叶部病害、果实病害以及螨类、蚜虫类的大发生。

（2）部分边缘区域经济林和防护林，因地下水位下降严重，灌溉设施不配套，导致树势衰弱，容易发生蚧类等病虫害。

二、2023年林业有害生物发生趋势预测

（一）2023年总体发生趋势预测

根据新疆气象中心气象信息数据、林业有害生物防治信息管理系统数据，以及各地州市2023年林业有害生物发生趋势预测报告、主要林业有害生物历年发生规律和各测报站点越冬基数调查结果，综合分析，预计2023年新疆主要林业有害生物将会偏轻度发生，全年预测发生面积2140.02万亩，比2022年减少90.93万亩。其中：病害预计发生146.42万亩，比2022年减少48.46万亩；虫害预计发生1103.88万亩，比2022年减少47.97万亩；森林鼠（兔）害预计发生889.72万亩，比2022年增加1.49万亩。

（二）2023年主要林业有害生物分种类发生趋势预测

1. 重大危险性、检疫性林业有害生物发生趋势

（1）全国检疫性有害生物发生趋势

2023年全国检疫性林业有害生物预测发生面积为9.69万亩，均为轻度发生，主要种类有苹果蠹蛾、杨干象、枣实蝇。

苹果蠹蛾 苹果蠹蛾在新疆普遍分布，预测发生9.59万亩，轻度或偏中度发生，与2022年基本持平，虫口密度较低，多年处于有虫不成灾的局面。

杨干象 预测发生0.1万亩，比2022年减少0.32万亩。主要发生在阿勒泰市、青河县，以轻度发生为主。

枣实蝇 预测发生0.05万亩。主要发生在托克逊县郭勒布依乡、夏乡、伊拉湖镇、博斯坦乡、高昌区亚尔镇、艾丁湖乡、二堡乡、鄯善县鲁克沁镇，零星轻度发生。

（2）新疆补充检疫性有害生物发生趋势

光肩星天牛 预测发生6.38万亩，比2022年同期增加0.47万亩。主要分布在伊犁州、巴州范围的各县市，昌吉市、乌鲁木齐市、塔城地区等地方有零星分布，轻度或偏中度发生。秋季打孔注药等防治措施不及时，预计会有局部扩散的趋势。

苹果小吉丁 预测发生4.31万亩，与2022年持平。主要分布在伊犁州的巩留县、新源县境内的野苹果林中，特克斯县、尼勒克县，天山西部国有林管理局巩留分局、西天山自然保护区、伊宁分局辖区内少有发生，均为轻度发生，局部中度发生。在野苹果林中，虽然持续不断地采取飞机防治、生物防治、禁牧等综合防控措施，发生程度下降明显，但是，因防控资金短缺，地处山区，修枝、病枝处理操作难度大等原因，发生面积仍然居高不下。

白蜡窄吉丁（花曲柳窄吉丁） 预测发生0.82万亩，比2022年同期增长0.6万亩。主要分布在博州博乐市境内，乌鲁木齐市、伊犁州、昌吉州、塔城地区范围也有分布。

2. 松树害虫发生趋势

主要有松卷叶蛾、落叶松毛虫、兴安落叶松鞘蛾、泰加大树蜂、云杉八齿小蠹等，预测发生总面积为10.1万亩，均为轻度发生，其中：松卷叶蛾预计发生8万亩。主要在天山西部、天山东部、阿尔泰山国有林管理局范围发生。均与2022年持平。

3. 云杉病虫害发生趋势

主要病害种类有云杉落针病、云杉锈病、云杉雪枯病、云杉雪霉病等。预测发生总面积为4万亩，均为轻度发生，比2022年增加0.25万亩。主要发生在天山西部、天山东部、阿尔泰山国有林管理局辖区的山区天然林区内。

4. 杨树病害发生情况

杨树病害预测发生101.4万亩，比2022年减少9.91万亩。其中杨树烂皮病、杨树锈病、杨树叶斑病等预测发生总面积为60.53万亩，与2022年持平，主要在伊犁州、塔城地区、阿勒泰地区、博州、乌鲁木齐市、克拉玛依市等北疆地区和巴州靠近北疆的和静县发生；胡杨锈病预测发生43.96万亩，比2022年减少5.93万亩，主要在喀什地区、阿克苏地区境内天然胡杨林中发生，局部区域发生较重，造成胡杨提早落叶。

5. 杨树食叶害虫发生情况

杨树食叶害虫预测发生总面积为431.16万亩，比2022年减少16万亩。

春尺蠖 预测发生358.17万亩，占杨树食叶害虫总面积的83%，与2022年持平，均为轻度或偏中度发生，全疆胡杨林和人工防护林、经

济林上均有发生。

大青叶蝉　预测发生3.15万亩，比2022年同期减少3.73万亩。集中在和田地区，杨树和核桃树上混合发生。

杨蓝叶甲　预测发生38万亩，比2022年同期减少11万亩。全疆均有发生，集中在喀什地区各县市。

梦尼夜蛾　预测发生8.05万亩，比2022年同期减少4.85万亩。主要在喀什地区、博州、伊犁州境内发生。

杨齿盾蚧　预测发生12.9万亩，比2022年同期减少2.48万亩。主要在和田地区、喀什地区、伊犁州境内发生。

糖槭蚧　预测发生0.35万亩，与2022年基本持平，主要在和田地区、喀什地区、克州、哈密市等地发生。

杨毒蛾、杨二尾舟蛾、杨扇舟蛾、杨叶甲、舞毒蛾等种类均在伊犁州、博州、塔城地区、阿勒泰地区等北疆高海拔地区发生，预测发生9.23万亩，发生量和发生程度较为平稳，基本与2022年持平。躬妃夜蛾在巴州且末县梭梭林区发生，预测发生5万亩，比2022年增加0.5万亩。

6. 杨树蛀干害虫发生趋势

杨树蛀干害虫预测发生总面积为12.45万亩，比2022年同期增加1.78万亩。

青杨天牛　预测发生1.25万亩，与2022年基本持平。主要在北疆地区的博州、巴州、伊犁州、塔城地区发生。

白杨透翅蛾　预测发生1.39万亩，与2022年基本持平。主要在南疆喀什地区、阿克苏地区、北疆博州、巴州、伊犁州、塔城地区发生。

杨十斑吉丁　预测发生2.69万亩，比2022年同期增加0.88万亩。主要在喀什地区、哈密市、石河子市发生。

其他　山杨楔天牛、杨干象仅在塔城地区、阿勒泰地区发生，与2022年持平。光肩星天牛、白蜡窄吉丁在伊犁州、巴州、乌鲁木齐市、昌吉市、塔城地区发生，与2022年持平。

7. 经济林病虫害发生趋势

经济林病虫害预测发生总面积为683.17万亩(不包括春尺蠖)，比2022年同期减少30.2万亩。

(1)核桃病虫害

核桃腐烂病　预测发生36.74万亩，比2022年减少4.24万亩，集中在南疆的喀什地区、和田地区、阿克苏地区发生，局部发生严重。

核桃黑斑蚜　预测发生85.46万亩，比2022年减少9.08万亩，主要在核桃集中种植区阿克苏地区、喀什地区、和田地区，轻度或偏中度发生。

核桃褐斑病　预测发生3万亩，与2022年持平，主要在喀什地区各县市发生。

(2)枣树病虫害

枣叶瘿蚊　预测发生38.8万亩，比2022年减少5万亩，主要在红枣集中种植区的阿克苏地区、喀什地区、巴州和和田地区、哈密市，轻度或偏中度发生。

枣大球蚧　预测发生28.5万亩，与2022年持平，主要在喀什地区、和田地区、巴州、阿克苏地区、哈密市发生，轻度或偏中度发生，局部重度发生。

枣粉蚧　预测发生1.1万亩，与2022年基本持平，主要在哈密市轻度或偏中度发生。

枣缩果病　预测发生3.2万亩，与2022年基本持平，主要在喀什地区各县(市)发生。

(3)葡萄病虫害

葡萄二星叶蝉　预测发生5.41万亩，与2022年持平，主要在吐鲁番市各县(区)、哈密市、阿图什市等葡萄集中栽培区发生，均为轻度发生。

葡萄霜霉病　预测发生4.1万亩，与2022年持平，主要在昌吉州玛纳斯县、呼图壁县，伊犁州霍城县、伊宁县，石河子等葡萄集中栽培区发生。

葡萄白粉病　预测发生2.19万亩，与2022年持平，主要在吐鲁番市各县(区)、哈密市、阿图什市、昌吉州玛纳斯县、阜康市等葡萄集中栽培区发生。

葡萄蛀果蛾　预测发生1.5万亩，与2022年基本持平。集中在吐鲁番市高昌区范围发生。

(4)杏树病虫害

桑白盾蚧　预测发生38.1万亩，与2022年持平，主要在喀什地区的各县(市)，阿克苏地区的拜城县，巴州轮台县、和硕县，克州的阿克陶县、乌恰县，伊犁州伊宁县等杏树集中栽培区发生。

杏流胶病　预测发生12.3万亩，与2022年持平，主要在和田地区、喀什地区、伊犁州的各县(市)杏树栽培区轻度发生。

(5) 梨树病虫害

梨茎蜂　预测发生3.7万亩，比2022年减少0.72万亩。主要在巴州库尔勒市梨树集中栽培区发生，轻度或偏中度发生。

梨木虱　预测发生3.4万亩，与2022年基本持平。主要在巴州库尔勒市梨树集中栽培区发生。

梨圆蚧　预测发生0.38万亩，与2022年基本持平。主要在巴州尉犁县发生。

(6) 枸杞病虫害

主要种类有枸杞瘿螨、枸杞负泥虫、枸杞刺皮瘿螨、枸杞蚜虫、伪枸杞瘿螨等。预测发生总面积为5.59万亩，比2022年同期增加1.18万亩，主要在博州的精河县、巴州的尉犁县发生，均为轻度发生。

(7) 沙枣病虫害

主要种类有沙枣白眉天蛾、沙枣木虱、沙枣跳甲等。预测发生总面积为1.57万亩，与2022年持平，主要在喀什地区、和田地区、阿勒泰地区发生，均为轻度发生。

(8) 沙棘病虫害

沙棘绕实蝇　预测发生5.8万亩，比2022年减少1.11万亩。主要在阿勒泰地区布尔津县、青河县、克州阿合奇县境内发生。

(9) 果实病虫害

主要种类有梨小食心虫、李小食心虫、苹果蠹蛾、白星花金龟、桃白粉病、螨类、介壳虫等。

梨小食心虫　预测发生51.66万亩，比2022年减少6.62万亩，轻度发生。主要分布于杏树集中种植区阿克苏地区、巴州、克州、喀什地区、和田地区、昌吉州。

李小食心虫　预测发生31.59万亩，与2022年持平，轻度发生，集中在南疆的喀什地区发生。

白星花金龟　预测发生1.83万亩，比2022年增加0.12万亩。主要在吐鲁番市各县(区)、昌吉州昌吉市、呼图壁县、玛纳斯县等葡萄、杏、西瓜栽培区发生。

桃白粉病　预测发生1.54万亩，与2022年持平，发生比较平稳。集中在南疆的喀什地区各县(市)发生。

螨类　发生种类有朱砂叶螨、山楂叶螨、截形叶螨、土耳其斯坦叶螨等，预测发生总面积为206.27万亩，比2022年减少13.25万亩。山楂叶螨发生29万亩，与2022年基本持平；截形叶螨、朱砂叶螨预测发生162.37万亩，比2022年减少8.25万亩。土耳其斯坦叶螨预测发生8.39万亩，比2022年减少2.39万亩。主要在和田地区、阿克苏地区、喀什地区、巴州等特色林果主产区发生危害，均为轻度发生。

其他介壳虫类　主要有吐伦球坚蚧，预测发生8.69万亩。与2022年持平。主要在南疆和东疆林果主产区发生危害。

棉蚜(花椒棉蚜、榆树棉蚜)：预测发生32.73万亩，与2022年持平，主要在喀什地区发生。

(10) 其他经济林病虫

主要发生种类有黄刺蛾、多毛小蠹、皱小蠹等。

黄刺蛾　预测发生39.57万亩，比2022年增加6.6万亩，主要在阿克苏地区、克州、喀什地区各县(市)轻度或偏中度发生。

皱小蠹　预测发生8.05万亩，与2022年持平。主要在喀什地区杏树栽培区轻度发生。

多毛小蠹　预测发生0.87万亩，与2022年持平。主要在巴州的轮台县、阿克苏地区柯坪县、克州的阿克陶县、和田地区的策勒县发生。

8. 森林鼠(兔)害发生趋势

2023年，新疆林业鼠(兔)害预测发生总面积为885万亩，与2022年基本持平，且大部分为轻度危害。

其中：荒漠林主害鼠种大沙鼠的发生785.69万亩(轻度759.88万亩，中度20.32万亩，重度5.48万亩)，占鼠(兔)害总面积的88.46%，集中在准噶尔盆地的昌吉州、博州、阿勒泰地区、塔城地区，比2022年同期增加65.74万亩。

经济林和绿洲防护林主害鼠种根田鼠发生67.72万亩(轻度65.06万亩，中度2.29万亩，重度0.37万亩)，比2022年同期增长近1倍。

塔里木兔、草兔发生14.81万亩(轻度13.68万亩，中度1.01万亩，重度0.13万亩)，比2022年同期减少1.98万亩，主要发生在伊犁河谷周缘各县市以及塔里木盆地周缘人工林区。

9. 其他病虫害发生趋势

主要发生种类有榆跳象、柽柳条叶甲、榆长

斑蚜、榆黄黑蛱蝶、榆黄毛萤叶甲、榆绿毛萤叶甲、桑褶翅尺蛾、梭梭漠尺蛾等。预测发生总面积为29.47万亩，与2022年基本持平。

榆跳象、榆长斑蚜　预测发生4.56万亩，与2022年持平，其中：榆长斑蚜发生0.46万亩。主要在乌鲁木齐市、昌吉州各县（市）、石河子市范围榆树上轻度发生。

红柳粗角萤叶甲（柽柳条叶甲）　预测发生6万亩，比2022年减少4.51万亩。主要在哈密市、巴州、和田地区荒漠灌木林地带红柳上轻度或偏中度发生。

榆绿毛萤叶甲、榆黄黑蛱蝶、榆黄毛萤叶甲、榆绿毛萤叶甲、桑褶翅尺蛾、梭梭漠尺蛾等预测发生总面积为13.36万亩，比2022年增加1.76万亩，主要在克州阿图什市，巴州的和硕县，喀什地区喀什市、叶城县，乌鲁木齐市等地方榆树上轻度或偏中度发生。

三、对策建议

（一）深化国办《意见》落实

督促指导各级林业主管部门认真履行职责，加强组织领导，扎实推进《国务院办公厅关于进一步加强林业有害生物防治工作的意见》和《新疆维吾尔自治区人民政府办公厅关于林业有害生物防治工作的实施意见》的贯彻落实工作。进一步加强政府的组织领导力，提高全社会参与意识。

（二）强化检疫执法防线

督促哈密公路动植物联合防疫检疫站、若羌林业植物检疫检查站开展检疫执法工作；督促各地林草部门加强产地检疫、调运检疫和属地复检工作，严防检疫性有害生物入侵及扩散。

（三）提升监测预警能力

扎实推进新版林业有害生物防治信息管理系统的应用，保障林业有害生物信息及时、准确报送。加强对各级测报站点的管理，合理制定年度监测任务，加强对各级测报站点规范开展测报工作的督促检查指导力度。加强林业有害生物监测预报投入力度，在森防人员匮乏的情况下，引进智能远程监测高新技术，提高有害生物实时准确监测能力。适时发布生产性预测预报，定期开展趋势会商，科学分析和准确研判林业有害生物发生趋势。真正做到"最及时的监测、最准确的预报、最主动的预警"。

（四）强化林业有害生物防治

科学制定2023年春季及全年主要林业有害生物防控工作方案，以无公害防治为主要方法，提高防治效果，实现统防统治，群防群治，兵地联合，联防联治。加大林用药剂药械知识及农药安全管理培训力度，提高防灾减灾能力和防治效果。

（五）加强营林措施落实

合理设计造林模式，因地制宜选择合适树种，增加林地生物多样性；加强日常水肥管理，改善土壤环境，增强树势；以预防为主，采取综合性防控措施，做好林间病虫害的防治工作。

（六）筑牢防控工作基础

加强林业有害生物防控工作宣传，引起全社会对林业有害生物防控工作的重视，积极参与和支持林业有害生物防治工作。加大林业有害生物防控技术的研究，增强科技支撑能力。

（主要起草人：马旭　张鲁豫；主审：王玉玲　刘冰）

33 大兴安岭林业集团公司林业有害生物2022年发生情况和2023年趋势预测

大兴安岭林业集团公司林业有害生物防治总站

【摘要】2022年大兴安岭林业集团公司林业有害生物总计发生220.7万亩，与2021年相比略微下降。以红斑病为主的樟子松叶部病害略有下降趋势，其他病虫害鼠害变化不大，基本持平。综合分析樟子松叶部病害下降原因，主要受温度、降水等气候条件的影响。2022年春夏季气候变化平稳，极端天气少，导致樟子松叶部病害发生呈下降趋势。

预测2023年大兴安岭林业集团公司林业有害生物发生面积为208.69万亩，总发生面积与2021年基本持平，以落叶松毛虫为主的虫害发生面积大幅度下降，红背䶄、棕背䶄等鼠害略有下降，红斑病、叶枯病为主的樟子松叶部病害发生面积明显上升。

根据林业有害生物发生特点及当前所面临的形势分析，建议：加大监测力度，做到及时监测、准确预报、主动预警；提早做好防治预案，做到早发现、早除治；转变思路，开拓创新，应用先进的测报技术方法和手段，提高监测调查数据的准确性。

一、2022年林业有害生物发生情况

2022年大兴安岭林业集团公司林业有害生物总计发生220.7万亩，与2021年相比略微下降，下降幅度2.01%。其中：病害总计发生39.44万亩，同比上升22.67%，轻度发生22.97万亩，中度发生16.37万亩；虫害总计发生36.08万亩，同比下降22.43%，轻度发生16.34万亩，中度发生16.74万亩；鼠害总计发生145.18万亩，同比下降0.95%，轻度发生63.61万亩，中度发生81.57万亩。

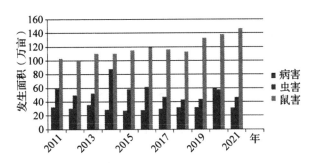

图33-1 大兴安岭林业集团公司近10年主要林业有害生物发生面积对比图

（一）发生特点

总体发生趋势明显下降，下降幅度2.01%。以樟子松红斑病为主的樟子松叶部病害在大兴安岭岭北发生明显减轻；东部落叶松毛虫由于越冬虫口死亡率较高，发生面积有所下降；以棕背䶄、红背䶄为主的林业鼠害发生面积居高不下，对新植林地依然构成较大威胁；其他常规林业有害生物种类发生较为平稳。

（二）主要林业有害生物种类发生情况分述

1. 病害

松针红斑病 发生24.75万亩，同比下降，轻度发生13.79万亩，中度发生10.96万亩，全区均有发生。

落叶松落叶病 发生6.15万亩，同比上升，轻度发生5.99万亩，中度发生0.16万亩，发生地点在新林林业局、呼中林业局、阿木尔林业局、十八站林业局、韩家园林业局、加格达奇林业局。

松落针病 发生7.15万亩，同比上升，轻度发生2.09万亩，中度发生5.06万亩，发生地点在新林林业局、呼中林业局、加格达奇林业局。

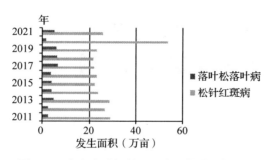

图 33-2 大兴安岭松针红斑病、落叶松落叶病近 10 年发生情况

松疱锈病 发生 0.29 万亩，同比下降，轻度发生 0.29 万亩，发生地点在技术推广站。

松瘤锈病 发生 0.20 万亩，同比略有上升，轻度发生，发生地点在呼中自然保护区内。

云杉锈病 发生 0.90 万亩，同比略有上升，轻度发生，发生地点在呼中林业局、阿木尔林业局、韩家园林业局。

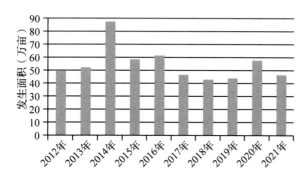

图 33-3 大兴安岭虫害近 10 年发生情况

2. 虫害

落叶松毛虫 发生 15.08 万亩，同比下降，轻度发生 8.09 万亩，中度发生 6.99 万亩，发生地点松岭林业局、新林林业局、呼中林业局、图强林业局、阿木尔林业局、十八站林业局、韩家园林业局、加格达奇林业局、双河自然保护区。

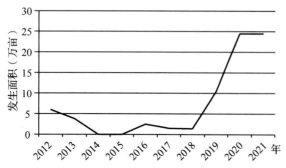

图 33-4 大兴安岭落叶松毛虫近 10 年发生情况

落叶松鞘蛾 发生 1.17 万亩，同比下降，轻度发生 1.17 万亩。主要发生在呼中林业局、图强林业局、南瓮河自然保护区、呼中自然保护区、多布库尔自然保护区、双河自然保护区、岭峰自然保护区、盘中自然保护区。

樟子松梢斑螟 发生 0.49 万亩，同比下降，轻度发生 0.25 万亩，中度发生 0.64 万亩，发生地点在图强林业局、技术推广站种子园内。

落叶松八齿小蠹 发生 2.28 万亩，同比下降，轻度发生 2.05 万亩，中度发生 0.23 万亩。发生地点在新林林业局、图强林业局、阿木尔林业局、十八站林业局、南翁河自然保护区、呼中自然保护区、双河自然保护区、绰纳河自然保护区、多布库尔自然保护区、岭峰自然保护区、盘中自然保护区、北极村自然保护区。

松瘿小卷蛾 发生 0.10 万亩，同比下降，轻度发生，主要发生在图强林业局。

稠李巢蛾 发生 5.38 万亩，同比下降，轻度发生 0.78 万亩，中度发 4.60 万亩。主要发生在松岭林业局、呼中林业局、塔河林业局、图强林业局、阿木尔林业局、漠河林业局、十八站林业局、加格达奇林业局、双河自然保护区、技术推广站。

黄褐天幕毛虫 发生 3.85 万亩，同比略有，轻度发生 2.15 万亩，中度发生 1.7 万亩。发生地点在塔河林业局、韩家园林业局、加格达奇林业局。

舞毒蛾 发生 4.80 万亩，同比略有下降，轻度发生 3.4 万亩，中度发生 1.4 万亩。主要发生在塔河林业局、韩家园林业局、加格达奇林业局、技术推广站。

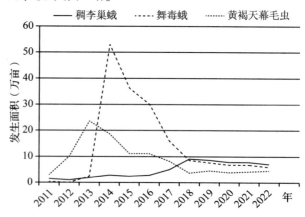

图 33-5 大兴安岭主要食叶害虫近 10 年发生情况

柳毒蛾（雪毒蛾） 发生 1.00 万亩，同比下降，轻度发生 0.50 万亩，中度发生 0.5 万亩，发生地点在松岭林业局。

落叶松球果花蝇 发生面积 0.76 万亩，同比下降，轻度发生 0.54 万亩，中度发生 0.22 万亩，发生地点在图强林业局和加格达奇林业局。

红松球蚜 发生面积 0.07 万亩，中度发生，发生地点在新林林业局。

3. 鼠害

以棕背䶄为主的森林鼠害 发生 145.18 万亩，同比下降，轻度发生 63.61 万亩，中度发生 81.57 万亩，全区均有发生。主要发生地点为中幼龄林造林地，东南部地区发生面积较大，危害较为严重，北部地区较轻。

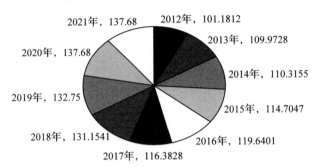

图 33-6 大兴安岭主要鼠害棕背䶄近 10 年发生情况（万亩）

（三）原因分析

1. 病害发生情况原因分析

一是连年的气象过程异常是病害发生情况波动的主要原因；二是防治困难，防治技术手段落后，灾害得不到及时、有效控制；三是最佳防治作业时间与防火期冲突，防治作业时间受限，影响防治效果。

2. 虫害发生情况原因分析

以落叶松毛虫为主的虫害发生，主要是由于 2021 年冬季极端天气天数多于往年，越冬存活率底，2022 年发生面积也大幅下降。

3. 鼠害发生情况原因分析

一是越冬鼠口基数偏高，种群密度较大；二是人工林面积逐年增加，主要造林树种为樟子松，害鼠喜食；三是资金投入不足，防治技术落后，使害鼠发生得不到有效控制。

二、2023 年林业有害生物发生趋势预测

（一）2023 年总体发生趋势预测

综合分析，预测 2023 年大兴安岭林业集团公司林业有害生物发生面积为 208.59 万亩，与 2022 年基本持平。其中：病害预测发生 48.67 万亩，同比上升 19.46%；虫害预测发生 33.3 万亩，同比下降 14%；鼠害预测发生 146.34 万亩，同比下降 12.59%。

（二）分种类发生趋势预测

1. 病害

松针红斑病 预测发生 24.03 万亩，同比略有下降，轻度发生 20.98 万亩，中度发生 3.05 万亩，全区均有发生。

落叶松落叶病 预测发生 11.95 万亩，同比上升，轻度发生，发生地点在新林林业局、呼中林业局、阿木尔林业局、十八站林业局、韩家园林业局、加格达奇林业局。

松疱锈病 预测发生 0.46 万亩，同比持平，轻度发生 0.17 万亩，中度发生 0.29 万亩，发生地点在技术推广站。

松针锈病 预测发生 0.3 万亩，同比下降，轻度发生，发生地点在技术推广站。

云杉叶锈病 预测发生 1.72 万亩，同比略有上升，轻度发生 1.6 万亩，中度发生 0.12 万亩，地点在呼中林业局、阿木尔林业局、韩家园林业局。

松瘤锈病 预测发生 0.20 万亩，同比持平，轻度发生，发生地点在呼中自然保护区。

松落针病（偃松、西伯利亚红松） 预测发生 5.01 万亩，偃松轻度发生 3.00 万亩，中度发生 2.00 万亩；发生地点在呼中林业局；西伯利亚红松轻度发生 0.01 万亩，中度发生 0.01 万亩，发生地点在新林林业局。

杨灰斑病（新发生） 预测发生 3.00 亩，轻度发生，发生地点在十八站林业局。

2. 虫害

落叶松八齿小蠹 预测发生 2.74 万亩，同比略有上升，轻度发生 2.08 万亩，中度发生 0.49 万亩，发生地点在新林林业局、图强林业局、阿木尔林业局、十八站林业局、南翁河自然保护区、呼中自然保护区、绰纳河自然保护区、多布库尔自然保护区、岭峰自然保护区、盘中自然保护管理区、北极村自然保护区。

稠李巢蛾 预测发生 5.23 万亩，同比略有下降，轻度发生 1.54 万亩，中度发生 3.69 万亩，

发生地点在松岭林业局、呼中林业局、塔河林业局、图强林业局、阿木尔林业局、漠河林业局、十八站林业局、加格达奇林业局、双河自然保护区、技术推广站。

落叶松鞘蛾　预测发生0.45万亩，同比略有下降，轻度发生，发生地点在呼中林业局、图强林业局、南瓮河自然保护区、呼中自然保护区、多布库尔自然保护区、岭峰自然保护区。

松瘿小卷蛾　预测发生0.52万亩，同比略有下降，轻度发生，主要发生在图强林业局和技术推广站。

梢斑螟　预测发生0.55万亩，同比略有下降，轻度发生0.35万亩，中度发生0.20万亩，发生地点在技术推广站。

落叶松毛虫　预测发生12.7万亩，同比大幅下降，轻度发生8.30万亩，中度发生4.40万亩，发生地点在松岭林业局、新林林业局、呼中林业局、图强林业局、阿木尔林业局、十八站林业局、韩家园林业局、加格达奇林业局。

黄褐天幕毛虫　预测发生4.4万亩，同比略有上升，轻度发生2.34万亩，中度发生2.34万亩，发生地点在塔河林业局、韩家园林业局、加格达奇林业局。

舞毒蛾　预测发生4.55万亩，同比略有下降，轻度发生3.45万亩，中度发生1.40万亩，发生地点在塔河林业局、韩家园林业局、加格达奇林业局、技术推广站。

雪毒蛾　预测发生1.00万亩，同比持平，轻度发生0.60万亩，中度发生0.40万亩，发生地点在松岭林业局。

分月扇舟蛾　预测发生0.40万亩，同比略有下降，轻度、中度发生，发生地点在韩家园林业局。

落叶松球果花蝇　预测发生1.22万亩，同比持平，轻度发生0.52万亩，中度发生0.7万亩，发生地点在图强林业局、加格达奇林业局、技术推广站。

落叶松(红松)球蚜　预测发生0.16万亩，轻度发生0.05万亩，中度发生0.11万亩。发生地点在新林林业局。

3. 鼠害

以棕背䶄为主的森林鼠害，预测发生127.92万亩，同比略有下降，轻度发生63.12万亩，中度发生64.8万亩，除8个自然保护区外，全区均有发生。主要发生地点为中幼龄林造林地，东南部地区发生面积较大，危害较为严重，北部地区较轻。

三、对策建议

(一)强化目标管理，落实防控主体责任

层层签订防控目标责任书，将重大林业有害生物防控任务、目标纳入绩效考核指标，提高各级领导对林业有害生物防控工作的重视程度，确保各项责任落实到位。

(二)加强监测预报，提升灾害预警能力

加大监测调查力度，提高监测覆盖率，确保灾害及时发现；严格执行疫情报告制度，避免疫情信息迟报、虚报、瞒报现象发生；积极研究探索，推广利用无人机等先进监测调查手段，提升监测预报技术水平。

(三)加大培训力度，提高从业人员业务水平

基层测报员更换频繁，文化水平低，应定期对测报员进行业务培训。采用课堂教学与现场培训相结合的方式，确保培训工作取得成效，从而提高基层测报员专业技术水平。

(四)拓宽疫情发现渠道，降低灾害损失

充分发挥护林员作用，逐步建立以护林员监测为基础的网格化监测平台；建立有奖举报制度，积极引导广大群众参与疫情监测，鼓励社会公众提报疫情信息，拓宽疫情发现渠道，确保疫情发现及时。

(五)注重联防联治，控制灾害扩散蔓延

加强与毗邻省、市间沟通协作，建立联防联控机制，疫情信息共享，防控措施联动，有效控制灾害扩散蔓延。

(主要起草人：高丽敏　许铁军；主审：于治军)

34 内蒙古大兴安岭林区林业有害生物2022年发生情况和2023年趋势预测

内蒙古大兴安岭森林病虫害防治（种子）总站

【摘要】 2022年内蒙古大兴安岭林区林业有害生物整体发生平稳，全年主要林业有害生物发生面积416.46万亩，其中病害171.92万亩，虫害195.62万亩，鼠害48.92万亩，灾害面积25.48万亩（图34-1）。总体发生面积稳中略升，落叶松毛虫暴发呈明显上升趋势，病害发生平稳，危害程度偏重，鼠害发生及危害加剧。根据林区森林资源状况、林业有害生物发生及防治情况、今年秋季有害生物越冬基数调查情况，结合2023年气象预报，经综合分析，预测2023年主要林业有害生物发生将稳中下降，发生面积约340万亩，其中病害175万亩，虫害110万亩，鼠害55万亩。建议强化目标管理，有效管控生物灾害风险，确保早发现，早防治；强化能力建设，提升队伍整体素质；积极落实管护员监测岗位责任制；加强经费保障制度建设，推动森防工作稳步扎实开展。

一、2022年林业有害生物发生情况

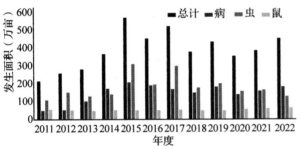

图34-1 历年病虫害发生情况

（一）发生特点

（1）总体发生面积稳中有升。2022年发生面积为416.46万亩，同比2021年发生面积384.96万亩上升8.18%。

（2）冬季降雪比往年减少，夏季雨水有所增加，虫害整体平稳，落叶松毛虫仍呈扩散趋势，分布范围进一步扩大；病害发生普遍，但人工预防措施到位，整体危害程度下降。

（3）森林鼠害越冬基数增加，春季发生呈上升趋势，局部人工林危害严重。

（二）主要林业有害生物发生情况分述

1. 病害发生情况

2022年病害总体发生面积171.92万亩，占有害生物发生总面积的41.28%，比2021年159.02万亩增加约12.9万亩，增长率8.11%，总体分布范围广，局部危害较严重。

落叶松早落病　发生面积约58.25万亩，比2021年增长14.94%。其中轻度28.99万亩，感病指数30.5；中度19.34万亩，感病指数53.8；重度9.92万亩，感病指数76.5。主要发生于阿尔山、绰尔、克一河、甘河、满归、大杨树等森工（林业）公司（图34-2）。

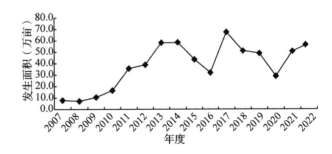

图34-2 落叶松早落病历年发生趋势

松针红斑病　发生面积约19.02万亩，比2021年减少14.21%。其中轻度5.01万亩，感病指数16；中度4.49万亩，感病指数31；重度9.51万亩，感病指数58，发生面积和发生程度均显著上升，局地危害十分严重。主要发生于阿尔山、阿龙山、满归、莫尔道嘎等森工公司（图34-3）。

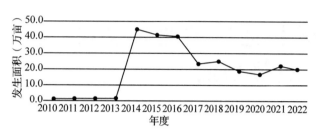

图 34-3　松针红斑病历年发生趋势

阔叶树病害　主要包括白桦黑斑病、杨树叶锈病、柳树叶锈病等病害，发生面积约 85.75 万亩，与 2021 年比略有上升，且危害程度加重，局部成灾。其中轻度 41.87 万亩，感病指数 24；中度 33.1 万亩，感病指数 48；重度 10.77 万亩，感病指数 69。分布于全林区，主要发生于库都尔、克一河、甘河、吉文、阿里河、阿龙山、得耳布尔、莫尔道嘎、阿里河、大杨树、毕拉河等森工（林业）公司（图 34-4）。

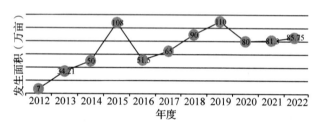

图 34-4　桦树黑斑病发生趋势

松材线虫病　经秋季普查，普查面积 5985 万亩，调查松林小班 174684 个，经取样分析，无松材线虫病发生分布。

2. 虫害发生情况

虫害发生面积 195.62 万亩，占总发生量的 46.97%，比 2021 年发生 165.28 万亩增加约 30.34 万亩。总体呈稳上升态势。

落叶松毛虫　整体呈上升趋势，分布面积明显增加。全年发生面积约 133.50 万亩，其中轻度 46.45 万亩，平均虫口密度 34 条/株；中度 49.51 万亩，平均虫口密度 58 条/株；重度 37.54 万亩，平均虫口密度 90 条/株。主要发生于阿尔山、绰尔、绰源、乌尔旗汉、库都尔、图里河、克一河、莫尔道嘎、阿里河、金河、大杨树等森工（林业）公司。绰尔森工公司发生 90 万亩，除常规防控外，开展了飞机防治，飞机防治面积 93 万亩（图 34-5）。

落叶松鞘蛾　呈平稳趋势，但虫口密度有所上升。发生面积约 18.51 万亩，其中轻度 11.26 万亩，平均虫口密度 15 头/100cm 延长枝；中度

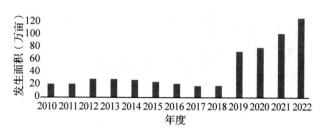

图 34-5　落叶松毛虫历年发生趋势

发生 6.60 万亩，平均虫口密度 35 头/100cm 延长枝；重度发生 0.65 万亩，平均虫口密度 51 头/100cm 延长枝。主要发生于阿尔山、乌尔旗汉、金河、毕拉河等森工（林业）公司（图 34-6）。

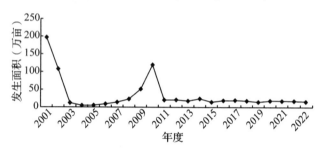

图 34-6　落叶松鞘蛾历年发生情况

模毒蛾（舞毒蛾）　整体呈平稳趋势，2022 年发生面积为 5.43 万亩，平均虫口密度为 25 条/株，该虫分布范围较大，重点发生于阿尔山、阿里河、莫尔道嘎、大杨树等森工（林业）公司（图 34-7）。

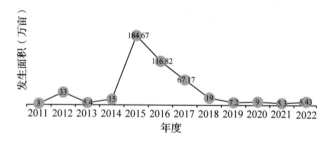

图 34-7　模毒蛾（舞毒蛾）历年发生趋势图

中带齿舟蛾（梦尼夜蛾、白桦尺蠖）　整体呈下降趋势。全年发生 8.57 万亩，其中轻度 3.98 万亩，虫口密度 20 头/株，中度 4.46 万亩，虫口密度 48 头/株，重度 0.13 万亩。主要发生于阿尔山、乌尔旗汉、图里河、根河、阿里河、莫尔道嘎等森工公司（图 34-8）。

稠李巢蛾　略有下降趋势。发生面积约为 1.51 万亩，其中轻度 0.75 万亩，中度 0.49 万亩，重度 0.27 万亩。在全林区均有分布（图 34-9）。

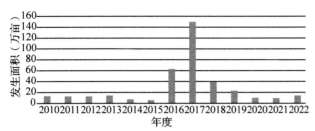

图 34-8 中带齿舟蛾（梦尼夜蛾、白桦尺蠖）
历年发生情况

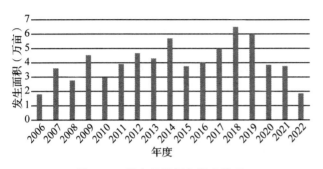

图 34-9 稠李巢蛾历年发生情况

柞树害虫 呈平稳趋势。包括栎尖细蛾、柞褐叶螟、栎瘿蜂等，发生面积为 10.9 万亩，其中轻度 3.88 万亩，中度 6.21 万亩。分布于毕拉河、大杨树、阿里河等森工（林业）公司（图 34-10）。

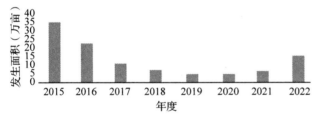

图 34-10 柞树害虫历年发生情况

白桦背麦蛾 发生面积 5.67 万亩，其中中度 3.74 万亩，重度 1.93 万亩。主要发生在乌尔旗汉、伊图里河温河分公司等森工（林业）公司。

蛀干害虫 蛀干害虫主要包括云杉大墨天牛、云杉小墨天牛、落叶松八齿小蠹，发生趋势有所下降，发生面积 4.83 万亩，其中轻度 3.58 万亩，被害株率 6%；中度 0.83 万亩，被害株率 14%；重度 0.42 万亩，被害株率 29%。主要发生于克一河、金河、满归等森工（林业）公司（图 34-11）。

3. 鼠害发生情况

主要为棕背䶄和莫氏田鼠。发生面积 48.92 万亩，占病虫害总发生量的 11.75%，比 2021 年减少约 11.74 万亩，轻度发生 32.26 万亩，中度发生 12.53 万亩，重度发生 4.13 万亩。同比有所

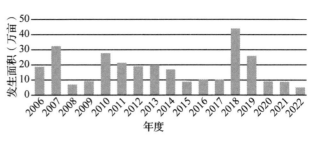

图 34-11 蛀干害虫历年发生趋势

下降。主要发生于金河、根河、乌尔旗汉、克一河、绰源、甘河、吉文、阿尔山、得耳布尔和阿龙山等森工公司（图 34-12）。

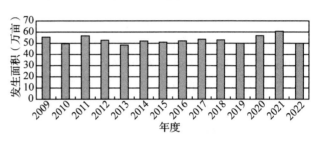

图 34-12 鼠害历年发生情况

（三）成因分析

1. 森林病害发生原因

气候因素影响突出，2022 年春夏季林区大部分地区潮湿多雨，降雨量同比增加 1 倍以上，是森林病害偏重发生的重要原因之一；连续多年采取了喷雾、烟剂、人工清理病原物等综合预防措施，使病原微生物密度有效降低，没有造成严重灾害；同时病害早期监测得到加强，在发病初期做到及时准确监测预报，发现病害苗头立即采取预防措施，保护了树木健康。

2. 森林虫害发生原因

落叶松毛虫周期性发生是其暴发的主因，毗邻地区松毛虫扩散到林区范围内并严重暴发是外在诱因；大面积人工纯林，森林质量欠佳，抵御虫害风险能力弱，是该虫暴发的环境因子，致使局部发生危害加重。

3. 森林鼠害发生成因

一是极端天气因素影响今年春季倒春寒，致使春天害鼠危害加剧；二是人工造林主要在立地条件差的地方或在树冠下造林，新造林面积约 50 万亩，近 10 年累计造林面积为 150 多万亩，且多为鼠喜啃食树种；三是鼠害越冬基数增加，种群密度比上年同期增加 20% 以上；四是天敌对害鼠种群抑制作用有滞后效应；五是林区专项防治

经费保障有力，新造林地采取了边造林边防治的预防措施，综合防治能力显著提高。

(四) 监测防治情况

森工集团对林业有害生物监测预报工作十分重视，将林业有害生物"测报准确率"和"监测覆盖率"指标纳入森工集团年度考核，层层签订目标管理责任状。全年计划监测面积1.14亿亩，实际监测面积1.20亿亩；预测发生面积420万亩，实际发生面积416.46万亩，测报准确率达到99.15%（指标85%）；计划踏查点56200个，实际完成52715个，完成指标的93.80%；计划一般标地3740块，实际完成3434块，完成指标的91.82%；计划灯诱监测点168处，实际完成172处，完成计划的102.38%；计划信息素监测点860个，实际完成739个，完成指标的85.93%；计划无人机监测点195个，实际完成262个，完成指标的134.36%；计划发布预报712次，实际完成741次，完成指标的104.07%。测报考核指标达标，较好地完成了林业有害生物监测预报工作年度任务。2022年共完成防治任务274万亩。其中病害85.83万亩，虫害148.57万亩，鼠害约39.60万亩。对重大林业有害生物落叶松毛虫开展了飞机防治93万亩。防治效果达到90%以上，达到预防灾害的目的，防灾减灾成效显著。

二、2023年发生趋势预测

(一) 2023年总体发生趋势预测

根据林区各级森防专业机构的林业有害生物秋季越冬基数调查结果，结合当地历年发生情况和2023年气候预测情况，经综合分析，预测2023年林业有害生物发生面积340万亩，其中病害175万亩，虫害110万亩，鼠害55万亩。与2022年相比呈略降趋势，病害总体持平，虫害呈下降趋势，鼠害持平。局部落叶松早落病、桦树黑斑病、松针红斑病、落叶松毛虫、模毒蛾、蛀干害虫和棕背䶄可能成灾。

(二) 主要林业有害生物发生趋势预测

1. 森林病害

预测2023年森林病害发生面积约175万亩。

阔叶树病害（白桦黑斑病、杨柳叶锈病等）预测发生88万亩。整体呈平稳态势，预计分布于全林区（图34-13）。

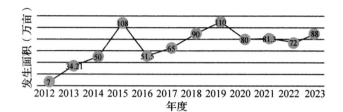

图34-13 阔叶树病害2023年发生趋势

落叶松早落病 预测发生66万亩，整体呈上升趋势，局部危害可能加重。预计主要分布于阿尔山、绰尔、绰源、乌尔旗汉、图里河、克一河、甘河根河、金河、满归、阿龙山、大杨树等森工（林业）公司（图34-14）。

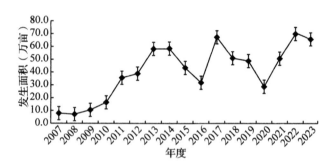

图33-14 落叶松早落病2023年发生趋势

松针红斑病 预测发生16万亩，呈稳中有升趋势，危害程度趋于加重。预计分布于全林区，重点为北部的阿尔山、阿龙山、满归、莫尔道嘎、北部原始林区管护局等森工（林业）公司（图34-15）。

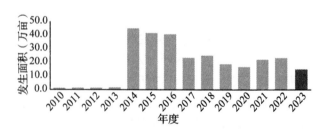

图33-15 松针红斑病2023年发生趋势

其他病害 落叶松癌肿病、松疱锈病、松落针病、山杨瘿螨病等其他病害，预测发生约5万亩，呈平稳趋势。预计主要分布于阿尔山、伊图里河、克一河、得耳布尔、库都尔、莫尔道嘎等森工（林业）公司。

2. 森林虫害

预测 2023 年森林虫害发生面积约 110 万亩。

落叶松毛虫 预测发生 40 万亩，虫口密度 10~57 头/株。预测轻度发生 30 万亩；中度发生 10 万亩。将呈下降趋势。预计重点分布于南部林区的绰尔、绰源，中部的乌尔旗汉、库都尔，东部的克一河、甘河、吉文，北部的莫尔道嘎、根河、得耳布尔等森工（林业）公司（图 34-16）。

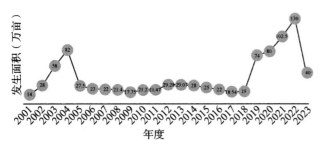

图 34-16 落叶松毛虫 2023 年发生趋势

落叶松鞘蛾 预测发生 24 万亩，虫口密度 10~76 头/100cm 样枝整体发生的趋势为稳中有升。预计主要分布于中部的乌尔旗汉；东部的甘河和克一河；北部的根河、莫尔道嘎、毕拉河、额尔古纳自然保护区等森工（林业）公司（图 34-17）。

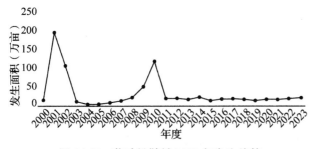

图 34-17 落叶松鞘蛾 2023 年发生趋势

模毒蛾（舞毒蛾） 预测发生面积约 5 万亩。预测虫口密度为 24~48 头/株，整体平稳有上升趋势，局部有暴发态势。预计主要分布于南部的阿尔山、绰尔，中部的阿里河北部的莫尔道嘎等森工公司（图 34-18）。

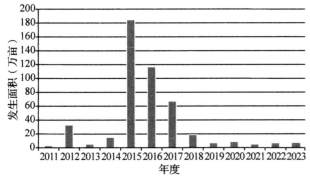

图 34-18 模毒蛾（舞毒蛾）2022 年发生趋势

中带齿舟蛾（白桦尺蠖、梦尼夜蛾） 整体平稳略有下降态势，预测发生面积约为 8 万亩。平均蛹密度为 0.2~14 头/m²。预计主要分布于南部的阿尔山、绰源，东部的乌尔旗汉、库都尔、图里河和北部的根河等森工公司（图 34-19）。

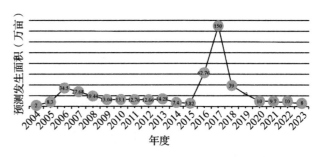

图 34-19 中带齿舟蛾（白桦尺蠖、梦尼夜蛾）2023 年发生趋势

柞树害虫（柞褐叶螟、栎尖细蛾） 整体平稳趋势，预测发生面积约为 9 万亩。平均虫口密度为 124 头/m²。预计主要分布于东南部的大杨树、毕拉河和阿里河等森工（林业）公司和毕拉河自然保护区（图 34-20）。

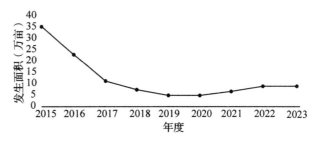

图 34-20 柞树害虫 2023 年发生趋势

白桦背麦蛾 2022 年首次在林区发现，根据秋季调查数据，预测发生面积约 9 万亩。平均虫口密度为 29~127 头/株。预计主要分布于乌尔旗汉森工公司和伊图里河温河分公司（图 34-21）。

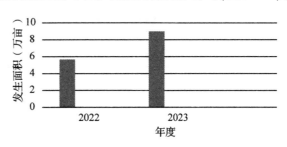

图 34-21 白桦背麦蛾 2023 年趋势预测

蛀干害虫（云杉大小墨天牛、落叶松八齿小蠹） 预测发生 3 万亩，整体呈下降趋势。预计主要发生在北部的金河、满归、莫尔道嘎、阿龙

山；东部的吉文、克一河；东南部的毕拉河等森工(林业)公司的过火林地和水淹地(图34-22)。

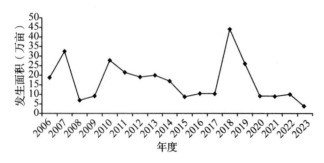

图34-22　蛀干害虫2023年发生趋势

其他害虫　预测发生面积为12万亩，主要包括桦叶小卷蛾、松瘿小卷蛾、柳沫蝉、沙棘木虱、落叶松球蚜及松大蚜等。预计主要发生于北部原始林区管护局、库都尔、得耳布尔、乌尔旗汉、阿里河、大杨树等森工(林业)公司。

3. 森林鼠害

根据气象部门预测，2022年冬季内蒙古大兴安岭林区降雪量较常往年略少，且今冬为暖冬，森林鼠害有可能会暴发成灾，预测发生面积约55万亩，整体呈平稳态势。主要鼠类为棕背䶄和莫氏田鼠，其中轻度约35万亩，鼠密度平均夹日捕获率2.3%；中度约16万亩，鼠密度平均夹日捕获率7.8%；重度约4万亩，鼠密度平均夹日捕获率15.7%。从2022年秋季鼠密度平均夹日捕获率来看，重点发生区域在火烧迹地造林集中区、幼林分布集中、水湿地改造林地，低洼造林地段，以及公路、林场周边造林区，特别是樟子松幼树造林区危害将呈加重态势。重点发生于北部的金河、根河、得耳布尔、莫道道嘎森工公司；东部的克一河、吉文、阿里河和甘河森工公司；中部的图里河、库都尔和乌尔旗汉森工(林业)公司；东南部的大杨树、毕拉河森工(林业)公司(图34-23)。

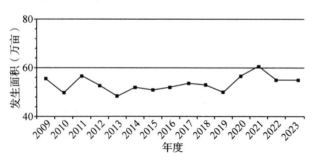

图34-23　鼠害2023年发生趋势

三、对策建议

(一) 强化目标管理，有效管控生物灾害风险

强化目标管理，加强对重点旅游景区、生态脆弱区有害生物的防治，积极推广开展生物天敌防治、引诱剂诱杀防治、常规喷烟喷雾防治及超低量喷雾防治等综合防治措施，依托科技推广示范项目，加强普查力度，确保早发现，早防治，有效管控生物灾害风险。

(二) 强化能力建设，提升队伍整体素质

加强落实相关法律法规、政策措施，做到依法监测、检疫和防治，夯实测报体系。同时做好测报员队伍建设，充分发挥管护员职能，健全岗位责任制，划定林业有害生物监测范围，做到及时发现异常及时报告，为及时有效处置重大疫情提供人员保障。同时加强监测预报技术培训工作，推广应用监测预报新技术，需要切实推进监测位点前移，加强数据信息采集自动化，实现全林监测与重点区位监测相结合，做到及时监测，准确预报，主动预警。

(三) 加强经费保障建设

为确保林业有害生物监测预报、检疫检验及防治工作的顺利开展，建立健全森防经费保障机制，建议明确列出国家级中心测报点经费资金拨付。在维护生态安全、建设美丽中国中充分发挥行业的积极作用。

(主要起草人：张军生　刘薇；主审：于治军)

35 新疆生产建设兵团林业有害生物 2022 年发生情况和 2023 年趋势预测

新疆生产建设兵团林业和草原有害生物防治检疫中心

【摘要】 依据新疆独特的气候条件、林地分布情况及区域病虫害区域发生规律等变化因素，2022年新疆生产建设兵团（以下简称"兵团"）林业有害生物整体偏轻度发生，发生面积125.81万亩，杨圆蚧、梨小食心虫、梨木虱与去年相比大面积发生，其他常发性林业有害生物整体轻度发生。预计2023年兵团林业有害生物总体轻度发生，发生面积会有所增加，局部偏中度发生，预测全年发生面积约175万亩。由于基层测报人员队伍不足，人员变动较大，监测技术培训没有跟进，监测预报技术手段落后，导致预测预报工作实效性不高，建议增加经费投入，改善监测预报的技术条件，加大培训力度，提高兵团林业和草原有害生物监测预报水平。

一、2022年主要林业有害生物总体发生情况

2022年兵团林业有害生物发生总面积125.81万亩，其中，轻度96.41万亩，中度以上29.40万亩，占总发生总面积的23.37%，整体偏轻度发生。林木病害1.57万亩，均为轻度发生；虫害98.51万亩，轻度发生69.55万亩，中度发生18.90万亩，重度发生10.06万亩；鼠害25.73万亩，轻度发生25.29万亩，中度发生0.44万亩。兵团林业有害生物监测覆盖率85%，无公害防治率达到95%。

（一）发生特点

整体以轻度、点片发生为主，发生面积较去年同期相比有所减少，没有重大林业生物灾害和突发事件发生。

（1）病害发生面积较2021年减少26.18%，总体以轻度发生为主。主要以梨树腐烂病、葡萄霜霉病、葡萄白粉病、杏叶穿孔病等经济林病害为主。

（2）虫害发生总面积较2021年减少44.34万亩，同比减少31.04%，总体以轻度发生为主。主要为春尺蠖、弧目大蚕蛾、杨梦尼夜蛾、杨圆蚧、枣叶瘿蚊、光肩星天牛等。

（3）鼠（兔）害发生面积较2021年减少23.60%，部分地区局部发生，主要是根田鼠、大沙鼠、子午沙鼠。

（二）主要林业有害生物发生情况分述

1. 病害

发生面积1.57万亩，均为轻度发生。其中葡萄霜霉病发生面积最大，为0.70万亩，同比减少48.53%，但仍占病害总面积的44.59%。发生区域主要集中在第七师特色经济林区。

（1）经济林病害

发生1.38万亩，同比减少2.65万亩，总体以轻度发生为主。主要种类有葡萄病害、苹果病害、梨树腐烂病、枣树黑斑病等。

葡萄病害　发生0.94万亩，同比减少1.38万亩，均为轻度发生。主要种类是葡萄霜霉病、葡萄白粉病，主要集中在第七师、第十二师葡萄种植区。

梨树腐烂病　均为轻度发生，发生2488亩，同比减少3912亩。主要发生在第三师香梨主产区。

杏树病害　整体以轻度发生为主，发生1500亩，主要种类是杏叶穿孔病，发生区域主要集中在第四师。

桃树病害　整体以轻度发生为主，发生260亩，主要种类是桃白粉病，发生区域主要集中在第十二师。

苹果病害　整体以轻度发生为主，发生80

亩，主要是苹果腐烂病，主要分布在第三师苹果种植区。

（2）生态林病害

发生1896亩，同比增加896亩，总体以轻度发生为主。主要种类有胡杨锈病、杨树烂皮病、榆树黑斑病等。

杨树病害　发生1146亩，均为轻度发生。主要种类是胡杨锈病、杨树烂皮病，发生区域主要集中在第七、八、十二、十三师。

榆树黑斑病　发生750亩，同比增加393亩，均为轻度发生，发生区域主要集中在第七师。

2. 虫害

发生总面积98.51万亩，同比减少44.34万亩，轻度发生69.55万亩，中度发生18.90万亩，重度发生10.06万亩，轻度发生面积占总面积的70.60%。

（1）食叶害虫

发生82.86万亩，同比减少36.62万亩，总体以轻度发生为主，其中春尺蠖、弧目大蚕蛾、杨梦尼夜蛾、梭梭漠尺蛾、绣线菊蚜有中度及以上发生。

春尺蠖　发生72.97万亩，同比减少38.86万亩，轻度发生47.37万亩，中度发生16.21万亩，重度发生9.39万亩，新疆南北疆11个团场均有分布，主要发生在南疆第一、二、三师天然胡杨林、人工防护林。

弧目大蚕蛾　发生2.50万亩，均为轻度发生，主要集中在北疆第二师29团防护林和天然荒漠林。

杨梦尼夜蛾　发生3.71万亩，同比增加0.98万亩，增加35.90%，主要集中北疆第四、七、八、十二师防护林和天然荒漠林。

梭梭漠尺蛾　发生1.15万亩，同比增加0.03万亩，均为轻度发生，主要集中在第八师，其余地区零星发生。

绣线菊蚜　发生0.95万亩，均为轻度发生，主要集中在第一师，其余地区零星发生。

（2）蛀干害虫

发生7.66万亩，同比增加5.01万亩，总体以轻度发生为主。主要种类有光肩星天牛、杨圆蚧、梨圆蚧、突笠圆盾蚧、杨十斑吉丁、白杨透翅蛾等。

光肩星天牛　发生1.50万亩，同比增加0.26万亩，中度以上发生0.72万亩，主要分布在第二师焉耆垦区。

白杨透翅蛾　发生1.90万亩，同比增加1.07万亩，中度以上发生0.20万亩，主要分布在第八师人工防护林。

突笠圆盾蚧　发生0.26万亩，同比增加0.01万亩，中度及以上发生0.24万亩，主要分布在第八、十师团场防护林。

杨十斑吉丁虫　发生0.16万亩，同比减少0.03万亩，均为轻度发生，主要分布在第十师。

杨圆蚧　发生3.60万亩，轻度发生3.24万亩，中度及以上发生0.36万亩，主要分布在第二师道路林。

（3）经济林虫害

整体发生7.98万亩，同比大幅减少，均为轻度发生。主要种类有枣叶瘿蚊、黑腹果蝇、桃蛀果蛾、苹果小卷蛾、梨小食心虫、木虱类（沙枣木虱、枸杞木虱）、螨类（李始叶螨、朱砂叶螨、二斑叶螨、枸杞瘿螨）等。

木虱（沙枣木虱、枸杞木虱）　发生7758亩，均为轻度发生，主要分布在第七、十师经济林区。

枣叶瘿蚊　发生2.26万亩，同比减少1.34万亩，以轻度发生为主，主要分布在第三师红枣经济林。

螨类（朱砂叶螨、枸杞瘿螨、二斑叶螨、李始叶螨）　发生2.19万亩，同比大幅减少，主要分布在第三、七、十二师经济林。

梨小食心虫　发生1.93万亩，以轻度发生为主，少量中度发生，主要分布在第一、三、十二师。

3. 鼠（兔）害

全兵团鼠（兔）害发生面积25.73万亩，同比减少7.95万亩，轻度发生25.29万亩，中度以上发生0.44万亩。主要集中在第六、七、八、九、十师公益林地、退耕还林地、荒漠林地，人工林主要以幼龄林危害为主。主要种类有根田鼠、子午沙鼠、大沙鼠、草兔（托氏兔、高原野兔、野兔、蒙古兔），未出现大面积成灾，局部发生较重。

根田鼠　发生17.67万亩，同比减少2.46万亩，主要分布在第七、九、十师荒漠林、人工新植林。

大沙鼠 发生4.21万亩，同比减少5.15万亩，总体以轻度发生为主，主要分布在第六、七、八、十师天然林。

子午沙鼠 发生3.69万亩，同比减少0.26万亩，轻度发生为主，中度发生4394亩，主要分布在第八师沙漠边缘天然林。

草兔 发生1640亩，主要分布在第十师沙漠边缘天然林。

(三)成因分析

1. 气候因素影响

2022年全疆部分地区气温、降水较往年变化很大，时间持续长，影响林木生长环境，致使树木长势衰弱，易受到病虫危害。

2. 林木老龄化且树种单一

部分团场人工防护林普遍存在着树龄老化，灌水不足，树势衰弱，抗病虫害能力较弱，病虫害发生频率较高。大部分团场防护林树种单一，自身调控病虫灾害能力也较弱。

3. 检疫执法力量薄弱

部分新建市城市绿化大量调运、引进苗木，可能携带危险性有害生物传入，目前兵团检疫体系不健全，专职检疫人员较少，技术力量薄弱，检疫工作还存在不足和漏洞，难以满足当前兵团林业检疫工作的现实需求，面临重大危险性、检疫性有害生物入侵的形势严峻。

二、2023年林业有害生物发生趋势预测

(一)2023年总体发生趋势预测

根据新疆生产建设兵团2022年区域气候情况、林木生长情况、林业有害生物调查情况，预测2023年林业有害生物发生面积约为175万亩，整体以轻度发生为主。林木病害约9.0万亩，虫害约135万亩，鼠害约34万亩。

(二)分种类发生趋势预测

1. 病害

2023年病害预测发生9.0万亩，整体发生情况较去年有所增加，为轻度发生。

(1)杨树病害

预计2023年预测发生1.80万亩，以轻度发生为主，主要发生在南北疆立地条件差、环境恶劣的人工造林地和天然胡杨林，主要有杨树烂皮病、杨树溃疡病、杨树锈病、胡杨锈病等，发生区域主要分布在南、北疆立地条件差、环境恶劣的人工林地、公益林及各团部分胡杨、杨树道路林及退耕还林。

(2)经济林病害

根据2022年疫情影响及经济林病害发生规律，结合各垦区团场经济林防治情况，预测发生约5.70万亩，整体为轻度偏中度发生，其中：葡萄霜霉病预测发生2.20万亩，整体为轻度发生，主要分布在主要发生在第五、七、八、十三师等葡萄产区。其他病害主要包括梨树腐烂病、苹果腐烂病、核桃腐烂病、苹果黑星病、苹果白粉病、苹果褐斑病等。结合2022年防治情况，预测发生3.50万余亩，危害程度呈轻度，各种植区域均有分布。

(3)其他病害

预测发生1.50万亩，发生程度为轻度，少量病害中度发生，主要分布在全兵团各个团场公益林、道路林、退耕还林、苗圃等区域。

2. 虫害

预测2023年发生135万亩，以轻度发生为主，在南北疆各垦区均有发生。

(1)食叶虫害

预测发生总面积105万亩，总体为轻度发生，主要包括春尺蠖、杨梦尼夜蛾、梭梭漠尺蛾等。其中：春尺蠖发生80万亩，杨梦尼夜蛾发生3.0万亩，梭梭漠尺蛾发生2.0万亩，其他食叶害虫发生20万亩，发生情况总体为轻度发生，部分区域中度偏重度发生。

(2)蛀干害虫

预测发生面积12万亩，以轻度发生为主。主要种类有光肩星天牛、白蜡窄吉丁、白杨透翅蛾等。光肩星天牛已在部分师团发生危害，白蜡窄吉丁在南北疆各师已经发生危害。

(3)经济林虫害

预测发生总面积15万亩，发生情况总体为轻度发生，主要种类为螨类(朱砂叶螨、李始叶螨)、枸杞瘿螨、枸杞木虱、食心虫，其中朱砂

叶螨发生6万亩，李始叶螨发生1.5万亩，枸杞瘿螨发生1.5万亩，枸杞木虱发生0.5万亩，其他虫害5.5万亩，以上均为轻度发生。

(4) 其他虫害

预测其他虫害发生3.0万亩，以轻度发生为主。发生种类主要为蝗虫、蚜虫等，主要分布区域为团场一些防护林、退耕还林、枸杞种植地等地。

3. 森林鼠害

预测发生34万亩，以轻度发生为主，局部地区中度发生。发生种类以根田鼠、大沙鼠、子午沙鼠为主，主要分布区域为辖区公益林、退耕还林地等。

根田鼠发生21万亩，大沙鼠发生7.5万亩，子午沙鼠发生5.5万亩，发生程度均为轻度。

三、对策建议

林业有害生物监测预报是一项技术性强且复杂，需要长期坚持的基础性工作，应将加强监测预报体系建设，强化人员队伍管理，不断提高基层监测预报人员技术水平和能力纳入考核目标任务。结合兵团监测预报工作实际，现提出如下建议：

(一) 进一步落实监测预报工作

进一步督促各师森防站加大对测报站团场的工作指导力度，在监测区域适当扩大监测对象，加强监测调查技术研究。按要求及时完成各类森防报表统计上报工作，督促各师加强对团场测报站虫情调查工作指导。

(二) 加强监测预警体系建设

开展以连队为单位的监测网络建设，形成团、连联动的监测网络机制，扩大监测覆盖面。以监测调查对象为目标，推行精细化、精准化预报，探索大数据融合分析技术研究应用，组织开展重大林业有害生物发生趋势大数据分析，及时发布预警信息和短期趋势预测。

(三) 加大专业技术培训力度

在病虫害监测调查和防治的关键时期，有针对性地组织有关专家深入基层团场一线开展技术服务。根据工作需要，适时组织师、团基层测报站人员参加国家级森防行业培训班。采取因地制宜、灵活多样的方式，适时组织片区培训交流。

(四) 加强监测新技术应用

有条件的师团可以开展基于航天、航空遥感技术监测虫情，开展天地空一体化监测技术的研究与示范应用；利用林业数据采集系统和野外监测调查技术相结合的手段，实现精准的地面人工监测；多渠道、多层次获得监测信息，实现地面监测数据、遥感监测数据的一体化管理，促进监测信息资源的开发、整合和应用。

(五) 加大科研成果转化应用

跟踪和学习先进的林业和草原有害生物监测技术，结合兵团实际开展林业有害生物监测智能化研究与应用，提升兵团林业有害生物灾情监测预警能力和科技成果转化水平，推动兵团林业有害生物监测工作实现高质量发展。

（主要起草人：牛攀新　吴凤霞　杨莉　别尔达吾列提·希哈依；主审：于治军）